国家示范（骨干）高职院校重点建设专业

农业机械应用技术专业优质核心课程系列教材

农机

机械基础

主　编　傅华娟　　周同根

副主编　任萍丽　　门殿勇

参　编　蒋　侃　　闫军朝　　张红党　　汤菊新

主　审　李洪昌

机械工业出版社

本书采取"项目引领、任务驱动"的方式组织内容，结合农机典型工程实例，引导学生在"做"中"学"，按照"以行业需求为导向，以能力为本位，以学生为中心"的原则，并且注意了全书理论的系统性和各部分相对的独立性。

本书共有五个项目：农机常用机构和机械传动分析、农机轴系零部件应用分析、农机典型零件的材料分析和农机常用运行材料认知、农机构件的力学分析、互换性与技术测量。

本书可供高职高专院校农业机械应用技术专业的师生选用，也可作为机类、近机类专业技术基础课参考教材，同时也适用于继续教育教学，以及作为农机从业人员的技术参考书。

本书配有电子课件，凡使用本书作为教材的教师可登录机械工业出版社教育服务网 www.Cmpedu.com 注册后下载。咨询邮箱：cmpgaozhi@ sina.com。咨询电话：010-88379375。

图书在版编目（CIP）数据

农机机械基础/傅华娟，周同根主编. —北京：机械工业出版社，2014.8（2025.1重印）
国家示范（骨干）高职院校重点建设专业 农业机械应用技术专业优质核心课程系列教材
ISBN 978-7-111-46200-2

Ⅰ.①农… Ⅱ.①傅…②周… Ⅲ.①农业机械-高等职业教育-教材 Ⅳ.①S22

中国版本图书馆 CIP 数据核字（2014）第 053698 号

机械工业出版社（北京市百万庄大街 22 号 邮政编码 100037）
策划编辑：刘良超 王海峰 责任编辑：刘良超 周璐婷
版式设计：霍永明 责任校对：陈秀丽
封面设计：陈 沛 责任印制：张 博
北京雁林吉兆印刷有限公司印刷
2025 年 1 月第 1 版·第 6 次印刷
184mm×260mm·16.75 印张·388 千字
标准书号：ISBN 978-7-111-46200-2
定价：48.00 元

电话服务 网络服务
客服电话：010-88361066 机 工 官 网：www.cmpbook.com
 010-88379833 机 工 官 博：weibo.com/cmp1952
 010-68326294 金 书 网：www.golden-book.com
封底无防伪标均为盗版 机工教育服务网：www.cmpedu.com

前 言
Preface

自国家颁布《中华人民共和国农业机械化促进法》以来，我国农机工业迅猛发展，农业机械化水平不断提高，农业领域对农机应用型人才尤其是高技能型人才的需求随之扩大，对农机从业人员的专业基本素质要求也越来越高。本书根据高等职业教育"以服务为宗旨，以就业为导向，注重实践能力培养"的要求编写而成，旨在服务农机人才培养工作，促进地方产业发展。

本书紧密结合农业机械应用技术专业领域的职业特点，坚持以行业需求为导向，以能力为本位，以学生为中心的教育培训理念。全书以"必需、够用"为度，结构紧凑，内容精练，语言简洁，图文并茂，突出工学结合特色，注重职业工作岗位的要求，特别强化了学生职业能力的提高和综合素质的培养。

本书共分为五个项目，十七个任务，采取"项目引领，任务驱动"的模式进行编写。每个项目中都提出了项目目标，并以工程实际任务或案例引领课程内容，以学生完成规定的"任务"为教学目标，强调学生"做"，以学生为主体，最大限度地激发学生的学习兴趣，使学生带着问题，有针对性地投入学习，从而有效地提高学生的学习效率和学习效果。

本书适用性广，主要面向高职高专院校，可作为农业机械应用技术专业的技术基础课教材，也可作为机类、近机类专业技术基础课的参考教材，同时也适用于继续教育教学，以及作为农机从业人员的技术参考书。

本书由傅华娟、周同根担任主编，任萍丽、门殿勇担任副主编。其中项目一、项目五由傅华娟编写，项目二由周同根编写，项目三中的任务一由门殿勇编写，项目三中的任务二由汤菊新编写，项目四中的任务一由任萍丽、闫军朝编写，项目四中的任务二由蒋侃、张红党编写。傅华娟负责全书的策划构思、大纲编写、统稿及校稿工作。李洪昌审阅了本书并提出了宝贵意见。

本书编写过程中，得到江苏省农业机械管理局、四川内江职业技术学院、久保田农业机械（苏州）有限公司、常州东风农机集团有限公司、江苏常发农业装备股份有限公司的大力支持与帮助，谨此致谢。

由于编者水平所限，加上农业装备技术的快速发展和职业教育理念的不断更新，书中不妥之处在所难免，恳请广大读者批评指正。

编 者

目 录
Contents

项目一 农机常用机构和机械传动分析

【项目描述】

机构是传递动力、运动或转换运动形式的装置，农机中如发动机中的配气机构、插秧机的插植臂等。常用的机构有平面四杆机构、凸轮机构等。农机机械传动装置有带传动、链传动、齿轮传动等。本项目学习重点是农机常用机构、机械传动的组成、工作原理、特点及应用等知识。

【项目目标】

1）掌握平面连杆机构、凸轮机构等的基本形式及应用特点。

2）掌握带传动、链传动的类型、特点、应用和维护。

3）掌握齿轮传动的特点、应用和分类。

4）掌握定轴轮系和周转轮系的组成和运动特点，掌握传动比的计算方法。

任务一 平面连杆机构分析

》》任务要求

☞知识点：

1）平面机构的组成。

2）运动副的概念、形式和符号，机构具有确定运动的条件。

3）平面连杆机构的基本形式及应用特点。

4）农机上常用平面连杆机构的结构与工作原理。

☞技能点：

1）能在农机中识别出相应的铰链四杆机构。

2）具有分析实际机构运动特性的能力。

3）具备一定的机构简图绘制能力。

》》任务导入

在农业机械化作业中，拖拉机、插秧机、联合收割机等农业机械，都是由机构组成的机器。发动机中的曲柄连杆机构、联合收割机的振动筛、拖拉机驾驶室的刮水器等，都属于平面连杆机构。本任务就是对这些平面连杆机构的结构和工作原理进行分析。

▶▶ **相关知识**

一、平面机构的组成

（一）平面机构的相关概念

机构是具有确定相对运动的构件的组合。构件在机构中具有独立运动的特性，它是机构的运动单元。零件是机器中最小的制造单元。为了结构和工艺的需要，构件既可以由若干个零件刚性地连接成一个整体，也可以是独立运动的零件。

如图 1-1a 所示，内燃机曲柄连杆机构中包含活塞（滑块）、连杆、曲轴（曲柄）和气缸（机架）等构件，原动件活塞 3 作直线往复移动，通过连杆 2 带动曲轴 1 作连续转动。其中，连杆构件是由连杆体 5、连杆盖 7、螺栓 6 和螺母 8 等零件刚性连接所组成的，如图 1-1b 所示。

在组成机构的所有构件中，必须以一个相对固定的构件作为支持，以便安装其他活动构件，该构件称为机架，如图 1-1 所示的气缸 4。一般取机架作为研究机构运动的静参考系。在活动构件中，输入已知运动规律的构件称为原动件，其他的活动构件称为从动件。

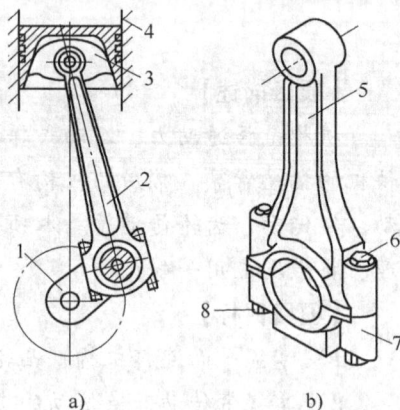

图 1-1　内燃机曲柄连杆机构和连杆
a）曲柄连杆机构　b）连杆 2 的组成
1—曲轴　2—连杆　3—活塞
4—气缸　5—连杆体　6—螺栓
7—连杆盖　8—螺母

机构运动时，若所有构件都在相互平行的平面内运动，则该机构称为平面机构，否则称为空间机构。一般机械中的机构大多属于平面机构。因此，本任务只研究平面机构。

（二）运动副及其分类

在机构中，组成机构的各构件都应具有确定的相对运动，为传递运动，各构件间必须以某种方式进行相互连接。这种连接不是固定连接，而是能产生一定相对运动的连接。若两个构件之间既相互直接接触，又具有一定的相对运动，形成了一种可动的连接，就称为运动副。如轴与轴承的连接、内燃机中的活塞与气缸的连接、活塞与连杆的连接、传动齿轮两个齿轮轮齿的连接等，都构成了运动副。机构中各个构件之间的运动和力的传递，都是通过运动副来实现的。因此，机构也是由运动副连接而成的，并具有确定相对运动的构件系统。

运动副中的两构件接触形式不同，其限制的运动也不同，其接触形式主要有点、线和面三种形式。按照两构件间的接触特性，通常把平面运动副分为低副和高副。

1. 低副

两构件间通过面的形式接触而组成的运动副，称为低副。根据组成平面低副的两构件之间的相对运动的性质，低副又可分为转动副和移动副。

（1）转动副　组成运动副的两构件只能绕某一轴线在一个平面内作相对转动，也称为铰链。如图 1-2a 所示，构件 1 和构件 2 之间通过圆柱面接触而组成转动副。

（2）移动副　组成运动副的两构件只能沿某一方向作相对直线运动。如图 1-2b 所示，构件 1 和构件 2 之间通过四个平面接触组成移动副。在图 1-1 中，曲轴与连杆、连杆与活塞构成转动副，活塞与机架构成移动副。

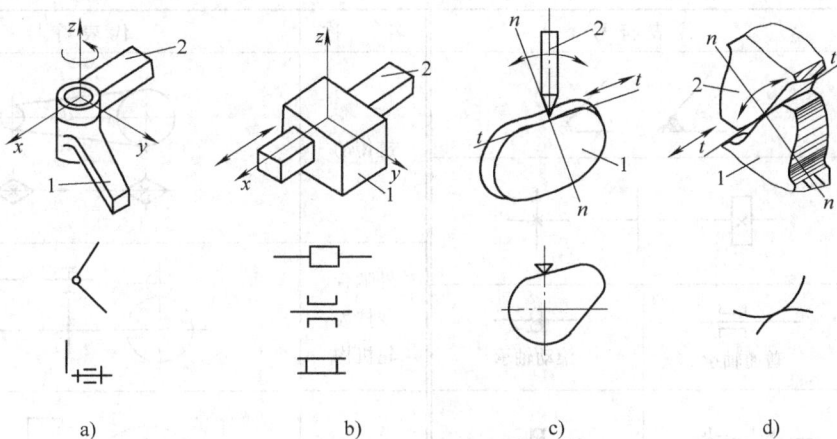

图 1-2　平面运动副及其符号

a）转动副　b）移动副　c）高副（点接触）　d）高副（线接触）

2. 高副

凡是通过点或线接触而构成的运动副称为高副，如图 1-2c、d 所示。此外，组成运动副的两构件之间作相对空间运动，称为空间运动副，如图 1-3 所示。

图 1-3　空间运动副及其符号

a）球面副　b）球销　c）螺旋副

（三）机构运动简图的绘制

由于机构的运动仅与机构中运动副的性质（低副或高副）、运动副的数目及相对位置（转动副的中心、移动副的中心线和高副接触点的位置等）、构件数目等有关，而与构件的外形、截面尺寸、组成构件的零件数目及运动副的具体构造无关，因此，可按一定的长度比例尺确定运动副的位置，并用特定的构件和运动副符号及简单线条绘制出图形。这种表示机构运动特性的简略图形，称为机构运动简图。

在机构运动简图中，常用机构和运动副的表示方法见表1-1。

表1-1　机构运动简图常用符号

名　称	代表符号		名　称	代表符号
杆的固定连接			链传动	
零件与轴的固定			外啮合圆柱齿轮机构	
轴承	向心轴承	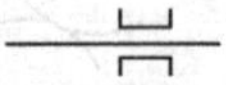 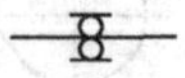 普通轴承　　滚动轴承	内啮合圆柱齿轮机构	
	推力轴承	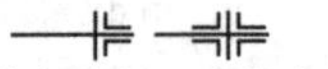 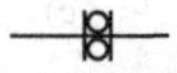 单向推力　双向推力　推力滚动轴承	齿轮齿条传动	
	向心推力轴承	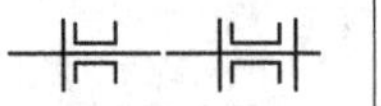 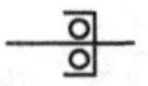 单向向心推力　双向向心推力　向心推力滚动轴承	锥齿轮机构	
联轴器		可移式联轴器　弹性联轴器	蜗杆传动	
离合器		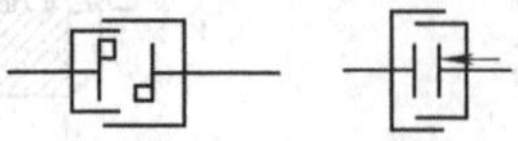 啮合式　　摩擦式	棘轮机构	（外啮合）
制动器				
在支架上的电动机				

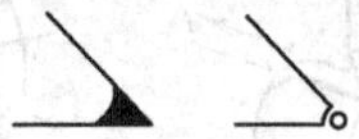

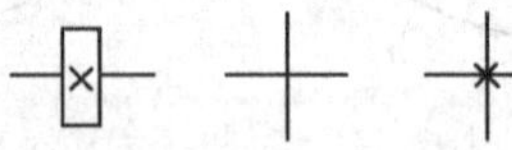

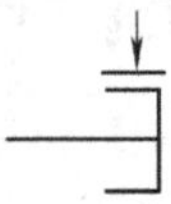

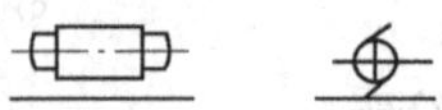

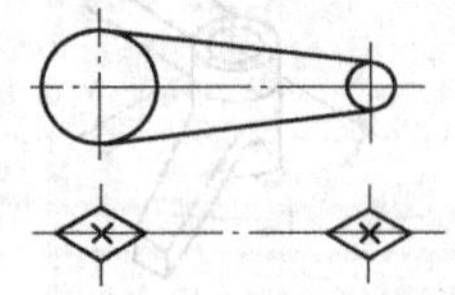

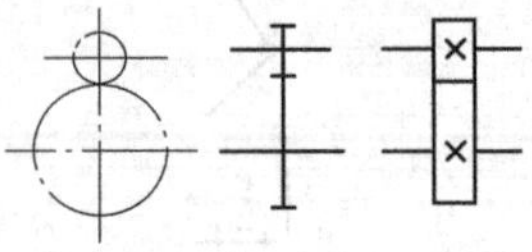

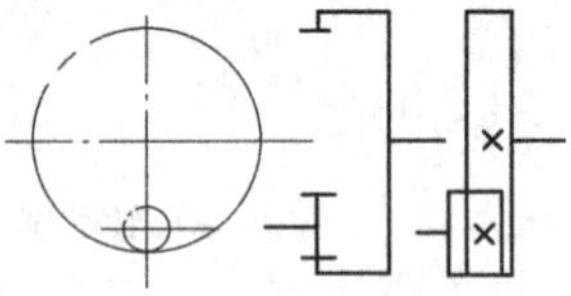

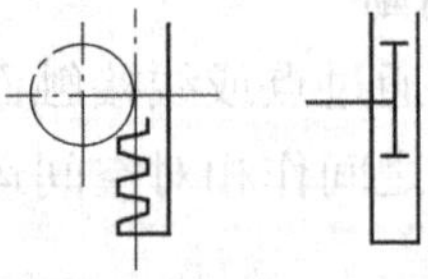

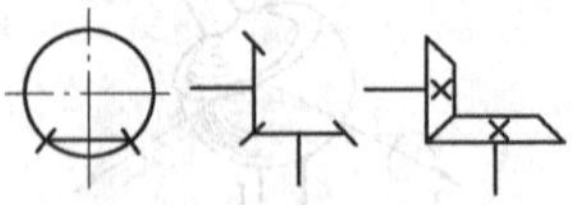

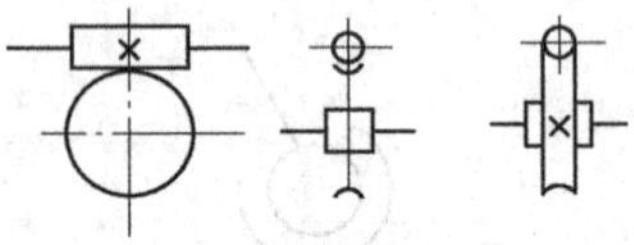

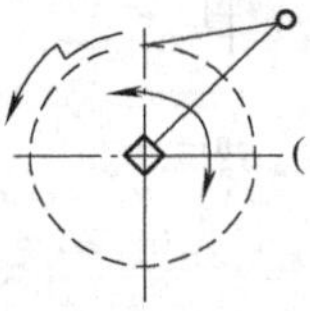

机构运动简图不仅简明地表达了实际机构的运动情况和运动待征，而且可通过该图进行机构的运动分析和动力分析。

在实际工作中，有时只需要表明机构运动的传递情况和构造特征，而不要求机构的真实运动情况。因此，不必严格地按比例确定机构中各运动副的相对位置及其尺寸，这样的简图称为机构简图。

机构运动简图的绘制方法和步骤如下：

1）分析机构的组成。

2）分析构件之间的相对运动和接触情况，确定运动副的类型和数目。

3）选择能清楚地表达各构件之间运动关系的视图平面。

4）选择比例尺，绘制机构运动简图。

例1-1 绘制图1-4所示内燃机的机构运动简图。

解：（1）曲柄滑块机构

1）由于气缸1与内燃机机体可视为固连，故对整个机构而言是相对静止的固定件机架；活塞2在燃气的推动下运动，即为原动件；其余的构件是从动件。

2）活塞2与气缸1之间的相对运动是移动，从而组成移动副；活塞2与连杆3、连杆3与曲轴4、曲轴4与机体之间的相对运动是转动，故都组成转动副。

上述4个构件中，采用了1个移动副和3个转动副。从固定件开始，经原动件到从动件按一定顺序相连，又回到固定件，从而形成一个独立的封闭构件组合体，即组成一个独立的机构，称为曲柄滑块机构。

3）选择平行于四杆机构运动的平面作为视图平面。

4）当活塞2（原动件）相对气缸1的位置确定后，选取适当的比例尺用相应的构件和运动副的符号，可绘制出机构运动简图。

（2）平面齿轮机构　齿轮4′与曲轴4固连，因曲轴运动已知，故齿轮4′是原动件，齿轮6′是从动件。齿轮4′、6′分别通过曲轴4、凸轮轴，由气缸1支持机架。

齿轮4′、6′分别相对机架作转动，组成转动副，齿轮4′、6′之间的接触是线接触，组成高副。因此，3个构件用2个转动副和1个高副按一定顺序相连，形成一个独立的封闭构件组合体，即平面齿轮机构。

选择齿轮的运动平面作为视图平面，并选用与曲柄滑块机构相同的比例尺，用相应的构件和运动副的符号绘制出机构运动简图。

需要指出的是，因齿轮只转动，故由齿轮轮廓接触组成的高副（又称为齿轮副）常用其节圆（点画线表示）相切来表示。

（3）平面凸轮机构　如图1-5所示，凸轮6与机架1组成转动副，并与进气门推杆5组成高副，形成一个独

图1-4　内燃机

1—气缸　2—活塞　3—连杆　4—曲轴
4′、6′—齿轮　5—进、排气门推杆　6—凸轮

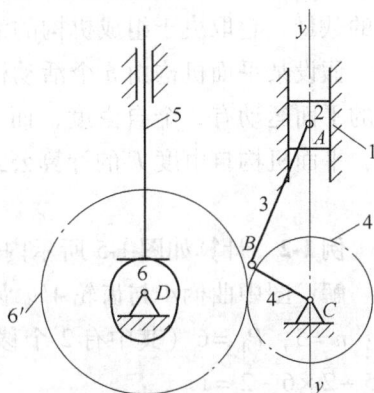

图1-5　内燃机的机构运动简图

1—机架　2—活塞　3—连杆　4—曲柄
4′、6′—齿轮　5—推杆　6—凸轮

立封闭的构件组合体，即为平面凸轮机构。选择其视图平面，并用与曲柄滑块机构相同的比例尺，绘制出机构运动简图。

以上内燃机机构的运动简图如图1-5所示。

由上述可知，内燃机的原动件是活塞，齿轮4′与凸轮6的运动均取决于活塞。当活塞2的位置一定时，齿轮4′与凸轮6的位置则确定，不可任意变动；随着活塞2位置的改变，则可画出一系列相应的机构运动简图。

（四）平面机构的自由度

1. 自由度与约束

自由度是构件可能出现的独立运动的衡量指标。任何一个构件在空间自由运动时皆有6个自由度，即在直角坐标系内沿 x 轴、y 轴和 z 轴的移动，以及绕 x 轴、y 轴和 z 轴的转动，共计6个独立运动。而对于一个作平面运动的构件，则只有3个自由度，如图1-6所示。自由构件 M 可以在 xOy 平面内绕任一点 A 转动，也可以沿 x 轴或 y 轴方向移动。

当一个构件与其他构件组成运动副后，构件的某些独立运动就要受到限制，自由度减少。这种对构件独立运动的限制称为约束。两个构件之间相对约束的数目和性质取决于其构成运动副的类型。

图1-6　平面运动构件的自由度

如图1-2a所示，构件1、2组成转动副后，在 x、y 轴方向上的移动被限制，仅保留了绕 z 轴的转动。如图1-2b所示，构件1、2组成移动副后，不能沿 y 轴移动和绕任何轴转动，只保留了沿 x 轴的移动。如图1-2c、d所示，构件1、2组成运动副后，沿公法线 nn 的移动被限制，但保留了沿切线 tt 的移动和绕接触点的转动。

上述说明，平面机构中低副引入两个约束，仅保留一个自由度；高副引入一个约束，而保留两个自由度。

2. 平面机构自由度的计算

（1）机构自由度的计算公式　机构的自由度是指机构相对于机架所具有的独立运动参数的数量，它取决于组成机构的活动构件的数目、运动副的类型和数目。

假设某平面机构由 n 个活动构件、P_L 个低副和 P_H 个高副所组成。由于一个不受约束构件的平面运动有3个自由度，而一个低副有两个约束条件，一个高副有一个约束条件，因此，平面机构自由度 F 的计算公式为

$$F = 3n - 2P_L - P_H$$

例1-2　计算如图1-5所示内燃机机构的自由度。

解：图中曲柄4与齿轮4′、齿轮6′与凸轮6皆固连在一起，可分别视为一个构件，故可得：$n=5$，$P_L=6$（其中有2个移动副、4个转动副），$P_H=2$。因此，该机构自由度为 $F=3\times5-2\times6-2=1$。

（2）机构自由度计算中特殊情况的处理　在计算平面机构自由度时，有些特殊情况需要进行分析处理。

1）复合铰链。复合铰链是指 $k(k\geqslant2)$ 个构件在同一处构成同轴线的转动副。复合铰链

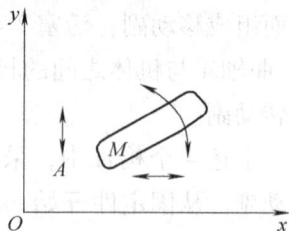

处的转动副数目应为 $k-1$。如图1-7所示，3个构件在 C 处构成复合铰链，其转动副的数目为2。

2）局部自由度。局部自由度是指机构中某些构件的局部独立运动，它并不影响其他构件的运动。因此，计算机构自由度时不考虑其局部自由度。

如图1-8所示的滚子从动件凸轮机构中，滚子相对于从动件的转动，从机构运动学的角度来看是局部自由度，它并不影响其他机构的运动。因此，计算机构自由度时不予考虑。

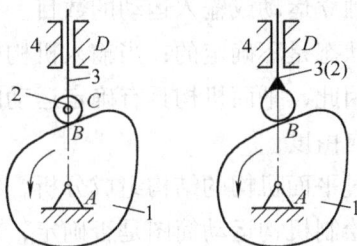

图1-7　复合铰链　　　　　　　　　　图1-8　局部自由度

计算自由度时可将滚子2与构件3视为固连。但是，滚子能将从动件与凸轮轮廓之间的滑动摩擦变为滚动摩擦，减少凸轮轮廓与从动件之间的摩擦力。

3）虚约束。虚约束是指在机构运动分析中不产生实际约束效果的重复约束。常见虚约束的识别和处理见表1-2。

表1-2　对虚约束的识别和处理

序号	识别	处理	图例
1	重复移动副（两个构件构成导路平行的多个移动副）	只有一个移动副起约束作用,其余的移动副是虚约束	
2	重复转动副（两个构件构成轴线重合的多个转动副）	只有一个转动副起约束作用,其余的转动副是虚约束	
3	重复结构（机构中与不起独立传递运动作用的结构相同的对称部分）	只有一个构件参与运动的传递,其余的对称结构不计(见图中行星轮 2′ 与 2″)	
4	重复轨迹（机构中某构件连接点的轨迹与另一构件被连接点的轨迹重合）	除去重复的构件及其引入的运动副(见图中构件 5 及转动副 E 与 F)	

应当指出，虚约束是在特定的几何条件下形成的，它的存在虽然对机构的运动没有影响，但是它可以改善机构的受力状况，增强机构工作的稳定性。如果这些特定的几何条件不

能满足，则虚约束将会变成实际约束，使机构不能运动。因此，在采用虚约束的机构中，它的制造和装配精度都有严格的要求。

3. 平面机构具有确定运动的条件

根据平面机构的自由度计算公式，当机构的自由度 $F > 0$ 时，机构相对于机架是可以运动的。由于平面机构的原动件通常都是用低副与机架相连接，它们相对于机架的独立运动数目为 1，即每个原动件只能输入一个独立运动。因此，机构自由度的数目为所需原动件的数目，即独立运动或输入运动的数目。当输入机构的独立运动数目小于机构的自由度时，机构的运动状态是不确定的；当输入机构的独立运动数目大于机构的自由度时，机构将会卡死或损坏。因此，平面机构具有确定运动的充要条件为：机构自由度大于 0，且原动件数目等于机构的自由度。

通过平面机构的结构组成分析，根据自由度与实际机构的原动件数是否相等，判断其运动和所绘制机构运动简图是否确定，也可以判定机构运动设计方案是否合理，并对运动不确定的设计方案进行改进，使其具有确定的运动。

例 1-3 计算如图 1-9a 所示机构的自由度，并判断该机构是否有确定的运动。

解： 机构中的滚子 F 有一个局部自由度，顶杆与机架在 E 和 E' 组成两个导路平行的移动副，其中之一为虚约束，C 处是复合铰链。现将滚子与顶杆焊成一体，去掉移动副 E'，并在 C 点注明转动副数，如图 1-9b 所示。此时，机构中 $n = 7$，$P_L = 9$（其中有 2 个移动副、7 个转动副），$P_H = 1$。因此，该机构自由度为

$$F = 3n - 2P_L - P_H = 3 \times 7 - 2 \times 9 - 1 = 2$$

故此机构的自由度是 2，有 2 个原动件，因此该机构具有确定的运动。

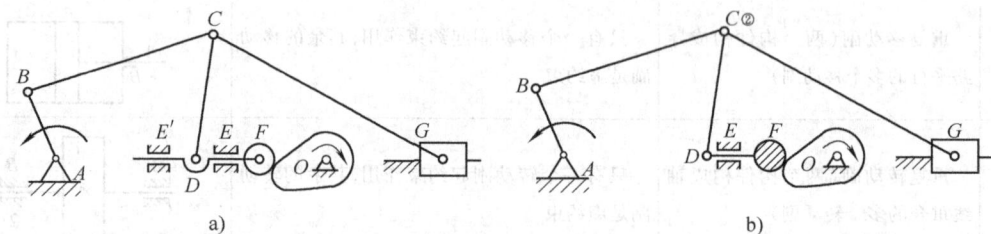

图 1-9 大筛机构

a）大筛的机构运动简图 b）处理后的运动简图

二、平面连杆机构

平面连杆机构是由若干构件构成的低副组成的平面机构，故又称低副机构。由于低副是面接触，压强低，磨损量小，而且接触表面是圆柱面或平面，故制造简便，容易获得较高的制造精度。又由于这类机构容易实现转动、移动等基本运动形式以及其相互间的转换，因此，平面连杆机构在一般机械中得到广泛应用。

平面连杆机构中最基本的机构是 4 个构件组成的四杆机构。

（一）平面四杆机构的类型

平面四杆机构按其运动不同分为铰链四杆机构和含有移动副的四杆机构。

1. 铰链四杆机构的组成

铰链四杆机构是将 4 个构件用 4 个转动副组成的机构。如图 1-10 所示，机构中固定不动的构件 4，称为机架。用转动副与机架相连的构件 1 和 3，称为连架杆，其中，能绕机架作连续转动的连架杆，称为曲柄；不能绕机架作连续转动，只能在一定范围内摆动的连架杆，称为摇杆。与机架不相连的构件，称为连杆。

2. 铰链四杆机构的基本类型

铰链四杆机构按照连架杆中是否有曲柄及有几个曲柄，可分为三种基本形式，即曲柄摇杆机构、双曲柄机构和双摇杆机构。

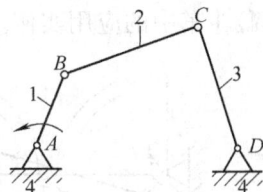

图 1-10 铰链四杆机构的组成
1、3—连架杆 2—连杆
4—机架

（1）曲柄摇杆机构 在铰链四杆机构中的两个连架杆，如果一个杆为曲柄，另一个杆为摇杆，则称为曲柄摇杆机构。它能将主动件的整周回转运动转变成摇杆的往复摆动，如图 1-11 所示油田抽油机的驱动机构。还可以使摇杆的摆动转换为曲柄的整周回转运动，如图 1-12 所示的缝纫机踏板机构。

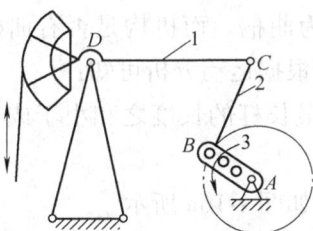

图 1-11 抽油机驱动机构
1—游梁（摇杆） 2—连杆 3—曲柄

图 1-12 缝纫机踏板机构
1—踏板 2—连杆 3—曲柄 4—机架

（2）双曲柄机构 在铰链四杆机构中，若两个连架杆均为曲柄，则称为双曲柄机构。当主动曲柄作等速转动时，从动曲柄一般作变速转动。

当两曲柄的长度相等而且平行时（即其他两杆的长度也相等），称为平行双曲柄机构。这时 4 根杆组成了平行四边形，如图 1-13a 所示。双曲柄机构如果对边杆长度都相等，但互不平行，则称为反向双曲柄机构，如图 1-13b 所示。平行双曲柄机构的两曲柄旋转方向相同，角速度也相同。反向双曲柄的旋转方向相反，且角速度不相等，这是双曲柄机构的另一个特点，可用于车门的启闭机构中，如图 1-14 所示。

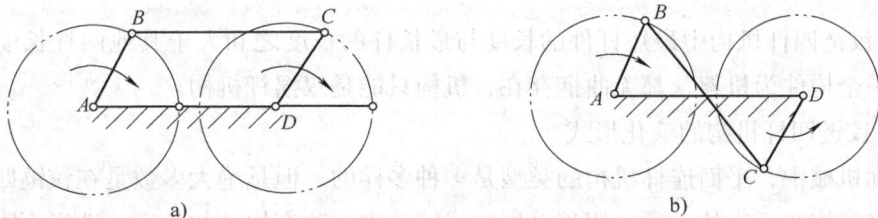

图 1-13 双曲柄机构

（3）双摇杆机构　在铰链四杆机构中，若两个连架杆都是摇杆，则称为双摇杆机构。可将主动摇杆的往复摆动经连杆转变为从动摇杆的往复摆动。图1-15所示为双摇杆机构在自卸翻斗车中的应用实例。

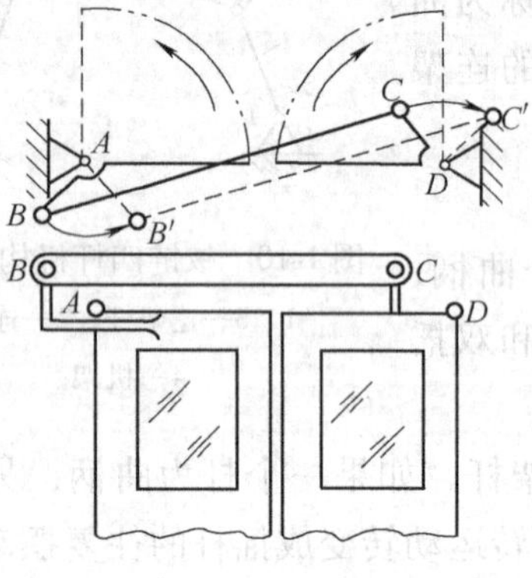

图1-14　车门启闭机构 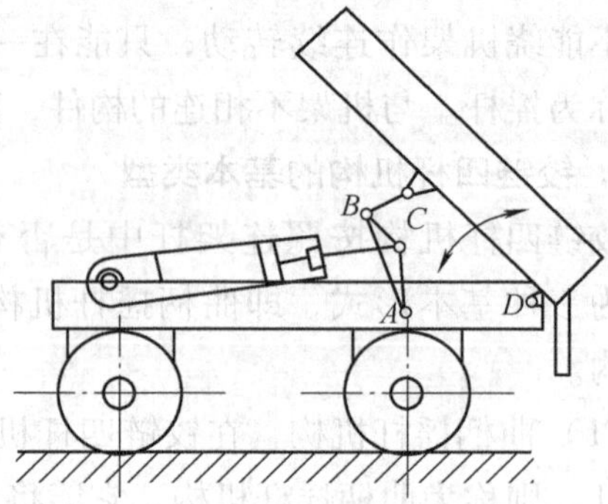　　　　　　　图1-15　自卸翻斗车

3. 铰链四杆机构类型的判别

铰链四杆机构三种基本类型的主要区别在于连架杆是否为曲柄。而机构是否有曲柄存在，则取决于机构中各构件的相对长度及最短杆所处的位置。根据运动分析可知：

1）当铰链四杆机构中有最短杆存在，且最短杆的长度与最长杆的长度之和小于或等于其他两杆件长度之和时：

①若最短构件为连架杆，则该机构一定是曲柄摇杆机构，如图1-16a所示。

②若最短构件为机架，则该机构一定是双曲柄机构，如图1-16b所示。

③若最短构件为连杆，则该机构一定是双摇杆机构，如图1-16c所示。

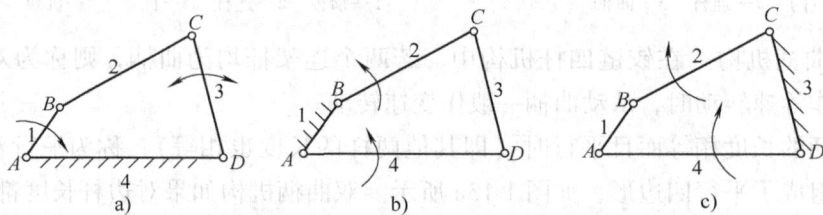

图1-16　铰接四杆机构类型的判别

a）最短构件为连架杆　b）最短构件为机架　c）最短构件为连杆

2）当铰链四杆机构中最短杆件的长度与最长杆的长度之和大于其他两杆长度之和，则不论取哪一个构件为机架，都无曲柄存在，机构只能是双摇杆机构。

（二）铰链四杆机构的演化形式

在实际机械中，平面连杆机构的类型是多种多样的，但是绝大多数是在铰链四杆机构的基础上发展和演变而来的。通过用移动副取代转动副、改变构件的长度、选择不同的构件作为机架和扩大转动副等途径，可以得到铰链四杆机构的其他演化形式。

1. 曲柄滑块机构

曲柄滑块机构是由曲柄摇杆机构演化而成的。在图 1-17a 所示的曲柄摇杆机构 $ABCD$ 中，铰链点 C 的轨迹是以 D 为圆心、杆长 CD 为半径的圆弧 β。若在构件 4 上装设一同样轨迹的弧形导槽，并把摇杆 3 做成滑块形状置于槽中滑动，如图中双点画线所示，运动情况不变。滑块取代摇杆 3，滑块 3 与机架 4 形成移动副，取代了转动副 D。若设想 CD 增至无穷大，则 D 点在无穷远处，C 点轨迹变成直线。导槽和滑块都变成直的，机构演化为如图 1-17b 所示的曲柄滑块机构。

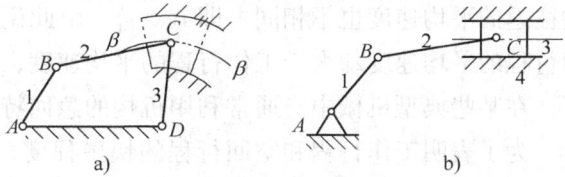

图 1-17 曲柄摇杆机构的演化

曲柄滑块机构广泛应用在活塞式内燃机、空气压缩机、压力机等机械中。

2. 导杆机构

在图 1-17b 所示的曲柄滑块机构中，若不确定机架，则形成图 1-18 所示的构件系统。如再将此构件系统的构件 1 作为机架，则形成图 1-19 所示机构，构件 4 称为导杆，此四杆机构称为导杆机构。图 1-20 所示的牛头刨床驱动机构 $ABCD$ 就是导杆机构的具体应用。

平面四杆机构的各种形式都是以铰链四杆机构中的曲柄摇杆机构、含有一个移动副的曲柄滑块机构及含有两个移动副的四杆机构为基础，通过分别选取这三种机构中的不同构件做机架而获得的。

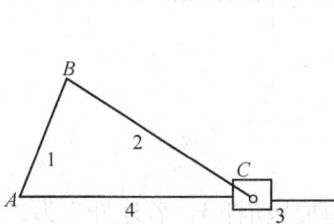

图 1-18 构件系统

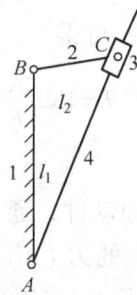

图 1-19 导杆机构

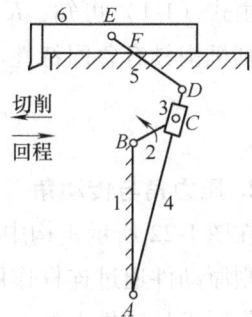

图 1-20 牛头刨床

（三）平面四杆机构的运动特性

1. 急回特性和行程速比系数

在图 1-21 所示的曲柄摇杆机构中，当原动件曲柄 AB 沿顺时针方向以等角速度 ω 转过 φ_1 时（$B_1 \rightarrow B_2$），从动件摇杆 CD 自左极限位置 C_1D 摆至右极限位置 C_2D（常作为从动件的工作行程），设所需时间为 t_1，C 点的平均速度为 v_1；而当曲柄 AB 再继续转过 φ_2 时（$B_2 \rightarrow B_1$），摆杆 CD 自 C_2D 摆回至 C_1D（称

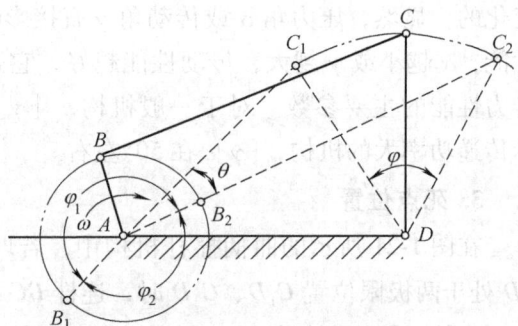

图 1-21 曲柄摇杆机构

为空回行程），设所需时间为 t_2，C 点的平均速度为 v_2；由图中不难看出，$\varphi_1 > \varphi_2$，故 $t_1 > t_2$。又因为摇杆 CD 上 C 点从 C_1 到 C_2 和从 C_2 返回 C_1 的摆角相同，而所用的时间却不同，故往返的平均速度也不相同，即 $v_2 > v_1$。由此说明：曲柄 AB 虽作等速转动，而摆杆 CD 空回行程的平均速度却大于工作行程的平均速度，这种性质称为机构的急回特性。

在某些典型机械中，通常利用机构的急回特性来缩短空行程的时间，以提高生产率。

为了表明工作行程和空回行程的快慢程度，可用从动件空回行程平均速度 v_2 与从动件工作行程平均速度 v_1 的比值 K 表示，K 称为行程速比系数。K 值的大小反映了机构的急回特性，K 值越大，回程越快。

$$K = \frac{v_2}{v_1}$$

由

$$v_1 = \frac{C_1 C_2}{t_1}, \quad v_2 = \frac{C_1 C_2}{t_2}, \quad t_1 = \frac{\varphi_1}{\omega}, \quad t_2 = \frac{\varphi_2}{\omega}, \quad 则$$

$$K = \frac{v_2}{v_1} = \frac{\dfrac{C_1 C_2}{t_2}}{\dfrac{C_1 C_2}{t_1}} = \frac{t_1}{t_2} = \frac{\dfrac{\varphi_1}{\omega}}{\dfrac{\varphi_2}{\omega}} = \frac{\varphi_1}{\varphi_2} = \frac{180° + \theta}{180° - \theta} \tag{1-1}$$

式中　K——行程速比系数；

θ——极位夹角（从动件处于两个极限位置时，对应曲柄相应两位置所夹的锐角）。

由式（1-1）可知，K 与 θ 有关，当 $\theta = 0°$ 时，$K = 1$，说明该机构无急回特性；当 $\theta > 0°$ 时，则机构具有急回特性。由式（1-1）可得

$$\theta = 180° \frac{K-1}{K+1}$$

2. 压力角与传动角

在图 1-22 所示机构中，构件 1 为原动件，通过连杆 2 推动从动杆 3。若连杆 2 为二力构件，则原动件通过连杆作用于从动件上的力 P 沿 BC 方向。作用于从动件上的力 P 与其作用点 C 的速度 v_C 方向之间所夹的锐角 α，称为压力角。压力角 α 的余角 γ 称为传动角。机构运行时，传动角 γ（或压力角 α）是变化的。显然，压力角 α 或传动角 γ 直接影响机构传力性能，α 越小或 γ 越大，传动性能越好，它是判别机构传力性能的主要参数。对于一般机构，$[\gamma] \geq 40°$；对于传递功率大的机构，$[\gamma]$ 在 $50°$ 左右。

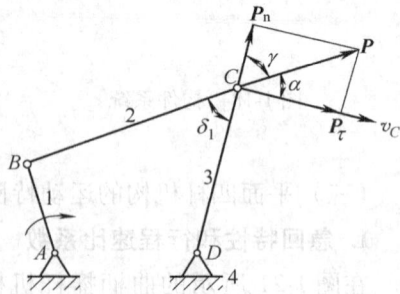

图 1-22　压力角与传动角

3. 死点位置

在图 1-21 所示的曲柄摇杆机构中，若取摇杆 CD 为主动件，曲柄 AB 为从动件，摇杆 CD 处于两极限位置 C_1D、C_2D 时，连杆 BC 与曲柄 AB 将出现两次共线。这时，如不计各运动副中的摩擦和各杆的质量，则摇杆 CD 通过连杆 BC 传给曲柄 AB 的力必通过铰链中心 A。因该力对 A 点的力矩为零，故曲柄 AB 不会转动。机构的这种位置称为死点位置。

实际应用中，死点位置常使机构从动件无法运动或出现运动不确定现象。为了保证机构正常运转，可在曲柄轴上装一飞轮，利用其惯性作用使机构顺利地通过死点位置。一般来说，死点位置引起的上述弊病应设法避免，但有时在工程上也利用机构的死点位置来满足某些工作要求。如图1-23所示的夹具机构，在外力 F 的作用下，BC 和 CD 共线，夹紧力 T 不管有多大，通过 BC 传给 CD 的作用力始终是通过铰链中心 D，该力对 D 点的力矩为零，所以 CD 不会转动，起到夹紧

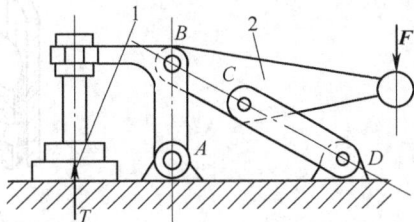

图1-23　死点位置的应用

作用。在飞机起落架、折叠式家具等机构中，经常利用死点位置获得可靠的工作状态。

▶▶ 任务实施

四杆机构应用实例分析

一、联合收割机振动筛机构分析

振动筛是联合收割机的主要工作部件，通过筛面的振动将籽粒从脱粒混合物中分离出来，经风机作用将颖壳短穗排出机外，最终获得干净的籽粒。如图1-24所示。主动轴8、从动轴6、与上筛面和下筛面连接在一起的连杆，组成了曲柄连杆机构。

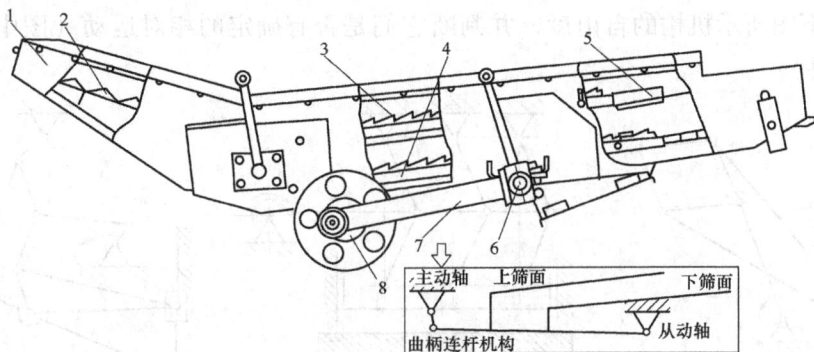

图1-24　振动筛

1—筛箱壳体　2—抖动板　3—上筛面　4—下筛面　5—指状筛　6—从动轴　7—曲柄连杆机构　8—主动轴

二、发动机曲柄连杆机构分析

曲柄连杆机构是往复活塞式发动机实现能量转换的主要机构，在发动机工作过程中，燃料燃烧产生的气体压力直接作用在活塞顶上，推动活塞作往复直线运动，经活塞销、连杆和曲轴，将活塞的往复直线运动转换为曲轴的旋转运动。

发动机曲柄连杆机构是典型的曲柄滑块机构，如图1-25所示。活塞2（滑块）是主动件，作往复直线运动，曲轴4（曲柄）是从动件，作圆周运动。当活塞2处于上止点和下止点两极限位置时，连杆3与曲轴4的曲柄将出现两次共线。这时，作用在活塞2上通过连杆3传给曲轴4的力必通过曲轴的回转中心，产生死点。为保证曲轴顺利通过死点位置，在曲轴上安装一飞轮，利用其惯性作用使机构顺利地通过死点位置。

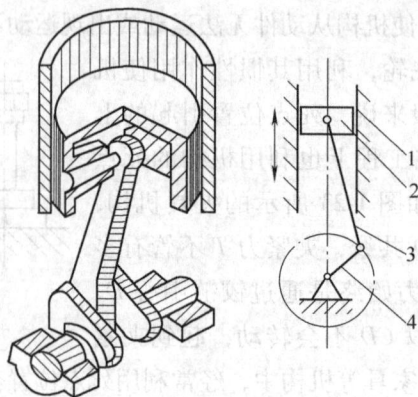

图 1-25　发动机曲柄连杆机构

1—机体　2—活塞　3—连杆　4—曲轴

练习与思考

1. 什么是机架？什么是原动件？什么是从动件？

2. 何谓运动副？运动副有哪些类型？

3. 何谓低副和高副？平面机构中的低副和高副各引入了几个约束？

4. 何谓机构自由度？计算机构自由度应注意哪些问题？

5. 计算下图所示机构的自由度，并判断它们是否有确定的相对运动（图中画有箭头的构件为原动件）。

a)　　　　　　　　　b)　　　　　　　　　c)

d)　　　　　　　　　e)　　　　　　　　　f)

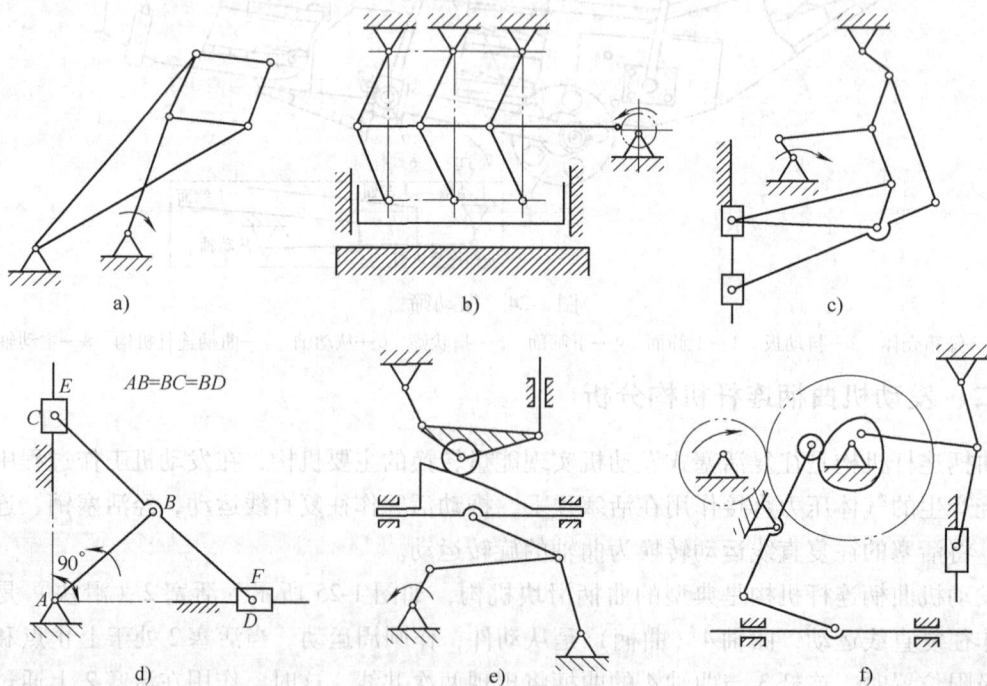

项目一任务一　习题 5 图

a) 精确直线机构　b) 压床机构　c) 剪切毛坯的剪板机机构　d) 双滑块机构　e) 汽轮连杆机构　f) 冲压机构

6. 什么是平面四杆机构？它有哪些优缺点？

7. 铰链四杆机构有哪几种基本类型？应该怎样判别？各有什么运动特点？

8. 铰链四杆机构中曲柄存在的条件是什么？

9. 机构的急回特性有何作用？判断四杆机构有无急回特性的根据是什么？

10. 什么是行程速比系数和极位夹角？它们之间有何联系？当极位夹角 $\theta = 0°$ 时，行程速比系数 K 等于什么？

11. 何谓连杆机构的压力角和传动角？它们的大小说明什么问题？为什么？

12. 试根据下图所示四杆机构中标注的尺寸（单位 mm），判断各铰链四杆机构的类型。

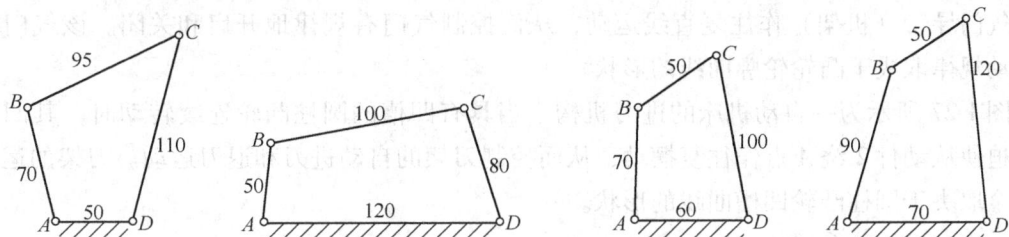

项目一任务一 习题 12 图

13. 试用图示说明曲柄摇杆机构在什么条件下会产生死点位置？通常可用什么方法来克服？

14. 分析农用发动机中飞轮的作用。

任务二 农机常用凸轮机构运动分析

任务要求

☞知识点：

1）凸轮机构的基本形式及应用特点。

2）农机上常用凸轮机构的结构与工作原理。

☞技能点：

1）能在农机中识别出相应凸轮机构。

2）具有实际分析凸轮机构运动特性的能力。

3）能对农用发动机配气机构、插秧机插植臂等凸轮机构进行运动分析。

任务导入

凸轮机构是通过凸轮与从动件之间的接触来传递运动和动力的，是一种常用的高副机构。在要求其中某些从动件的位移、速度或加速度按照预定的规律变化，特别是要求从动件按复杂的运动规律运动时，通常采用凸轮机构。凸轮机构在机械设备中应用比较广泛，尤其在农业机械、发动机及其他自动化、半自动化设备的控制应用更为广泛。本任务就是对发动机配气机构、插秧机插植机构等典型的农机凸轮机构的结构和工作原理进行认知和分析。

▶▶ 相关知识

一、凸轮机构的组成、特点及类型

1. 凸轮机构的组成与特点

凸轮机构是由凸轮、从动杆、机架及附属装置所组成的高副机构。当凸轮连续转动时，由于其轮廓曲线上各点具有不同大小的向径，通过其曲线轮廓与从动件之间的高副接触，推动从动杆，使其按所预定的规律进行往复运动。

图1-26所示为内燃机的配气机构。凸轮连续转动时，凸轮迫使气门推杆（从动件）相对于气门导管（机架）作往复直线运动，从而控制气门有规律地开启和关闭。该气门推杆的运动规律取决于凸轮轮廓曲线的形状。

图1-27所示为一自动机床的进刀机构。当具有凹槽的圆柱凸轮连续转动时，其凹槽的侧面迫使从动件2绕 A 点作往复摆动，从而控制刀架的自动进刀和退刀运动。刀架的运动规律完全取决于圆柱凸轮凹槽曲线的形状。

图1-26　内燃机气门凸轮传动机构
1—凸轮　2—弹簧　3—气门导管
4—气门推杆

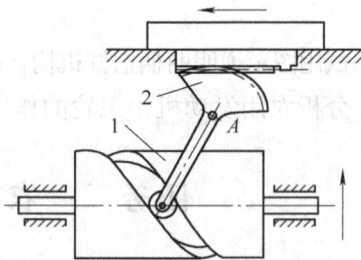

图1-27　自动机床的进刀机构
1—凸轮　2—从动件

可见，凸轮传动机构是由凸轮、从动件和机架三个基本构件组成的高副机构，如图1-28所示。它将凸轮的转动（或移动）变换为从动件的移动或摆动，并在其运动转换中，实现从动件不同的运动规律，完成力的传递。

凸轮机构的优点是：只要适当地设计出凸轮的轮廓曲线就可以使从动件得到各种预期的运动规律，而且其结构简单、紧凑，运动可靠。因此，凸轮机构广泛应用于各种机械、仪器及自动控制装置之中。

凸轮机构的缺点是：由于凸轮轮廓与从

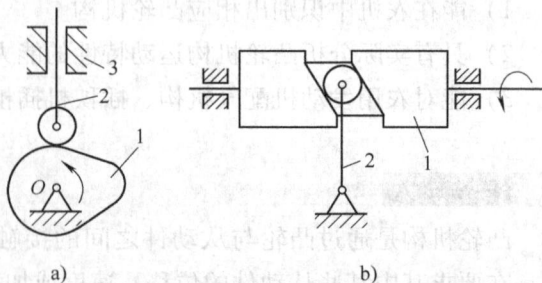

a)　　　　　　　b)

图1-28　凸轮机构的组成
a）平面凸轮机构　b）空间凸轮机构
1—凸轮　2—从动件　3—机架

动杆之间为点接触或线接触，压力较大，容易磨损，而且凸轮轮廓曲线的加工比较困难，因此，凸轮机构多用于要求精确实现比较复杂的运动规律而传力并不大的场合。

2. 凸轮机构的类型

凸轮传动机构的类型很多，可按如下方法分类：

（1）按凸轮形状和运动分类

1）盘形凸轮机构。如图 1-29 所示，这种凸轮是一个绕固定轴线转动，而且具有变化向径的盘形零件，其从动杆的运动平面与凸轮轴线垂直。

2）移动凸轮机构。如图 1-30 所示，当盘形凸轮的回转中心位于无穷远处时，凸轮不再转动，而是相对于机架做往复移动，这种凸轮称为移动凸轮。其从动杆与凸轮在同一平面内作往复运动。

图 1-29 盘形凸轮机构　　　　　图 1-30 移动凸轮机构

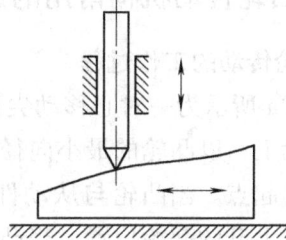

3）圆柱凸轮机构。如图 1-27 所示，凸轮是圆柱体，从动件可移动也可摆动。圆柱凸轮可以看成是将移动凸轮卷成圆柱体演化而来的。

（2）按从动件的形状分类

1）尖顶从动件。以尖顶与凸轮轮廓接触的从动件，如图 1-31a 所示。这种从动件结构最简单，其尖顶能与任何形状的凸轮轮廓相接触，因而能实现复杂的运动规律；但尖顶与凸轮是点接触，磨损快，故仅适用于受力不大的低速凸轮机构，如仪器、仪表中的凸轮机构。

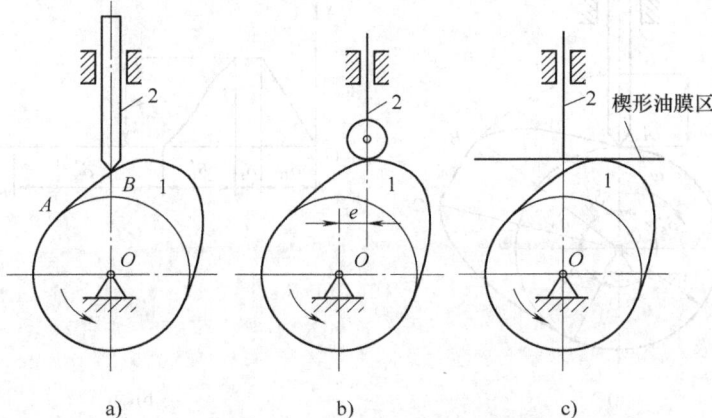

图 1-31 从动件的形状

a) 尖顶从动件　b) 滚子从动件　c) 平底从动件

2）滚子从动件。以铰接的滚子与凸轮轮廓接触的从动件，如图 1-31b 所示。这种从动杆的一端装有可自由转动的滚子，由于滚子与凸轮轮廓之间为滚动摩擦，磨损较小，可用来传递较大的功率，因而应用广泛。但因其零件较多，体积较大，且滚子轴磨损后会产生噪声，故仅适用于重载和中低速的凸轮机构中。

3）平底从动件。以平底平面与凸轮轮廓接触的从动件，如图 1-31c 所示。这种从动件与凸轮轮廓表面接触处为一平面，平底与凸轮接触处易形成油膜，故润滑状态良好，能大大减少磨损。当不考虑摩擦时，凸轮对从动件的作用力始终垂直于平底，从动件受力比较平稳，传动效率较高，故常用于高速凸轮机构中。

为保证凸轮机构能正常工作，必须保持凸轮轮廓与从动件始终接触，可利用弹簧力、从动件的重力（见图 1-26）或依靠特殊的几何形状（见图 1-27、图 1-28）等方式来实现。

二、凸轮传动机构常用的运动规律

1. 凸轮传动的工作过程

图 1-32a 所示为一对心移动尖顶从动件盘形凸轮机构，其工作过程如下：

在凸轮上，以凸轮的最小向径 r_b 为半径所作的圆称为基圆，r_b 称基圆半径。点 A 为凸轮轮廓曲线的起点。当凸轮与从动件在 A 点接触时，从动件处于距凸轮轴心 O 最近的位置，从动件处于上升的起始位置。当凸轮以匀角速度 ω_1 逆时针转动 δ_0 时，凸轮轮廓 AB 段的向径逐渐增加，从动件被 AB 段轮廓推动，以一定运动规律由离回转中心最近点 A 达到最远位置 B'，这个过程称为推程。此时从动件移动的距离 h 称为升程，对应的凸轮转角 δ_0 称为推程运动角。当凸轮继续转动 δ_s 时，凸轮轮廓 BC 段的向径不变，此时从动件处于最远位置停留不动，这个过程称为远程，对应的凸轮转角 δ_s 称为远休止角。当凸轮继续转动 δ_0' 时，凸轮轮廓 CD 段的向径逐渐减小，从动件在重力或弹力的作用下，以一定的运动规律回到最低位置，这个过程称为回程，对应的凸轮转角 δ_0'，称为回程运动角。当凸轮继续转动 δ_s' 时，凸轮轮廓 DA 段的向径不变，此时从动件处于最低位置停留不动，这个过程称为近停程，对

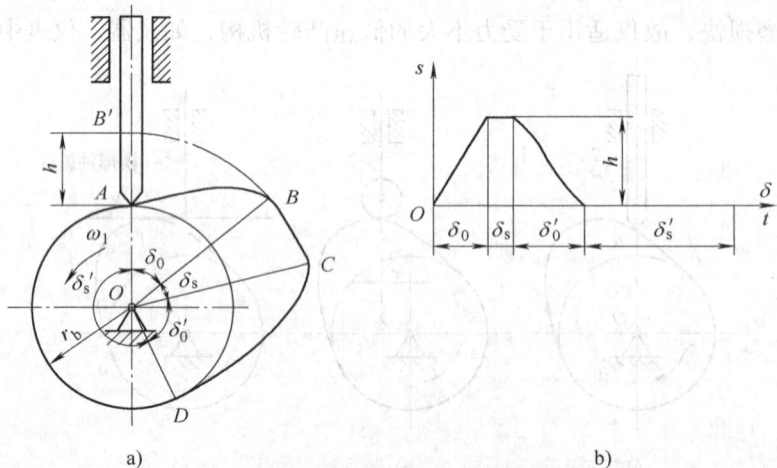

a)   b)

图 1-32 凸轮机构的运动过程

a）对心移动尖顶从动件盘形凸轮机构 b）位移曲线图

应的凸轮转角 δ_s' 称为近休止角。当凸轮继续转动时，从动件重复上述规律循环运动。一般情况下，推程是凸轮机构的工作行程。

以从动件的位移 s 为纵坐标，对应的凸轮转角 δ（或时间 t）为横坐标，依据上述凸轮与从动件的运动关系，可逐点画出从动件的位移 s（等于从动件与凸轮轮廓接触点到基圆上的向径长）与凸轮转角 δ（或时间 t）间的关系曲线，如图 1-32b 所示，称为从动件位移曲线。根据从动件位移曲线，可作出其速度曲线和加速度曲线。

由以上分析可如，在凸轮传动中，从动件的运动是受凸轮轮廓控制的。

2. 常用的从动件运动规律

从动件运动规律即从动件的位移、速度和加速度随时间（或凸轮转角）的变化规律。下面介绍几种常用的从动件运动规律。

（1）等速运动规律　凸轮以等角速度转动时，从动件上升或下降的速度为常数，这种运动规律称为等速运动规律。图 1-33 所示为从动件在推程中作等速运动时的位移 s、速度 v 和加速度 a 的运动线图。在推程阶段，经过时间 t 凸轮作匀速转动时，相应的凸轮转角为 δ，从动件的速度为 $v = h/t =$ 常数，速度线图为水平直线；从动件的位移为 $s = vt$，其位移线图为一斜直线；从动件的加速度（$a = 0$）线图为与横坐标重合的直线。

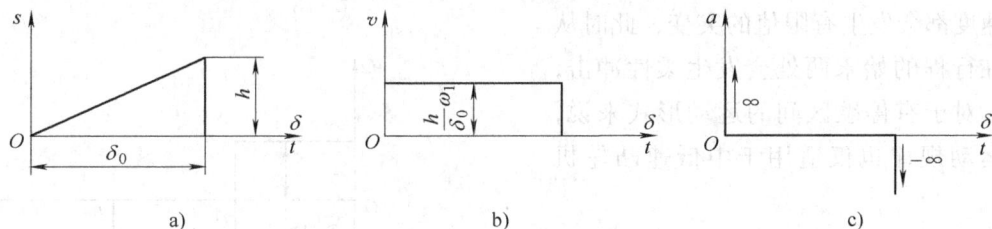

图 1-33　等速运动规律

a）位移线图　b）速度线图　c）加速度线图

由图 1-33 可知，当从动件运动时，其加速度为零。但在推程运动开始和终止的瞬时，因有速度突变，故这一瞬时的加速度理论上为由零突变为无穷大，导致从动件理论上产生无穷大的惯性力（实际上由于材料的弹性变形，惯性力不可能达到无穷大），使凸轮机构受到极大冲击，称为刚性冲击。因此，等速运动规律只适用于低速和从动件质量较小的凸轮传动。如果必须采用等速运动规律，则往往在其运动的开始和终止阶段拼接上其他运动规律作为过渡，以缓和冲击。

（2）等加速、等减速运动规律　从动件在一个推程 h 中，前半程作等加速运动，后半程作等减速运动，其加速度的绝对值相等且为常数，这种运动规律称为等加速、等减速运动规律。

以前半个行程为例，从动件作等加速运动时，其加速度线图为平行于横坐标的直线，如图 1-34c 所示；从动件的速度为 $v_2 = a_2 t$，速度线图为斜直线，如图 1-34b 所示；从动件的位移为 $s_2 = \dfrac{1}{2} a_2 t^2$，位移线图为抛物线，抛物线可用作图法绘制出，如图 1-34a 所示。

从动件作等加速、等减速运动时，虽然加速度为常数，但是在推程开始和前后半程交接处加速度有突变，使从动件与凸轮之间产生冲击，不过这一突变为有限值，由此引起的冲击、振动和噪声要比刚性冲击小，故称为柔性冲击。

等加速、等减速运动规律也只适用于中速、轻载的场合，不适合用于高速凸轮传动。

（3）余弦加速度运动规律　这种运动规律的加速度是按余弦曲线变化的，也称为简谐运动规律。从动件作简谐运动时，其速度和加速度曲线对无间歇的往复运动来说是光滑连续曲线，速度和加速度均为渐变，没有突变。此时既无刚性冲击，也无柔性冲击，故可用于高速凸轮机构。

对于有停歇区间的运动形式来说，在从动件的运动起始位置和终止位置，速度和加速度都会发生有限值的突变，此时从动件在行程的始末两处会发生柔性冲击，因此，对于有停歇区间的运动形式来说，简谐运动规律也仅适用于中低速凸轮机构。

除以上介绍的三种常见的从动件运动规律外，工程上还应用正弦加速度、多项式等运动规律，也可以将几种规律进行修正和组合起来用。

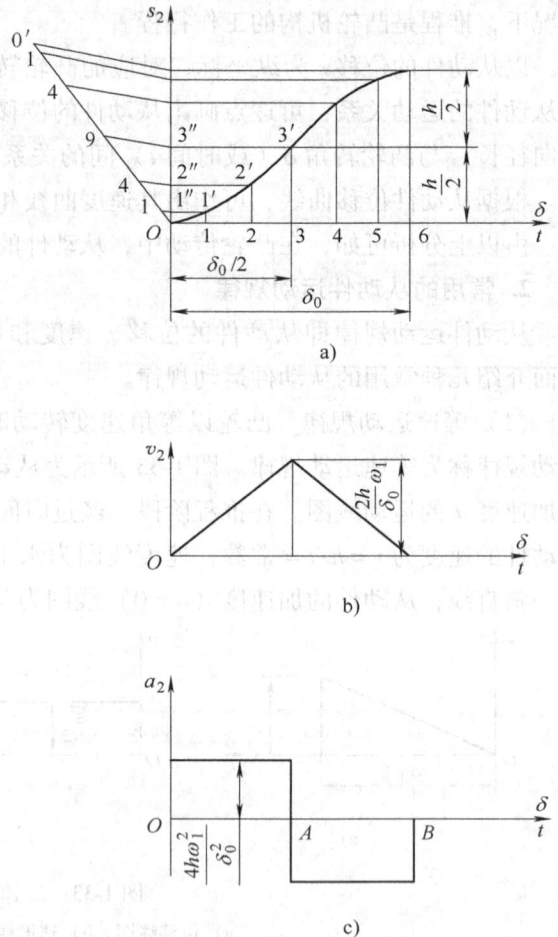

图 1-34　等加速等减速运动规律
a) 位移曲线　b) 速度曲线　c) 加速度曲线

三、凸轮轮廓曲线的参数

1. 滚子半径的选择

滚子从动件由于摩擦小而应用广泛。从强度和耐用性考虑，滚子和它的心轴直径尺寸宜大些。但滚子半径的大小受到凸轮轮廓曲率半径的限制。当采用滚子从动件时，如果滚子的大小选择不当，从动件将不能实现设计所预期的运动规律，这种现象称为运动失真。运动失真与理论轮廓的最小曲率半径和滚子半径的相对大小有关，因为对于外凸的凸轮轮廓，其工作轮廓线的曲率半径 ρ' 等于理论轮廓线的曲率半径 ρ 与滚子半径之差。

如图 1-35a 所示，设滚子半径为 r_r，凸轮理论轮廓曲线外凸部分的最小曲率半径为 ρ_{min}，实际轮廓曲线的曲率半径则为 $\rho' = \rho_{min} - r_r$。当 $\rho > r_r$ 时，凸轮实际轮廓为一条光滑曲线。如果凸轮理论轮廓曲线的曲率半径太小，即 $\rho \leqslant r_r$ 时，如图 1-35b、c 所示，则滚子的包络线将有一部分因互相干涉而变尖，结果不仅工作时极易损坏，而且从动件工作时不能完成预定的运动规律。

为了避免上述不利情况，一般要求 $r_r \leqslant 0.8\rho_{min}$，而凸轮的实际轮廓曲线的最小曲率半径 ρ_{min} 不小于 $3 \sim 5mm$。

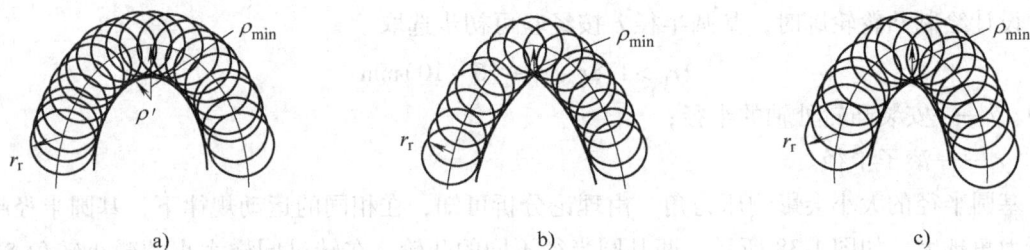

图 1-35　滚子半径的影响

a) $\rho_{min} > r_r$　b) $\rho_{min} = r_r$　c) $\rho_{min} < r_r$

2. 压力角及其许用值

凸轮机构工作时，凸轮加给从动件的压力 P（不计摩擦力），是沿凸轮轮廓的法线 NN 方向传递的。而凸轮机构的压力角 α，是指凸轮机构运动过程中，从动件所受的驱动力与其受力点处速度方向线所夹的锐角。如图 1-36 所示，凸轮与从动件在 A 点相接触，α 即为凸轮机构的压力角。在工作过程中，α 是变化的。

力 P 可分解为两个分力，与从动件速度 v 方向一致的分力 P_1 和与 v 垂直的分力 P_2。P_1 是使从动件运动的有效分力；P_2 是有害分力。由图 1-36 可知，如果压力角增大，有效分力 P_1 就减少，而摩擦力则将随 P_2 的增大而增大。当压力角 α 增大到某一数值时，则从动件将会发生自锁（卡死）现象。因此，为了保证凸轮机构正常工作，并具有较高的传动效率，必须限制凸轮的最大压力角不得超过许用值，一般推荐许用压力角 $[\alpha]$ 的数值如下：

对于移动从动件，在推程时，$[\alpha] \leqslant 30° \sim 40°$；

对于摆动从动件，在推程时，$[\alpha] \leqslant 40° \sim 50°$。

在回程时，通常从动件是靠自重或弹簧力的作用返回，不会出现自锁现象，故压力角可取大些，一般推荐值为 $[\alpha] \leqslant 70° \sim 80°$。

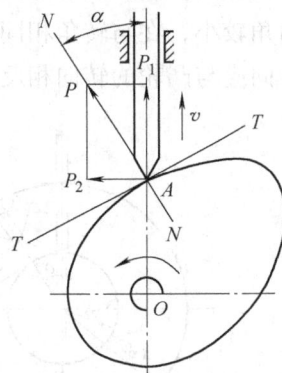

图 1-36　凸轮机构的压力角

由于轮廓曲线上各点的曲率不同，因此，机构在运动中压力角是变化的，应使凸轮机构的最大压力角 $[\alpha]$ 不超过许用值。

检验压力角是否超过许用值时，可将凸轮轮廓画出后，在轮廓曲线较陡、向径变化较大的地方，或运动起始点，速度变化较大的地方选取几点，分别作出轮廓曲线的法线和从动件速度方向的直线，用量角器检查其夹角大小是否超过许用值，如图 1-37 所示。如果压力角 α 大于许用值，则可采用

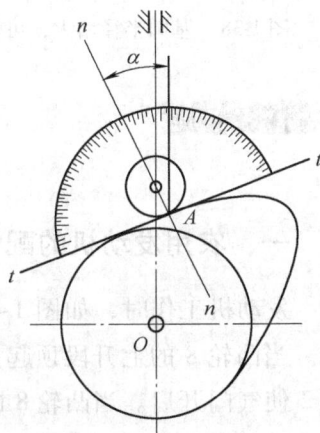

图 1-37　检查压力角的方法

增大基圆的方法使其减小。

3. 凸轮基圆半径与凸轮机构的压力角的关系

设计绘制凸轮轮廓时，基圆半径 r_b 按经验可初步选取

$$r_b > 1.8r + r_r + (6 \sim 10) \, \text{mm}$$

式中 r——安装凸轮处轴的半径；

r_r——滚子半径。

基圆半径的大小会影响压力角。由理论分析可知，在相同的运动规律下，基圆半径越小则压力角越大。如图 1-38 所示，两基圆半径不同的凸轮，在转过同样大小的微小转角 δ 后，从动件有相同的位移 h（为了便于说明问题，两小段轮廓曲线均用直线表示），在图中可清楚地比较出，基圆半径大的凸轮，其压力角较小。故当凸轮轮廓画出后，经检验如发现压力角 α 太大时，可增大基圆，就是选取更大一些的基圆半径，按原来的位移至新画一个凸轮轮廓，使压力角 α 减少到允许范围以内。

4. 偏距的大小及其方位

对于偏置从动件盘形凸轮机构，当凸轮的转向已定时，由图 1-39 可知，若从动件偏置的方位不同，则在轮廓的同一点处其压力角的大小也不同。偏距在与凸轮转向相反的一侧时压力角较小，在与转角相同的一侧时压力角较大。因此，为减少机构的压力角，从动件的偏离方向应与凸轮的转向相反，并应适当确定偏距的大小，一般取 $e \le r_b/4$。

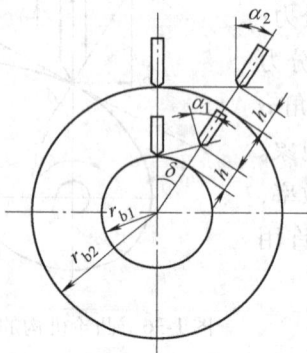

图 1-38　基圆半径增大，可使压力角减小　　　　图 1-39　从动件偏置方向比较

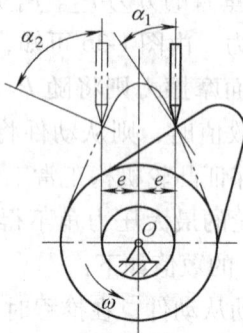

》》》任务实施

凸轮机构应用实例分析

一、农用发动机的配气机构分析

发动机工作时，如图 1-40 所示，曲轴 10 通过一对正时齿轮 6 啮合驱动凸轮轴 9 旋转。当凸轮 8 的上升段顶起挺柱 7 时，经推杆 5 推动摇臂 3 绕摇臂轴 4 摆动，压缩气门弹簧 2 使气门开启。当凸轮 8 的下降段与挺柱接触时，气门 1 在气门弹簧力的作用下逐渐关闭。

进、排气门开启和关闭的时刻、持续时间以及开闭的速度等分别由凸轮轴上的进、排气

凸轮控制，因此，凸轮的轮廓尤为重要。图 1-41 所示发动机配气机构凸轮轮廓，O 点为凸轮轴回转中心，凸轮轮廓上的 AB 段和 DE 段为缓冲段，BCD 段为工作段。挺柱在 A 点开始动作，在 E 点停止运动，凸轮转到 AB 段内某一点处，气门间隙消除，气门开始开启。此后随着凸轮继续转动，气门逐渐开大，至 C 点气门开度达到最大。之后气门逐渐关闭，在 DE 段内某一点处气门完全关闭，接着气门间隙恢复。气门最迟在 B 点开始开启，最早在 D 点完全关闭。由于气门开始开启和关闭落座时均在凸轮升程变化缓慢的缓冲段内，其运动速度较小，从而可以防止强烈的冲击。

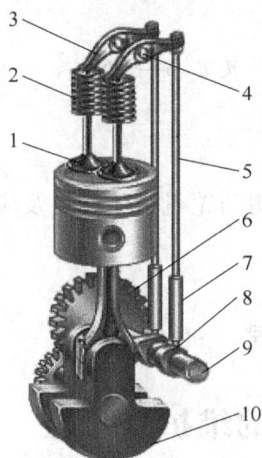

图 1-40　发动机配气机构

1—气门　2—气门弹簧　3—摇臂　4—摇臂轴
5—推杆　6—正时齿轮　7—挺柱　8—凸轮
9—凸轮轴　10—曲轴

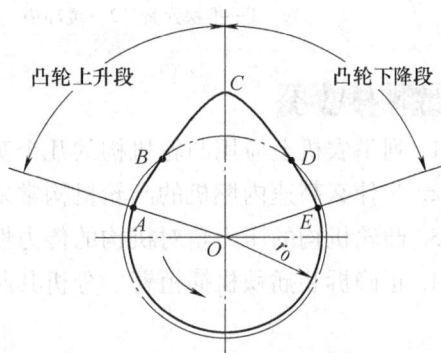

图 1-41　发动机配气机构凸轮轮廓

二、插秧机插植臂凸轮机构分析

插秧机插植臂是插秧机的主要工作部件之一，其作用是通过分插秧工作部件——秧爪从秧箱中分取一定数量的秧苗，并接着把秧苗按要求插入土中。它主要由壳体、推秧压脚、取秧爪、密封件和连接件等组成。实物图如图 1-42 所示。

图 1-43 所示是插秧机插植臂的结构原理图，拨叉 5 围绕固定凸轮 6 摆动，在取秧前拨叉 5 经过凸轮 6 的上升段而抬起，将推秧杆 4 提高至最高点，同时压缩推秧弹簧 1，从取秧到插秧前，

图 1-42　插秧机插植机构实物图

拨叉 5 处于凸轮 6 的最高位置保持段，推秧弹簧 1 压缩最大，积聚能量，当秧针 3 到达插秧位置，拨叉 5 转至凸轮 6 的下降段，由于下降段很短，跟凸轮接触的拨叉一端快速抬高，另一端快速下降，推秧弹簧 1 迅速回位推动推秧杆 4 向下快速运动，将秧苗推入土中。从而顺序完成了水稻秧苗的取秧、插秧动作，实现水稻秧苗的机械化移栽。

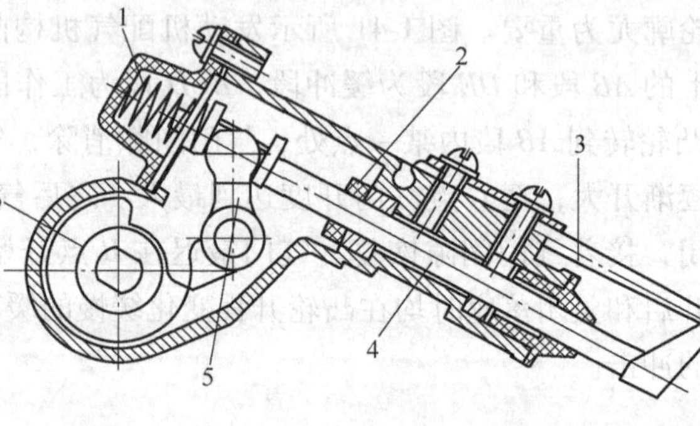

图 1-43   插秧机插植机构

1—推秧弹簧 2—缓冲垫 3—秧针 4—推秧杆 5—拨叉 6—凸轮

练习与思考

1. 列举农机上应用凸轮机构的几个实例，通过实例说明凸轮机构的特点及应用场合。

2. 为什么高速内燃机的凸轮机构常采用平底从动件？

3. 凸轮机构的压力角对机构的传力性能有什么影响？

4. 正确拆装插秧机插植臂，分析其凸轮机构的工作原理。

任务三   农机中带传动、链传动的维护与张紧

任务要求

☞ 知识点：

1) 熟悉带传动、链传动的类型、特点和应用。

2) 了解带传动的弹性滑动，能够计算其传动比。

3) 掌握带传动的张紧和维护。

4) 掌握链传动的张紧和润滑方式。

☞ 技能点：

1) 能识别出农机中的带传动、链传动的型号。

2) 具备对农机带传动的维护与张紧能力。

3) 具备对农机链传动的张紧与维护、润滑的能力。

任务导入

带传动属于挠性传动，传动平稳，噪声小，可缓冲吸振。过载时，会在带轮上打滑，从而起到保护其他传动件免受损坏的作用。带传动允许采用较大的中心距，其结构简单，制造、安装和维护较方便，且成本低廉。链传动是由装在平面轴上的主、从动链轮和绕在链轮上的环形链条所组成。工作时，通过链条与链轮轮齿的相互啮合来传递运动和动力，无弹性滑动和打滑现象，能够保持准确的平均传动比，通常应用于轴距较远的场合。在农机、汽车等各种机械传动系统中，广泛应用着带传动和链传动。本任务就是培养学生认识农机上常用

的带传动和链传动，并能够对其进行应用、维护和张紧。

>> **相关知识**

一、带传动

（一）带传动的类型、特点和应用

如图1-44所示，带传动一般由固连于主动轴上的带轮1（主动轮）、固连于从动轴的带轮2（从动轮）和紧套在两轮上的挠性带3及机架4组成。当原动机驱动带轮1（即主动轮）转动时，依靠带与带轮表面间的摩擦力，带动从动轮转动，从而传递运动和动力。

1. 带传动的类型

（1）按传动原理分

1）摩擦带传动。靠带与带轮表面间的摩擦力实现传动，如V带传动、平带传动等。

图1-44　带传动

2）啮合带传动。靠带内侧凸齿与带轮外缘上的齿槽相啮合实现传动，如同步带传动。

（2）按用途分

1）传动带。传动运动和动力用。

2）输送带。输送物品用。

（3）按传动带的截面形状分

1）平带。如图1-45a所示，平带的截面形状为矩形，内表面为工作面。常用的平带有编织带和强力锦纶带等。

2）V带。V带的截面形状为梯形，两侧面为工作表面，如图1-45b所示。传动时V带与轮槽两侧面接触，在同样压紧力 F_Q 的作用下，V带的摩擦力比平带大，传递功率也较大，且结构紧凑。

3）多楔带。如图1-46所示，它是在平带基体上由多根V带组成的传动带。多楔带结构紧凑，可传递很大的功率。

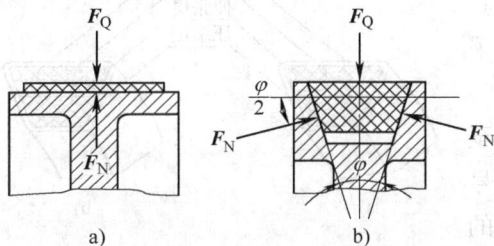

图1-45　平带和V带

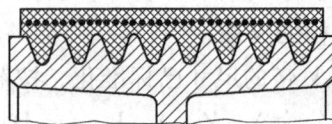

图1-46　多楔带

4）圆形带。横截面为圆形，如图1-47所示。圆形带只用于小功率传动。

5）同步带。纵截面为齿形，如图1-48所示。

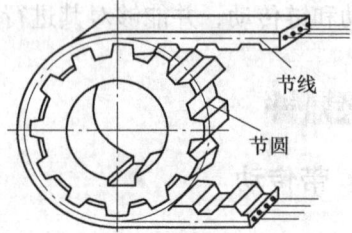

图 1-47　圆形带　　　　　　　　　　　　　　　　图 1-48　同步带

2. 带传动的特点和应用

带传动属于挠性传动,传动平稳,噪声小,可缓冲吸振。过载时,会在带轮上打滑,从而起到保护其他传动件免受损坏的作用。带传动允许采用较大的中心距,结构简单,制造、安装和维护较方便,且成本低廉。但由于带与带轮之间存在滑动,传动比不能严格保持不变。带传动的传动效率较低,带的寿命一般较短,不宜在易燃易爆场合下工作。

一般情况下,带传动传动的功率 $P \leq 100kW$,带速 $v = 5 \sim 25m/s$,平均传动比 $i \leq 5$,传动效率为 94% ~ 97%。高速带传动的带速可达 10 ~ 100m/s,传动比 $i \leq 7$。同步带的带速为 40 ~ 50m/s,传动比 $i \leq 10$,传动功率可达 200kW,效率高达 98% ~ 99%,但同步带对制造和安装要求较高。

【特别提示】

带传动的主要失效形式是打滑和带的疲劳破坏。打滑是由于过载引起的带与带轮间发生滑动的现象,为保证带的正常工作,应防止出现打滑现象。因此,对带传动的要求是:在保证不打滑的前提下,具有足够的疲劳强度和使用寿命。

(二) 普通 V 带和带轮的结构、型号

1. 普通 V 带的结构和尺寸标准

普通 V 带都制成无接头的环形带,其横截面结构如图 1-49 所示。V 带由包布层、伸张层、强力层、压缩层组成。强力层的结构形式有帘布芯结构 (见图 1-49a) 和绳芯结构 (见图 1-49b) 两种。

帘布芯结构抗拉强度高,但柔韧性及抗弯曲强度不如绳芯结构好。绳芯结构 V 带适用于转速高、带轮直径较小的场合。现在,生产中越来越多地采用绳芯结构的 V 带。

普通 V 带的尺寸已标准化,按截面尺寸由小至大的顺序分为 Y、Z、A、B、C、D、E 共 7 种型号 (见表 1-3)。在同样条件下,截面尺寸大则传递的功率就大。

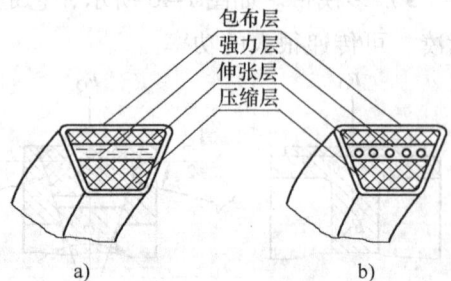

图 1-49　V 带的结构
a) 帘布芯结构　b) 绳芯结构

V 带绕在带轮上产生弯曲,外层受拉伸变长,内层受压缩变短,两层之间存在一长度不变的中性层。中性层面称为节面,节面的宽度称为节宽 b_p (见表 1-3 中插图)。普通 V 带的截面高度与其节宽 b_p 的比值已标准化 (为 0.7)。V

带装在带轮上，和节宽 b_p 相对应的带轮直径称为基准直径，用 d_d 表示，基准直径系列见表 1-4。V 带在规定的张紧力下，位于带轮基准直径上的周线长度称为基准长度 L_d。

表 1-3　V 带（基准宽度制）的截面尺寸（GB/T 11544—2012）　（单位：mm）

| 带型 | | 节宽 b_p | 基本尺寸 | | |
普通 V 带	窄 V 带		顶宽 b	带高 h	楔角 θ
Y	—	5.3	6	4	
Z	—	8.5	10	6	
—	SPZ			8	
A	—	11.0	13	8	
—	SPA			10	
B	—	14.0	17	11	40°
—	SPB			14	
C	—	19.0	22	14	
—	SPC			18	
D		27.0	32	19	
E		32.0	38	25	

　　窄 V 带的截面高度 h 与其节宽 b_p 之比为 0.9，窄 V 带的强力层采用高强度绳芯。按国家标准，窄 V 带截面尺寸分为 SPZ、SPA、SPB、SPC 四个型号。窄 V 带具有普通 V 带的特点，并且能承受较大的张紧力。当窄 V 带带高与普通 V 带相同时，其带宽较普通 V 带约小 1/3，而承载能力可提高 1.5 ~ 2.5 倍，因此适用于传递大功率且传动装置要求紧凑的场合。

　　普通 V 带和窄 V 带的标记由带型、基准长度和标准号组成。例如 A 型普通 V 带，基准长度为 1400mm，其标记为

A—1400　　GB/T 11544—2012

又如，SPA 型窄 V 带，基准长度为 1250mm，其标记为

SPA—1250 GB/T 12730—2008

带的标记通常压印在带的外表面上，以便选用识别。

2. 普通 V 带轮的结构

带轮由轮缘、腹板（轮辐）和轮毂三部分组成。轮槽尺寸见表 1-4。

表 1-4　基准宽度制 V 带轮的轮槽尺寸（摘自 GB/T 13575.1—2008）（单位：mm）

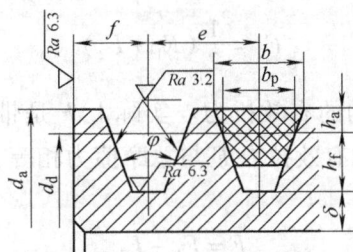

（续）

项　目	符号	槽　型						
		Y	Z SPZ	A SPA	B SPB	C SPC	D	E
节宽	b_p	5.3	8.5	11.0	14.0	19.0	27.0	32.0
基准线上槽深	$h_{a min}$	1.6	2.0	2.75	3.5	4.8	8.1	9.6
基准线下槽深	$h_{f min}$	4.7	7.0 9.0	8.7 11.0	10.8 14.0	14.3 19.0	19.9	23.4
槽间距	e	8 ±0.3	12 ±0.3	15 ±0.3	19 ±0.4	25.5 ±0.5	37 ±0.6	44.5 ±0.7
槽边距	f_{min}	6	7	9	11.5	16	23	28
最小轮缘厚	δ_{min}	5	5.5	6	7.5	10	12	15
圆角半径	r_1	0.2 ~ 0.5						
带轮宽	B	$B = (z - 1)e + 2f$　　z——轮槽数						
外径	d_a	$d_a = d_d + 2h_a$						
轮槽角 φ	32°	≤60	—	—	—	—	—	—
	34°	相应的基准直径 d_d	—	≤80	≤118	≤190	≤315	—	—
	36°		>60	—	—	—	—	≤475	≤600
	38°		—	>80	>118	>190	>315	>475	>600
极限偏差		±30′						

注：槽间距 e 的极限偏差适用于任何两个轮槽对称中心面的距离，不论相邻还是不相邻。

V带轮按腹板（轮辐）结构的不同分为 S 型（实心带轮）、P 型（腹板带轮）、H 型（孔板带轮）、E 型（椭圆轮辐带轮）。每种型式还根据轮毂相对于腹板（轮辐）位置的不同分为Ⅰ、Ⅱ、Ⅲ、Ⅳ等几种。

（三）带传动的弹性滑动及其传动比

1. 带传动的受力分析

为保证带传动正常工作，传动带必须以一定的张紧力紧套在带轮上。当传动带静止时，带两边承受相等的拉力，称为初拉力 F_0，如图 1-50a 所示。当传动带传动时，由于带与带轮接触面间摩擦力的作用，带两边的拉力不再相等，如图 1-50b 所示。绕入主动轮的一边被拉紧，拉力由 F_0 增大到 F_1，称为紧边；绕入从动轮的一边被放松，拉力由 F_0 减少为 F_2，称为松边。设环形带的总长度不变，则紧边拉力的增加量 $F_1 - F_0$ 应等于松边拉力的减少量 $F_0 - F_2$，即

$$F_0 = \frac{1}{2}(F_1 + F_2) \tag{1-2}$$

带两边的拉力之差 F 称为带传动的有效拉力。实际上 F 是带与带轮之间摩擦力的总和，在最大静摩擦力范围内，带传动的有效拉力 F 与总摩擦力相等，F 同时也是带传动所传递的圆周力，即

$$F = F_1 - F_2 \tag{1-3}$$

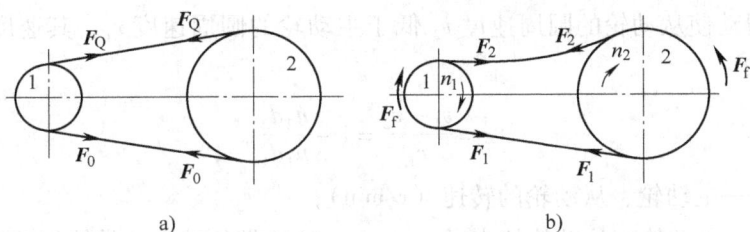

图 1-50　带传动的工作原理图

【特别提示】

在一定的初拉力 F_0 作用下，带与带轮接触面间摩擦力的总和有一极限值。当带所传递的圆周力超过带与带轮接触面间摩擦力总和的极限值时，带在带轮上将发生明显的相对滑动，这种现象称为打滑。带打滑时从动轮转速急剧下降，使传动失效，同时也加剧了带的磨损，因此应避免出现带打滑现象。

带所传递的圆周力 F 与下列因素有关：

（1）初拉力 F_0　F 与 F_0 成正比，增大初拉力 F_0，带与带轮间正压力增大，则传动时产生的摩擦力就越大，故 F 越大。但 F_0 过大会加剧带的磨损，致使带过快松弛，缩短其工作寿命。

（2）摩擦因数 f　摩擦因数 f 越大，摩擦力也越大，F 就越大。f 与带和带轮的材料、表面状况、工作环境、条件等有关。

（3）包角 α　F 随 α 的增大而增大。因为增加 α 会使整个接触弧上摩擦力的总和增加，从而提高传动能力。因此水平装置的带传动常将松边放置在上边，以增大包角。由于大带轮的包角大于小带轮的包角，打滑首先在小带轮上发生，所以只需考虑小带轮的包角。

2. 带传动的弹性滑动和传动比

传动带是弹性体，受到拉力后会产生弹性伸长，伸长量随拉力大小的变化而改变。带由紧边绕过主动轮进入松边时，带内拉力由 F_1 减小为 F_2，其弹性伸长量也由 δ_1 减小为 δ_2。这说明带在绕经带轮的过程中，相对于轮面向后收缩了 $\Delta\delta$（$\Delta\delta = \delta_1 - \delta_2$），带与带轮轮面间出现局部相对滑动，导致带的速度逐渐小于主动轮的圆周速度，如图 1-51 所示。同样，当带由松边绕过从动轮进入紧边时，拉力增加，带逐渐被拉长，沿轮面产生向

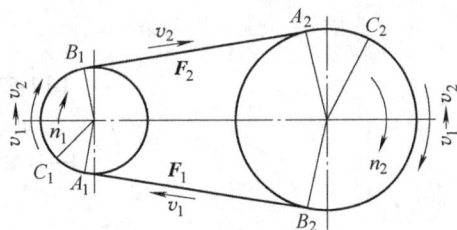

图 1-51　带传动的弹性滑动

前的弹性滑动，使带的速度逐渐大于从动轮的圆周速度。这种由于带的弹性变形而产生的带与带轮间的滑动称为弹性滑动。

【特别提示】

弹性滑动和打滑是两个截然不同的概念。打滑是指过载引起的全面滑动，是可以避免的。而弹性滑动是由拉力差引起的，只要传递圆周力，就必然会发生弹性滑动，所以，弹性滑动是不可避免的。

带的弹性滑动使从动轮的圆周速度 v_2 低于主动轮的圆周速度 v_1，其速度的降低率用滑动率 ε 表示，即

$$\varepsilon = \frac{v_1 - v_2}{v_1} = 1 - \frac{n_2 d_2}{n_1 d_1} \qquad (1\text{-}4)$$

式中　n_1、n_2——主动轮、从动轮的转速（r/min）；

　　　d_1、d_2——主动轮、从动轮的直径（mm），对 V 带传动则为带轮的基准直径。

由上式得带传动的传动比为

$$i = \frac{n_1}{n_2} = \frac{d_2}{d_1(1 - \varepsilon)} \qquad (1\text{-}5)$$

因带传动的滑动率 $\varepsilon = 0.01 \sim 0.02$，其值很小，所以在一般传动计算中可不予考虑。

（四）V 带的张紧装置

带传动工作一段时间后就会由于塑性变形而松弛，初拉力减小、传动能力下降时必须要调整带的张紧度，常用的张紧方式可分为调整中心距方式与张紧轮方式两类。

1. 调整中心距方式

（1）定期张紧　定期调整中心距以恢复张紧力。常见的有滑道式（见图 1-52a）和摆架式（见图 1-52b）两种，一般通过调节螺钉来调节中心距。滑道式适用于水平传动或倾斜不大的传动场合。

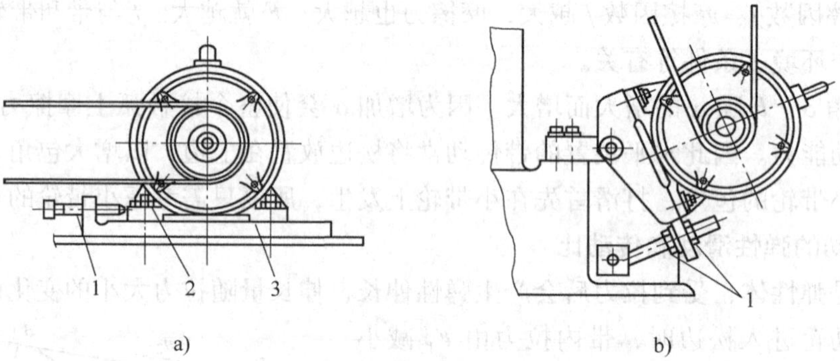

图 1-52　带的定期张紧装置

a）滑道式　b）摆架式

1—调整螺钉　2—螺母　3—机架

（2）自动张紧　自动张紧将装有带轮的电动机安装在浮动的摆架上，利用电动机的自重张紧传动带，通过载荷的大小自动调节张紧力，如图 1-53 所示。

2. 张紧轮方式

若带传动的轴间距不可调整时，可采用张紧轮装置。

1）调位式内张紧轮装置如图 1-54a 所示。

2）摆锤式内张紧轮装置如图 1-54b 所示。

张紧轮一般设置在松边的内侧且靠近大轮处。若设置在外侧时，则应使其靠近小轮，这样可以增加小带轮的包角，提高带的疲劳强度。

图 1-53　带的自动张紧装置

a)　　　　　　　　　b)

图 1-54　张紧轮装置

（五）带传动的安装与维护

1. 带传动的安装

（1）带轮的安装　平行轴传动时，各带轮的轴线必须保持规定的平行度。各轮宽的中心线，V带轮、多楔带轮的对应轮槽中心线，平带轮面凸弧的中心线均应共面且与轴线垂直，否则会加速带的磨损，降低带的寿命，如图 1-55 所示。

（2）传动带的安装

1）通常应通过调整各轮中心距的方法来装带和张紧。切忌硬将传动带从带轮上拔下或扳上，严禁用撬棍等工具将带强行撬入或撬出带轮。

2）在带轮轴间距不可调而又无张紧轮的场合下，安装聚酰胺片基平带时，应在带轮边缘垫布以防刮破传动带，并应边转动带轮边套带。安装同步带时在多处同时缓慢地将带移动，以保持带能平齐移动。

正确　　　　错误

图 1-55　两带轮的相对位置

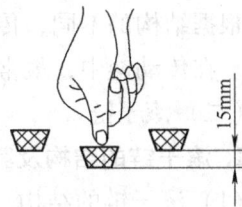

3）同组使用的 V 带应型号相同、长度相等，不同厂家生产的 V 带、新旧不一的 V 带不能同组使用。

4）安装 V 带时，应按规定的初拉力张紧。对于中等中心距的带传动，也可凭经验张紧，带的张紧程度以大拇指能将带按下 15mm 为宜，如图 1-56 所示。

5）新带使用前，最好预先拉紧一段时间后再使用。

图 1-56　V 带的张紧程度

2. 带传动的维护

1）带传动装置外面应加防护罩，以保证安全，防止带与酸、碱或油接触而腐蚀传动带。

2）带传动不需润滑，禁止往带上加润滑油或润滑脂，应及时清理带轮槽内及传动带上的油污。

3）应定期检查胶带，如有一根松弛或损坏则应全部更换新带。

4）带传动的工作温度不应超过 10℃。

5）如果带传动装置需闲置一段时间后再用，应将传动带放松。

二、链传动

（一）链传动的组成、特点和类型

1. 链传动的组成

链传动是由装在平面轴上的主、从动链轮和绕在链轮上的环形链条所组成，如图1-57所示。工作时，通过链条与链轮轮齿的相互啮合来传递运动和动力。链传动是一种广泛应用的机械传动形式，通常应用于轴距较远的场合。

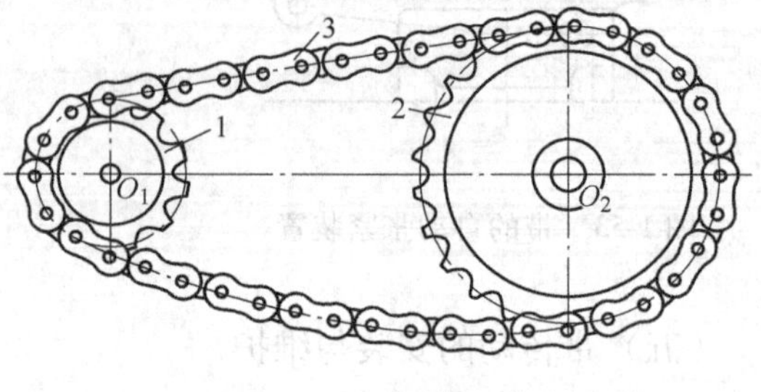

2. 链传动的特点

与带传动相比，链传动主要有以下特点：

1）链传动是有中间挠性件的啮合传动，无弹性滑动和打滑现象，能够保持准确的平均传动比。

图1-57　链传动
1—主动链轮　2—从动链轮　3—链条

2）张紧力小，作用在轴上的压力较小。

3）结构简单，易于标准化，制造、使用成本低。

4）对工作条件要求较低，能够在高温、多尘、油污等恶劣环境中工作。

5）链传动的瞬时传动比不恒定，从动链轮瞬时转速不均匀，具有传动平稳性较差，产生冲击和噪声等缺点，不宜用于高速的场合。

一般链传动的适用范围为传动功率$P \leqslant 100kW$，链速$v \leqslant 15m/s$，传动比$i \leqslant 7$，要求传动效率较高（封闭式链传动$\eta = 0.95 \sim 0.99$）的场合。

3. 链传动的类型

链传动所用的链条种类很多。按照用途不同，链可分为传动链、起重链和牵引链。

传动链用来传递运动和动力；起重链用于起重机械中提升重物；牵引链用于链式输送机中移动重物。

根据结构的不同，传动链又可分为滚子链、套筒链、弯板链、齿形链等多种，如图1-58所示。在传动链中，最常用的是滚子链。滚子链的结构简单，磨损较轻，应用较广。

（二）滚子链

1. 滚子链的结构及其标准

（1）滚子链的结构　滚子链的结构如图1-59a所示。它是由内链板1、外链板2、销轴3、套筒4和滚子5所组成。两片外链板与销轴之间采用过盈配合连接，构成外链节，如图1-59b所示。两片内链板与套筒也为过盈配合连接，构成内链节，如图1-59c所示。销轴穿过套筒，将内、外链节交替连接成链条。套筒与销轴之间为间隙配合，因而内、外链板可相对转动。滚子与套筒间亦为间隙配合，使链条与链轮啮合时形成滚动摩擦，以减轻磨损。链板做成8字形，使链板各截面强度大致相等，并减轻重量。

传动时，通过套筒绕销轴的自由转动，可使内、外链板之间作相对转动；同时，滚子在链轮的齿间滚动，以减轻与链轮轮齿之间的磨损。传动中链的磨损只发生在销轴与套筒的接触面上，因此，内、外链板间应留少许间隙，以便润滑油渗入销轴和套筒的摩擦面间。

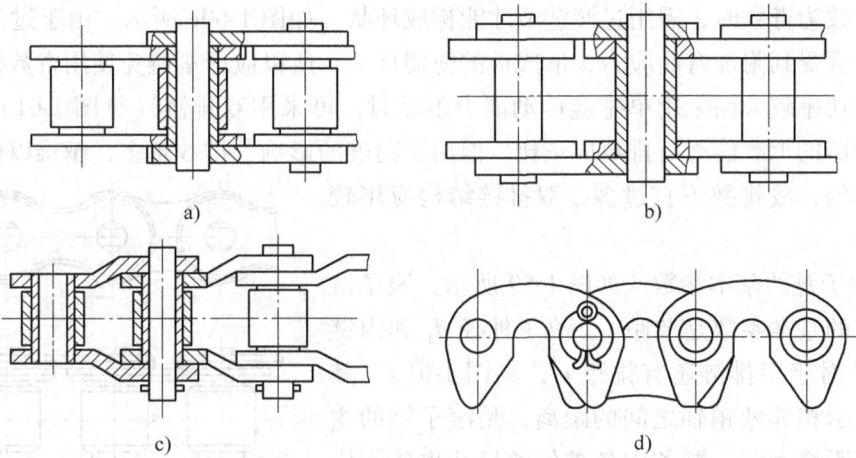

图 1-58　链传动的类型

a）滚子链　b）套筒链　c）弯板链　d）齿形链

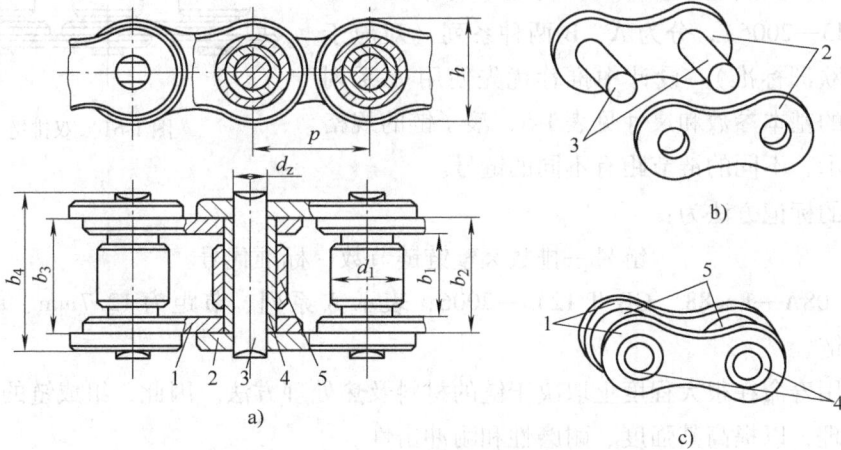

图 1-59　滚子链的结构

a）滚子链构成　b）单排外链节　c）单排内链节

1—内链板　2—外链板　3—销轴　4—套筒　5—滚子

　　链条的长度常用链节数表示。链节数一般取为偶数，这样在构成环状时，可使内、外链板正好相接。为了形成链节首尾相连的环形链条，要用接头加以连接。接头处可采用图 1-60a 所示的开口销或图 1-60b 所示的弹簧卡片来固定，一般前者用于大节距，后者用于小节

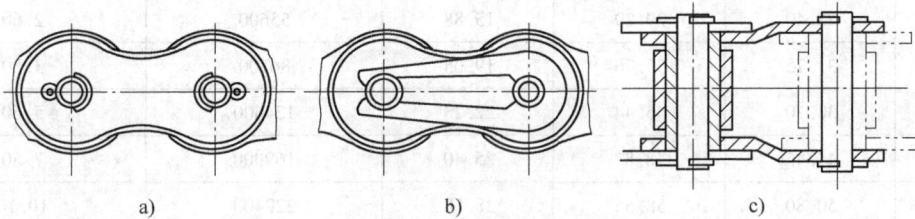

图 1-60　连接链节

a）开口销　b）弹簧卡片　c）过渡链节

距。当链节数为奇数时，需用过渡链节才能构成环状，如图 1-60c 所示。由于过渡链节的弯链板工作时会受到附加弯曲应力，形成链的薄弱环节，所以应尽量避免使用奇数链节。

当传递功率较大而采用单排链传动能力不足时，可采用双排链（见图 1-61）或多排链结构。多排链的承载能力与排数成正比。但由于精度的影响，排数越多，越难以保证各排链所受载荷均匀，故排数不宜过多，双排链结构应用较多。

（2）滚子链的基本参数 如图 1-59 所示，滚子链和链轮啮合的基本参数是节距 p、滚子外径 d_1 和内链节内宽 b_1（对于多排链还有排距 p_t，见图 1-61）。其中节距 p 表示相邻两销轴之间的距离，是滚子链的主要参数。节距增大时，链条中各零件的尺寸也要相应地增大，可传递的功率也随着增大。

滚子链结构及其基本参数与尺寸已经标准化（参见 GB/T 1243—2006），分为 A、B 两种系列（对应于美国标准、欧洲标准）。设计中推荐优先使用 A 系列链。滚子链的基本参数和尺寸见表 1-5，滚子链的规格用链号来表示，不同的链节距有不同的链号。

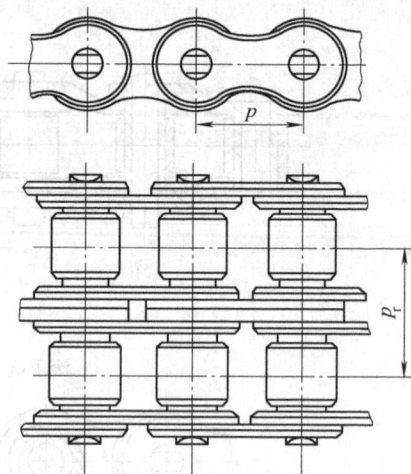

图 1-61 双排链

滚子链的标记方法为：

链号—排数×整链链节数 标准代号

例 1-4 08A—1×88 GB/T 1243—2006，表示 A 系列、节距为 12.7mm、单排、88 节组成的滚子链。

链的使用寿命在很大程度上取决于链的材料及热处理方法。因此，组成链的所有元件均需经过热处理，以提高其强度、耐磨性和耐冲击性。

表 1-5 A 系列滚子链的基本参数和尺寸

链号	节距 p/mm	排距 p_t/mm	滚子外径 d_r/mm	单排极限拉伸载荷 F_Q/N	单排单位长度质量 q/(kg/m)
08A	12.7	14.38	7.95	13800	0.60
10A	15.875	18.11	10.16	21800	1.00
12A	19.05	22.78	11.91	31100	1.50
16A	25.40	29.29	15.88	55600	2.60
20A	31.75	35.76	19.05	86700	3.80
24A	38.10	45.44	22.23	124600	5.60
28A	44.45	48.87	25.40	169000	7.50
32A	50.80	58.55	28.58	222400	10.10
40A	63.50	71.55	39.68	347000	16.10
48A	76.20	87.83	47.63	500400	22.60

2. 滚子链链轮结构

（1）链轮的齿形　在链轮上制有特殊齿形的齿，通过轮齿与链节相啮合而进行传动。链轮的齿形应保证链轮与链条接触良好、受力均匀，链节能顺利地进入和退出与轮齿的啮合。链轮的标准齿形已有国标规定，并用标准刀具以展成法加工。

根据 GB/T 1244—2006 的规定，链轮端面的齿形推荐采用"三圆弧一直线"的形状，如图 1-62 所示，齿形是由三段圆弧和一段直线 bc 组成的。

（2）链轮的基本参数和主要尺寸　链轮的基本参数包括齿数 z、节距 p、滚子外径 d_r、分度圆直径 d。分度圆是指链轮上销轴中心所处的被链条节距等分的圆，如图 1-62 所示。

链轮主要尺寸的计算公式为：

分度圆直径
$$d = p \big/ \sin\left(\frac{180°}{z}\right)$$

齿顶圆直径
$$d_a = p\left(0.54 + \cot\frac{180°}{z}\right)$$

齿根圆直径
$$d_f = d - d_r$$

（3）链轮结构　作为典型的盘类零件，链轮按照尺寸大小进行选取。当链轮尺寸较小时，可制成整体式，如图 1-63a 所示；中等直径的链轮可采用图 1-63b 所示孔板式结构；直径较大的链轮可采用图 1-63c 所示焊接结构或图 1-63d 所示装配式组合结构。

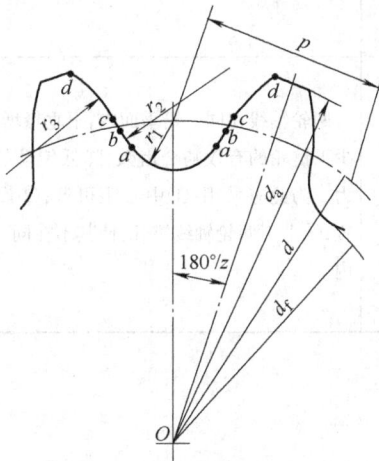

图 1-62　滚子链链轮端面齿形

图 1-63　链轮的结构

（4）制造材料　链轮的材料应保证具有足够的强度和良好的耐疲劳性。通常采用碳钢或合金钢制造，齿面经过热处理，保证足够的强度和耐磨性。

（三）链传动的布置、张紧和润滑

1. 链传动的布置

为使链传动能工作正常，应注意其合理布置，提高链传动的工作能力和使用寿命，布置的原则：

1）两链轮的回转平面应在同一垂直平面内，否则易使链条脱落和产生不正常的磨损。

2）两链轮中心连线最好是水平的，或与水平面成45°以下的倾角，尽量避免垂直传动，以免与下方链轮啮合不良或脱离啮合。

3）常见合理布置形式参见表1-6。

表1-6　链传动的布置

$i = 2 \sim 3$ $a = (30 \sim 50)p$		两轮轴线在同一水平面上,紧边在上边较好,但必要时,也允许紧边在下边
$i > 2$ $a < 30p$		两轮轴线不在同一水平面上,松边应在下面,否则松边下垂量增大,链条易与小链轮卡死
$i < 1.5$ $a > 60p$		两轮轴线在同一水平面上,松边应在下面,否则下垂量增大,松边可能与紧边相碰,需经常调整中心距
i, a 为任意值		两轮轴线在同一铅垂面内,下垂量增大,会减少下链轮的有效啮合齿数,降低传动的工作能力。为此应采用:①中心距可调;②设张紧装置;③上下两轮轴线错开,使其不在同一铅垂面内

注：表中 i 为链传动的平均传动比；a 为实际中心距。

2. 链传动的张紧

链条的张紧作用不同于带传动的张紧，其目的是防止链条由于松边垂度过大而引起啮合不良和链条振动。张紧力并不决定链的工作能力，而只是决定垂度的大小。链条松边的垂度 f 可以用图1-64所示方法测量。合适的松边垂度为

$$f = (0.01 \sim 0.02)a$$

式中　a——链传动中心距（mm）。

当链条松边的垂度过大时，需进行张紧。张紧的方法很多，最常见的是移动链轮以增大两轮的中心矩。但如中心距不可调时，可以去掉 $1 \sim 2$ 个链节，缩短链长，使

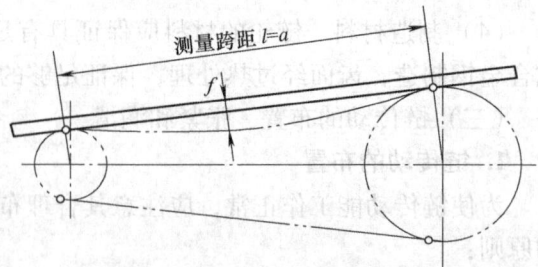

图1-64　垂度测量

链张紧；也可以采用图 1-65 所示的装置进行张紧。其中，图 1-65a、b 所示的是利用弹簧的弹力或重锤的重力调整张紧轮的位置，实现对链条的自动张紧。一般应使张紧轮安装在靠近主动链轮一端的松边外侧，而且使张紧轮的直径与小链轮相近。图 1-65c 所示的是利用调节螺杆，通过托板实现对链条的定期张紧。托板应衬上橡胶、塑料或胶木等材料，以减少链条的磨损。特别是中心距大的链传动，用托板控制垂度更为合理。

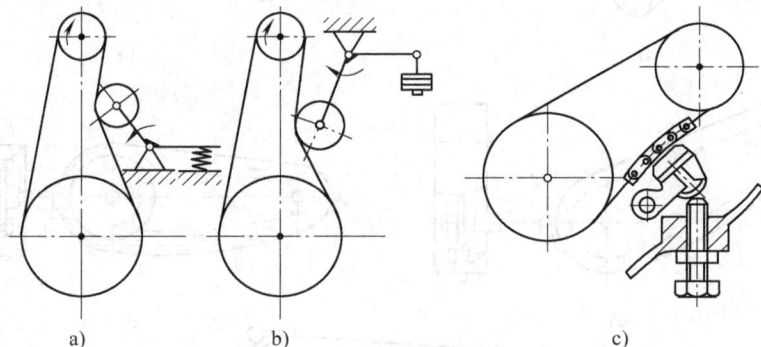

图 1-65 链传动的张紧装置

3. 链传动的润滑

链传动的润滑至关重要。良好的润滑能有利于缓和冲击，减轻磨损，延长使用寿命。链传动的润滑方法可根据图 1-66 选取。

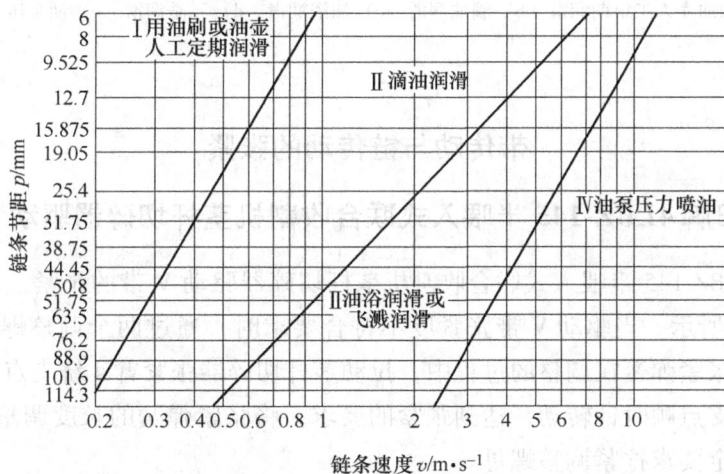

图 1-66 链传动润滑方式的选择

链传动通常有四种润滑方式：Ⅰ用油刷或油壶人工定期润滑；Ⅱ滴油润滑，用油杯通过油管向松边内外链板间隙处滴油；Ⅲ油浴润滑或飞溅润滑，采用密封的传动箱体，前者链条及链轮一部分浸入油中，后者采用直径较大的甩油盘溅油；Ⅳ油泵压力喷油润滑，用油泵经油管向链条连续供油，循环油可起润滑和冷却的作用。链传动的润滑如图 1-67 所示。

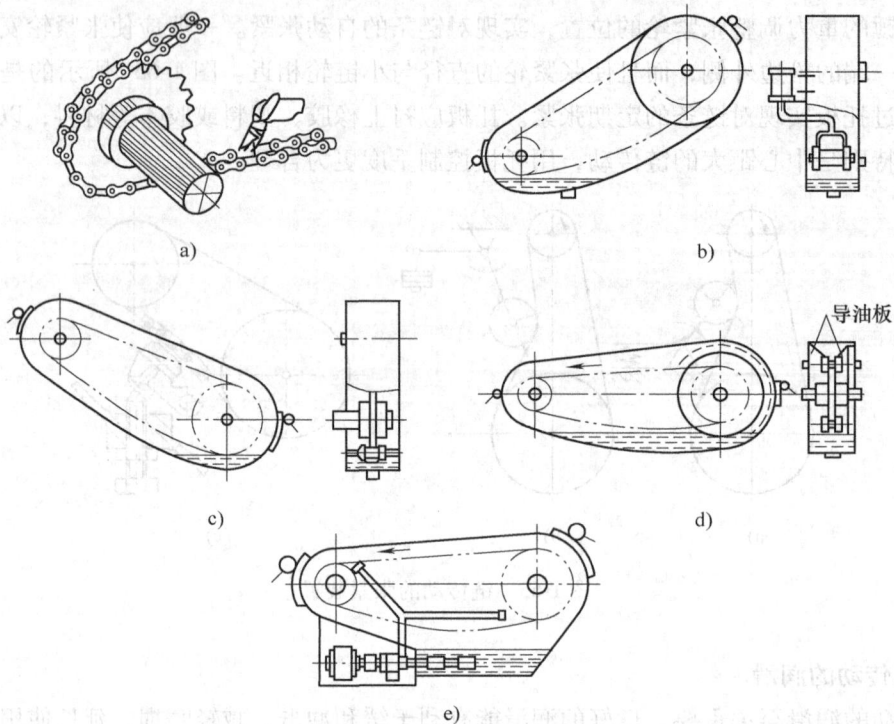

图 1-67 链传动的润滑

a）用油刷和油壶人工定期润滑　b）滴油润滑　c）油浴润滑　d）飞溅润滑　e）油泵压力喷油润滑

▶▶ 任务实施

带传动与链传动的张紧

一、久保田牌 4LBZ-145 半喂入式联合收割机茎杆切碎器驱动 V 带的张紧

久保田牌 4LBZ-145 半喂入式联合收割机茎杆切碎器驱动 V 带的张紧，是通过张紧轮张紧的，如图 1-68 所示。当驱动 V 带张紧度不符合要求时，通过两个调整螺母 6，调整张紧弹簧 5 的长度，张紧弹簧在调整的过程中，拉动茎杆切碎器张紧臂 4 绕支点顺时针转动，带动张紧轮 1 也绕支点顺时针转动，达到张紧的要求，将张紧弹簧的长度调整至 163～167mm 的范围内，按规定要求拧紧调整螺母。

二、链传动张紧

1. 发动机链传动的张紧

链传动噪声小，工作可靠性好，应用于凸轮轴上置式发动机上，如图 1-69 所示。链传动工作时，链条应具有一定的张力，以免产生振动、噪声以及发生脱链现象。因此，在链传动机构中，装有导链板，并在链条的松边装置张紧轮。调整张紧轮的位置，即可改变链条的张力。

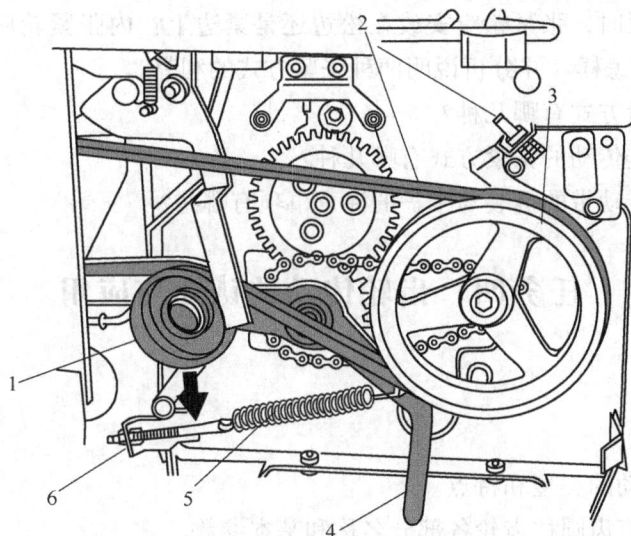

图 1-68　联合收割机茎秆切碎器驱动 V 带的张紧装置

1—张紧轮　2—茎秆切碎器驱动 V 带　3—带轮　4—茎秆切碎器张紧臂

5—张紧弹簧　6—调整螺母

2. 久保田牌 4LBZ-145 半喂入式联合收割机脱粒齿形链的张紧

久保田牌 4LBZ-145 半喂入式联合收割机脱粒齿形链的张紧，如图 1-70 所示。当脱粒齿形链伸长松旷时，拧松两个调整螺母 4，调整张紧弹簧 3 的伸长量，使张紧臂 2 拉动张紧轮 1，实现对脱粒齿形链进行张紧，将张紧弹簧的长度调整至 150～154mm 时，按规定要求拧紧调整螺母 4。

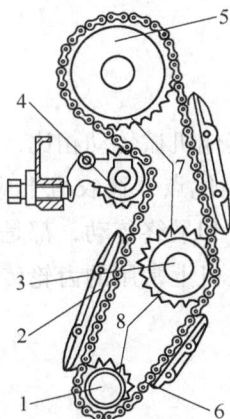

图 1-69　链传动在发动机上的应用

1—曲轴正时链轮　2—导链板　3—中间链轮

4—张紧轮　5—凸轮轴正时链轮　6—链传动

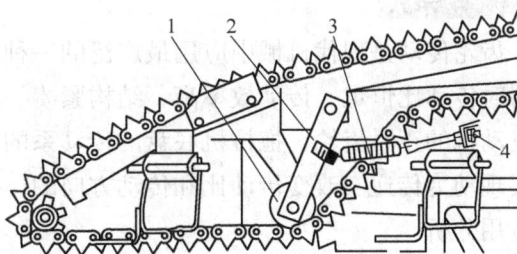

图 1-70　收割机脱粒链条张紧装置

1—张紧轮　2—张紧臂　3—张紧弹簧　4—调整螺母

练习与思考

1. 带传动的弹性滑动和打滑是怎样产生的？它们对传动有何影响？是否可以避免？

2. 带传动张紧的目的是什么？有几种张紧方式？

3. 用张紧轮张紧时，张紧轮应安放在松边还是紧边上？内张紧轮应靠近大带轮还是小带轮？外张紧轮又该怎样？并分析说明两种张紧方式的利弊。

4. 链传动的润滑方式有哪几种？

5. 农机上常用链传动的张紧方式有哪几种？

6. 农用发动机传动带的拆装与维护的注意事项有哪些？

任务四　齿轮传动的认知与应用

任务要求

☞知识点：

1）熟悉齿轮传动的类型和特点。

2）掌握渐开线直齿圆柱齿轮各部分名称和基本参数。

3）掌握渐开线直齿圆柱齿轮传动的正确啮合条件。

4）掌握斜齿圆柱齿轮传动的特点和应用。

5）熟悉锥齿轮传动、蜗杆传动的特点。

☞技能点：

1）能识别渐开线直齿圆柱齿轮的各部位名称，了解齿轮正确啮合的条件。

2）具备根据齿轮实物进行测量和计算相关参数的能力。

3）具备针对不同齿轮传动的失效形式采取对应处理措施的能力。

4）具备正确判断锥齿轮传动、蜗杆传动传动方向的能力。

任务导入

齿轮传动是现代机械中应用最广泛的一种机械传动。与其他机械传动相比，齿轮传动具有瞬时传动比恒定、传动效率高、结构紧凑、工作可靠性高等优点，在农机上应用很广泛，如发动机的正时齿轮，拖拉机底盘的传动系的变速器、驱动桥和最终传动，都是通过齿轮传动实现动力传递、改变传动比和传动方向的。本任务就是对农机上常用的齿轮传动进行认知和应用分析。

相关知识

一、齿轮传动的类型和特点

1. 齿轮传动的分类

按照轴线的相对位置，可将其分为平面齿轮机构和空间齿轮机构两大类。两轴平行的齿轮传动称为平面齿轮传动或圆柱齿轮传动；两轴不平行的齿轮传动称为空间齿轮传动。

按照工作条件，齿轮传动可分为闭式传动和开式传动。闭式传动的齿轮封闭在刚性箱体内，润滑和工作条件良好，重要的齿轮传动都采用闭式传动；开式传动的齿轮是外露的，不能保证良好的润滑，且易落入灰尘、杂质，故齿面易磨损，只适用于低速传动。

此外还可以按速度高低、载荷大小、齿廓曲线形状、齿面硬度进行分类。常用齿轮传动的类型如图 1-71 所示。

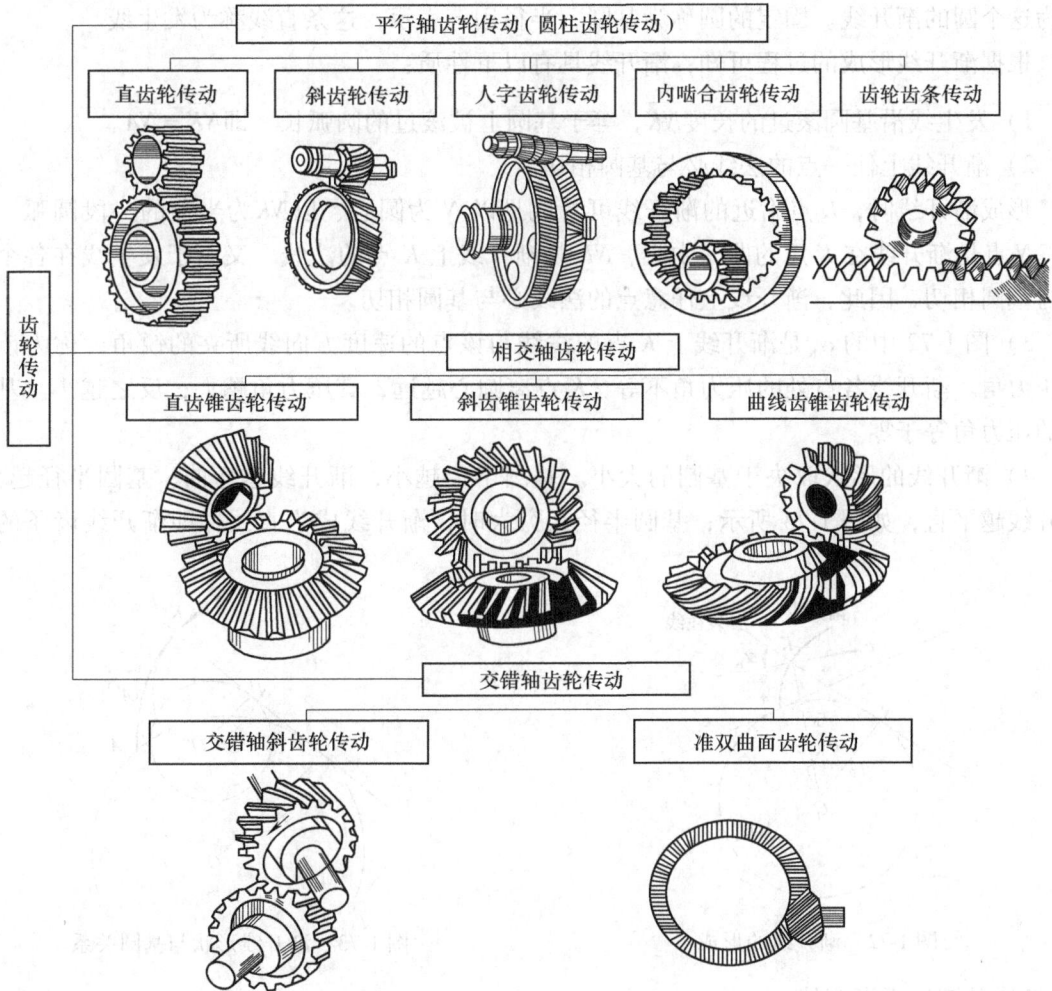

图 1-71　齿轮传动类型

2. 齿轮传动的特点

与其他机械传动相比，齿轮传动的主要特点是：瞬时传动比（两齿轮瞬时角速度之比）恒定、传递功率的范围大、效率高（$\eta = 0.92 \sim 0.98$）；寿命长；结构紧凑，工作可靠性高；传递空间位置两轴间的运动及功率和速度适用范围广等。但齿轮传动的制造和安装精度要求高、成本高，不适用于中心距较大的传动。

二、渐开线直齿圆柱齿轮啮合及其传动

齿轮的轮齿齿廓曲线并非随意选取的，为了保证齿轮传动的平稳性，对齿轮齿廓曲线的特性有一定的要求，即任一瞬时的传动比恒定。满足这一要求的齿廓曲线有渐开线、摆线、

圆弧等，目前广泛用于各类机械的齿轮齿廓曲线是渐开线，称为"渐开线齿轮"。

（一）渐开线的形成和性质

如图 1-72 所示，当一直线沿着固定的圆作纯滚动时，直线上任意一点 K 的轨迹曲线 AK 称为这个圆的渐开线。固定的圆称为基圆，半径用 r_b 表示，这条直线称为发生线。

根据渐开线形成的过程可知，渐开线具有以下性质：

1）发生线沿基圆滚过的长度 $\overline{NK}$，等于基圆上被滚过的圆弧长，即 $\overline{NK} = \overarc{NA}$。

2）渐开线上任一点的法线必与基圆相切。

形成渐开线时，K 点附近的渐开线可看成是以 N 为圆心、以 $\overline{NK}$ 为半径的一段圆弧。因此，N 点是渐开线在 K 点的曲率中心，NK 是渐开线上 K 点的法线。又由于发生线在各个位置与基圆相切，因此，渐开线上任意点的法线必与基圆相切。

3）图 1-72 中的 α_K 是渐开线上 K 点的法线与该点的速度方向线所夹的锐角，称为该点的压力角。渐开线各点处的压力角不等，K 点离圆心越远，其压力角越大；反之越小。基圆上的压力角等于零。

4）渐开线的形状取决于基圆的大小。基圆半径越小，渐开线越弯曲；基圆半径越大，渐开线越平直，如图 1-73 所示；基圆半径无穷大时，渐开线成为直线，即渐开线齿条的齿廓。

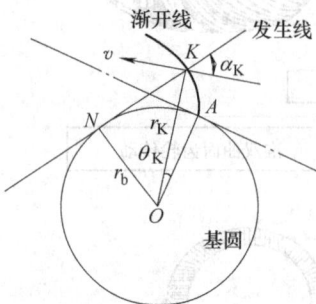

图 1-72　渐开线的形成　　　　　　图 1-73　渐开线形状与基圆关系

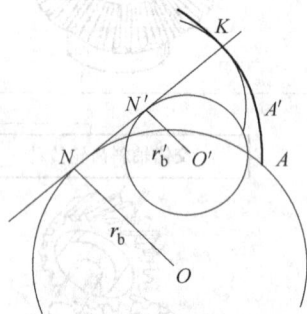

5）基圆内无渐开线。

（二）渐开线齿轮的啮合特性

如图 1-74 所示，一对齿轮的渐开线齿廓在 K 点相啮合，它们的基圆半径分别为 r_{b1} 和 r_{b2}。过 K 点作这对齿廓的公法线 N_1N_2，由渐开线的性质可知，N_1N_2 必同时与两基圆相切，切点为 N_1、N_2，切线 N_1N_2 是两基圆的内公切线。由于基圆在同一方向的内公切线仅有一条，故无论两齿廓在何处接触（如图中 K' 点），过接触点所作两齿廓的公法线都一定和 N_1N_2 相重合，所以 N_1N_2 称为啮合线。

公法线 N_1N_2 与连心线 O_1O_2 相交于 C 点，称为节点。分别以 O_1、O_2 为圆心，以 O_1C、O_2C 为半径所作的圆称为节圆。由于其基圆半径 r_{b1} 和 r_{b2} 不变，则其内公切线 N_1N_2 是唯一的，交点 C 必为一定点，所以两齿轮的传动比为

$$i = \frac{\omega_1}{\omega_2} = \frac{\overline{O_2C}}{\overline{O_1C}} = \frac{r_{b2}}{r_{b1}} = 常数 \tag{1-6}$$

式（1-6）说明，渐开线齿廓啮合能保证瞬时传动比恒定不变。

（三）渐开线齿轮啮合传动的特点

1. 渐开线齿轮中心距的可分性

由式（1-6）可知：一对齿轮的传动比为两基圆半径的反比，而与中心距无关。因此，在齿轮传动实际工作中，当两齿轮的中心距稍有变化时，其瞬时传动比仍保持不变，这是因为已制好的两齿轮基圆不会改变。这个特点称为渐开线齿轮中心距的可分性。由于齿轮制造误差和安装误差等原因，常使渐开线齿轮的实际中心距与设计中心距之间产生一定误差，但因有可分性的特点，其传动比仍保持不变。

2. 啮合角为定值

在图 1-74 中，过节点 C 作两节圆的公切线 t-t，它与啮合线 N_1N_2 间所夹的锐角称为啮合角，用 α' 表示。可得

图 1-74 渐开线齿廓的啮合

$$\cos\alpha' = \frac{r_{b1}}{r_1'} = \frac{r_{b2}}{r_2'} = 常数$$

上式说明渐开线齿廓在啮合时啮合角 α' 为定值。由于啮合角不改变，则表明齿廓间的压力角方向不会改变，因此，对齿轮传动的平稳性很有利。

【特别提示】

只有在一对齿轮相互啮合的情况下，才有节圆和啮合角，单个齿轮不存在节圆和啮合角。

（四）渐开线标准直齿圆柱齿轮的各部分名称和符号

1. 齿轮各部分的名称

图 1-75 所示为直齿圆柱齿轮各部分的名称和符号。

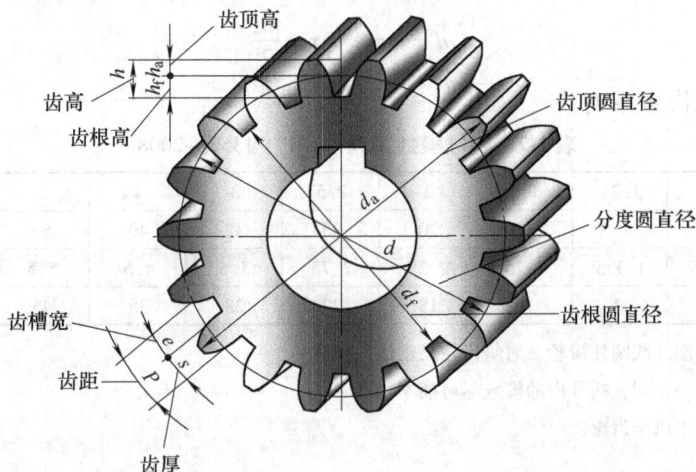

图 1-75 直齿圆柱齿轮各部分的名称和符号

（1）齿槽　齿轮上相邻两轮齿之间的空间，称为齿槽。

（2）齿顶圆　轮齿顶部所在圆称为齿顶圆，其直径（半径）用 $d_a(r_a)$ 表示。

（3）齿根圆　齿槽底部所在的圆称为齿根圆，其直径（半径）用 $d_f(r_f)$ 表示。

（4）分度圆　为了设计、制造的方便，在齿轮上规定了一圆，作为计算齿轮各部分尺寸的基准，该圆称为分度圆，其直径用 d 表示。

（5）齿槽宽　分度圆上，一个齿槽的两侧齿廓之间的弧长称为齿槽宽，用 e 表示。

（6）齿厚　分度圆上，一个齿的两侧齿廓之间的弧长称为齿厚，用 s 表示。

（7）齿距　分度圆上，两个相邻齿同侧齿廓之间的弧长称为齿距，用 p 表示，即 $p = s + e$。

（8）齿顶高　齿顶圆与分度圆之间的径向距离称为齿顶高，用 h_a 表示。

（9）齿根高　齿根圆与分度圆之间的径向距离称为齿根高，用 h_f 表示。

（10）齿高　齿顶圆与齿根圆之间的径向距离称为齿高，用 h 表示。

（11）齿宽　齿轮的有齿部分沿分度圆柱面的素线方向量得的宽度称为齿宽，用 b 表示。

2. 基本参数

渐开线直齿圆柱齿轮的基本参数有齿数 z、模数 m、压力角 α、齿顶高系数 h_a^*、顶隙系数 c^* 等。

（1）齿数 z　在齿轮上整个圆周上轮齿的总数。

（2）模数 m　因为分度圆的周长 $\pi d = zp$，则分度圆的直径为 $d = zp/\pi$。由上式可知：当已知一直齿圆柱齿轮的齿距 p 和齿数 z，就可求出分度圆直径 d，但式中 π 为无理数，这样求得的 d 也是无理数，给齿轮设计、制造和检验带来不方便，因此，工程上规定齿距 p 除以圆周率 π 所得的商称为模数，用 m（单位为 mm）表示，即

$$m = \frac{p}{\pi}$$

于是，分度圆直径和半径为

$$d = mz, \quad r = \frac{mz}{2}$$

表 1-7 为标准模数系列。

表 1-7　标准模数系列（GB/T 1357—2008）

第一系列	1	1.25	1.5	2	2.5	3	4	5	6	8
	10	12	16	20	25	32	40	50		
第二系列	1.125	1.375	1.75	2.25	2.75	3.5	4.5	5.5	(6.5)	7
	9	11	14	18	22	28	35	45		

注：1. 本表适用于渐开线圆柱齿轮，对斜齿轮是指法向模数。

　　2. 优先采用第一系列，括号内的模数尽可能不用。

　　3. 本表不适用于汽车齿轮。

（3）压力角　如图 1-76 所示，在渐开线上不同点 K_1、K_2、K 的压力角各不相同，接近

基圆的渐开线上压力角小，远离基圆的渐开线上压力角大。通常所说的压力角，是指齿轮分度圆上的压力角，用 α 表示。

$$\cos\alpha = \frac{r_b}{r}$$

或 $d_b = 2r_b = 2\arccos\alpha = mz\cos\alpha$，可见，只有 m、z、α 都确定了，齿轮的基圆直径 d_b 才确定，渐开线形状才确定。因此，m、z、α 是决定轮齿渐开线形状的三个基本参数。我国规定标准压力角 $\alpha = 20°$。

（4）齿顶高系数 h_a^* 和顶隙系数 c^*　轮齿的齿顶高和齿根高规定用模数乘以某一系数来表示：

齿顶高为 $\qquad h_a = h_a^* m$

齿根高为 $\qquad h_f = (h_a^* + c^*)m$

齿高为 $\qquad\qquad h = h_a + h_f = (2h_a^* + c^*)m$

齿顶圆直径为 $\qquad d_a = d + 2h_a = (z + 2h_a^*)m,\ d_a = d - 2h_a$（内齿）

齿根圆直径为 $\qquad\qquad d_f = d - 2h_f,\ d_f = d + 2h_f$（内齿）

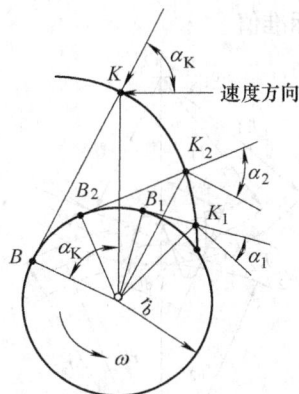

图 1-76　渐开线齿廓上的压力角

其中，h_a^* 为齿顶高系数，c^* 为顶隙系数。一对齿轮啮合时，一个齿轮的齿顶圆到另一个齿轮的齿根圆之间的径向距离，称为顶隙，用 c 表示，$c = c^* m$。顶隙可以避免传动时轮齿互相顶撞且有利于储存润滑油。国家标准规定：

正常齿 $\qquad\qquad h_a^* = 1,\ c^* = 0.25$

短齿 $\qquad\qquad h_a^* = 0.8,\ c^* = 0.30$

标准直齿圆柱齿轮是指模数 m、压力角 α、齿顶高系数 h_a^*、顶隙系数 c^* 都是标准值，且分度圆上的齿厚等于齿槽宽（即 $s = e$）的齿轮。内啮合齿条的几何尺寸计算，可查阅机械设计手册。

（五）渐开线直齿圆柱齿轮的啮合传动

1. 渐开线齿轮正确啮合条件

一对渐开线齿轮在传动时，两齿轮的齿廓啮合是沿啮合线 N_1N_2 进行的。为了保证轮齿的正常交替啮合，两齿轮相邻两齿同侧齿廓在啮合线上的距离必须相等，即 $KK_1 = KK_2$（见图 1-77a）。否则将出现相邻齿廓在啮合线上不接触（见图 1-77b）或重叠现象（见图 1-77c），而无法正确啮合传动。

根据渐开线性质可知，以 $KK_1 = p_{b1}$，$KK_2 = p_{b2}$，因此，两齿轮正确啮合条件是两齿轮基圆齿距相等，即

$$p_{b1} = p_{b2}$$

而 $p_b = \pi m\cos\alpha$，代入上式，则

$$m_1\cos\alpha = m_2\cos\alpha_2$$

由于模数和压力角已经标准化，故要满足上式，必须使

$$\begin{cases} m_1 = m_2 = m \\ \alpha_1 = \alpha_2 = \alpha \end{cases}$$

由上可知，渐开线直齿圆柱齿轮的正确啮合条件是：两齿轮的模数和压力角分别相等并为标准值。

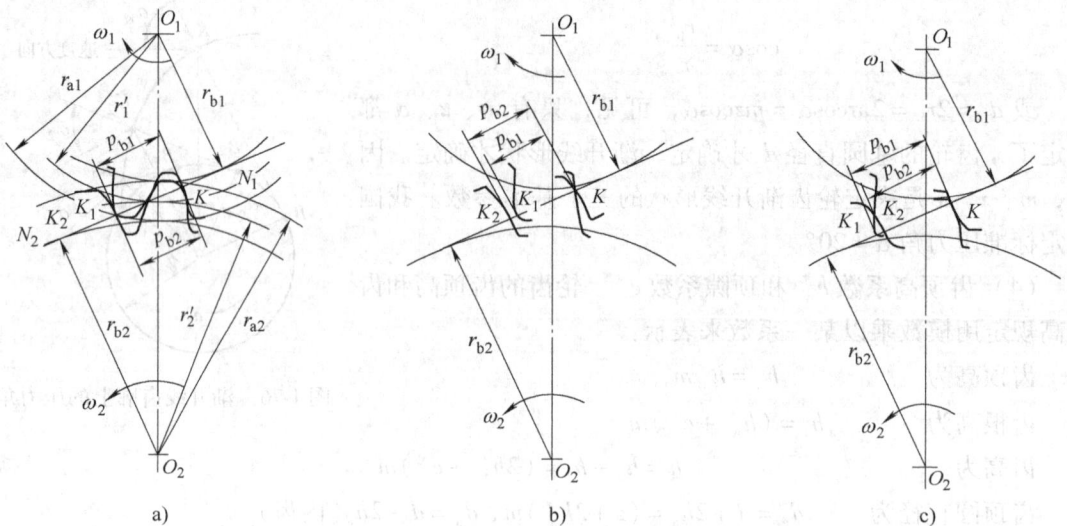

a)   b)   c)

图 1-77　渐开线齿轮正确啮合条件

2. 中心距和啮合角

一对相啮合的齿轮副考虑到齿轮的热膨胀、润滑和安装等因素应有侧隙（即一齿轮节圆的齿宽与另一齿轮节圆上的齿厚之差），但在实际齿轮传动中，只需要有微量侧隙即可，此间隙通常由齿轮的负偏差来保证，因而在设计时仍按无侧隙计算。

由于标准齿轮分度圆的齿厚和齿槽宽相等，又知正确啮合的一对渐开线齿轮模数相等，

故有 $s_1 = e_1 = s_2 = e_2 = \dfrac{\pi m}{2}$，若分度圆和节圆重合（即两分度圆相切，见图 1-78），则齿侧间隙为零。一对标准齿轮分度圆相切时的中心距称为标准中心距，用 a 表示，即

$$a = r'_1 + r'_2 = r_1 + r_2 = \frac{m}{2}(z_1 + z_2)$$

应当指出，分度圆和压力角是单个齿轮本身所具有的，而节圆和啮合角是一对齿轮啮合时才出现的。一对标准齿轮只有在分度圆和节圆重合时，压力角与啮合角才相等；否则，压力角与啮合角就不相等。

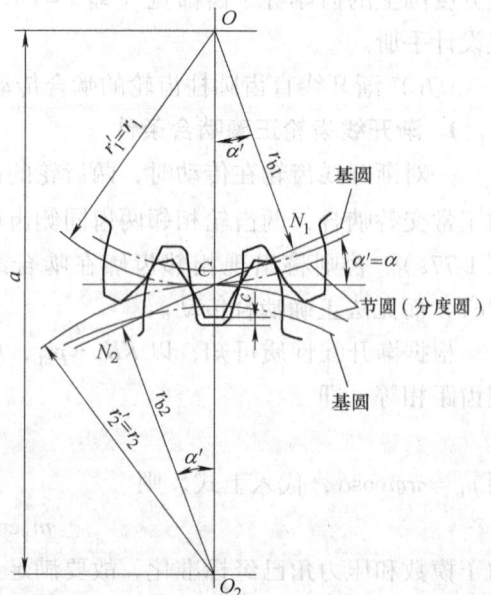

图 1-78　中心距和啮合角

3. 连续性条件和重合度

为了保证连续平稳传动，要求在前一对轮齿尚未脱离啮合前，后一对轮齿已经进入实际啮合线 $\overline{B_1 B_2}$ 区域内啮合。为此，必须使 $\overline{B_1 B_2}$

p_b。当 $\overline{B_1B_2} = p_b$ 时，除在 B_1、B_2 接触瞬间是两对轮齿接触外，始终只有一对轮齿处于啮合状态，如图 1-79a 所示；当 $\overline{B_1B_2} > p_b$ 时，表明前一对轮齿到达啮合终点 B_1 即将脱离啮合时，后一对轮齿刚刚在啮合起点 B_2 处啮合，如图 1-79b 所示；当 $\overline{B_1B_2} < p_b$ 时，表明前一对轮齿到达啮合终点 B_1 脱离啮合时，后一对轮齿尚未进入啮合，使传动中断，从而引起轮齿间相互冲击，影响传动的平稳性，如图 1-79c 所示。

综上所述，齿轮连续传动的条件是：两轮齿的实际啮合线 B_1B_2 应大于或等于齿轮的基圆齿距，即

$$\overline{B_1B_2} \geqslant p_b \quad \text{或} \quad \frac{\overline{B_1B_2}}{p_b} \geqslant 1$$

通常把 $\overline{B_1B_2}$ 与 p_b 的比值用 ε 来表示，ε 称为齿轮传动的重合度。

工程上考虑到齿轮的制造和装配的误差，因此，必须保证 $\varepsilon > 1$，一般取 $\varepsilon = 1.1 \sim 1.4$。

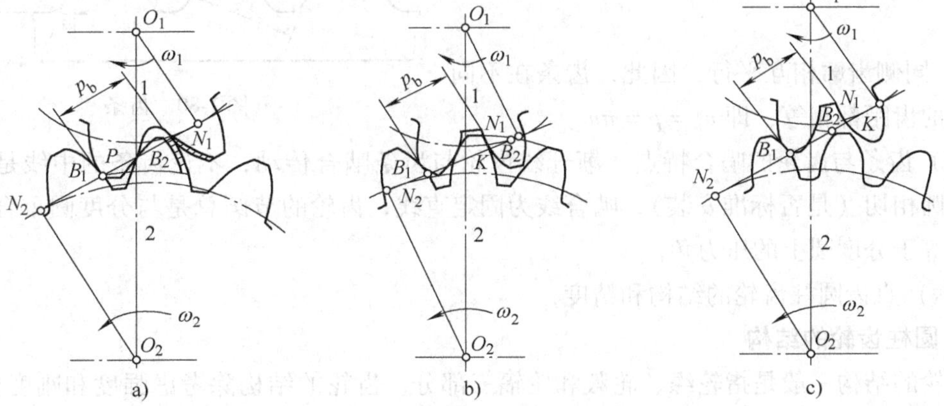

图 1-79 连续性传动条件

例 1-5 有一渐开线标准外啮合齿轮传动，已知 $m = 2\text{mm}$，$\alpha = 20°$，$h_a^* = 1$，$z_2 = 10$，若安装中心距比标准中心距大 1mm，试计算传动时两节圆半径及传动啮合角。

解：1）标准中心距为

$$a = \frac{m}{2}(z_1 + z_2) = \left[\frac{2}{2}(39 + 60)\right]\text{mm} = 99\text{mm}$$

按已知条件，安装中心距 $a' = a + 1\text{mm} = (99 + 1)\text{mm} = 100\text{mm}$。

2）由 $\begin{cases} a' = r_1' + r_2' = 100\text{mm} \\ \dfrac{r_2'}{r_1'} = \dfrac{z_2}{z_1} = \dfrac{60}{39} \end{cases}$，得

$$r_1' = 39.394\text{mm}, \quad r_2' = 60.606\text{mm}$$

而

$$r_1 = \frac{1}{2}mz_1 = \left(\frac{1}{2} \times 2 \times 39\right)\text{mm} = 39\text{mm}$$

$$r_2 = \frac{1}{2}mz_2 = \left(\frac{1}{2} \times 2 \times 60\right)\text{mm} = 60\text{mm}$$

可见 $a' > a$ 时，$d' > d$。

3）求啮合角。

$$\cos\alpha' = \frac{a}{a'}\cos\alpha = \frac{99}{100} \times \cos20° = 0.93030$$

$$\alpha' = 21°31'9''$$

说明：当 $a' > a$ 时，$\alpha' > \alpha$。

4. 齿条与齿轮传动

（1）**齿条及其特性**　齿条是基圆为无穷大的渐开线齿轮，其齿廓为直线，如图 1-80 所示。用以确定齿条尺寸的直线称为中线，中线上的齿厚等于槽宽，即 $s = e$。齿条与齿轮比较，有如下特点：

1）同侧齿廓上各点法线平行，齿条运动为沿中线的平动，因此，齿条上各点的压力角都相等，即 $\alpha_K = \alpha = 20°$。齿条的压力角又称为齿形角。

2）同侧齿廓相互平行，因此，齿条在不同高度上的齿距都相等，即 $p_K = p = \pi m$。

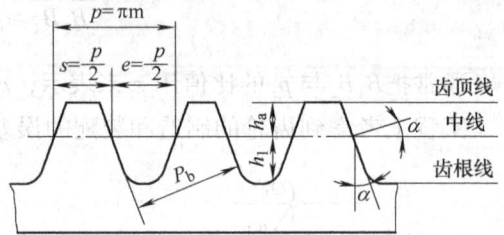

图 1-80　齿条

（2）**齿条与齿轮的啮合特点**　渐开线齿轮与齿条啮合传动，不论齿条的中线是否与齿轮的节圆相切（是否标准安装），啮合线为固定直线，齿轮的节圆总是与分度圆重合，啮合角总是等于分度圆上的压力角。

（六）直齿圆柱齿轮的结构和精度

1. 圆柱齿轮的结构

齿轮的结构一般是指轮缘、轮毂和轮辐三部分，齿轮的结构除考虑强度和刚度要求外，还要考虑工艺和经济方面的因素，通常是按经验公式或经验数据来确定齿轮的各部分形状和尺寸，根据齿轮的尺寸、制造方法和生产批量的不同，齿轮的结构可分为齿轮轴式、实心式、腹板式、轮辐式、镶圈式和剖分式等。

（1）**齿轮轴**　对于小直径的齿轮，若齿根圆与轴径相差不大，从而使齿轮不便采用键与轴相联接，造成齿轮齿根到键槽根部的距离 $\delta < 2.5m$（m 为模数）时，则可将齿轮和轴制成一体，这样的轴称为齿轮轴，如图 1-81 所示。齿轮轴的刚度较好，但齿轮损坏时，齿轮轴将整体报废，结果造成浪费。对直径（d）较大的齿轮，为便于制造和装配，应将齿轮和轴分开制造。

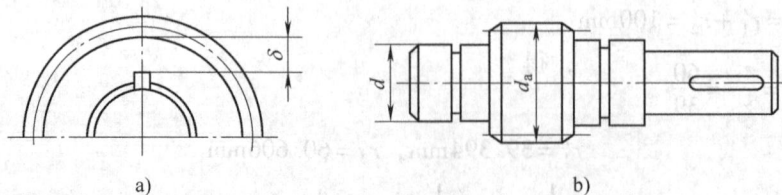

a)　　　　　　　　　b)

图 1-81　齿轮轴

（2）**实心式齿轮**　对于齿根圆到键槽底部的径向尺寸 $\delta > 2.5m$，齿顶圆直径 $d_a \leqslant 200mm$ 的齿轮，可采用锻造毛坯的实心式结构，如图 1-82 所示。单件或小批量生产且直径 $d_a <$

100mm 的齿轮，其毛坯也可以直接采用轧制圆钢。

（3）腹板式齿轮　齿顶圆直径 200mm $< d_a \leqslant 500$mm 的齿轮，一般采用腹板式结构，如图 1-83 所示。为了减轻重量、节省材料和便于搬运，在腹板上常制出圆孔。

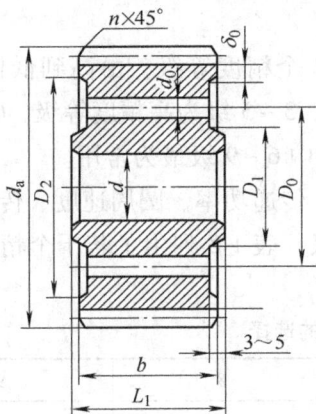

图 1-82　实心式齿轮

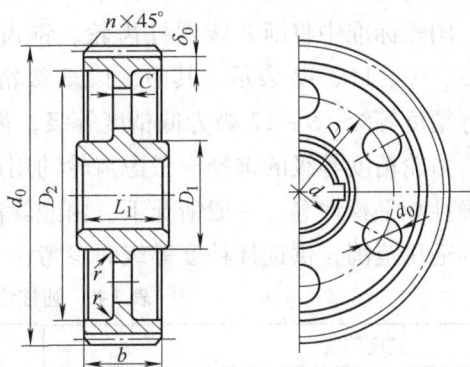

图 1-83　腹板式齿轮

（4）轮辐式齿轮　为了节省材料和减轻重量，齿顶圆直径 $d_a > 500$mm 的齿轮可采用轮辐式结构，如图 1-84 所示。轮辐式齿轮通常采用铸造毛坯，单件生产也可采用焊接结构的毛坯。

（5）镶圈式齿轮　对于尺寸很大（$d_a > 1000$mm）的齿轮，为了节约贵重金属材料，可采用镶圈式结构，如图 1-85 所示。它是把锻造或轧制的钢质轮缘镶套在铸钢或铸铁的轮芯上，并在镶套的接缝处加紧定螺钉。

（6）剖分式齿轮　对于尺寸很大的齿轮，因受运输、制造或装配条件的限制，不便或不能采用整体式结构时，可采用剖分式结构，如图 1-86 所示。

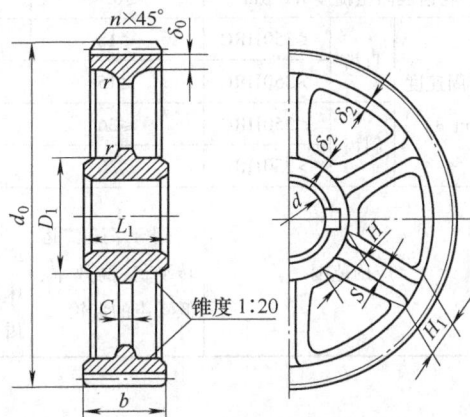

图 1-84　轮辐式齿轮结构

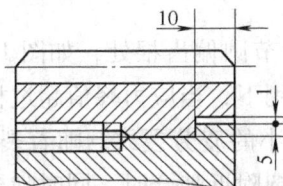

图 1-85　镶圈式齿轮结构

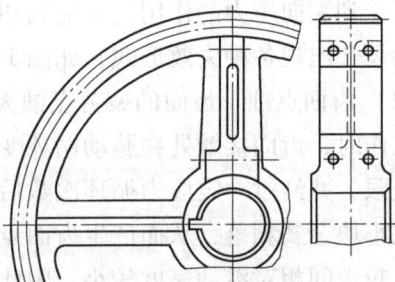

图 1-86　剖分式齿轮

2. 圆柱齿轮的精度

不同的工作条件，对齿轮传动有不同的要求，归纳起来，一般有四个方面的要求：传递运动准确，即传动比变化尽量小；传动平稳，振动和噪声小，避免产生动载荷和撞击；工作齿面接触良好，载荷分布均匀；有足够的但不是过大的侧隙。影响上述四方面要求的因素很多，但是，齿轮和齿轮副的误差大小是影响齿轮传动工作性能的重要因素。因此，应该对齿轮和齿轮副提出一定的检验项目，并规定精度等级。

国家标准中将渐开线圆柱齿轮、锥齿轮精度分为 12 个精度等级，由高到低依次用 1、2、3、…、11、12 表示，其中，1、2 级精度为待发展级，3～5 级为高精度等级，6～8 级为中等精度等级，9～12 级为低精度等级，齿轮的精度等级中 6～9 级最为常用。

齿轮精度等级的选择应考虑齿轮的用途、使用条件、传递功率、圆周速度、传递运动的准确性和平稳性等。一般情况下，由经验法确定精度等级。表 1-8 列出了若干个精度等级齿轮的适用范围，供选择精度等级时参考。

表 1-8　圆柱齿轮传动精度等级的选择

精度等级			6	7	8	9
加工方法			精密磨齿或剃齿	不淬火时用高精度刀具切制，淬火后需磨、研或珩	展成法或仿形法不磨齿(必要时剃或珩)	任意方法加工，不需要精加工
轮齿表面粗糙度 Ra/μm			≤0.4	0.8 或 1.6	1.6	3.2
圆周速度 /(m·s⁻¹)	直齿	≤350HRC	≤18	≤12	≤6	≤4
		>350HRC	≤15	≤10	≤5	≤3
	斜齿	≤350HRC	≤36	≤25	≤12	≤8
		>350HRC	≤30	≤20	≤10	≤5
应用范围			用于高速、运转平稳、高效率、低噪声的齿轮	用于高速、载荷小或反转的齿轮，如机床进给、中速减速器齿轮	一般机械用齿轮，如普通减速器用齿轮	用于精度不高且在低速下工作的齿轮

3. 齿轮的常见失效形式

齿轮传动过程中，两轮齿面逐点进入啮合和逐点退出啮合，齿面间有相对滑动，因而，轮齿既受到法向压力的作用，又受到切向摩擦力的作用。这些力的作用点沿齿面不断移动，导致轮齿会出现各种失效形式，如图 1-87 所示。

（1）齿面点蚀　齿面的疲劳点蚀大多发生在轮齿靠近节圆偏齿根处，如图 1-87a 所示。轮齿工作时，齿面接触处在脉动循环变接触应力的长期作用下，当应力峰值超过材料的接触疲劳极限，并经过一定应力循环次数后，齿面上将产生微小的疲劳裂纹。随着裂纹的扩展，将导致小块金属剥落，从而产生齿面点蚀。由于轮齿在节圆附近啮合时，同时啮合的齿对数少，且轮齿间相对滑动速度较小，因此点蚀首先出现在轮齿靠近节圆的齿根面上。点蚀会引起轮齿冲击和噪声，且造成传动的不平稳。为了提高齿轮的抗点蚀能力，可采取一些措施：选择合适的齿轮材料与热处理方法，以提高齿面硬度；合理选择齿轮传动的主要参数；提高表面粗糙度要求；采用黏度较大的润滑油和变位齿轮等。

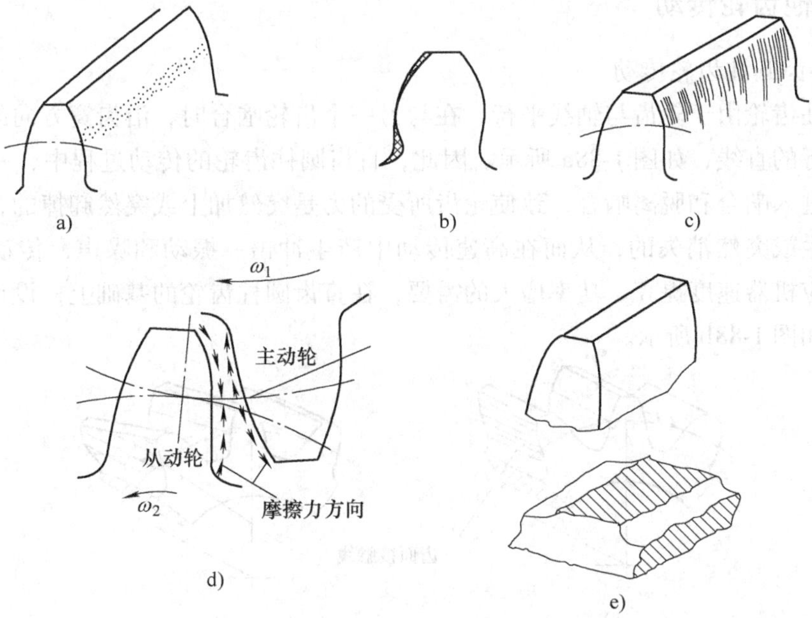

图 1-87　齿轮的失效形式

a）齿面点蚀　b）齿面磨损　c）齿面胶合　d）齿面塑性变形　e）轮齿折断

（2）齿面磨损　齿面磨损大多发生在齿面的工作高度上，如图 1-87b 所示。当齿面磨损严重时，会使渐开线齿面磨损，齿侧间隙增大，从而引起齿轮传动不平稳和冲击。齿轮传动中，由于润滑条件不良，齿面磨损一般是由一定的滑动速度及硬质颗粒进入等原因引起的。为了减轻齿面磨损，可采用一些措施：采用闭式传动；加强和改善润滑条件；提高齿面硬度；提高轮齿表面粗糙度要求等。

（3）齿面胶合　齿面胶合发生在高速、重载的齿轮传动中，如图 1-87c 所示。由于齿面间的润滑油膜被挤破，产生瞬间高温，将较软齿面的金属撕下，在轮齿工作面上形成与滑动方向一致的沟纹。当轮齿出现胶合后，会严重损坏齿面，使传动失效。为了防止齿面胶合，可采用一些措施：提高齿轮硬度；采取不同材料组合；提高表面粗糙度要求；选择黏度较大的或抗胶合的润滑油；加强散热等。

（4）齿面塑性变形　齿面塑性变形发生在频繁起动和严重过载的齿轮传动中，如图 1-87d 所示。由于轮齿承受了很大的载荷和摩擦力等原因，使得啮合中的齿面表层材料沿着摩擦力方向产生塑性流动而变形。为了防止齿面塑性变形，可采取一些措施：提高齿面硬度；采取强度高的金属材料；使用黏度较大的润滑油等。

（5）轮齿折断　轮齿的整体折断大多发生在轮齿的齿根处，而局部折断则发生在轮齿的一端，如图 1-87e 所示。轮齿折断有两种情况：一是由于轮齿根部的弯曲应力较大，超过了材料的弯曲疲劳极限而造成的轮齿折断；另一种情况是由于突然严重过载或承受较大的冲击载荷等原因引起的。为了防止轮齿折断，可采取一些措施：选择合适的材料与热处理方法，降低齿面硬度；增大齿根处的圆角半径；减小齿根的弯曲应力等。

三、其他齿轮传动

（一）斜齿圆柱齿轮传动

直齿圆柱齿轮由于轮齿与轴线平行，在与另一个齿轮啮合时，沿齿宽方向的瞬时接触线是与轴线平行的直线，如图1-88a所示。因此，直齿圆柱齿轮的传动过程中，一对轮齿沿整个齿宽同时进入啮合和脱离啮合，致使轮齿所受的力是突然加上或突然卸掉的，轮齿的变形也是突然产生或突然消失的，从而在高速传动中产生冲击、振动和噪声，传动的平稳性较差。为了适应机器速度提高、功率增大的需要，在直齿圆柱齿轮的基础上，设计产生了斜齿圆柱齿轮，如图1-88b所示。

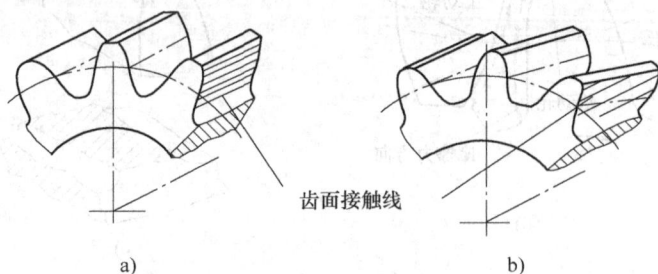

齿面接触线

a)   b)

图1-88 齿面接触线
a）直齿轮接触线 b）斜齿轮接触线

1. 斜齿圆柱齿轮的形成及啮合特点

前面在讨论直齿圆柱齿轮的齿廓形成时，仅就齿轮的端面来讨论，认为轮齿的齿廓是发生线绕基圆作纯滚动时，其上一点K所形成的渐开线。如图1-89a所示，实际上齿轮总是有宽度的，前述的基圆应是基圆柱，发生线应为发生面S，而点K应为一条平行于基圆柱母线AA'的直线KK'，故直齿圆柱齿轮的齿廓是发生面上的直线KK'在空间形成的渐开线齿廓。

一对斜齿轮啮合过程中，每个瞬时接触线都不与轴线平行，如图1-89b所示，KK'是倾斜的。两轮轮齿开始啮合时，接触线长度由零逐渐增大，当到达某个位置后，接触线长度又逐渐减短，直到脱离接触。另外，由于轮齿是倾斜的，同时啮合的齿数比直齿圆柱齿轮多，重合度也比直齿轮大。因此，斜齿轮比直齿轮传动平稳，承载能力较大，适用于高速和重载传动，但传动中存在着轴向力。

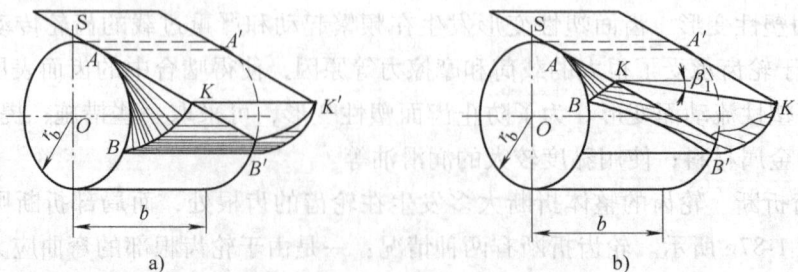

a)   b)

图1-89 渐开线齿廓曲面的形成
a）直齿轮齿廓曲面 b）斜齿轮接触线

2. 斜齿圆柱齿轮的参数

由斜齿轮的齿廓形成可知，它的齿面为一渐开线螺旋面，故其端面（垂直于齿轮轴线的平面）和法向平面（垂直于齿的平面）的齿形不同。由于加工斜齿轮时，刀具是沿螺旋线方向进给的，因此，要以轮齿的法向参数为标准值选择刀具。但在计算斜齿轮的几何尺寸时，又要按端面的参数进行计算。因此，必须掌握斜齿轮端面与法向平面的参数换算关系。

为了便于讨论，现假想将斜齿轮的分度圆柱面展开，如图 1-90 所示。

（1）螺旋角 β 在展开平面上，斜齿轮的螺旋线变成斜直线，它与轴线的夹角称为分度圆上的螺旋角，简称螺旋角，用 β 表示。斜齿轮轮齿的旋向分为左旋和右旋两种，如图 1-91 所示。为了减小轴向力，螺旋角不宜过大，一般取 $\beta = 8° \sim 20°$。当用于高速大功率的传动时，为了消除轴向力，可以采用左右对称的人字齿轮，此时螺旋角可以增大，$\beta = 25° \sim 40°$。

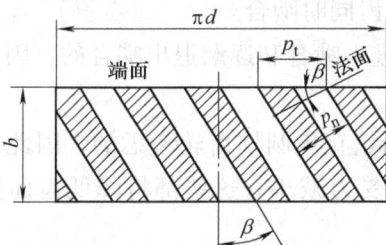

图 1-90　斜齿轮展开图

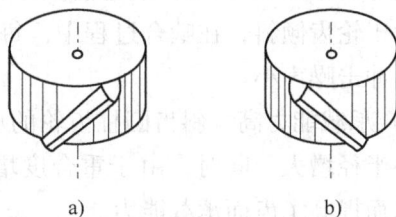

图 1-91　斜齿轮的旋向
a）右旋　b）左旋

（2）法向模数 m_n 和端面模数 m_t 斜齿轮的齿面为一渐开线螺旋面。因此，垂直于螺旋线的截面（法向）上的齿形与端面齿形不同。如图 1-90 所示，阴影部分为轮齿，空白部分齿槽。从图可知，法向齿距 p_n 与端面齿距 p_t 的关系为

$$p_n = p_t \cos\beta$$

由于 $p_n = \pi m$，因此，法向模数 m_n 与端面模数 m_t 的关系为

$$m_n = m_t \cos\beta$$

（3）压力角 斜齿轮在分度圆上的压力角也有法向压力角 α_n 和端面压力角 α_t 之分，两者之间的关系为

$$\tan\alpha_n = \tan\alpha_t \cos\beta$$

一般规定法向压力角取标准值，即 $\alpha_n = 20°$。

3. 斜齿圆柱齿轮的当量齿数

图 1-92 所示为垂直于齿面的法向，图示椭圆是法向 n—n 与分度圆柱的交线。以点 C 处的椭圆曲率半径为分度圆半径，以 m_n 为模数、α_n 为压力角的直齿圆柱齿轮的齿廓与斜齿圆柱齿轮的法向齿廓近似相同，称该直齿圆柱齿轮为斜齿轮的当量齿轮，其齿数 z_v 称为斜齿轮的当量齿数。经推导可知，当量齿数与实际齿数 z 的关系为

$$z_v = \frac{z}{\cos^3\beta}$$

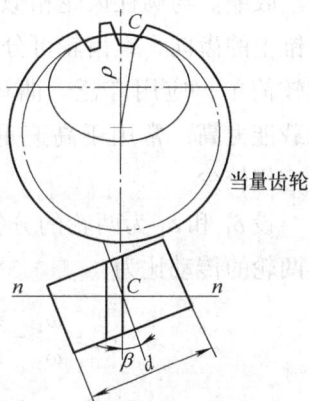

图 1-92　斜齿轮的当量齿数

4. 斜齿圆柱齿轮的正确啮合条件

一对平行轴外啮合斜齿圆柱齿轮的正确啮合，除要求其法向模数和法向压力角分别相等外，还要使螺旋角大小相等、旋向相反，即

$$\begin{cases} m_{n1} = m_{n2} = m_n \\ \alpha_{n1} = \alpha_{n2} = \alpha_n \\ \beta_1 = -\beta_2 \end{cases}$$

5. 斜齿与直齿圆柱齿轮传动的比较

斜齿圆柱齿轮传动与直齿圆柱齿轮传动相比，主要有下列优点：

1）重合度大，啮合性能好。直齿圆柱齿轮的最大重合度为 1.981，而斜齿圆柱齿轮的重合度可以达到 10 以上，通常能保证有两对以上的轮齿同时啮合。

由于轮齿倾斜，在啮合过程中，每对轮齿是逐渐进入啮合和逐渐退出啮合的，因而传动平稳，冲击噪声小。

2）承载能力高。斜齿圆柱齿轮的承载能力是按当量直齿圆柱齿轮考虑的，因此节点处的曲率半径增大。同时，由于重合度增加，一对轮齿受力减小。这些都将降低齿面接触应力，从而提高了齿面承载能力。

3）不发生根切的最少齿数比直齿轮少。相同情况下，斜齿圆柱齿轮传动的结构尺寸比直齿圆柱齿轮传动的小。

4）对制造误差的敏感性小。由于轮齿倾斜，位于同一圆柱面上的各点不同时参加啮合，这在一定程度上分散了制造误差对传动的影响。

5）可以凑配中心距。在齿数、模数相同的情况下，由于 β 的不同，可以得到不同的中心距 a。

（二）锥齿轮传动

1. 应用与特点

锥齿轮传动用于传递相交轴之间的运动和动力，最常见的是两轴相交成 90° 的锥齿轮传动，称为正交传动，如图 1-93 所示。锥齿轮的轮齿分布在圆锥体上，其齿廓从大端到小端逐渐收缩。与圆柱齿轮相似，锥齿轮有分度圆锥、齿顶圆锥、齿根圆锥和基圆锥。按照分度圆锥上的齿向，锥齿轮可分成直齿、斜齿和曲线锥齿轮。直齿锥齿轮的设计、制造和安装都比较简单，应用广泛。曲齿锥齿轮传动平稳，承载能力高，常用于高速重载传动。斜齿锥齿轮应用较少。

设 δ_1 和 δ_2 为两轮的分锥角，$\delta_1 + \delta_2 = 90°$，故两轮的传动比为

$$i_{12} = \frac{\omega_1}{\omega_2} = \frac{z_2}{z_1}$$

$$i_{12} = \frac{\sin\delta_2}{\sin\delta_1} = \frac{1}{\tan\delta_1} = \tan\delta_2$$

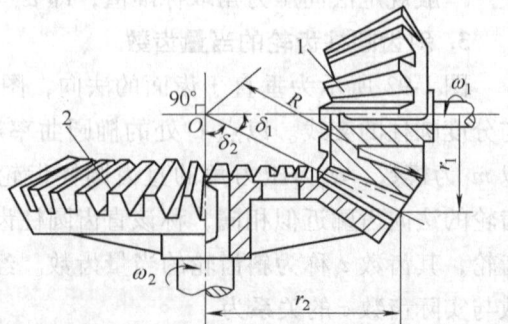

图 1-93　锥齿轮传动

2. 标准直齿锥齿轮传动的基本参数和啮合条件

（1）基本参数 直齿锥齿轮的各参数以大端为准，大端分度圆上的模数和压力角为标准值，标准压力角 $\alpha = 20°$。

（2）正确啮合条件 直齿锥齿轮的正确啮合条件是两轮的大端模数和压力角分别相等。

3. 锥齿轮传动在农机中的应用

在农机中的驱动桥中，常用锥齿轮将动力旋转平面改变 90°，使其与驱动轮转动方向一致。直齿锥齿轮在农机机械中广泛应用于减速机构。曲线锥齿轮应用于农机主减速器和差速器中。

（三）蜗杆传动

蜗杆传动是由蜗杆和蜗轮组成的传动装置。一般蜗杆为主动件，蜗轮为从动件，通常蜗杆轴与蜗轮轴在空间垂直。蜗杆传动现已广泛应用于减速装置。

1. 蜗杆传动结构

蜗杆传动中，蜗杆类似于螺杆，蜗轮类似于一个具有凹形轮缘的斜齿轮，如图 1-94 所示。与其他传动机构相比，蜗杆传动的传动比大，在动力传动中，一般 $i = 8 \sim 100$；在分度机构中，传动比 i 可达 1000。蜗杆传动具有传动平稳、噪声低、结构紧凑，且在一定条件下可以实现自锁的特点。但蜗杆传动效率低，发热量大，磨损较严重。因此，蜗轮齿圈部分常用减摩性能好的有色金属（如青铜）制造，成本较高。

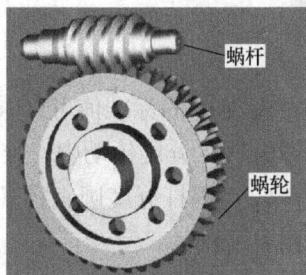

图 1-94 蜗杆传动

根据蜗杆的形状不同，蜗杆传动可分为圆柱蜗杆传动、环面蜗杆传动和锥蜗杆传动三种类型，如图 1-95 所示。

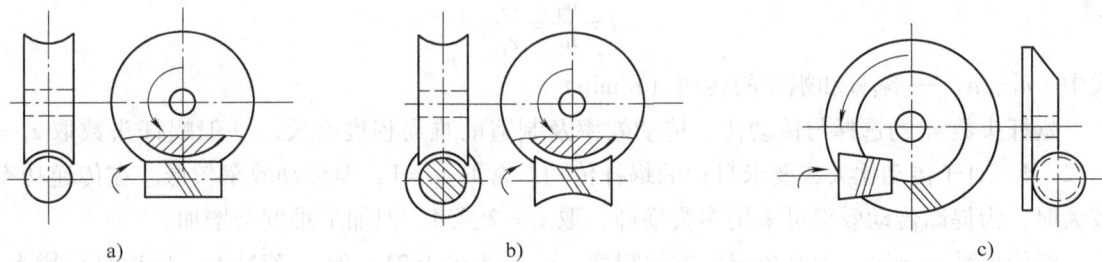

图 1-95 蜗杆传动的类型
a）圆柱蜗杆传动 b）环面蜗杆传动 c）锥蜗杆传动

圆柱蜗杆按螺旋齿面在相同剖面内齿廓曲线形状的不同，又分为阿基米德蜗杆和渐开线蜗杆。其中，以阿基米德蜗杆加工最简便，在机械传动中应用广泛。

2. 蜗杆传动的主要参数

（1）模数 m、压力角 α 与正确啮合条件 如图 1-96 所示，垂直于蜗轮轴线且通过蜗杆轴线的平面，称为中间平面。它对蜗杆是轴面，对蜗轮为端面。在中间平面内，蜗杆的轴面参数 m_{a1} 和 α_{a1}，蜗轮的端面参数 m_{t2} 和 α_{t2} 等为标准值。

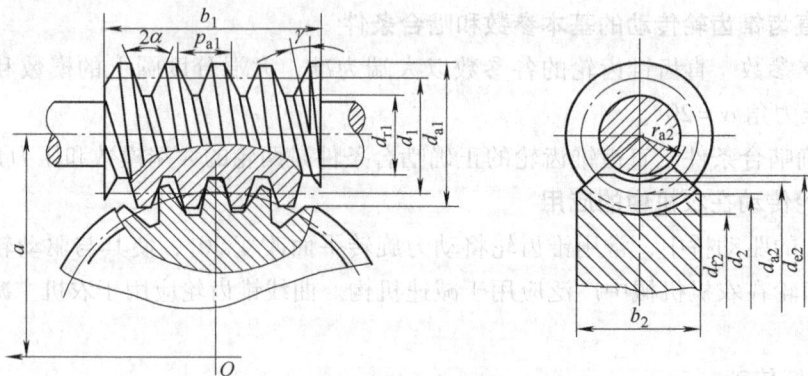

图 1-96　阿基米德蜗杆传动

蜗杆传动的正确啮合条件是：在中间平面内，蜗杆与蜗轮的模数 m 和压力角分别相等，即

$$\begin{cases} m_{a1} = m_{t2} = m \\ \alpha_{a1} = \alpha_{t2} = \alpha \end{cases}$$

模数 m 的标准值可以查表获得，压力角的标准值 $\alpha = 20°$。在动力传动中，一般推荐用 $\alpha = 20°$；在分度传动中，推荐为 $15°$ 或 $12°$。

（2）蜗杆分度圆直径 d_1　齿厚与齿槽宽相等的圆柱称为蜗杆分度圆柱，蜗杆分度圆直径用 d_1 表示。

（3）传动比 i、蜗杆头数 z_1 和蜗轮齿数 z_2　设蜗杆的头数（齿数）为 z_1，即蜗杆旋线的数目，蜗轮的齿数为 z_2，其传动比为

$$i = \frac{n_1}{n_2} = \frac{z_2}{z_1}$$

式中　n_1、n_2——蜗杆和蜗轮的转速（r/min）。

蜗杆头数 z_1 的选择与传动比、传动效率及制造的难易程度有关。一般蜗杆头数取 $z_1 = 1$，2，4。对于传动比大或要求自锁的蜗杆传动，常取 $z_1 = 1$，但传动效率较低。在传递功率较大时，为提高传动效率可采用多头蜗杆，取 $z_1 = 2$ 或 4，但加工难度会增加。

蜗轮齿数 $z_2 = iz_1$，为避免蜗轮发生根切，z_2 应不少于 21；但 z_2 若过大，蜗轮直径增大，相应的蜗杆越长，蜗杆刚度会下降。因此，蜗轮齿数常在 $28 \sim 80$ 范围内选取。

不同传动比 i 时，蜗杆头数 z_1 与蜗轮齿数 z_2 的推荐值见表 1-9。

表 1-9　各种传动比推荐的 z_1、z_2 值

传动比 i	$7 \sim 13$	$14 \sim 27$	$28 \sim 40$	>40
蜗杆头数 z_1	4	2	2 或 1	1
蜗轮齿数 z_2	$28 \sim 52$	$28 \sim 81$	$28 \sim 80$	>40

（4）蜗杆与蜗轮的转向关系　当已知蜗杆的螺旋方向和转动方向时，根据螺旋副的运动规律，用"左右手法则"来确定蜗轮的转动方向。

图 1-97 所示为下置右旋蜗杆传动，当右旋蜗杆按图示方向转动时，可用右手来判定蜗轮的转动力向，四指沿着蜗杆转动方向弯曲，拇指伸直的指向就是蜗杆在啮合点 C 所受轴向力 F_{a1} 的方向。蜗轮在啮合点 C 所受圆周力 F_{t2} 与 F_{a1} 是一对方向相反的作用力与反作用力，从而判断出蜗轮在圆周力 F_{t2} 作用下的转动方向为逆时针，如图 1-97c 所示。

同理，当蜗杆为左旋时，则用左手按同样的方法来判定蜗轮的转动方向。

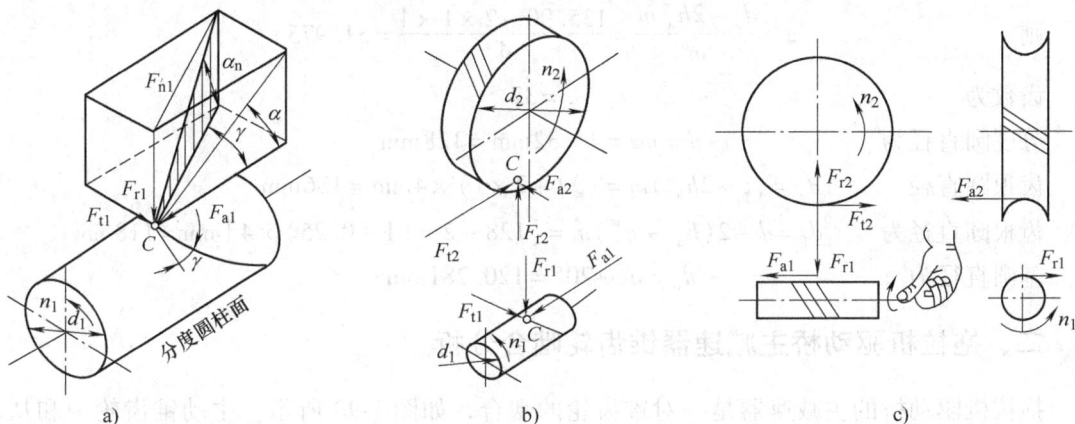

图 1-97　蜗杆受力分析与蜗轮转向判定

a）蜗杆受力分析　b）蜗轮受力分析　c）蜗轮转向判定

3. 蜗杆传动特点

与齿轮传动相比，蜗杆传动有如下特点：

1）传动比大，结构紧凑。一般传动中，$i = 10 \sim 40$，最大可达 80。在分度机构中，其传动比可达 $100 \sim 1000$。常用 $i < 40$。

2）传动平稳，噪声小。蜗杆齿是连续的螺旋形齿，蜗轮和蜗杆是逐渐进入和退出啮合，同时啮合的齿数较多，所以传动平稳，噪声小。

3）有自锁性。当蜗杆的导程升角小于啮合面的当量摩擦角时，蜗杆传动具有自锁性。

4）效率低。一般 $\eta = 0.7 \sim 0.9$，自锁时，$\eta < 0.5$。

5）材料成本高。

》》任务实施

圆柱齿轮的修复计算与锥齿轮的啮合分析

一、修配残损标准直齿圆柱齿轮

为修配一残损的标准直齿圆柱外齿轮，实测齿高为 8.96mm，齿顶圆直径为 135.90mm，确定该齿轮的主要尺寸。

根据公式：

齿高为

$$h = h_a + h_f = (2h_a^* + c^*) m$$

则

$$m = \frac{h}{2h_a^* + c^*}$$

标准齿轮：$h_a^* = 1$ $c^* = 0.25$

$$m = \frac{8.96}{2 \times 1 + 0.25} \text{mm} = 3.982 \text{mm}$$

由表 1-7，查得 $m = 4 \text{mm}$。

齿顶圆直径为 $d_a = (z + 2h_a^*)m$

则 $z = \frac{d_a - 2h_a^* m}{m} = \frac{135.90 - 2 \times 1 \times 4}{4} = 31.975$

齿数为 $z = 32$

分度圆直径为 $d = mz = 4 \times 32 \text{mm} = 128 \text{mm}$

齿顶圆直径 $d_a = (z + 2h_a^*)m = (32 + 2 \times 1) \times 4 \text{mm} = 136 \text{mm}$

齿根圆直径为 $d_f = d - 2(h_a^* + c^*)m = [128 - 2 \times (1 + 0.25) \times 4] \text{mm} = 118 \text{mm}$

基圆直径为 $d_b = d \cos 20° = 120.281 \text{mm}$

二、拖拉机驱动桥主减速器锥齿轮啮合分析

拖拉机驱动桥的主减速器是一对锥齿轮的啮合，如图 1-98 所示，主动锥齿轮 1 和从动锥齿轮 2 啮合，其中，主动锥齿轮接收来自发动机的动力，并将此动力传递给与之相啮合的从动锥齿轮，再由从动锥齿轮经过一系列装置，最终传递给两边的驱动车轮。

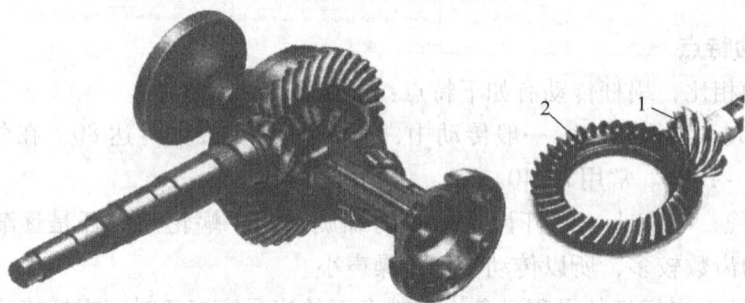

图 1-98 拖拉机驱动桥主减速器
1—主动锥齿轮 2—从动锥齿轮

主减速器可以实现减速增矩和改变力的方向的作用。由于是小齿轮带大齿轮，所以，主减速器有减速增扭的作用。它还可以改变力的传动方向，将发动机纵向传来的力变成横向力，输出给两端的车轮。

练习与思考

1. 渐开线直齿圆柱齿轮的基本参数有哪些？

2. 一对渐开线直齿圆柱齿轮要满足什么条件才能相互啮合，正常运转？

3. 什么叫分度圆？什么是节圆？

4. 当齿轮分度圆直径 $d = 51 \text{mm}$，模数 $m = 3 \text{mm}$ 时，应选用哪种齿轮结构？当分度圆直径 $d = 510 \text{mm}$ 时，应选用哪种齿轮结构？

5. 螺旋角的大小对斜齿轮传动的承载能力有何影响?

6. 为什么斜齿圆柱齿轮比直齿圆柱齿轮传动平稳,且承载能力大?

7. 斜齿圆柱齿轮在农机上的典型应用是什么?

8. 锥齿轮传动在农机上的典型应用是什么?

9. 今测得一标准直齿圆柱齿轮的齿顶圆直径 $d_a = 203\text{mm}$,齿根圆直径 $d_f = 172\text{mm}$,齿数 $z_1 = 24$,试求该齿轮的模数和齿顶高系数。

10. 与齿轮传动相比,蜗杆传动有何优点?在什么情况下宜采用蜗杆传动?为何传递大功率时采用蜗杆传动?

11. 为什么蜗杆传动的效率低?蜗杆传动的应用特点是什么?

12. 分析齿轮齿条转向器、蜗杆曲柄指销式转向器的工作原理。

13. 分析农用拖拉机驱动桥主减速器的组成和功用。

任务五 轮系及传动比计算

任务要求

☞知识点:

1)了解轮系的分类和应用。

2)掌握定轴轮系和周转轮系的组成和特点。

3)掌握定轴轮系和周转轮系传动比的计算方法和方向的判断。

☞技能点:

1)能分析拖拉机变速器(定轴轮系)的挡位及传动比。

2)具备对简单周转轮系的传动比计算及判断输出方向的能力。

任务导入

由一对齿轮组成的机构是齿轮传动的最简单形式,但是在工程实际中,为了满足不同的工作要求,获得所需的传动比或实现变速、变向,常采用若干个彼此啮合的齿轮进行传动,这种由一系列齿轮组成的传动系统称为轮系,如拖拉机的变速器、最终传动装置等。本任务就是对农机上常用的轮系进行应用分析。

相关知识

一、轮系的类型与功用

1. 轮系的类型

根据轮系运转时各齿轮的几何轴线位置相对于机架是否固定,轮系可分为定轴轮系、周转轮系和混合轮系,各类轮系均可以由各种类型的齿轮(圆柱齿轮、锥齿轮和蜗轮蜗杆等)组成。

（1）定轴轮系　当轮系运动时，如果各齿轮几何轴线的位置是固定不变的，则称为定轴轮系或普通轮系。定轴轮系按轮系内各齿轮的轴线关系又可分为平面定轴轮系和空间定轴轮系两种，其中，平面定轴轮系是由轴线互相平行的圆柱齿轮组成的，如图1-99所示；空间定轴轮系是包含相交轴齿轮传动或交错轴齿轮传动等在内的定轴轮系，如图1-100所示。

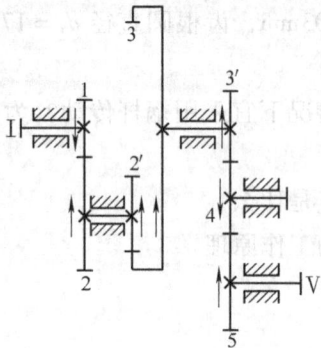

图 1-99　平面定轴轮系　　　　　　　　　图 1-100　空间定轴轮系

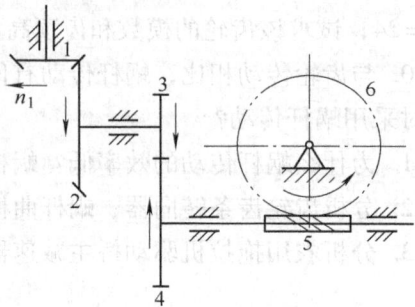

（2）周转轮系　当轮系运转时，至少有一个齿轮的几何轴线是绕另一个齿轮的几何轴线转动的轮系称为周转轮系，如图1-101所示。图1-101中，齿轮2既绕自身几何轴线O_2转动，又随回转构件H绕齿轮1的固定轴线O_1转动，既有自转又有公转，如同太阳系的行星一样，故称为行星轮。齿轮1的几何轴线位置固定，又与行星轮啮合，故称为太阳轮。支持行星轮的回转构件H，称为行星架，行星架与太阳轮的几何轴线必须重合。行星轮、行星架、太阳轮是组成周转轮系的基本构件。

周转轮系又可分为行星轮系和差动轮系。其中，行星轮系是有一个太阳轮固定不动的周转轮系，其自由度等于1；而差动轮系是两个太阳轮都能转动的周转轮系，其自由度等于2。

（3）混合轮系　实际机械中采用的轮系，往往不是由单一的轮系构成，而是由两种轮系复合组成的轮系，称为混合轮系，如图1-102所示。

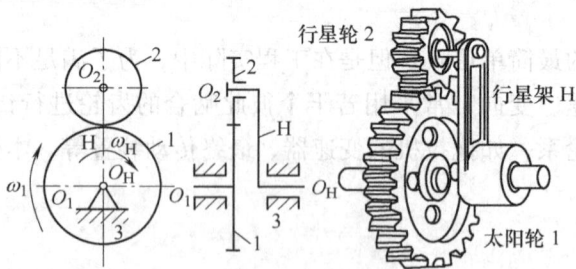

图 1-101　行星轮系　　　　　　　　　图 1-102　混合轮系

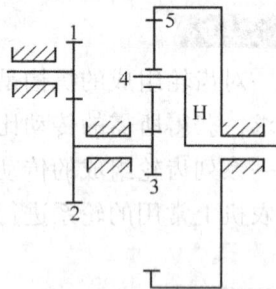

2. 轮系的功用

轮系广泛应用于各种机械中，它的主要功用可归纳如下：

（1）传递相距较远的两轴之间的运动和动力　当两轴的距离较大时，采用轮系传动，比采用一对齿轮传动，可缩小传动装置所占空间，节省材料，减轻重量，制造安装方便，结构紧凑，如图1-103所示。但有时也增加了传动件，使成本增加。

（2）实现变速和转向 主动轴不变时，利用轮系可使从动轴获得多种工作转速或实现转向。图1-104所示为齿轮变速机构。图中轴Ⅰ为动力输入轴，轴Ⅳ为输出轴，4、1为滑移齿轮，A、B为牙嵌离合器。该变速器可使输出轴得到以下四挡转速。

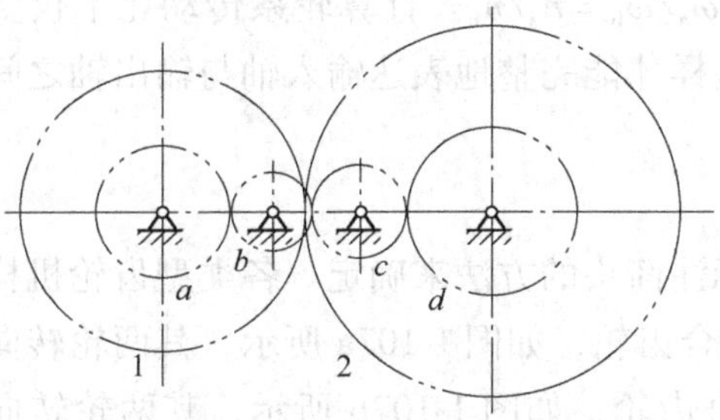

图1-103 利用轮系传递相距较远
的两轴之间的运动和动力

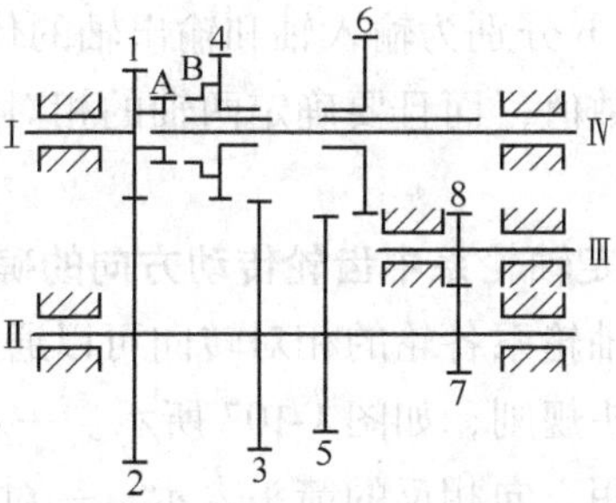

图1-104 齿轮变速机构

第一挡（低速挡）：齿轮5、6相啮合，而齿轮3、4和离合器A、B均脱离，即1（Ⅰ）-2（Ⅱ）-5-6（Ⅳ）。

第二挡（中速挡）：齿轮3、4相啮合，而齿轮5、6和离合器A、B均脱离，即1（Ⅰ）-2（Ⅱ）-3-4（Ⅳ）。

第三挡（高速挡）：离合器A、B相嵌，而齿轮5、6和3、4均脱离，即1（Ⅰ）-（Ⅳ）。

倒退挡：齿轮6、8相啮合，而齿轮3、4和5、6，以及离合器A、B均脱离，即1（Ⅰ）-2（Ⅱ）-7（Ⅱ）-8（Ⅲ）-6（Ⅳ）。此时，由于轮8的作用，多了一次外啮合，使输出轴Ⅳ反转。

（3）获取大的传动比 图1-105所示为大传动比减速器，传动比高达1000。同样，利用该差动轮系也可实现运动的合成，如当给定太阳轮1和3的转动，就可以合成输出行星架H的转动。

（4）实现分路传动 在同一个主动轴带动下，利用轮系可以实现几个从动轴分路输出运动。如图1-106所示的机械式钟表机构，传动关系如下：

$$（发条）N-1-2\begin{cases}-M（分针）\\-9-10-11-12-H（时针）\\-3-4-5-6-S（秒针）\end{cases}$$

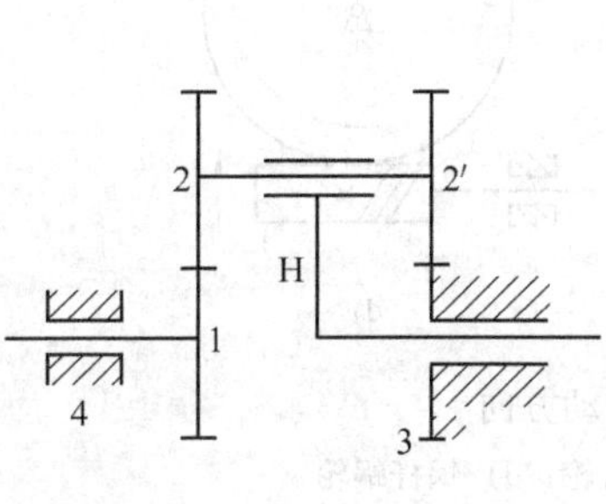

图1-105 大传动比减速器

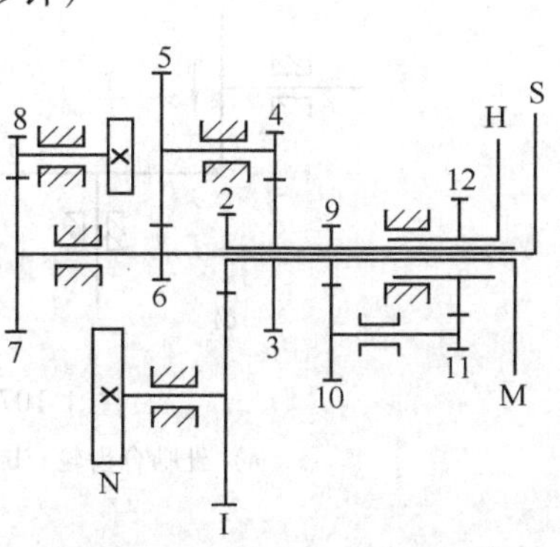

图1-106 机械式钟表机构

二、定轴轮系的传动比计算

在轮系中，输入轴与输出轴的角速度（或转速）之比称为轮系的传动比，用 i 表示，下角标 a、b 分别为输入轴和输出轴的代号，即 $i_{ab} = \omega_a / \omega_b = n_a / n_b$。计算轮系传动比不仅要确定它的数值，而且要确定两轴的相对转动方向，这样才能完整地表达输入轴与输出轴之间的关系。

1. 定轴轮系中齿轮传动方向的确定

定轴轮系各轮的相对转向可以通过逐对齿轮标注箭头的方法来确定。各类型齿轮机构的标注箭头规则，如图 1-107 所示。一对平行轴外啮合齿轮，如图 1-107a 所示，其两轮转向相反，故用方向相反的箭头表示。一对平行轴内啮合齿轮，如图 1-107b 所示，其两轮转向相同，故用方向相同的箭头表示。一对锥齿轮传动时，在节点具有相同的速度，故表示转向的箭头或同时指向节点，如图 1-107c 所示，或同时背离节点。蜗轮的转向不仅与蜗杆的转向有关，而且与其螺旋线方间有关，具体判断时，可根据"左右手法则"来判断，也可把蜗杆看做螺杆，蜗轮看做螺母来考察其相对运动。例如，图 1-107d 所示的右旋蜗杆按图示方向转动时，可借助右手判断如下：拇指伸直，其余四指握拳，令四指弯曲方向与蜗杆转动方向一致，则拇指的指向（向左）即是螺杆相对螺母前进的方向；按照相对运动原理，螺母相对螺杆的运动方向应与此相反，故蜗轮上的啮合点应向右运动，从而使蜗轮逆时针转动。同理，对于左旋蜗杆，则应借助左手按上述方法分析判断。按照上述规则，可以判断各定轴轮系所有齿轮的转动方向。

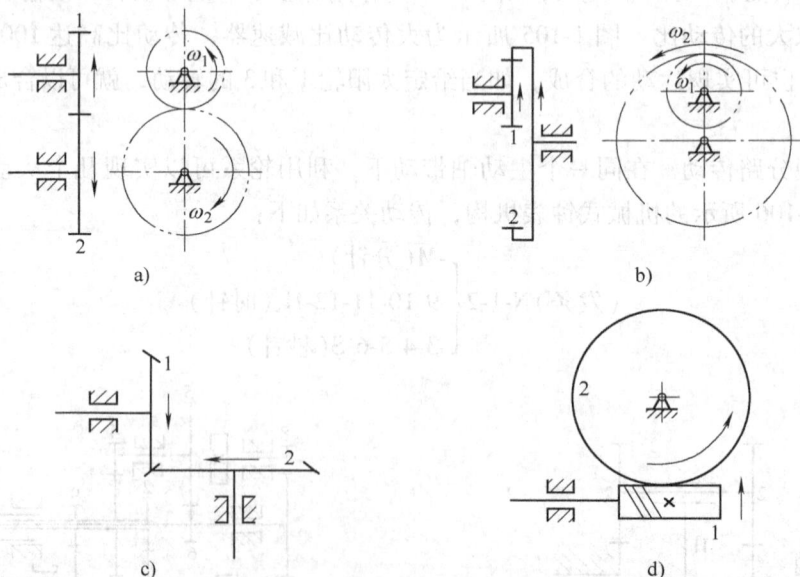

图 1-107　一对齿轮传动的转动方向
a）外啮合齿轮　b）内啮合齿轮　c）锥齿轮　d）蜗杆蜗轮

2. 传动比的计算

（1）平面定轴轮系　图 1-99 所示的轮系均由圆柱齿轮组成，它们的轴线均固定而且相互平行，故为平面定轴轮系。当输入轴与输出轴的转动方向相同时，轮系的传动比为正；否则，为负。前面提到，一对齿轮啮合传动时，它们的角速度之比（传动比）与两轮的齿数成反比，外啮合时两齿轮转向相反，内啮合时两齿轮转向相同。下面，据此推出定轴轮系的传动比计算公式。

设 I 为输入轴，V 为输出轴，各轮齿数分别为 z_1、z_2、z_3、z_4、z_5，各轮转速分别为 n_1、n_2、n_3、n_4、n_5，又因为齿轮 2、2′ 及齿轮 3、3′，分别在同一轴上，$n_2 = n_{2'}$，$n_3 = n_{3'}$，故

$$i_{12} = \frac{n_1}{n_2} = -\frac{z_2}{z_1}$$

$$i_{2'3} = \frac{n_{2'}}{n_3} = \frac{z_3}{z_{2'}}$$

$$i_{3'4} = \frac{n_{3'}}{n_4} = -\frac{z_4}{z_{3'}}$$

$$i_{45} = \frac{n_4}{n_5} = -\frac{z_5}{z_4}$$

将以上各式相乘，得

$$i_{12}i_{2'3}i_{3'4}i_{45} = \left(\frac{n_1}{n_2}\right)\left(\frac{n_{2'}}{n_3}\right)\left(\frac{n_{3'}}{n_4}\right)\left(\frac{n_4}{n_5}\right)$$

$$= \left(\frac{-z_2}{z_1}\right)\left(\frac{z_3}{z_{2'}}\right)\left(\frac{-z_4}{z_{3'}}\right)\left(\frac{-z_5}{z_4}\right)$$

整理得到

$$i_{15} = \frac{n_1}{n_5} = -\frac{z_2 z_3 z_4 z_5}{z_1 z_{2'} z_{3'} z_4}$$

上面右式的分子为各对啮合齿轮的从动轮的齿数乘积，分母为主动轮的齿数乘积，" − " 号是由于经过 3 次外啮合，转向改变了 3 次，$(-1)^3 = -1$，内啮合不改变转向，不予考虑。上式表明，定轴转动轮系的传动比等于第一个齿轮（输入齿轮）与最后一个齿轮（输出齿轮）的转速（角速度）比，其数值等于组成该轮系的各对啮合齿轮传动比的连乘积，也等于各对啮合齿轮中所有从动轮齿数的乘积与所有主动轮齿数的乘积之比。

以上结论可推广到一般情况：设轮 1 为起始主动轮，第 k 个轮为最末从动轮，经过了 m 次外啮合后，则轮系的传动比为

$$i_{1k} = (-1)^m \frac{各对啮合齿轮的从动轮齿数乘积}{各对啮合齿轮的主动轮齿数乘积} \tag{1-7}$$

（2）空间定轴轮系 图 1-100 所示轮系有的轴线不是相互平行的，不能用转向相同或相反来描述参与啮合的齿轮的转向。空间定轴轮系传动比的大小仍然可用式（1-7）计算，但是（−1）没有意义，代入该公式计算时可以不考虑符号，齿轮的转向应通过画箭头的方法确定。

例 1-6 在图 1-99 中，各齿轮齿数 $z_1 = 18$，$z_2 = 24$，$z_{2'} = 20$，$z_3 = 60$，$z_{3'} = 20$，$z_4 = 20$，$z_5 = 34$，$n_1 = 1428 \text{r/min}$。求传动比 i_{15} 和轮 5 的转速 n_5，并确定轮 5 的转向。

解： 因为该轮系中各轴的轴线相互平行，为平面定轴轮系，则由式（1-7）可得

$$i_{15} = \frac{n_1}{n_5} = (-1)^m \frac{z_2 z_3 z_4 z_5}{z_1 z_{2'} z_{3'} z_4} = (-1)^3 \frac{24 \times 60 \times 20 \times 34}{18 \times 20 \times 20 \times 20} = -\frac{34}{5}$$

$$n_5 = \frac{n_1}{i_{15}} = \frac{1428}{-\frac{34}{5}} \text{r/min} = -210 \text{r/min}$$

即 n_5 的结果为负值，说明轮 5 转向与轮 1 相反。

在图 1-99 所示轮系中，齿轮 4 和两个齿轮啮合，它既是前一级的从动轮，又是后一级的主动轮。虽然齿数在式（1-7）的分子和分母上各出现一次，但不影响传动比的大小，这种不影响传动比数值大小而只起到改变转向作用的齿轮，称为惰轮或过桥齿轮。

三、周转轮系的传动比计算

周转轮系中行星轮的运动不是绕固定轴线的简单转动，故其传动比不能直接用求解定轴轮系传动比的方法来计算。但是，如果能使行星架变为固定不动，并保持周转轮系中各个构件之间的相对运动不变，则周转轮系就转化成为一个假想的定轴轮系，便可由式（1-7）列出该假想定轴轮系传动比的计算式，从而求出周转轮系的传动比。

在图 1-108a 所示的周转轮系中，设 n_H 为行星架 H 的转速。根据相对运动原理，当给整个周转轮系加上一个绕轴线 O_H 的大小为 n_H、方向与 n_H 相反的公共转速 $-n_H$ 后，行星架 H 便静止不动了，而各构件间的相对运动并不改变。这样，所有齿轮几何轴线的位置全都固定，原来的周转轮系便成了定轴轮系，如图 1-108b 所示。这样一个定轴轮系，称为原来周转轮系的转化轮系。现将各构件转化前后的转速列表，见表 1-10。

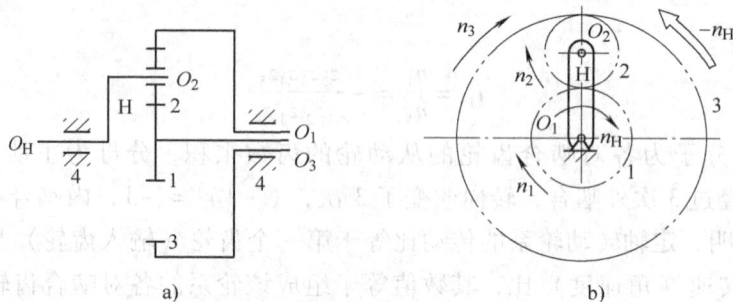

a)　　　　　　　　　　　　　b)

图 1-108　周转轮系及转化轮系

a）周转轮系　b）转化轮系

表 1-10　轮系转化前后各构件的转速

构件	原来的转速	转化轮系中的转速	构件	原来的转速	转化轮系中的转速
1	n_1	n_1^H	3	n_3	$n_3^H = n_3 - n_H$
2	n_2	n_2^H	H	n_H	$n_H^H = n_H - n_H = 0$

转化轮系中各构件的转速 n_1^H、n_2^H、n_3^H、n_H^H 的右上方都带有上角标 H，表示这些转速是各构件对行星架 H 的相对转速。

既然周转轮系的转化轮系是一个定轴轮系，就可应用求解定轴轮系传动比的方法，求出其中任意两个齿轮的传动比。

根据传动比定义，转化轮系中齿轮 1 与齿轮 3 的传动比 n_{13}^H 为

$$i_{13}^{\mathrm{H}} = \frac{n_1^{\mathrm{H}}}{n_3^{\mathrm{H}}} = \frac{n_1 - n_{\mathrm{H}}}{n_3 - n_{\mathrm{H}}} \tag{1-8}$$

应当注意区分 i_{13} 和 i_{13}^{H}，前者是两轮真实的传动比；而后者是假想的转化轮系中两轮的传动比。

转化轮系是定轴轮系，且其起始主动轮 1 与最末从动轮 3 轴线平行，故由定轴轮系传动比计算公式可得

$$i_{13}^{\mathrm{H}} = -\frac{z_2 z_3}{z_1 z_2} \tag{1-9}$$

合并式（1-8）和式（1-9），可得

$$i_{13}^{\mathrm{H}} = \frac{n_1^{\mathrm{H}}}{n_3^{\mathrm{H}}} = \frac{n_1 - n_{\mathrm{H}}}{n_3 - n_{\mathrm{H}}} = -\frac{z_2 z_3}{z_1 z_2}$$

将以上分析推广到一般情形：设 n_1 和 n_k 为周转轮系中任意两个齿轮 1 和 k 的转速，n_{H} 为行星架 H 的转速，则有

$$i_{1k}^{\mathrm{H}} = \frac{n_1^{\mathrm{H}}}{n_k^{\mathrm{H}}} = \frac{n_1 - n_{\mathrm{H}}}{n_k - n_{\mathrm{H}}} = (-1)^m \frac{1 \text{ 和 } k \text{ 间所有从动轮齿数的乘积}}{1 \text{ 和 } k \text{ 间所有主动轮齿数的乘积}} \tag{1-10}$$

式中　m——齿轮 1 至 k 齿轮外啮合的次数。

应用式（1-10）时必须注意以下几点：

1）齿轮 1 为起始主动轮，k 为最末从动轮，中间各轮的主从地位应按这一假定去判别。

2）将已知转速代入式（1-10）求解未知转速时，要特别注意转速的正负号。当假定某一方向的转动为正时，则相反的转动方向为负。必须将转速大小连同正负号一并代入公式计算。

3）应当强调，只有两轴平行时，两轴转速才能代数相加。因此，式（1-10）只适用于齿轮 1、k 和行星架 H 的轴线平行的场合。

上述这种运用相对运动的原理，将周转轮系转化成假想的定轴轮系，然后计算其传动比的方法，称为相对速度法或反转法。

例 1-7　在如图 1-109 所示的行星轮系中，各轮的齿数为 $z_1 = 27$，$z_2 = 17$，$z_3 = 61$。已知 $n_1 = 6000\mathrm{r/min}$，求传动比 $i_{1\mathrm{H}}$ 和行星架 H 的转速 n_{H}。

解： 将行星架视为固定，外啮合的次数 $m = 1$，由式（1-10）得

$$i_{13}^{\mathrm{H}} = \frac{n_1 - n_{\mathrm{H}}}{n_3 - n_{\mathrm{H}}} = (-1)^1 \frac{z_2 z_3}{z_1 z_2} = -\frac{61}{27}$$

$$\frac{n_1 - n_{\mathrm{H}}}{n_3 - n_{\mathrm{H}}} = -\frac{61}{27}$$

由于 $n_3 = 0$，上式可转化为

$$1 - \frac{n_1}{n_{\mathrm{H}}} = -\frac{61}{27}$$

$$i_{1\mathrm{H}} = \frac{n_1}{n_{\mathrm{H}}} = 1 + \frac{61}{27} \approx 3.26$$

则

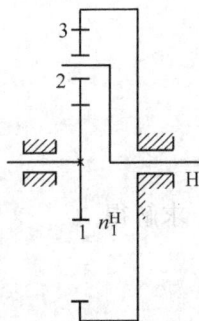

图 1-109　行星轮系

$$n_H = \frac{n_1}{i_{1H}} = \frac{6000}{3.26} \text{r/min} \approx 1840 \text{r/min}$$

故 n_H 和 n_1 转向相同。

用同样的方法还可以计算出行星轮 2 的转速 n_2。

四、混合轮系的传动比计算

混合轮系结构复杂，不能直接引用定轴轮系或周转轮系的公式对混合轮系进行传动比计算，而必须首先搞清楚轮系的组成，找出构成混合轮系的各个单一的周转轮系和定轴轮系，分别列出其传动比的计算式，最后结合构件的连接关系，对上述各计算式联立求解，即可求出混合轮系的传动比。分析时，应注意按照轮系的传动路线进行。

在混合轮系中区分定轴轮系部分和周转轮系部分的关键，在于确定是否存在行星轮。在若干个啮合传动的齿轮中，如果各轮轴线都是固定不动的，这部分就是一个定轴轮系。如果某轮的轴线绕另外的轴线转动，该轮为行星轮，支撑行星轮的构件为行星架，与行星轮啮合的即为太阳轮，这部分就是一个周转轮系。有两个活动太阳轮的就是差动轮系，有一个活动行星轮和一个固定太阳轮的就是行星轮系。

例1-8 如图 1-110 所示轮系中，已知齿轮齿数 $z_1 = 20$，$z_2 = 40$，$z_{2'} = 20$，$z_3 = 30$，$z_4 = 80$。求传动比 i_{1H}。

解： 1）因为齿轮 3 的轴线可动，3 为行星轮，与 3 相啮合的齿轮 $2'$、4 的轴线与行星架 H 的轴线重合，是太阳轮，即 3-$2'$-4-H 构成周转轮系。由于齿轮 1 和 2 的轴线固定，因此，1-2 构成定轴轮系。

2）在周转轮系 3-$2'$-4-H 中，可得

$$i_{2'4}^H = \frac{n_{2'}^H}{n_4^H} = \frac{n_{2'} - n_H}{n_4 - n_H} = -\frac{z_3 z_4}{z_{2'} z_3}$$

图 1-110 混合轮系

3）在定轴轮系 1-2 中，可得

$$i_{12} = \frac{n_1}{n_2} = -\frac{z_2}{z_1}$$

将各已知量代入上面两个式子中，并注意 $n_2 = n_2'$，$n_4 = 0$ 可得

$$\frac{n_{2'} - n_H}{0 - n_H} = -\frac{80}{20}$$

$$\frac{n_1}{n_2} = -\frac{40}{20}$$

求解得

$$i_{1H} = \frac{n_1}{n_H} = -10$$

故传动比 i_{1H} 为负值，说明齿轮 1 与行星架 H 转向相反。

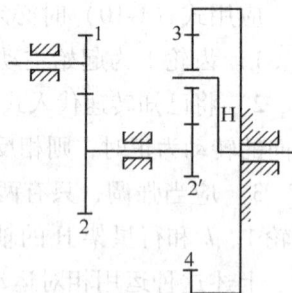

任务实施

分析东风454拖拉机变速器的挡位

东风454拖拉机变速器的挡位图如图1-111所示，变速器采用4×（3+1）组成式结构。主变速器由4对齿轮啮合，每对啮合齿轮，对应着不同的传动比，每个传动比对应一个挡位，共4个挡位；副变速器有高、中、低和倒挡4个当位，共组成12个前进挡、4个后退挡。装上爬行挡，可得24个前进挡、8个后退挡。

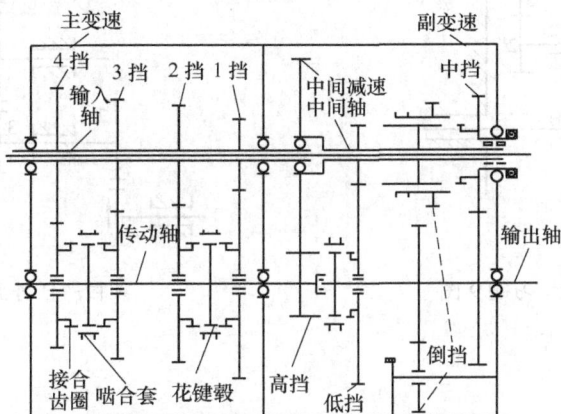

图1-111 东风454拖拉机变速器挡位图

练习与思考

1. 什么叫定轴轮系？

2. 轮系传动中不影响传动比大小的齿轮称为什么？在定轴轮系中起什么作用？

3. 定轴轮系与周转轮系的主要区别是什么？行星轮系和差动轮系又有何区别？

4. 什么是转化轮系？如何通过转化轮系计算周转轮系的传动比？

5. 什么叫周转轮系？如何判定一个轮系是否是周转轮系？

6. 轮系主要有哪些功用？

7. 试确定习题7图所示各轮的转向。

8. 在习题8图所示的轮系中，已知各轮齿数为 $z_1=15$，$z_2=25$，$z_{2'}=15$，$z_3=30$，$z_{3'}=15$，$z_4=30$，$z_{4'}=2$（右旋蜗杆），$z_5=10$，求该轮系的传动比并判断蜗轮5的转向。

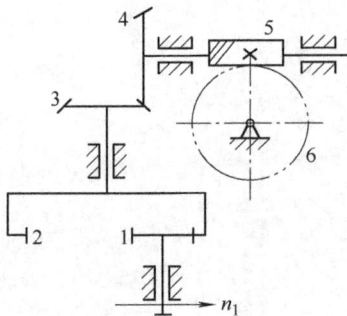

项目一任务五 习题7图

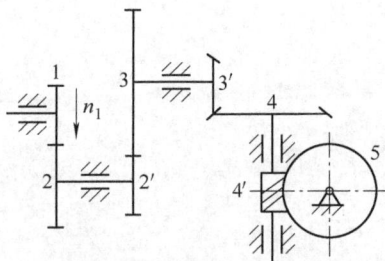

项目一任务五 习题8图

9. 如习题 9 图所示轮系，已知各轮的齿数为 $z_1 = 50$，$z_2 = 30$，$z_{2'} = 20$，$z_3 = 100$，试求轮系的传动比 i_{1H}。

10. 如习题 10 图所示轮系，已知主动轮 1 的转速 $n_1 = 280\text{r/min}$，各齿轮齿数分别为 $z_1 = 24$，$z_2 = 20$、$z_3 = 12$，$z_4 = 31$，$z_5 = 18$，$z_6 = 45$，$z_7 = 90$。求齿轮 7 转速大小及转向。

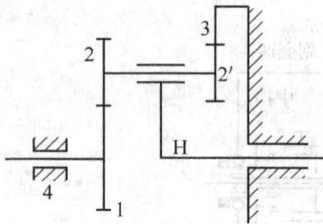

项目一任务五　习题 9 图　　　　　　　　项目一任务五　习题 10 图

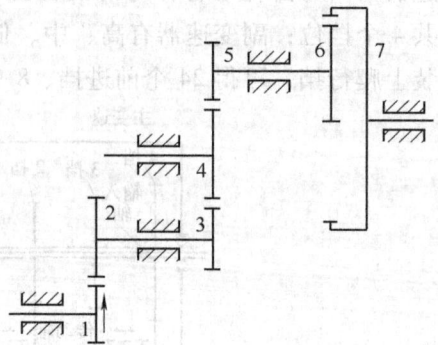

项目二　农机轴系零部件应用分析

【项目描述】

　　机器工作时，用来传递动力和运动的各种零部件，如轴、轴承、联轴器等，都可归属为轴系零部件。轴系零部件是机械的重要组成部分，其设计、使用是否合理将直接影响到整台机器的工作性能。本项目学习重点是农机常用轴、轴承、联轴器和离合器、常用联接的类型、工作原理、特点及应用等知识。

【项目目标】

1）掌握轴上零件的安装和定位，轴的主要失效形式。

2）掌握农机常用滚动轴承和滑动轴承代号、安装特点和润滑方式。

3）掌握万向联轴器、离合器的结构及安装特点、工作原理。

4）熟悉各种平键和花键、销的特点及在农机中的应用。

5）掌握螺纹件的代号、特点及作用，螺纹联接的预紧和防松措施。

任务一　轴及轴上零件的安装定位

》》任务要求

☞ 知识点：

1）了解常用轴的种类、结构和特点。

2）了解轴的调整与维护的基本知识。

3）掌握轴上零件轴向和周向安装定位方法。

☞ 技能点：

1）能识别农机上各种轴的类型、特点，以及轴传动件。

2）能熟悉轴上零件轴向和周向安装定位方法。

3）具备对农机中轴传动部件正确拆装的能力。

》》任务导入

　　轴是支承转动零件并与之一起回转以传递运动、转矩或弯矩的机械零件。机器中作回转运动的零件就装在轴上，零件在轴上应沿轴向准确地定位和可靠地固定，以使其具有确定的安装位置并能承受轴向力而不产生轴向位移。同时，为了限制轴上零件与轴之间的相对转动和保证同轴度，以准确地传递运动与转矩，零件在轴上还必须有可靠的周向定位。本任务就是对农机上常用的轴的种类、轴及轴上零件轴向和周向定位以及固定进行分析。

>> **相关知识**

一、轴的分类

根据所受载荷的不同，轴可分为心轴、传动轴和转轴三种。

1. 心轴

只承受弯矩作用的轴称为心轴，如图 2-1 所示。心轴可以是转动的，如图 2-1a 所示的火车轮轴；也可以是固定的，如图 2-1b 所示的自行车前轮轴。

图 2-1　心轴
a）转动心轴　b）固定心轴

2. 传动轴

只传递转矩的轴称为传动轴，图 2-2 所示为连接汽车变速器与后桥的轴。

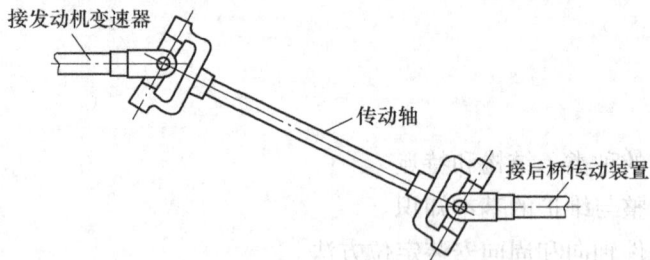

图 2-2　传动轴

3. 转轴

既承受弯矩又传递转矩的轴称为转轴。转轴是机器中最常见的轴，如齿轮减速器中的轴均是转轴。

按照轴的结构形状不同，可将其划分为直轴（见图 2-3）和曲轴（见图 2-4a），光轴（见图 2-3a）和阶梯轴（见图 2-3b），空心轴（见图 2-3c）和实心轴（见图 2-3a、b），刚性轴和挠性轴（见图 2-4b）。曲轴多用于往复式机械中，如发动机等；挠性轴可将转动灵活地传递到所需要的任何位置；阶梯轴广泛应用于拖拉机底盘变速器等各种机械设备中。

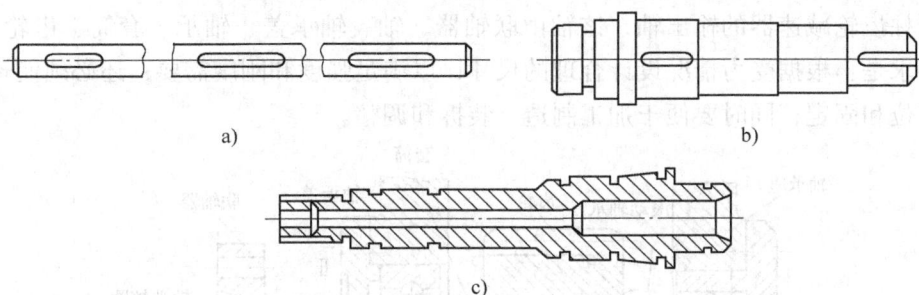

图 2-3　直轴
a）光轴　b）阶梯轴　c）空心轴

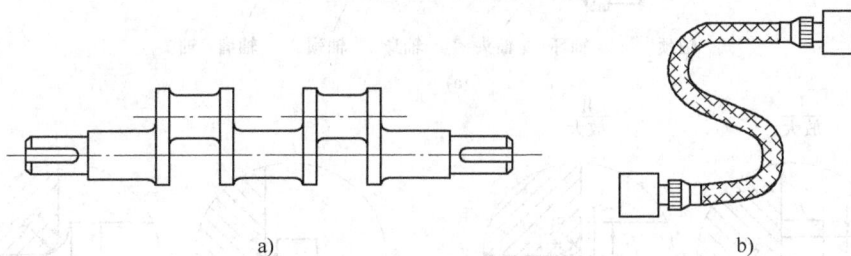

图 2-4　曲轴和挠性轴
a）曲轴　b）挠性轴

二、轴的材料

轴在工作时常受到交变应力的作用，其失效形式多为疲劳断裂。因此，轴的材料首先应具有一定的疲劳强度，同时还应满足工艺性和经济性方面的要求。

轴的常用材料主要是碳素钢和合金钢。碳素钢可分普通碳素钢和优质碳素钢，常用的有35、40、45、50 优质碳素钢，其中以 45 钢应用最为普遍。与合金钢相比，碳素钢价廉、对应力集中的敏感性小，并且经过正火或调质等热处理后，其综合力学性能都会有很大的改善和提高。如有些发动机曲轴采用 50 钢锻制而成，先正火后半精加工，最后经中频淬火后再精加工。对于不重要或受力较小的轴，一般无需热处理，可直接采用 Q235、Q255 等普通碳素钢。

合金钢与优质碳素钢相比，有更好的力学性能和淬火性能，通常用于重载、高速或有特殊要求（如耐高温、耐腐蚀、耐磨损等场合）的轴。由于常温下合金钢和碳素钢的弹性模量相差很小，因此，用合金钢代替碳素钢并不能提高轴的刚度，反而增加成本。

【特别提示】

球墨铸铁适用于制造形状复杂的轴，可用来代替合金钢作内燃机曲轴、凸轮轴等。国产汽车上多数采用稀土球墨铸铁作曲轴。球墨铸铁具有成本低、吸振性能好、耐磨性好、对应力集中敏感性低等优点；但铸铁件质量不易控制，可靠性较差。

三、轴的结构设计

轴一般由轴头、轴身、轴颈三部分组成。轴上与传动零件或联轴器、离合器相配的部分称为轴头；与轴承相配的部分称为轴颈；连接轴头和轴颈的其余部分称为轴身。图 2-5 所示为单级圆柱齿轮减速器的输出轴,该轴由联轴器、轴、轴承盖、轴承、套筒、齿轮等组成。对轴的要求是:根据受力情况设计合理的尺寸,以满足强度和刚度需要;还必须使轴上零件可靠地定位和固定;同时要便于加工制造、装拆和调整。

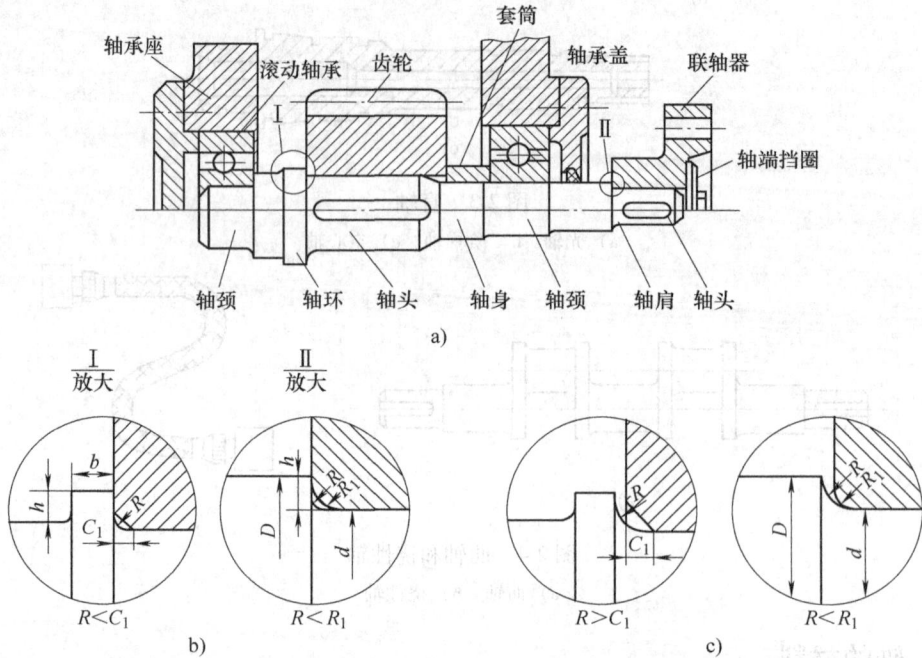

图 2-5 减速器输出轴

a) 轴的组成 b) 轴向定位正确 c) 轴向定位不正确

(一) 零件在轴上的定位和固定

轴上零件的定位和固定是两个不同的概念。定位是针对装配而言的,是为了保证轴上零件准确的安装位置;固定是针对工作而言的,是为了使轴上零件在运转中保持原位不动。但两者又相互联系,通常作为轴的结构措施,既起固定作用,又起定位作用。

1. 轴上零件的轴向定位和固定

轴向定位和固定是指将轴上的零件沿轴线方向进行定位和固定,轴上零件的轴向定位通常采用轴肩或轴环,见表 2-1。轴肩或轴环处应有过渡圆角,且圆角半径 r 不宜太小,以免产生应力集中。为了使零件端面能与轴肩或轴环平面接触,零件孔口处的圆角半径 R 或倒角 C 应大于轴上圆角半径 r,轴环的高度可取为 $1.4h$(h 为轴肩的高度)。

表 2-1 轴上零件常用的轴向定位方式及尺寸　　　　　　　　　　　　(单位:mm)

（续）

轴径 d	>10~18	>18~30	>30~50	>50~80	>80~120	>120~180	>180~260	>260~360	>360~500
轴上圆角 r	1	1.5	2	2.5	3	4	5	6	8
零件倒角 C 或圆角 R	1.5	2	2.5	3	4	5	6	8	10
轴肩高度 h	定位轴肩: $h=(1.5\sim2)C$ 或 $h=(1.5\sim2)R$；非定位轴肩: $h=1\sim3$ 或更小								

【特别提示】

有轴向力的定位轴肩取大值，没有轴向力的定位轴肩取小值。

为了便于拆卸滚动轴承，安装滚动轴承处的轴肩高度另有规定，可直接由滚动轴承标准中查取。

轴上零件除要求正确定位外，还要求有可靠的轴向固定，以防止轴上零件工作时产生轴向移动。常用的固定方式有套筒、圆螺母、轴端挡圈、弹性挡圈、紧定螺钉和圆锥面等结构，见表2-2。

表2-2　轴上零件常用的轴向固定方式、特点及应用

固定方式	固定件标准	简　图	特点及应用
套筒	—		结构简单（不用在轴上开槽、钻孔），固定可靠，承受轴向力大，多用于轴上两零件相距不远的场合
双圆螺母	GB/T 812—1988		固定可靠，可承受大的轴向力，但轴上的细牙螺纹和退刀槽对轴的强度削弱较大，应力集中较严重。一般用于两零件间距离较大，不适宜用套筒固定的场合
圆螺母和止动垫圈	GB/T 812—1988 GB/T 858—1988		圆螺母起固定作用，止动垫圈用于防松，故固定可靠，承受轴向力大。但轴上螺纹，螺纹退刀槽和轴向沟槽对轴的削弱较大，主要用于固定轴端零件
弹性挡圈	轴用: GB 894—1986 孔用: GB 893—1986		结构简单紧凑，但只能承受很小的轴向力，常用作滚动轴承（内圈或外圈）的轴向固定

（续）

固定方式	固定件标准	简　图	特点及应用
紧定螺钉	GB/T 71—1985 （GB/T 73～75—1985）	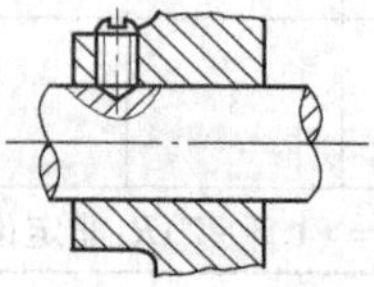	结构简单,只用于承受轴向力小或不承受轴向力的场合,在光轴上应用较多
圆锥销	GB/T 117—2000	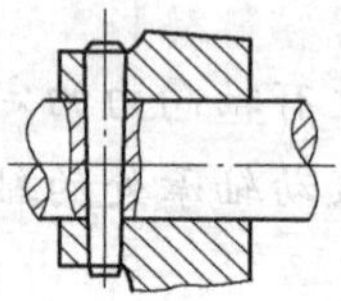	兼起轴向固定和周向固定的作用,但对轴的强度削弱严重,只能用于传递小功率的场合

2. 轴上零件的周向定位和固定

周向定位和固定是指将轴上的零件在圆周方向进行定位和固定,是为了限制轴上零件与轴之间的相对转动和保证同心度,以准确地传递运动与转矩。轴上零件常用的周向定位和固定方法有键、花键、销、紧定螺钉、过盈配合、非圆截面等结构,见表2-3。

表2-3　轴上零件周向定位和固定方法

定位、固定方法	简　图	特点与应用
键	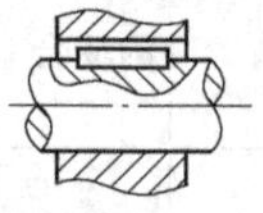 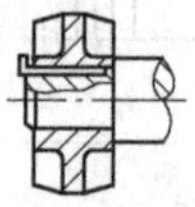 平键　　楔键	平键:对中性好,可用于较高精度、高转速及受冲击或变载荷作用的场合 楔键:不适于要求严格对中,有冲击载荷及高速回转的场合,能承受单向的轴向力
花键	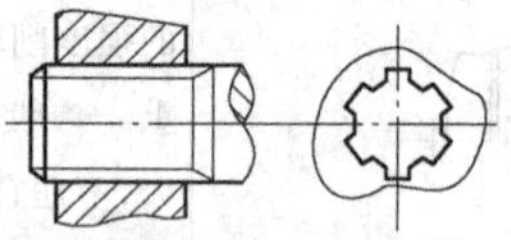	承载能力高,定心性和导向性好,但制造困难、成本高
销	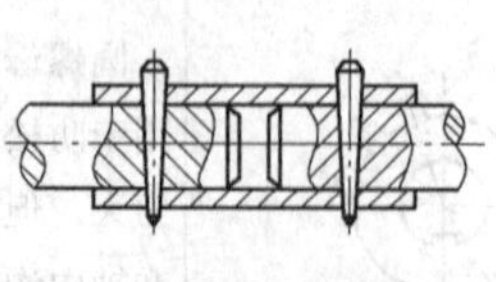	结构简单,用于受力不大,同时需要周向定位和固定的场合
过盈配合	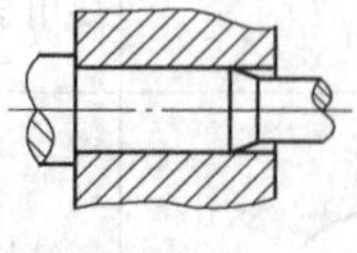	结构简单,对中性好,承载能力高,可同时起到轴向固定作用,不宜用于经常拆卸的场合。常与平键联合使用,以承受大的振动和冲击载荷
非圆截面		成形联接,可承受大载荷,制造困难

（二）结构工艺要求

1. 提高轴疲劳强度的结构措施

轴的破坏大多为疲劳破坏。提高轴的抗疲劳破坏强度的关键是减小应力集中，提高轴的表面质量，减小应力集中系数。提高轴的表面质量可通过提高轴的表面精度、进行热处理或表面强化处理等方法来实现。

2. 轴上零件的装拆和调整

为了能顺利地装拆轴上零件，轴的结构多半设计成中间粗、两端逐渐细的阶梯轴形状。为拆装方便，轴肩高度一般可取为 $1 \sim 3\,\text{mm}$，特殊情况下还可取得小一些。安装轴承的轴肩高度应小于轴承内圈厚度，以便拆卸，如图 2-6 所示。

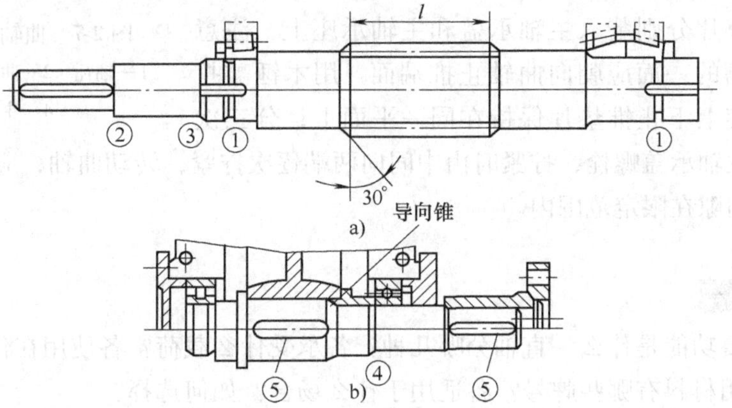

图 2-6 轴的结构工艺性示例

3. 制造工艺要求

制造工艺性往往是评价设计优劣的一个重要方面。为了便于制造、降低成本，通常采用如图 2-6 所示的措施改善轴的制造工艺性。

1）螺纹段要留退刀槽，如图 2-6a 中的①。

2）螺纹前导段的直径应小于螺纹小径，如图 2-6a 中的②。

3）磨削段要留越程槽，如图 2-6b 中的④。

4）轴上各段的轴端要有倒角，如图 2-6a 中的③。同一轴上的圆角、倒角应尽量相同。

5）同一轴上有几个键槽时，应开在同一素线上，如图 2-6b 中的⑤。

6）轴上零件（如齿轮、带轮、联轴器）的轮毂宽度大于与其配合的轴段长度。

7）轴上各段的精度和表面粗糙度应根据其作用不同而异。

四、轴的失效形式

轴作为一个回转件，工作时大多受交变应力作用。因此，其主要的失效形式为疲劳断裂。除此以外，还由于集中力和转矩的作用而产生过大的弯曲和扭转变形，影响轴上零件的正常工作。因此，在设计轴的过程中，应注意根据轴的受载特点分别对轴进行强度和刚度校核。

任务实施

曲轴的轴向定位

发动机中的曲轴，如果不轴向定位，就会有轴向窜动，轴向窜动会让曲轴承受轴向压力，还带动连杆瓦、活塞、活塞销偏磨，还会在踩离合器的时候，由于轴向窜动而改变离合器自由行程，车辆起步会发抖。所以曲轴的轴向必须定位。

曲轴的轴向定位一般都是采用止推片定位，如图 2-7 所示，它由四个半圆形止推垫片 3 组成，安装在曲轴的主轴承盖 4 和主轴承座上。组装时，擦净止推垫片，并涂少量机油，将止推垫片分别装入主轴承盖和主轴承座上，注意止推垫片有油槽的一面应朝向曲轴止推端面。用木锤敲打曲轴前后端，使上下止推垫片保持在同一平面上，分三次

图 2-7　曲轴的轴向定位图
1—轴瓦　2—曲轴　3—止推垫片
4—主轴承盖

均匀地拧紧各主轴承盖螺栓，拧紧时由中间向两端逐次拧紧，转动曲轴，应灵活、无卡滞现象。测量轴向间隙在限定范围内。

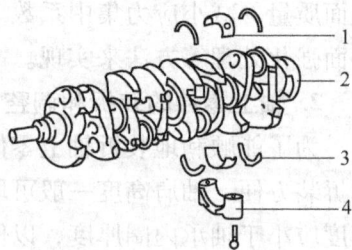

练习与思考

1. 轴的主要功能是什么？直轴分哪几种？各承受什么载荷？各使用在什么场合？
2. 轴的常用材料有哪些牌号？各适用于什么场合？如何选择？
3. 轴上零件的周向固定和轴向固定方法有哪几种？

任务二　轴承的认知与应用

任务要求

☞知识点：

1）掌握轴承的工作原理、特点、选用及润滑的基本知识。

2）掌握滑动轴承的应用场合、安装方法。

3）掌握常用滚动轴承的类型、主要特性、应用及轴承代号。

4）掌握轴承的润滑方法。

☞技能点：

1）能识别滚动轴承代号、简化画法，熟悉滚动轴承结构及安装特点。

2）熟悉滑动轴承结构、安装特点及润滑方式。

3）具备对典型农机上的滑动轴承和滚动轴承进行正确安装与调整的能力。

任务导入

轴承是当代农业机械设备中一种举足轻重的零部件。它的主要功能是支承轴及轴上零件，保证轴和轴上零件的回转精度和安装位置，减少摩擦与磨损，并承受载荷。按运动元件

摩擦性质的不同，轴承可分为滚动轴承和滑动轴承两类。本任务就是对农机上常用轴承的类型、代号、应用场合和润滑方法进行分析。

一、滑动轴承

在滑动摩擦下运转的轴承称为滑动轴承。滑动轴承主要应用于高速、重载、要求剖分结构等场合中，如汽轮机、离心式压缩机、内燃机、大型电动机等设备的主轴承都采用滑动轴承；此外，在低速重载、冲击载荷较大的一般机械中，如冲压机械、农业机械和起重设备也广泛采用滑动轴承。

（一）滑动轴承的润滑状态

由于润滑条件和工作条件不同，相对运动工作表面之间可以处于如图2-8所示的四种润滑状态。

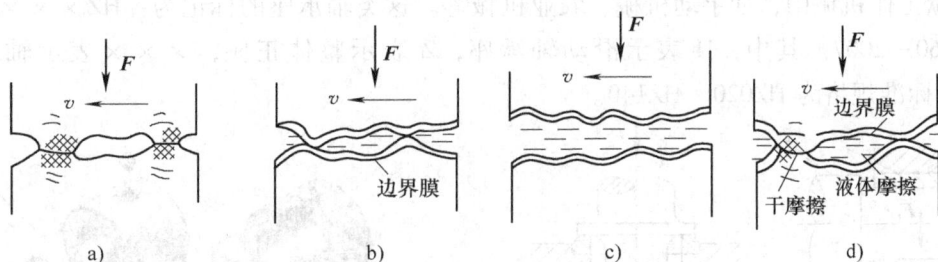

图2-8　表面相对运动四种润滑状态

1）无润滑状态——干摩擦。摩擦表面无任何润滑剂存在，如图2-8a所示，两表面发生相对运动时，摩擦表面直接接触。干摩擦的摩擦因数f较大，为$0.1\sim1.5$。

2）边界润滑状态——边界摩擦。当摩擦表面间加入少量润滑油，润滑剂吸附在界面上形成边界膜，如图2-8b所示，其厚度为$0.1\sim0.4\mu m$。由于分子定向紧密排列，分子之间的内聚力使边界膜具有一定的承载能力。离界面越远，吸附力越弱，因此当摩擦副运动时，第一层吸附分子牢固地吸附在界面上随界面移动，而外层分子之间则发生相对位移，这就取代了边界直接摩擦，降低了摩擦因数。边界润滑时的摩擦因数f为$0.05\sim0.5$。

3）流体润滑状态——流体摩擦。摩擦副表面被边界膜和流体膜组成的流体润滑剂完全隔开，界面之间的摩擦被流动膜内的流体分子间的内摩擦所取代，因而摩擦因数显著降低，如图2-8c所示。其中，流体动压润滑是利用表面相对运动使流体自然产生内压承受外载以隔开表面；流体静压润滑是利用液压油把接触面隔开承受外载。液体动压润滑的摩擦因数f为$0.001\sim0.01$；液体静压润滑的摩擦因数$f<0.001$。

4）混合润滑状态——混合摩擦。半干摩擦和半流体摩擦都属于混合摩擦。半干摩擦是指摩擦表面间同时存在着干摩擦和边界摩擦的润滑状态；半流体摩擦是指摩擦表面间同时存在着流体摩擦和边界摩擦的润滑状态，如图2-8d所示。

对于滑动轴承，摩擦表面之间最低限度应维持边界润滑或混合润滑状态。根据需要，有的应实现流体润滑。不允许存在无润滑状态。

（二）滑动轴承的结构及分类

滑动轴承按所受载荷的方向分为径向滑动轴承（见图2-9a）和推力滑动轴承（见图2-9b）。

1. 径向滑动轴承

对于常用的径向滑动轴承，我国已制定了有关标准，通常可根据工作条件选用。径向滑动轴承的主要结构形式有整体式和对开式两大类。

（1）整体式滑动轴承　图2-10所示为整体式轴承（JB/T 2560—2007），由轴承座1和轴瓦（轴套）2等组成。轴承座1和轴瓦（轴套）2采用较紧的配合，一般为H8/s7。轴承座用螺栓与机座联接，顶部设有安装注油杯的螺纹孔，轴套上开有油槽。这种轴承构造简单、成本低，但磨损后无法修整，装拆不方便，轴颈只能从端部装入。因此，粗重的轴和具有中间轴颈（如内燃机曲轴）的轴就不便或无法安装。所以，整体式轴承常用于低速、轻载的间歇工作机械中，如手动机械、农业机械等。这类轴承座的标记为：HZ×××轴承座JB/T 2560—2007。其中，H表示滑动轴承座，Z表示整体正座，×××表示轴承内径（mm）。标准规格为HZ020～HZ140。

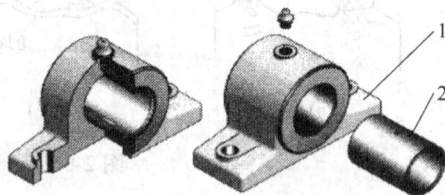

图2-9　滑动轴承的受载情况

a）径向滑动轴承　b）推力滑动轴承

1—轴瓦　2—轴颈

图2-10　整体式轴承

1—轴承座　2—轴瓦（轴套）

（2）对开式滑动轴承　图2-11所示为对开式正滑动轴承，由轴承座，轴承盖，剖分的上、下轴瓦和联接螺栓等组成。轴承盖和轴承座的剖分面常制成阶梯状，以便于轴承盖和轴承座对中并防止横向错动。

对开式滑动轴承结构较复杂，但装拆时不必从轴端装入或取出。另外，通过适当增减轴瓦剖分面间的调整垫片、修刮轴瓦表面等措施，可调节轴颈与轴承之间的间隙。因此，对开式滑动轴承装拆和维修方便，应用广泛，如发动机中的曲轴就采用对开式滑动轴承支承。

对开式二（或四）螺柱正滑动轴承（JB/T 2561—2007或JB/T 2562—2007），其轴瓦与座孔的配合为H8/m7，轴承座标记为：H2×××轴承

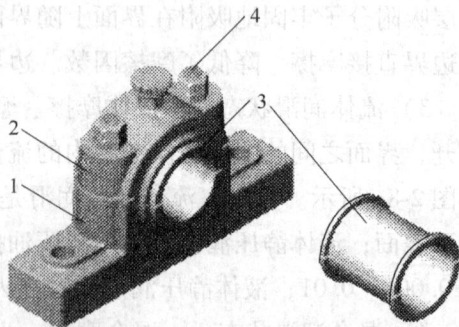

图2-11　对开式正滑动轴承

1—轴承座　2—轴承盖　3—轴瓦　4—螺栓

座 JB/T 2561—2007（或 H4×××轴承座 JB/T 2562—2007）。其中，H 表示滑动轴承座，2（或 4）表示螺栓数，×××表示轴承内径（mm）。标准规格 H2030～H2160（H4050～H4220）。

当轴承座上的总载荷方向与垂直剖分面的轴承中心线的夹角超过 35°时，采用对开式斜滑动轴承，如柴油机中的连杆大头采用了图 2-12 所示的对开式四螺柱斜滑动轴承（JB/T 2563—2007）。这类轴承的剖分面与水平面成 45°，其特点与对开式正滑动轴承相同。标记为：HX×××轴承座 JB/T 2563—2007。其中，H 表示滑动轴承座，

图 2-12 对开式斜滑动轴承

X 表示斜座，×××表示轴承内径（mm）。标准规格为 HX050～HX220。还有一些特殊结构的轴承，如自动调位轴承、锥型表面可调间隙轴承等，使用时可参阅有关书籍。

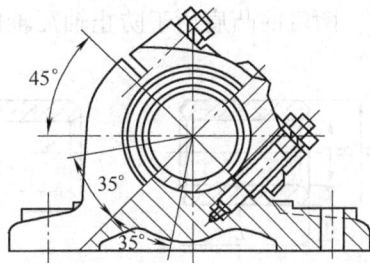

2. 推力滑动轴承

推力滑动轴承用以承受轴向载荷，其常见的结构形式如图 2-13a 所示。轴颈 1 端面与止推轴瓦 2 组成摩擦副。由于工作面上相对滑动速度不等，越靠近中心处相对滑动速度越小，磨损越轻；越靠近边缘处相对滑动速度越大，磨损越严重，会造成工作面上压强分布不均。

为避免工作面上压强严重不均，相对滑动端面通常采用环状端面，当载荷较大时，可采用多环轴颈，如图 2-13b 所示，这种结构的轴承能承受双向轴向载荷。

上述结构形式的推力轴承由于轴颈端面与止推轴瓦之间为平行平面的相对滑动，不易形成流体润滑状态，故轴承通常处在边界润滑状态下工作，多用于低速、轻载机械。

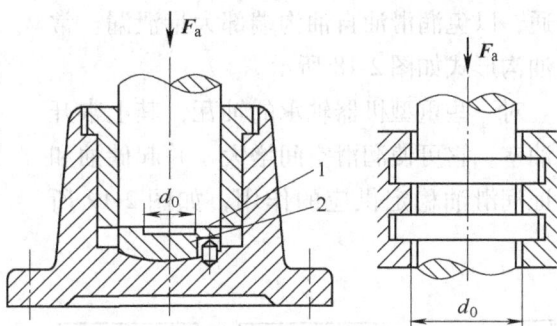

图 2-13 推力滑动轴承
a）空心式 b）多环式
1—轴颈 2—止推轴瓦

（三）轴瓦结构

轴瓦是轴承中直接与轴颈接触的重要元件，其结构对轴承性能有很大的影响。为使轴瓦既有一定的强度，又具有良好的减摩性，同时节省贵重材料，降低成本，常在轴瓦表面浇注或轧制一层减摩性好的材料（如轴承合金），称为轴承衬。为使轴承衬可靠地贴合在轴瓦表面上，可采取如图 2-14 所示的结合形式（图中涂黑层表示轴承衬）。

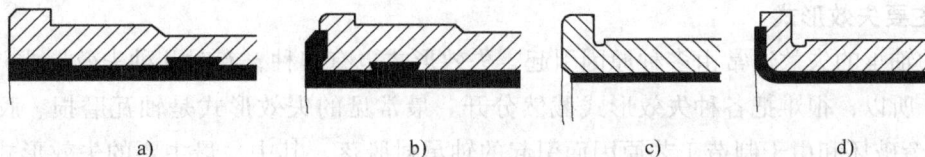

a) b) c) d)

图 2-14 轴瓦与轴承衬的结合形式

轴瓦结构也分为整体式和对开式两种。整体式轴瓦是一圆柱形轴套，结构如图 2-15 所

示，分为不带挡边和带挡边两种结构。对开式轴承的轴瓦由上、下两半组成，如图 2-16 所示。两端的凸肩用于防止轴瓦轴向窜动，也可用螺钉或销钉定位。

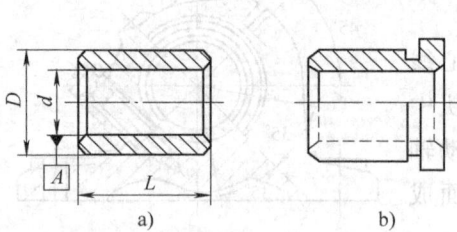

图 2-15　轴套的结构形式
a) 一般轴套　b) 有挡边的轴套

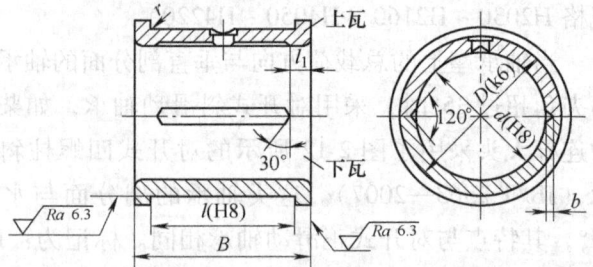

图 2-16　径向滑动轴承的轴瓦

为了将润滑油引入轴承，并布满于工作表面，轴瓦上开有供油孔、油沟、油槽；供油孔和油沟应开在轴瓦的非承载区，否则会降低油膜承载能力，如图 2-17 所示。油沟的轴向长度一般取轴瓦宽度的 80% 左右，不能开通，以免润滑油自油沟端部大量泄漏。常见油沟形式如图 2-18 所示。

对一些重型机器轴承的轴瓦，其上常开设油室。它可使润滑空间增大，并起储油和保证润滑油稳定供应的作用，如图 2-19 所示。

图 2-17　油沟布置对油膜承载能力的影响
a) 正确　b) 错误

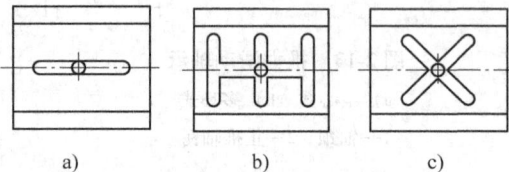

图 2-18　油孔和油沟
a) 轴向　b) 周向　c) 斜向

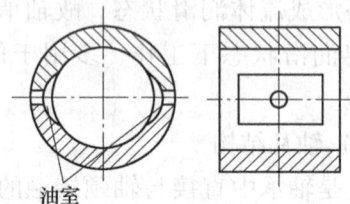

图 2-19　油室

(四) 滑动轴承的失效形式及材料

1. 主要失效形式

滑动轴承的失效通常由多种原因引起，失效形式也有多种，有时几种失效形式并存，相互影响。所以，很难把各种失效形式截然分开。最常见的失效形式是轴瓦磨损、胶合（烧瓦）、疲劳破坏和由于制造工艺原因而引起的轴承衬脱落。其中，最主要的失效形式是轴瓦磨损和胶合。

2. 轴承材料的性能要求

滑动轴承中，轴承座和盖通常选用铸铁制造。所以，轴承材料主要是指轴瓦和轴承衬材料。根据轴承的主要失效形式，对轴承材料的主要要求是：

1）良好的减摩性、耐磨性和抗胶合性。

2）良好的磨合性、顺应性、嵌藏性和塑性。

3）足够的抗压强度和疲劳强度。

4）良好的导热性、加工工艺性，热膨胀系数低，耐腐蚀等。

应该指出的是，对轴承材料性能的上述要求是全面的，有些性能彼此有联系，有些性能则相互矛盾；任何一种材料都很难全面满足这些要求。因此，选用轴承材料时，应根据轴承的具体工作条件，有侧重地选用较合适的材料。

3. 常用轴承材料

常用的轴承材料有轴承合金、青铜、铸铁、多孔质金属材料及非金属材料。

（1）轴承合金（也称为巴氏合金）　轴承合金有锡锑轴承合金和铅锑轴承合金两类。它们各以较软的锡或铅作基体，悬浮锑锡及铜锡硬晶粒，软基体具有良好的磨合性、顺应性和嵌藏性，硬晶粒则起耐磨作用。轴承合金由于其特有的金属组织，具备了作轴承材料的优良性质，并且易浇注；但由于其机械强度较低、价格高，故通常作为轴承衬材料，浇注在青铜、钢或铸铁轴瓦上。

锡基轴承合金的热膨胀系数低、摩擦因数小、耐腐蚀、易磨合、抗胶合能力强，常用于高速、重载机械。铅基轴承合金较脆，不宜承受较大载荷，常用于中速、中载机械。

（2）青铜　在一般机械中，有50%的滑动轴承采用青铜材料。青铜主要有锡青铜、铅青铜和铝青铜等。锡青铜和铅青铜既有较好的减摩性和耐磨性，又有足够的强度，且熔点高，但磨合性较差，故适用于重载、中速机械。铝青铜的强度和硬度都较高，但抗胶合能力差，适用于重载、低速机械。

（3）铸铁　常用的铸铁材料有灰铸铁和减摩铸铁。由于铸铁材料塑性差、磨合性差，故只有低速、轻载或不重要的场合采用。

（4）其他材料　除上述常用的三种金属材料外，轴承材料还可采用多孔质金属材料和非金属材料。用多孔质金属材料制成的轴承，又称含油轴承。由于这种材料具有多孔组织，轴承在工作前经润滑油浸泡，其材料孔隙中吸存了润滑油。工作时，由于轴颈转动的抽吸作用及热膨胀作用，使孔隙中储存的润滑油流出而润滑轴承。含油轴承在一定的使用期限内不必加油，可自行润滑。这种轴承主要用于轻载、低速和不易注油的场合。非金属轴承材料应用最多的是各种塑料、尼龙、夹布胶木等。塑料材料具有摩擦因数低、抗压强度高、耐磨性好等优点，但导热能力差、易变形，因此应注意冷却。

（五）滑动轴承的润滑

滑动轴承润滑的目的是减少摩擦，降低磨损，同时还有散热冷却、缓冲吸振、密封和防锈等作用。

润滑剂主要有固体润滑剂、润滑脂、润滑油和气体润滑剂四种，其中最常用的是润滑油和润滑脂。

1. 润滑油及选用

润滑油是滑动轴承中应用最广泛的一种润滑剂。最常用的润滑油是矿物油，对于特殊工况还可以采用合成油。润滑油最主要的物理性能指标是黏度。它反映了润滑油流动时内摩擦阻力的大小。黏度越大，内摩擦阻力越大，流动性越差，承载后润滑油不易流失，有利于形成压力油膜。黏度的表示方法很多，主要有动力黏度、运动黏度和相对黏度。工业上常用运动黏度标定润滑油的黏度。

润滑油的选用主要指润滑油黏度的选择。选择黏度时，主要考虑轴承压强、滑动速度、工作温度、摩擦表面状况及润滑方式等条件。一般原则是：

1）在压强大或冲击、变载荷等工作条件下，应选用黏度较大的油。

2）滑动速度高时，应选用黏度低的油。

3）轴承散热条件差、工作温度高，应选用黏度较大的油。

4）摩擦表面粗糙或未经磨合，应选用黏度较大的油。

2. 润滑脂及选用

润滑脂是由润滑油（主要是矿物油）和各种增稠剂（如钙、钠、锂等金属皂）混合制成。最常用的润滑脂有钙基润滑脂（钙脂）、钠基润滑脂（钠脂）和锂基润滑脂（锂脂）。润滑脂的主要性能指标是锥入度、滴点和耐水性。锥入度是表征润滑脂粘稠程度的指标，锥入度越小，润滑脂越稠；反之，流动性越好。润滑脂稠度大，不易流失，但摩擦功耗大，不宜在温度变化大或高速运转条件下使用，一般在轴承相对滑动速度 v 低于 $1 \sim 2\text{m/s}$ 时或不便注油的场合使用。

润滑脂的选择主要根据轴承的工作温度、压强和速度进行。

3. 润滑方法和润滑装置

为保证轴承良好的润滑状态，除合理选择润滑剂外，合理选择润滑方法和润滑装置也是十分重要的。

常用的润滑方法和润滑装置如下：

（1）油润滑　油润滑的润滑方法有间歇供油润滑和连续供油润滑两种。间歇供油润滑有手工油壶注油和油杯注油供油。这种润滑方法只适用于低速、不重要的轴承或间歇工作的轴承。对于重要轴承，必须采用连续供油润滑。连续供油润滑方法及装置主要有以下几种：

1）油杯滴油润滑。图 2-20 和图 2-21 所示分别为针阀油杯和芯捻油杯。针阀油杯可调节滴油速度，以改变供油量。在轴承停止工作时，可通过油杯上部的手柄关闭油杯停止供油。芯捻油杯利用毛细管作用将油引到轴承工作表面上，这种方法不易调节供油量。

2）浸油润滑。将部分轴承直接浸入油池中润滑，如图 2-22 所示。

3）飞溅润滑。飞溅润滑主要用于润滑如减速器、内燃机等机械中的轴承。通常直接利用传动齿轮或甩油环（见图 2-23）将油池中的润滑油溅到轴承上或壁箱上，再经油沟导入轴承

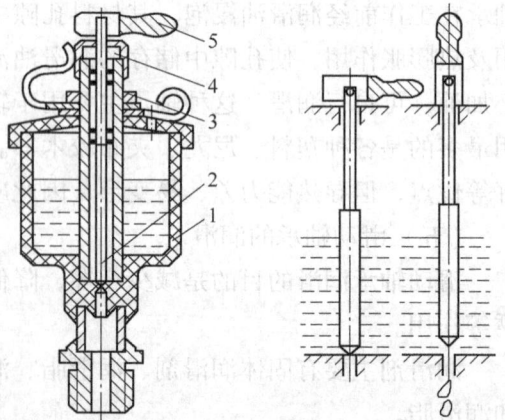

图 2-20　针阀油杯

1—杯体　2—针阀　3—弹簧　4—调节螺母　5—手柄

工作面以润滑轴承。甩油环根据安装特点分为松环和固定环两种。松环指油环松套在轴上，如图 2-23a 所示，靠摩擦力随轴转动，将附着在轴环上的油飞溅到壁箱上，再经油沟导入轴承或直接甩到轴承工作面上以润滑轴承。如果在油环内表面开上窄的沟槽，如图 2-23c 所示，供油量会明显增大，轴的温度也会显著降低。松环适用于 $v \leqslant 20\text{m/s}$、运转比较平稳的轴承。如图 2-23b 所示，油环通过紧固螺钉或其他方式固定在轴上，称为固定环。这种结构主要适用于低速，通常在 $v \leqslant 13\text{m/s}$ 范围内应用。

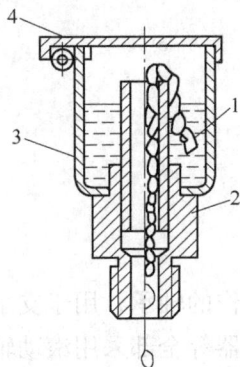

图 2-21 芯捻油杯
1—油芯 2—接头 3、4—杯体

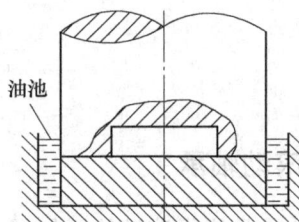

图 2-22 浸油润滑

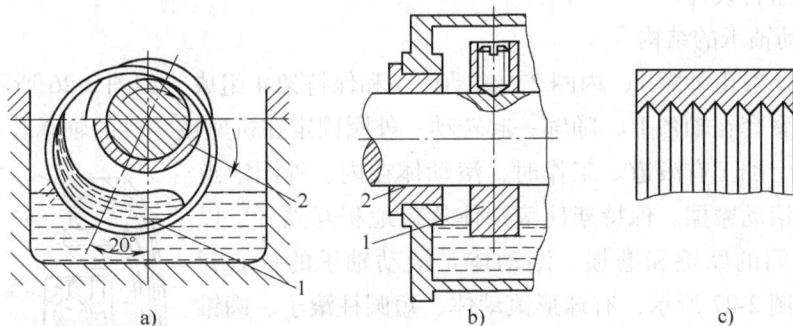

a)　　　　　　　b)　　　　　　　c)

图 2-23 飞溅润滑装置
a) 松环润滑 b) 固定环润滑 c) 沟槽环
1—甩油环 2—轴承

4) 压力循环润滑。如图 2-24 所示，压力循环润滑是一种强制润滑方法。润滑油泵将具有一定压力的油经油路导入轴承，润滑油经轴承两端流回油池，构成循环润滑。这种供油方法的供油量充足，润滑可靠，并有冷却和冲洗轴承的作用。但润滑装置结构复杂，费用较高，常用于重载、高速和载荷变化较大的轴承中。

(2) 脂润滑 润滑脂只能间歇供给。如图 2-25 所示，常用脂润滑装置有旋盖注油油杯和压注油杯。旋盖注油油杯靠旋紧杯盖，将杯内润滑脂压入轴承工作面；压注油杯则靠油枪压注润滑脂至轴承工作面。

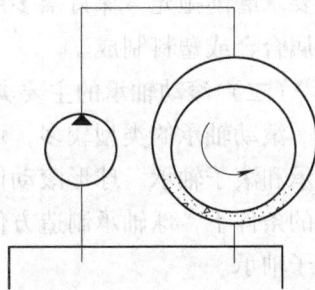

图 2-24 压力循环润滑装置

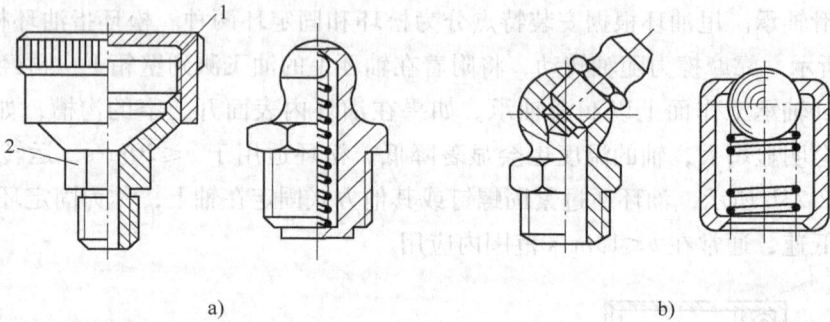

图 2-25　脂润滑装置

a）旋盖注油油杯　b）压注油杯

1—杯盖　2—杯身

二、滚动轴承

滚动轴承是依靠滚动体与轴承座圈之间的滚动接触来工作的轴承，用于支承旋转零件或摆动零件。它广泛应用于各种机械设备中，如变速器、分动器等全部采用滚动轴承。滚动轴承的尺寸已标准化，并由专门的轴承厂成批量生产。所谓滚动轴承的设计，只是根据具体的载荷、转速、旋转精度和工作条件等方面的要求，正确地选择轴承的类型和型号（尺寸）及进行轴承的组合设计。

（一）滚动轴承的结构

滚动轴承一般由外圈 1、内圈 2、滚动体 3 和保持架 4 组成，如图 2-26 所示。

通常内圈紧套在轴颈上，随轴一起转动；外圈固定在机座或零件的轴承孔内，起支承作用。内、外圈上加工有滚道。工作时，滚动体在内、外圈滚道上滚动，形成滚动摩擦。保持架使滚动体均匀地相互隔开，以避免滚动体之间的摩擦和磨损。滚动体是滚动轴承的核心元件，其形状如图 2-27 所示，有球形滚动体、短圆柱滚子、圆锥滚子、鼓形滚子及滚针等。滚动体和内、外圈间是点或线接触，表面接触应力大，故滚动体和内、外圈的材料选用强度高、耐磨性和冲击韧性好的铬锰高碳钢制造，如 GCr15、GCr15SiMn 等，热处理后的硬度应不低于 61～65HRC，工作表面要求磨削抛光。保持架多用低碳钢板冲压制成，也可用有色金属合金或塑料制成。

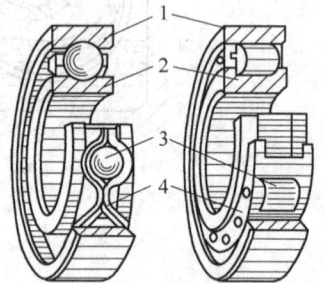

图 2-26　滚动轴承

1—外圈　2—内圈

3—滚动体　4—保持架

（二）滚动轴承的主要类型及其特性

滚动轴承的类型较多，可以适应各种机械装置的多种要求。按滚动体的形状，可分为球轴承和滚子轴承。球形滚动体与内、外圈是点接触，滚子滚动体与内、外圈是线接触。在相同的条件下，球轴承制造方便、价格低、运转时摩擦损耗少，但承载能力和抗冲击能力不如滚子轴承。

按轴承所承受载荷的方向或公称接触角的不同，滚动轴承可分向心轴承和推力轴承。轴承公称接触角是指滚动轴承的滚动体与外圈滚道接触点的法线和轴承径向平面的夹角 α，如

图2-28 所示。α 越大，滚动轴承承受轴向载荷的能力也越大。向心轴承主要用于承受径向载荷，$0 \leq \alpha \leq 45°$。向心轴承分为：径向接触轴承 $\alpha = 0$，如图2-28a 所示；向心角接触轴承，$0 < \alpha \leq 45°$，如图2-28c 所示。推力轴承主要用于承受轴向载荷，$45° < \alpha \leq 90°$，如图2-28b 所示。推力轴承又可分为：轴向接触轴承，$\alpha = 90°$；推力角接触轴承，$45° < \alpha < 90°$。

图 2-27 滚动体形状

a）球形滚动体 b）短圆柱滚子 c）圆锥滚子 d）鼓形滚子 e）长圆柱滚子 f）滚针

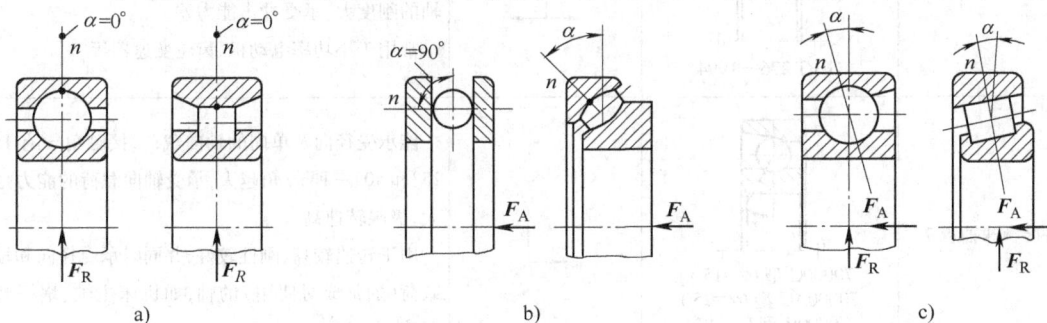

图 2-28 滚动轴承接触角

a）径向接触轴承 b）推力轴承 c）向心角接触轴承

轴承分为单列、双列或多列。根据国家标准 GB/T 272—1993《滚动轴承 代号方法》规定，滚动轴承按轴承所承受的载荷方向及结构的不同进行分类，常用滚动轴承的类型、性能特性及应用见表2-4。

表2-4 常用滚动轴承的类型、性能特点及应用

类型及代号	结构简图及标准号	负荷方向	特点及应用
调心球轴承1	 GB/T 281—1994	↕	主要承受径向载荷，能自动调心 适用于多支承传动轴、刚性较差的轴以及不能精确对中的支承处
调心滚子轴承2	 GB/T 288—1994	↕	轴承外圈的内表面是球面，主要承受径向载荷及一定的双向轴向载荷，但不能承受纯轴向载荷，允许角偏位为 $0.5° \sim 2°$ 常用在长轴或受载荷作用后有较大的弯曲变形及多支点的轴上

（续）

类型及代号	结构简图及标准号	负荷方向	特点及应用
圆锥滚子轴承 3	GB/T 297—1994		特点与角接触球轴承相似，但承载能力比它大。内外圈可分离，间隙容易调整。摩擦阻力较大，极限转速较低 常用于转速不太高、刚性好、轴向和径向载荷很大的轴上，如斜齿轮轴、蜗杆减速器轴、机床主轴
推力球轴承 5	GB/T 28697—2012		只能承受单向的轴向载荷，极限转速很低 适用于转速较低、仅有轴向载荷的轴，如起重吊钩、千斤顶、机床主轴等
深沟球轴承 6	GB/T 276—1994		主要承受径向载荷，也能承受一些轴向载荷（双向）。结构简单、摩擦因数小，极限转速高，但要求轴的刚度大，承受冲击能力差 常用于小功率电动机、齿轮变速器等
角接触球轴承 7	70000C 型 ($\alpha=15°$) 70000AC 型 ($\alpha=25°$) 70000B 型 ($\alpha=40°$) GB/T 292—2007		能承受径向及单向的轴向载荷，接触角 α 有 15°、25° 和 40° 三种，α 角越大，承受轴向载荷的能力也越大，极限转速高 用于转速较高、刚性较好，并同时承受径向和轴向载荷（通常成对使用）的轴，如机床主轴、蜗杆减速器等
圆柱滚子轴承 N	GB/T 283—2007		只能承受径向载荷，承载能力比同尺寸的轴承大，耐冲击能力也较大，内外两圈允许作微量的相对轴向移动，但不允许偏斜 适用于刚性较大、对中良好的轴。常用于大功率电动机、人字齿轮减速器上

（三）滚动轴承代号

滚动轴承的类型多，加之同一系列中有不同的结构、尺寸精度及技术要求。为便于组织生产及选用，国家标准规定每一滚动轴承用同一形式的一组数据表示，称为滚动轴承代号，并打印在滚动轴承端面上。GB/T 272—1993 规定的滚动轴承代号的构成见表 2-5。

表 2-5 滚动轴承代号的构成

前置代号	基本代号					后置代号							
	第 5 位	第 4 位	第 3 位	第 2 位	第 1 位								
		尺寸系列代号											
分部件代号	类型代号	宽度系列代号	直径系列代号	内径外径		内部结构代号	密封防尘结构代号	保持架及材料代号	特殊轴承材料代号	公差等级代号	游隙代号	多轴承配置代号	其他代号

1. 基本代号

基本代号用于表明滚动轴承的内径、直径系列和类型，一般最多为五位。

（1）内径代号　用基本代号右起一、二位数字表示。00、01、02 和 03 分别代表内径尺寸为 10mm、12mm、15mm、17mm。内径代号从 04 到 96 时，乘以 5 即为轴承内径尺寸，代表 20 ~ 480mm 的内径；内径小于 10mm、大于等于 500mm 和等于 22mm、28mm、32mm 的轴承，其内径表示法可见 GB/T 272—1993。

（2）直径系列代号　用基本代号右起第三位数字表示。它反映了具有相同公称内径的轴承的外径和宽度方面的变化，按 7、8、9、0、1、2、3、4、5 的顺序，外径依次增大，轴承的承载能力也相应增大。

（3）宽（高）度系列代号　用基本代号右起第四位数字表示。它反映了具有相同内径和外径尺寸的轴承宽度尺寸的不同变化。按 8、0、1、2、3、4、5、6 的顺序，宽度依次增大。正常宽度的轴承代号为"0"。多数轴承在代号中不标出宽度系列代号 0，但对调心滚子轴承和圆锥滚子轴承，宽度系列代号 0 要标出。

直径系列代号和宽（高）度系列代号统称为尺寸系列代号，见表 2-6。组合排列时，宽（高）系列在前，直径系列在后；不同尺寸系列的轴承比较如图 2-29 所示。

表 2-6　尺寸系列代号

	向心轴承								推力轴承			
	宽度系列代号								高度系列代号			
直径系列	8	0	1	2	3	4	5	6	7	9	1	5
	宽度尺寸依次递增→								宽度尺寸依次递增→			
	尺寸系列代号											
外径尺寸依次递增↓	7	—	—	17	—	37	—	—	—	—	—	—
	8	—	08	18	28	38	48	58	68	—	—	—
	9	—	09	19	29	39	49	59	69	—	—	—
	0	—	00	10	20	30	40	50	60	70	90	10
	1	—	01	11	21	31	41	51	61	71	91	11
	2	82	02	12	22	32	42	52	62	72	92	12	22
	3	83	03	13	23	33	—	—	—	73	93	13	23
	4	—	04	—	24	—	—	—	—	74	94	14	24
	5	—	—	—	—	—	—	—	—	—	95		

注：表中"—"表示不存在此种组合。

（4）类型代号　类型代号见表 2-5。

2. 后置代号

轴承的后置代号是用字母和数字等表示轴承的内部结构、公差等级、游隙、材料等特殊要求，置于基本代号右边，并与基本代号空半个汉字距离或用符号"－"、"/"分隔。

（1）内部结构代号　同一类型轴承有不同的内部结构时，用规定的字母表示其差别。例如，角接触轴承分别用 C、AC、B 代表三种不同的公称接触角 $\alpha = 15°$、$25°$、$40°$；用 E 表示加强型。

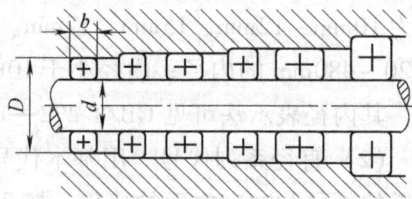

（2）公差等级代号　为不同的尺寸精度和旋转精度的特定组合。此代号共 6 个级别，由高到低依次为 2 级、4 级、5 级、6x 级、6 级和 0 级（相当于旧标准的 B、C、D、Ex、E、G 级精度），代号为/P2、/P4、/P5、/P6x、/P6、/P0。0 级是普通级，在轴承代号中省略不标出；6x 级仅用于圆锥滚子轴承。

图 2-29　不同尺寸系列的轴承比较

（3）游隙代号　游隙是指轴承在无载荷作用时，一个套圈相对另一个套圈在某一个方向的可移动距离。轴承径向游隙系列有 6 个组别，从小到大分别是 1 组、2 组、0 组、3 组、4 组、5 组，0 组游隙是常用的，在轴承代号中省略不标出，其余游隙代号分别为/C1、/C2、/C3、/C4、/C5。目前工程实际中通常使用的游隙是 3 组。

后置代号的其他项目用得较少，用时可查 GB/T 272—1993。

3. 前置代号

轴承前置代号用于表示轴承的分部件，用字母表示。当轴承的某些分部件具有某些特点时，就在基本代号前加上相应的字母。如用 L 表示可分离轴承的可分离套圈，K 表示轴承的滚动体与保持架组件等。

例 2-1　说明轴承代号 6203、7312AC/P5、33215/P63 的含义。

解：

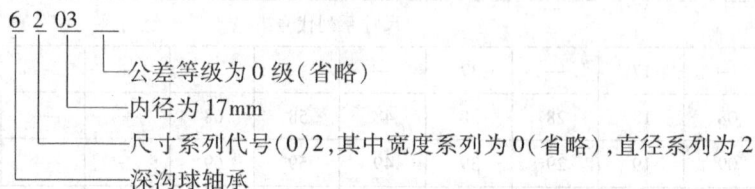

- 公差等级为 0 级（省略）
- 内径为 17mm
- 尺寸系列代号（0）2，其中宽度系列为 0（省略），直径系列为 2
- 深沟球轴承

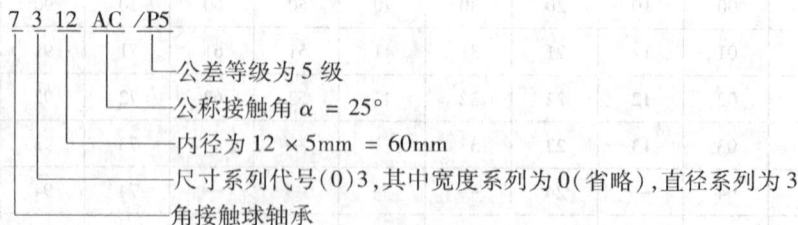

- 公差等级为 5 级
- 公称接触角 $\alpha = 25°$
- 内径为 $12 \times 5\text{mm} = 60\text{mm}$
- 尺寸系列代号（0）3，其中宽度系列为 0（省略），直径系列为 3
- 角接触球轴承

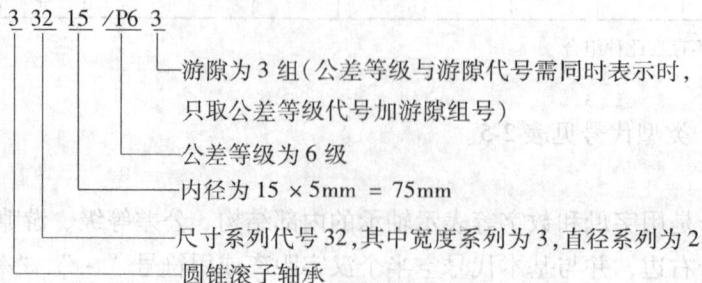

- 游隙为 3 组（公差等级与游隙代号需同时表示时，只取公差等级代号加游隙组号）
- 公差等级为 6 级
- 内径为 $15 \times 5\text{mm} = 75\text{mm}$
- 尺寸系列代号 32，其中宽度系列为 3，直径系列为 2
- 圆锥滚子轴承

（四）滚动轴承的失效形式及其润滑、密封

1. 滚动轴承的失效形式

滚动轴承的失效形式主要有三种：疲劳点蚀、塑性变形和磨损。

（1）疲劳点蚀 滚动轴承工作时，在滚动体、内圈、外圈的接触表面将产生接触应力。由于它们之间的相对运动及受力周期性变化，如图2-30所示，使得其表面受脉动循环接触应力作用。当接触应力超过材料的极限应力时，滚动体、内圈或外圈的表面将发生疲劳点蚀。这使轴承运转时产生振动、噪声、温度升高，最后导致不能正常工作。

（2）塑性变形 在重载或冲击载荷的作用下，可能使滚动体和套圈滚道表面接触处的局部应力超过材料的屈服强度，产生永久性凹坑，出现振动、噪声，破坏轴承的正常工作。

（3）磨损 在润滑不良、密封不当的情况下，粉尘、杂质进入轴承中，造成磨粒磨损而使轴承失效。此外，由于安装、维护、使用不当，特别是在高速、重载条件下工作的轴承，由于摩擦产生高温而使轴承产生胶合、卡死现象，或由于离心力过大而使保持架破坏，使轴承不能正常工作，寿命缩短。综上所述，对于制造良好、安装维护使用正常的轴承，最常见的失效形式是疲劳点蚀和塑性变形，应针对疲劳点蚀进行接触疲劳承载能力计算和针对塑性变形进行静强度计算。

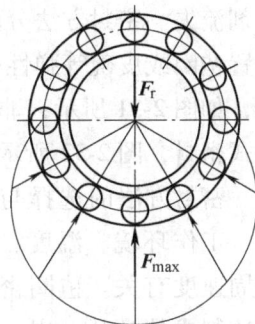

图2-30 滚动轴承的受力情况

2. 滚动轴承的润滑与密封

润滑和密封直接影响到滚动轴承的寿命，设计时和使用中应予以注意。

（1）滚动轴承的润滑 润滑的主要目的是减少摩擦与磨损，同时也起吸收振动、散热降温、减缓腐蚀的作用，常用的滚动轴承润滑剂有润滑油和润滑脂两种，选用时根据轴承的 dn 值来确定，见表2-7，d 为轴承内径（mm），n 是轴承的转速（r/min），dn 值间接表示了轴承的圆周速度，一般在 $dn < (15 \sim 20) \times 10^4$（mm·r/min）时采用脂润滑，超过这一范围采用油润滑。

表2-7 滚动轴承的 dn 值界限 （单位：$\times 10^4$ mm·r/min）

轴承类型	润滑脂	润 滑 油			
		油浴	滴油	喷油	油雾
深沟球轴承	16	25	40	60	>60
调心球轴承	16	25	40		
角接触球轴承	16	25	40	60	>60
圆柱滚子轴承	12	25	40	60	>60
圆锥滚子轴承	10	16	23	30	
调心滚子轴承	8	12	—	25	
推力球轴承	4	6	12	15	

润滑油的主要优点是摩擦阻力小，散热效果好；缺点是易于流失。因此，在工作时要保证有充足的供油。它主要用于速度较高或工作温度较高的轴承。具体选用时，可根据轴承的工作温度、dn 值及当量动载荷来确定。常用的润滑方式是浸油润滑、滴油润滑和喷油润滑等，其工作原理与滑动轴承润滑方式一致。

润滑脂的优点是不易流失，便于密封和维护，充填一次可运转较长时间（可达数个月）；缺点是摩擦阻力较大，不利于散热。润滑脂常常采用人工方式定期更换。

（2）滚动轴承的密封　密封的作用是防止灰尘、杂质等进入轴承，并阻止轴承内的润滑剂流失。密封方法分两大类，即接触式密封和非接触式密封。接触式密封是在轴承端盖内放置毡圈或皮碗等弹性软材料与转动轴直接接触而起到密封作用，包括毡圈密封和皮碗密封，如图 2-31 所示；非接触式密封是利用狭小间隙来起到密封作用，包括间隙式密封和迷宫式密封，图 2-32 所示。

密封方法的选择与润滑剂的种类、工作环境、温度、密封表面的圆周速度有关。毡圈密封是将工业毛毡制成的环片，嵌入轴承盖上的梯形槽内，与转轴间摩擦接触，以起到使箱体内外隔断的作用；其结构简单、价格低廉，但毡圈易磨损，常用于工作温度不高的脂润滑场合。皮碗密封的密封元件为专业厂家提供的标准件，有多种不同的结构和尺寸。它广泛用于较低转速的油润滑或脂润滑场合，密封效果较好，但在高速时易发热。

图 2-31　接触式密封
a）毡圈密封　b）皮碗密封

图 2-32　非接触式密封
a）间隙式密封　b）迷宫式密封

非接触式密封避免了接触式密封中密封件与转轴直接接触、易磨损的缺点，适用于高速场合。间隙式密封是通过轴承盖与轴颈间较长的环状间隙（0.1～0.3mm），填充润滑剂来达到密封的目的。迷宫式密封是通过旋转件与固定件之间构成迂回曲折的小间隙来实现密封，实际工程中，往往将几种密封装置组合起来使用，发挥各自的优点，提高密封效果。

（五）滑动轴承与滚动轴承的比较

滚动轴承与滑动轴承的比较见表 2-8，供选择轴承类别时参考。由于滚动轴承具有摩擦阻力小、易于起动、效率高、润滑简便和互换性好的优点，所以应用广泛；而滑动轴承除了在简单和成本要求低的场合使用外，主要用于滚动轴承难以满足支承要求的场合，如高速、高精度、重载荷、要求剖分结构等场合，此外，在低速而带有较大冲击的机器中也常采用滑动轴承。

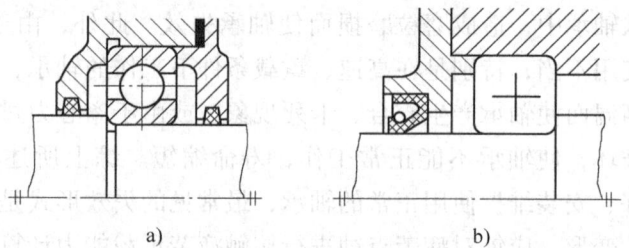

表2-8 滚动轴承与滑动轴承的比较

比较项目	滚动轴承	滑动轴承	
		非液体摩擦	液体摩擦
工作时的摩擦因数及一对轴承的效率	$f' = 0.0015 \sim 0.008$ $\eta = 0.99 \sim 0.999$	$f' = 0.008 \sim 0.1$ $\eta = 0.95 \sim 0.97$	$f' = 0.001 \sim 0.008$ $\eta = 0.995 \sim 0.999$
适应工作速度、噪声及工作情况	低中速，噪声较大，适用于经常起动的情况	低速，无噪声，不宜频繁起动	中高速，无噪声，不宜频繁起动（静压轴承除外）
旋转精度	较高	较低	一般较高
承受冲击振动能力	较差	较好	好
外廓尺寸	径向大、轴向小	径向小、轴向大	
维护	对灰尘敏感，需密封，润滑简单，耗油量少，不需经常照料	不需密封，但需润滑装置，耗油量较多，需经常照料	
其他	为大量供应的标准件	一般要消耗有色金属，且要自行加工	

任务实施

分析发动机曲轴主轴瓦和连杆轴瓦

发动机曲轴支承轴承和连杆轴承采用的是滑动轴承。曲轴主轴瓦装于主轴承座孔中，将曲轴支承在发动机的机体上。连杆轴瓦装在连杆大头内，保护曲轴连杆轴颈和连杆大头孔，如图2-33所示。

轴瓦由钢背和减摩层组成，为两半分开形式，如图2-34所示。钢背6由厚1~3mm的低碳钢制成，是轴承的基体。减摩层5是由浇注在钢背内圆上厚为0.3~0.7mm的薄层减摩合金制成，减摩合金具有保持油膜、减少摩擦阻力和易于磨合的作用。

连杆轴瓦1在自由状态下并不是半圆形的，也就是说$R_1 > R_2$。当它们装入连杆大头孔内时，又有过盈，故能均匀地紧贴在大头孔壁上及连杆盖上，具有很好的承载和导热能力。为了防止连杆轴瓦在工作中发生转动或轴向移动，

图2-33 曲轴主轴瓦与连杆
轴瓦的安装示意图
1—曲轴主轴瓦 2—连杆轴瓦

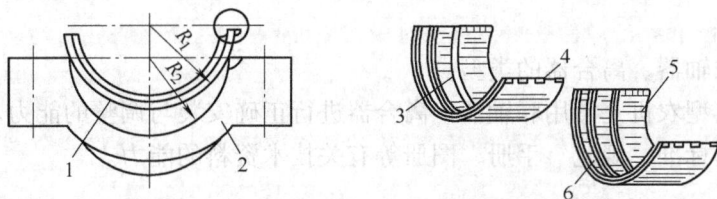

在两个连杆轴承的剖分面上，分别冲压出高于钢背面的两个定位凸唇4。装配时，这两个凸

图2-34 连杆轴承
1—连杆轴瓦 2—连杆轴承盖 3—油槽 4—定位凸唇 5—减摩层 6—钢背

唇分别嵌入在连杆大头和连杆盖上的相应凹槽中。在连杆轴承内表面上还加工有油槽3，用以储油，保证可靠润滑。

主轴瓦的结构与连杆轴瓦相同，为了向连杆轴瓦输送润滑油，在主轴瓦上都开有周向油槽和通油孔。有些负荷不大的发动机，上、下两半轴瓦上都制有油槽，有些发动机只在上轴瓦开油槽和通油孔，而负荷较重的下轴瓦不开油槽。因此在装配后一种主轴瓦时，上、下轴瓦不能互换，否则主轴承的来油通道将被堵塞。

练习与思考

1. 滑动轴承有什么特点？主要用在什么场合？

2. 滑动轴承的润滑状态有几种？

3. 试叙述整体式与剖分式滑动轴承的结构特点和应用。

4. 滑动轴承为什么要开油孔和油槽？

5. 为什么现代机械设备上大多采用滚动轴承？与滑动轴承比较，滚动轴承有哪些优、缺点？

6. 滚动轴承共分几大类型？试写出它们的类型代号及名称，并说明各类轴承的特性及应用场合。

7. 典型的滚动轴承由哪些基本元件组成？每个元件的功用是什么？

8. 滚动轴承各元件一般采用什么材料及热处理？为什么？

9. 试说明下列型号滚动轴承的类型、内径尺寸、精度、宽度系列、结构特点及适用场合：6212，30202，7207C，N210，51208，1209。

10. 滚动轴承有哪些主要失效形式？

11. 农用拖拉机变速器轴的支承轴承采用的是哪种轴承？

12. 农用发动机曲轴的支承轴承、连杆轴承采用的是哪种轴承？

任务三　联轴器、离合器的认知与应用

任务要求

☞ 知识点：

1）了解常用联轴器、离合器的种类、结构和特点。

2）掌握联轴器、离合器的应用场合、安装方法。

☞ 技能点：

1）能识别联轴器、离合器的类型。

2）具备对典型农机上常用联轴器、离合器进行正确安装与调整的能力。

3）具有运用标准、规范、手册、图册等有关技术资料的能力。

任务导入

联轴器和离合器是机械装置中常用的部件，它们主要用于联接轴与轴，以传递运动与转

矩。本任务就是对农机上常用的联轴器和离合器进行认知和应用分析。

一、联轴器的功用与种类

联轴器主要用于轴与轴之间的联接并使它们一同旋转，以传递转矩和运动的一种机械传动装置。若要使两轴分离，必须通过停车拆卸才能实现。

图 2-35 所示为联轴器的应用。联轴器 2 将电动机与减速器联接起来，联轴器 4 将减速器与工作机联接起来，使它们一起回转并传递转矩。

联轴器所要联接的轴之间，由于存在制造、安装误差，受载、受热后的变形以及传动过程中会产生振动等因素，往往存在着轴向、径向或偏角等相对位置的偏移。因此，联轴器除了传动外，还要有一定的位置补偿和吸振缓冲的功用。

图 2-35　联轴器的应用

1—电动机　2、4—联轴器　3—减速器　5—工作机

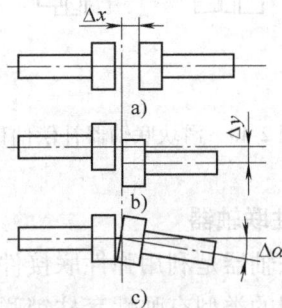

（一）联轴器的常用类型

根据各种位移有无补偿能力，联轴器分为刚性和弹性两大类。刚性联轴器由刚性传力件组成，可分为固定式和可移式两大类。其中固定式刚性联轴器不能补偿两轴的相对位移；可移式刚性联轴器能补偿两轴的相对位移。弹性联轴器含有弹性元件，能补偿两轴的相对位移，并具有吸收振动和缓冲的能力。

1. 固定式刚性联轴器

固定式刚性联轴器中应用最广的是凸缘联轴器，如图 2-36 所示，它是利用两半联轴器来实现对两轴的联接。两半联轴器端面有对中止口，以保证两轴对中。固定式刚性联轴器全部零件都是刚性的，所以在传递载荷时不能缓冲和吸收振动，但它具有结构简单、价格低廉、使用方便等优点，可传递较大转矩，常用于载荷平稳且两轴严格对中的联接。

2. 可移式刚性联轴器

由于制造、安装误差和工作时零件变形等原因，不易保证两轴对中，常有偏移现象，如图 2-37 所示。可移式刚性联轴器能补偿两轴相对轴向偏移 Δx、径向偏移 Δy、角偏移 $\Delta \alpha$ 和综合偏移。

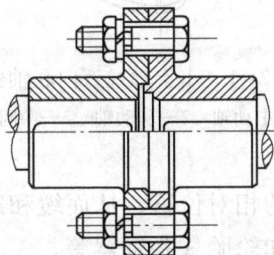

图 2-36　凸缘联轴器

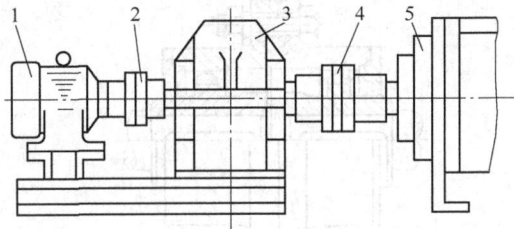

图 2-37　两轴间的偏移

可移式刚性联轴器有齿式联轴器、滑块联轴器和万向联轴器。

（1）齿式联轴器 如图2-38所示，它是利用内、外齿啮合来实现两轴偏移的补偿。外齿径向有间隙，可补偿两轴径向偏移；外齿顶部制成球面，球心在轴线上，可补偿两轴之间的角偏移。两内齿凸缘利用螺栓联接。齿式联轴器能传递很大的转矩，又有较大的补偿偏移的能力，常用于重型机械，但结构笨重，造价高。

（2）滑块联轴器 如图2-39所示，它利用中间滑块2与两半联轴器1、3端面的径向槽配合以实现两轴联接。滑块沿径向滑动可补偿径向偏移Δy，还能补偿角偏移$\Delta \alpha$，如图2-40所示。滑块联轴器具有结构简单、制造方便的特点，但由于滑块的偏心，工作时会产生较大的离心力，故只用于低速轴上。

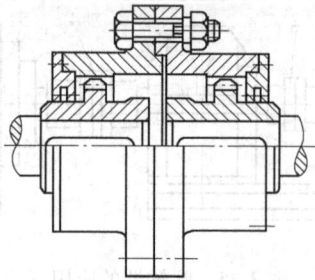

图2-38 齿式联轴器

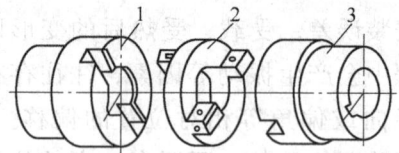

图2-39 滑块联轴器图
1、3—半联轴器 2—中间滑块

（3）万向联轴器 常见形式为十字轴式万向联轴器，如图2-41所示。它利用中间轴3联接两边的半联轴器。两轴线间夹角α可达40°~50°。单个十字轴式万向联轴器的主动轴1作等角速度转动时，其从动轴2作变角速度转动。为避免这种现象，可采用两个十字轴式万向联轴器，使两次角速度变动的影响相互抵消，从而使主动轴1与从动轴2同步转动，但各轴相互位置必须满足主动轴1、从动轴2与中间轴之间的夹角相等，即$\alpha_1 = \alpha_2$，中间轴上两端的叉形接头必须位于同一平面内。图2-42所示为双十字轴式万向联轴器结构示意图。

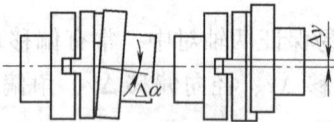

图2-40 滑块联轴器补偿偏移

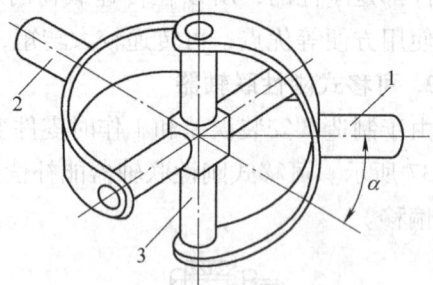

图2-41 十字轴式万向联轴器
1—主动轴 2—从动轴 3—中间轴

3. 弹性联轴器

弹性联轴器是利用弹性联接件的弹性变形来补偿两轴的相对位移，从而缓和冲击和吸收振动。常用的类型有弹性套柱销联轴器、弹性柱销联轴器和轮胎式联轴器等。

（1）弹性套柱销联轴器 弹性套柱销联轴器的结构和凸缘联轴器相似，但是两个半联轴器的联接不用螺栓而用带橡胶或皮革套的柱销，如图2-43所示。为了更换胶套时简便而不必拆卸机器，设计时应注意留出距离A；为了补偿轴向位移，安装时应注意留出相应大小的间隙c。弹性套柱销联轴器在高速轴上应用十分广泛。

图2-42 双十字轴式万向联轴器的结构示意图

（2）弹性柱销联轴器 如图2-44所示，弹性柱销联轴器是将非金属材料制成的柱销置于两个半联轴器凸缘的孔中，以实现两轴的联接。柱销通常用尼龙制成，尼龙具有一定的弹性。

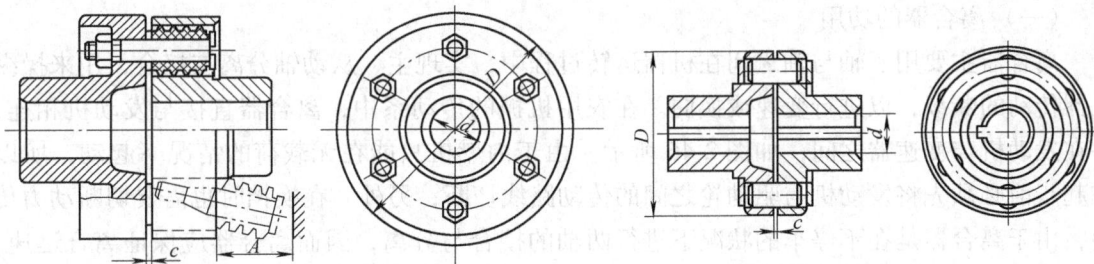

图2-43 弹性套柱销联轴器

图2-44 弹性柱销联轴器

弹性柱销联轴器结构简单，更换柱销方便。为了防止柱销滑出，在柱销两端配置挡圈。装配时应注意留出间隙。

【特别提示】

弹性套柱销联轴器和弹性柱销联轴器的径向偏移和角偏移的许用范围不大，故安装时需注意两轴对中，否则会使柱销或弹性套迅速磨损。

（3）轮胎式联轴器 轮胎式联轴器如图2-45所示，利用轮胎式橡胶制品2作为中间联接件，将半联轴器1与3联接在一起。这种联轴器结构简单可靠，能补偿较大的综合偏移，可用于潮湿多尘的场合，其径向尺寸大，而轴向尺寸比较紧凑。

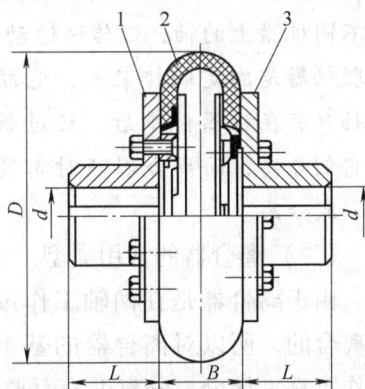

图2-45 轮胎式联轴器
1、3—半联轴器 2—轮胎式橡胶制品

（二）联轴器的选择

常用的联轴器都已标准化，不需要单独设计，一般可根据使用要求先确定合适的类型，后确定具体尺寸，必要时对易损零件进行强度校核。

1. 类型的选择

（1）两轴对中情况　若两轴能保证严格对中时，可选用固定式联轴器；若不能保证严格对中或工作中可能发生各种偏移时，则应选用可移式联轴器或弹性联轴器。

（2）载荷情况　当载荷平稳或变动不大时，可选用刚性联轴器；若经常起动、制动或载荷变化较大时，最好选用弹性联轴器。

（3）速度情况　低速时可选用刚性联轴器，高速时可选用弹性联轴器。工作转速不应大于联轴器标准中许用的转速。

（4）环境情况　当工作环境温度较低（低于 -20℃）或温度较高（高于 45~50℃）时，一般不宜选用具有橡胶或尼龙作弹性元件的联轴器；有时还要考虑安装尺寸的限制。

2. 尺寸的选择

对已标准化了的联轴器，可根据被联接轴的直径、转速及计算转矩从有关标准中选择合适的型号尺寸。在重要的使用场合，对其中关键零件进行必要的强度校核计算。对非标准联轴器，则根据计算转矩通过计算或类比法确定其结构尺寸。

二、离合器的功用与种类

（一）离合器的功用

离合器主要用于轴与轴之间在机器运转过程中，实现主、从动轴分离与接合，用来操纵机器传动的断续，以进行变速或换向。在农用机械的传动系中，离合器直接与发动机相连，并在发动机与变速器之间，如图 2-46 所示。由于内燃机只能在无载荷的情况下起动，所以在起步前必须先将发动机与驱动轮之间的传动路线切断；另外，在换挡时也需要切断动力传递，由于离合器是在不停车的状况下进行两轴的接合与分离，因而离合器应保证离合迅速、平稳、可靠，操纵方便，耐磨且散热好。

【特别提示】

联轴器和离合器的作用都是联接两根不同机器上的轴，以传递运动和转矩。但联轴器是固定联接装置，它联接的两根轴只有在机器停车后，经过拆卸才能使它们分离，而离合器随时都能使两轴接合或分离。

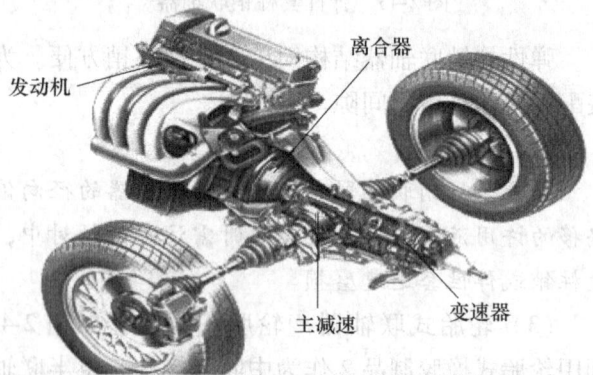

图 2-46　离合器实际应用

（二）离合器的常用类型

由于离合器是在两轴工作过程中进行离合的，所以对离合器的基本要求为工作可靠，接合、分离迅速而平稳；操纵灵活，调节和修理方便；结构简单，重量轻，尺寸小；有良好的散热能力和耐磨性。常用的离合器有牙嵌离合器、摩擦离合器和单向离合器。

1. 牙嵌离合器

如图 2-47 所示，牙嵌离合器由两个端面带牙的半离合器 1 和 2 组成，其中半离合器 1 用平键与轴联接移动。利用操纵杆移动滑环可使两个半离合器接合或分离。为使两轴对中，在半离合器 1 中装有对中环 5，从动轴在对中环内可自由转动。

2. 圆盘摩擦离合器

圆盘摩擦离合器利用接合元件工作表面的摩擦力来传递转矩，其主要特点是接合平稳，可在任何转速下离合，但不能保持主、从动轴严格同步，接合时会产生摩擦热和磨损。圆盘摩擦离合器可分为单片式和多片式两种。

（1）单片式圆盘摩擦离合器　单片式圆盘摩擦离合器如图 2-48 所示，利用两圆盘面 1、2 压紧或松开，使摩擦力产生或消失，以实现两轴的联接或分离。正向操纵滑块 3，使从动盘 2 左移，压力 F 将使从动盘 2 压在主动盘 1 上，从而使两圆盘结合；反向操纵滑块 3，使从动盘 2 右移，则两圆盘分离。单片式圆盘摩擦离合器结构简单，但径向尺寸大，而且只能传递不大的转矩，常用于轻型机械中。

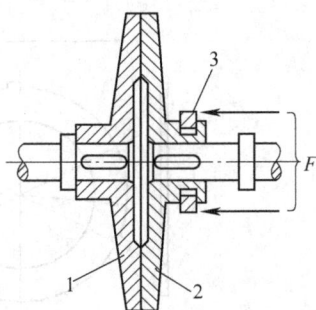

图 2-47　牙嵌离合器

1、2—半离合器　3—导向平键　4—滑块　5—对中环

图 2-48　单片式圆盘摩擦离合器

1—主动盘　2—从动盘　3—滑块

（2）多片式圆盘摩擦离合器　多片式圆盘摩擦离合器如图 2-49 所示，主动轴 1、外壳 2 与一组外摩擦片 5 组成主动部分，外摩擦片可沿外壳 2 的槽移动。从动轴 3、套筒 4 与一组内摩擦片 6，组成从动部分，内摩擦片可沿套筒 4 上的槽滑动。滑环 7 向左移动，使杠杆 8 绕支点顺时针转动，通过压板 9 将两组摩擦片压紧，于是主动轴带动从动轴转动。滑环 7 向右移动，杠杆 8 下面的弹簧靠弹力将杠杆 8 绕支点反转，两组摩擦片松开，于是主动轴与从动轴脱开。双螺母 10 用来调节摩擦片的间距，从而调整摩擦面间的压力。

多片式圆盘摩擦离合器由于摩擦面的增多，传递转矩的能力显著增大，径向尺寸相对减小，但结构复杂。因此，它主要应用在重型机械中，如中、重型载货汽车上。在汽车自动变速器的挡位控制中也有应用。

3. 电磁摩擦离合器

利用电磁力操纵的离合器称为电磁摩擦离合器，其中常用的是多片式电磁摩擦离合器（见图 2-50），其摩擦片部分的工作原理与前述相同。电磁摩擦离合器可以在电路上实现改善离合器功能的要求，例如利用快速励磁电路实现快速接合，利用缓冲励磁电路实现缓慢接合，避免起动时的冲击。

【特别提示】

与牙嵌离合器相比，摩擦式离合器的优点为：在任何转速下都可接合；过载时摩擦面打滑，可保护其他零件；接合平稳，冲击和振动小。缺点为接合过程中，因相对滑动引起发热与磨损，故功耗明显。

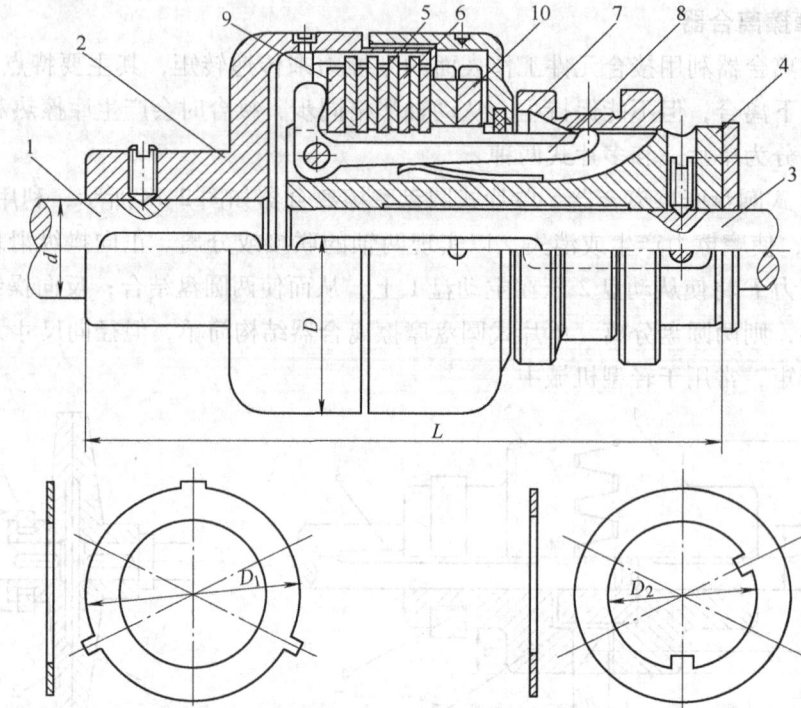

图 2-49　多片式圆盘摩擦离合器

1—主动轴　2—外壳　3—从动轴　4—套筒　5—外摩擦片　6—内摩擦片
7—滑环　8—杠杆　9—压板　10—双螺母

4. 单向离合器

单向离合器是利用机器本身转速、转向的变化，来控制两轴离合的离合器。如图 2-51 所示，星轮 1 和外环 2 分别装在主动件和从动件上，两轮与外环间有楔形空腔，内装滚柱 3。每个滚柱都被弹簧推杆 4 以适当的推力推入楔形空腔的小端，且处于临界状态（即稍加

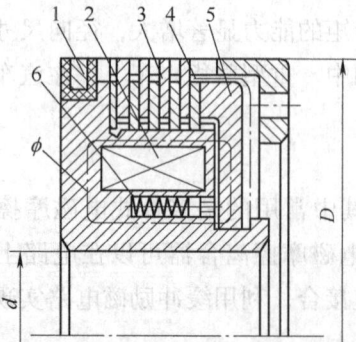

图 2-50　多片式电磁摩擦离合器

1—接触面　2—励磁线圈　3、4—摩擦片
5—衔铁　6—复位弹簧

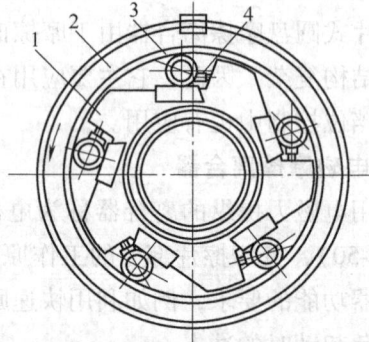

图 2-51　单向离合器

1—星轮　2—外环　3—滚柱
4—弹簧推杆

外力便可楔紧或松开的状态）。星轮和外环都可作主动件。按图示结构，当外环为主动件逆时针回转时，摩擦力带动滚柱进入楔形空间的小端，楔紧内、外接触面，驱动星轮转动。当外环顺时针回转时，摩擦力带动滚柱进入楔形空间的大端，松开内、外接触面，外环空转。由于传动具有确定转向，故称为单向离合器。

星轮和外环都作顺时针回转时，根据相对运动的关系，如外环转速小于星轮转速，则滚柱楔紧内、外接触面，外环与星轮接合。反之，滚柱与内、外接触面松开，外环与星轮分开。可见只有当星轮转速超过外环转速时，才能起到传递转速并一起回转的作用，故单向离合器又称为超越离合器。

》》任务实施

拖拉机典型干式双作用离合器分析

拖拉机干式双作用离合器（见图2-52）相当于主离合器和PTO（动力输出轴）离合器两个并联在一起的离合器。其结构示意图如图2-53所示。主离合器的作用是将发动机的动力传递到拖拉机的驱动轮，实现拖拉机的驱动；PTO离合器的作用是将发动机的动力传递到拖拉机的PTO轴，实现拖拉机动力的输出。

图2-52　拖拉机干式双作用离合器实物
1—分离杠杆　2—离合器盖

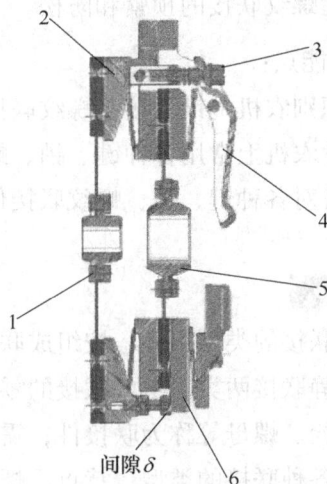

图2-53　拖拉机干式双作用离合器结构示意图
1—PTO离合器从动盘　2—PTO离合器压盘　3—调整螺母
4—分离杠杆　5—主离合器从动盘　6—主离合器压盘

联动的双作用离合器，是指整个操纵系统采用一套机构来实现离合器的结合和分离。当操纵离合器踏板时，分离杠杆首先使主离合器分离，继续操纵离合器踏板，才使PTO离合器分离，反之，松开离合器踏板时，PTO离合器先结合，然后主离合器接合。

两个离合器分别用膜片弹簧压紧，主离合器分离时，PTO离合器的膜片弹簧不发生变化，只有在主离合器分离间隙δ消除后，PTO离合器才可以分离。因此主离合器分离过程中操纵力较轻，但在PTO离合器分离的瞬间，由于PTO离合器膜片弹簧的工作，操纵力明显增加。操作者可通过操纵力突然增加的力感，判定PTO离合器的工作情况。

练习与思考

1. 试述联轴器与离合器的主要功用及特点。

2. 联轴器有几大类型？各有何特点？

3. 摩擦式离合器与牙嵌离合器的工作原理有何不同？各有何优、缺点？

4. 常用的离合器有哪些主要类型？它们的结构性能如何？

5. 变速（换挡）时，离合器应处于分离还是接合状态？

任务四 农机上常用联接的认知与应用

任务要求

☞ 知识点：

1）了解键联接、销联接的联接方法。

2）掌握螺纹及其基本要素，螺纹的分类及标注。

3）掌握螺纹联接的预紧和防松。

☞ 技能点：

1）能识别农机上键联接、螺纹联接。

2）熟悉农机上常用各种键、销、螺纹联接的作用及安装特点。

3）具备对各种键、销、螺纹联接件进行正确使用的能力。

任务导入

农机上联接的类型很多，按组成联接的零件在工作中相对位置是否发生变化，联接可分为动联接和静联接两类。组成联接的零件可分为联接件和被联接件。起联接作用的零件，如键、销、螺栓、螺母等称为联接件；需要联接的零件，如箱盖、箱体等称为被联接件。本任务是在熟悉各种联接的类型、特点，螺纹的代号及螺纹联接的预紧和防松的基础上，对发动机气缸盖进行拆装。

相关知识

一、键联接

（一）键联接的类型、特点和应用

键联接由键、轴与轮毂所组成，主要用来实现轴和轴上零件之间的周向固定，以传递转矩。有些类型的键还可以实现轴上零件之间的轴向固定或轴向移动。键联接在农业机械及其他机械中有广泛的应用，如图 2-54 所示。

常用的键可分为平键、半圆键、楔键和切向键等，且均已标准化。

1. 平键联接

平键联接分为普通平键联接、导向平键联接和滑键联接三种。平键联接靠两侧面传递转矩，对中性良好，结构简单，拆卸方便，但不能轴向固定轴上零件。

（1）普通平键的类型、特点和应用 普通平键上、下两面互相平行，两个侧面也互相平行，端部有圆头（A 型）、方头（B 型）和半圆头（C 型）三种类型，如图 2-55 所示。其国家标准编号为 GB/T 1096—2003 和 GB/T 1567—2003（薄型）。A 型键在键槽中轴向固定好，键与键槽配合较紧，键槽应力集中大；B 型键键槽应力集中小；C 型键常用于轴端。普通平键应用最广，也适用于高精度、高速度或承受交变载荷、冲击载荷的场合，如在轴上固定齿轮、链轮和凸轮等回转零件。薄型平键适用于薄壁零件。

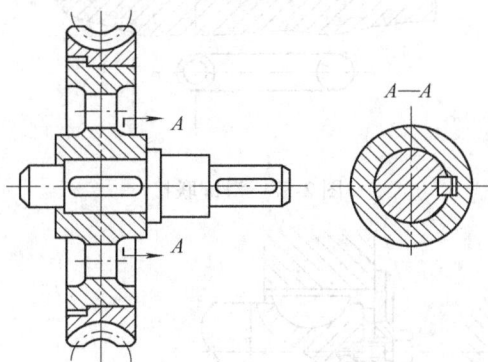

图 2-54 键联接

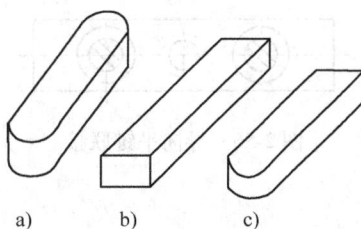

图 2-55 普通平键
a）A 型键 b）B 型键 c）C 型键

（2）导向平键 对于轴上安装的零件，需要沿轴向移动时，可采用导向平键。导向平键比普通平键长，其端部形状有 A 型和 B 型两种，如图 2-56 所示。国家标准编号为 GB/T 1097—2003。导向平键是将键用螺钉固定在轴上的槽中，轴上零件的轮毂可在轴上沿轴向滑动。为了拆卸方便，在键的中部制有起键用的螺钉孔。导向平键用于轴上零件轴向移动量不大的场合，如变速器中的滑移齿轮。

（3）滑键 当轴上零件的轴向移动量很大时，导向平键将很长，不易制造，这时可采用滑键，如图 2-57 所示。滑键联接的特点是：键固定在轮毂上，并与轮毂一起在轴上的键槽中滑动。滑键未标准化。

2. 半圆键联接

半圆键联接如图 2-58 所示。国家标准编号为 GB/T 1099—2003。上表面为一平面，下表面为半圆形，两侧面互相平行（见图 2-58a）。装配时，半圆键放在轴上半圆形的键槽内，然后推上轮毂，键的上表面与轮毂键槽的底面间留有间隙，键的侧面和轴、轮毂键槽的侧面贴合，工作时，依靠键和键槽侧面的挤压来传递运动和转矩，因此半圆键的侧面是工作面（见图 2-58b）。键在轴槽中能绕槽底圆弧曲率中心摆动，装配方便。键槽较深，对轴的削弱较大。半圆键联接一般用于轻载场合，适用于圆锥形轴端的联接。

3. 楔键联接

楔键如图 2-59 所示，楔键联接又分为楔键联接（GB/T 1564—2003）与钩头型楔键联接

（GB/T 1565—2003）两种，如图 2-60a、b 所示。楔键的两侧面互相平行，上、下两面是工作面，键的上表面和毂槽的底面各有 1∶100 的斜度，键楔紧在轴毂之间，依靠压紧面的摩擦力传递转矩及单方向的轴向力，能轴向固定零件，但会使轴上零件与轴的配合产生偏心与偏斜。

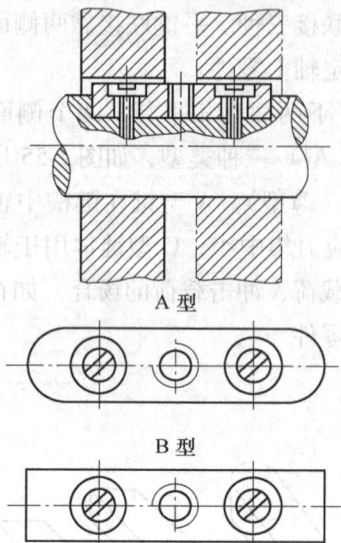

图 2-56　导向平键联接

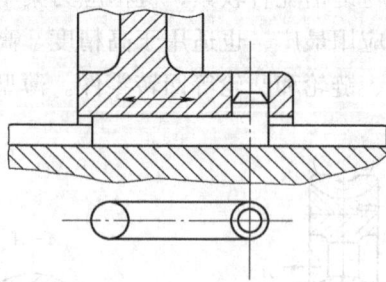

图 2-57　滑键联接

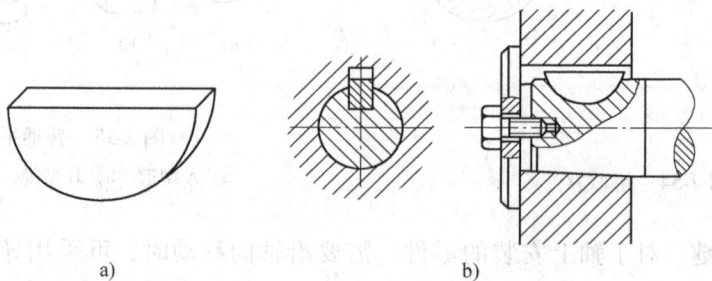

图 2-58　半圆键联接

图 2-59　楔键

a）楔键　b）钩头型楔键

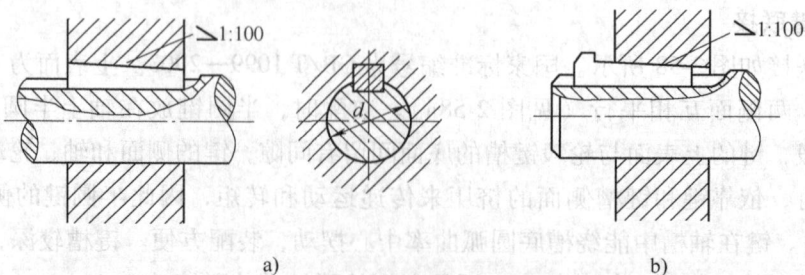

图 2-60　楔键联接

a）楔键联接　b）钩头型楔键联接

由于键楔紧后，轴与轴上零件的对中性差；在冲击、振动或变载荷的作用下，联接容易松动，所以，楔键联接只适用于不要求准确定心、低速运转的场合。钩头型楔键用于不能从另一端将键打出的场合。钩头供拆卸用，如安装在轴端应加保护罩。

4. 切向键联接

切向键联接（GB/T 1974—2003）如图 2-61 所示，是由一对具有 1:100 单面斜度的键沿斜面拼合而成（见图 2-61a），其上、下两面为工作面，且互相平行，装配时键自两端打入，楔紧在轴与轮毂的键槽中（见图 2-61b），装配后，切向键的下平面在通过轴线的平面内，工作面上的压力沿轴的切线方向作用，能传递很大的转矩。

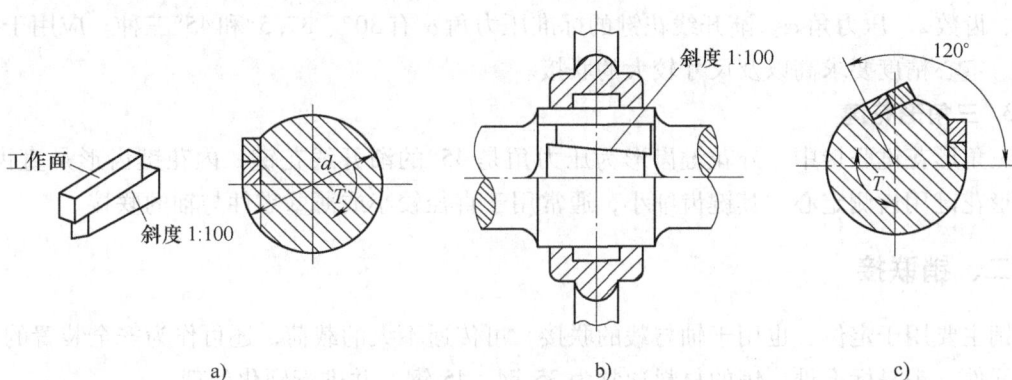

图 2-61　切向键联接

一副切向键只传递一个方向的转矩，传递双向转矩时须用两副切向键，并在轴上互成 120°~135°分布（见图 2-61c）。两个不够可用四个，切向键联接应用于对中性要求不高、低速、重载场合，常用于直径大于 100mm 的轴上，如大型带轮、飞轮等。

（二）花键联接的类型、标准和选用

花键联接由轴上加工出的外花键和毂上加工出的内花键组成，如图 2-62 所示。键齿侧面为工作面，工作时靠齿的侧面相互挤压传递转矩。花键已标准化，按齿形不同分为矩形花键、渐开线花键、三角形花键三种，又按联接方式不同分为静联接与动联接两种形式。静联接花键装配时，内花键与外花键允许有少量过盈，装配时可用铜棒轻轻敲入。过盈量大时，可将套件加热至 80 ~120℃装入。动联接花键装配时，内花键在外花键上应滑动自如且又感觉不到有明显间隙为合适。在变速器中，换挡滑动齿轮常用此种联接。

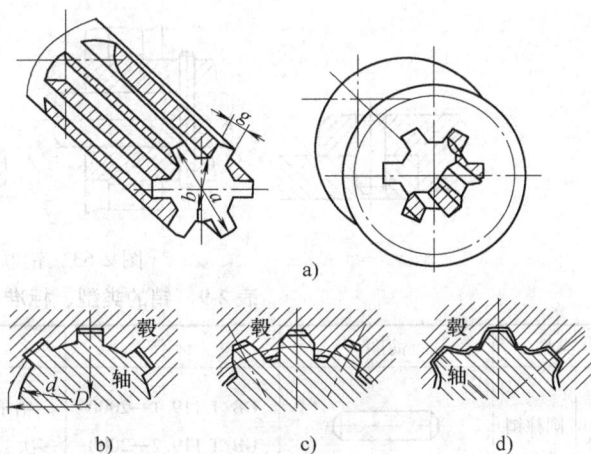

图 2-62　花键联接
a）零件示意图　b）矩形花键　c）渐开线花键
d）三角形花键

1. 矩形花键

矩形花键（GB/T 1144—2001）键齿端面为矩形，如图2-62b所示，在国家标准中规定为两个系列，轻系列用于载荷较轻的静联接，中系列用于中等载荷的联接。矩形花键联接为多齿工作，承载能力高，对中性、导向性好，应力集中较小，对轴与毂的削弱小，应用广泛，如农业机械、汽车、飞机、机床等。

2. 渐开线花键

渐开线花键（GB/T 3478.1—2008）的齿廓为渐开线，如图2-62c所示，受载时齿上有径向力，起自动定心作用，使各齿均匀承力，强度高，寿命长。渐开线花键的主要参数为模数 m、齿数 z、压力角 α。渐开线花键的标准压力角 α 有30°、37.5°和45°三种。应用于载荷较大、定心精度要求高以及尺寸较大的联接。

3. 三角形花键

三角形花键联接中，外花键齿形为压力角是45°的渐开线花键；内花键齿形是直齿形。三角形花键用齿侧定心，其键齿细小，通常用于直径较小或薄壁零件与轴的联接。

二、销联接

销主要用于定位，也用于轴与毂的联接，可传递不大的载荷，还可作为安全装置的过载保护元件。销是标准件，销的材料通常为35钢、45钢，并进行硬化处理。

如图2-63所示，用于定位的销不受载荷或受很小的载荷，其直径可按结构确定，数目不得少于两个。销在每个被联接件内的长度，为销直径的 $1\sim2$ 倍。联接销用于联轴器、轴毂或其他零件的联接，能传递较小的载荷，其直径可按结构及经验确定，必要时再作强度校核。在传递横向力和转矩过载时，销就会被切断，从而保护联接件免受损坏，这种销称为安全销。设计安全销时，应考虑销切断后不致飞出，且易于更换。常用销的类型、标准、特点及应用见表2-9。

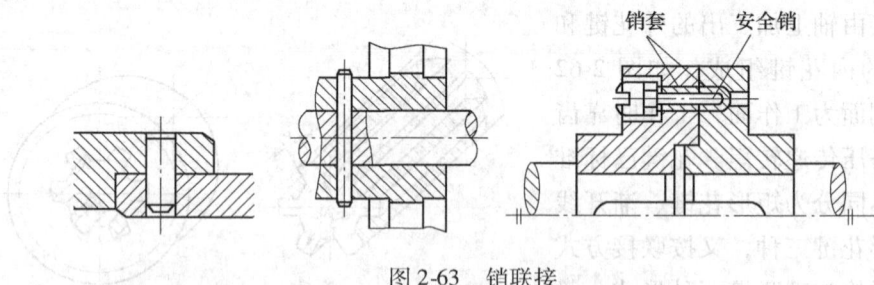

图2-63 销联接

表2-9 销的类型、标准、特点及应用

类型		简图	标准	特点	应用
圆柱销	圆柱销		GB/T 119.1—2000 GB/T 119.2—2000	销孔需铰制，多次装拆后会降低定位精度和联接的紧固。只能传递不大的载荷	直径公差带有 m6、h8、h11 和 u8 四种以满足不同的使用要求	主要用于定位，也可用于联接
	内螺纹圆柱销		GB/T 120.1—2000 GB/T 120.2—2000		直径公差带只有 m6 一种，仅供拆卸使用	B 型用于不通孔

(续)

类型		简图	标准	特 点	应 用
圆锥销	圆锥销		GB/T 117—2000	圆锥销有1:50的锥度，其小端直径为标准值。圆锥销易于安装，受横向力时能自锁，销孔需铰制	用于定位，也可用于固定零件，传递动力，多用于经常装拆的场合
	内螺纹圆锥销		GB/T 118—2000		用于不通孔
轴销			GB/T 882—2008	用开口销锁定，拆卸方便	用于铰孔处
带孔轴销			GB/T 880—2008		
开口销			GB/T 91—2000	工作可靠，拆卸方便	用于锁定其他紧固件
					用于尺寸较大处

三、螺纹及螺纹联接

（一）螺纹及其基本要素

螺纹结构是一种常见的零件。在圆柱（或圆锥）的外表面上形成的螺纹称为外螺纹，如图 2-64a 所示的螺栓；在内表面上形成的螺纹称为内螺纹，如图 2-64b 所示的螺母。

螺纹的基本要素包括牙型、大径、小径、螺距和导程、线数及旋向等。

1. 牙型

在通过螺纹轴线的剖面上，螺纹的轮廓形状称为螺纹牙型。相邻两牙侧面间的夹角称为牙型角。常用联接螺纹牙型见表 2-10，常用传动螺纹牙型见表 2-11。

图 2-64　外螺纹与内螺纹
a）外螺纹　b）内螺纹

2. 大径、小径和中径

（1）大径　大径指和外螺纹的牙顶、内螺纹的牙底相重合的假想圆柱（或圆锥）的直径，是螺纹的最大直径。

（2）小径　小径指与外螺纹牙底或内螺纹牙顶相重合的假想圆柱（或圆锥）的直径，是螺纹的最小直径。

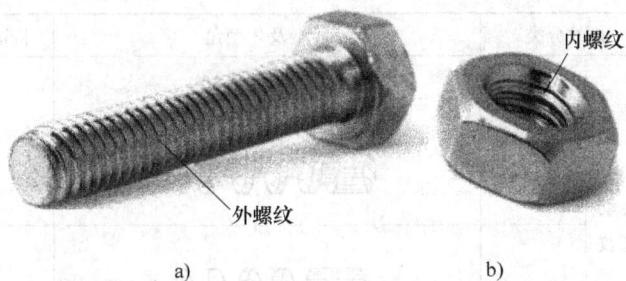

表 2-10　常用联接螺纹牙型

螺纹分类			牙型及牙型角	特征符号	说　明
联接螺纹	普通螺纹	粗牙	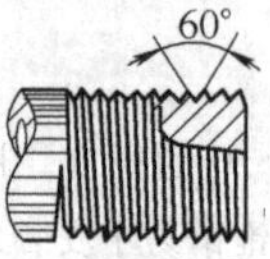 60°	M	用于一般零件的联接
		细牙			用于精密零件、薄壁零件或负荷大的零件
	管螺纹	55°非密封管螺纹	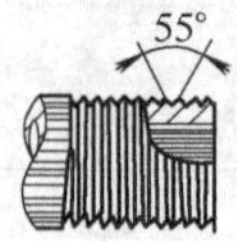 55°	G	用于非螺纹密封的低压管路的联接
		55°密封管螺纹 圆锥外螺纹	55°	R	
		圆锥内螺纹	55°	Rc	用于螺纹密封的中高压管路的联接
		圆柱内螺纹	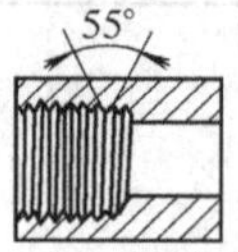 55°	Rp	

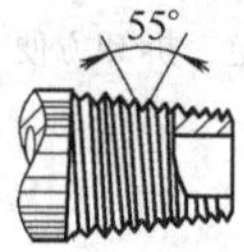

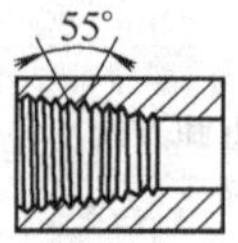

表 2-11　常用传动螺纹牙型

螺纹分类		牙型及牙型角	特征符号	说　明
传动螺纹	梯形螺纹	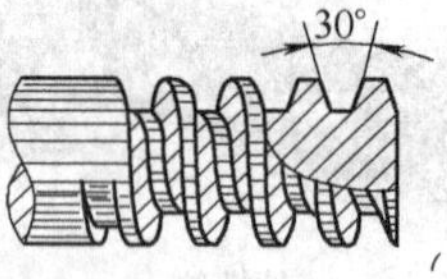 30°	Tr	可双向传递运动和动力
	锯齿形螺纹	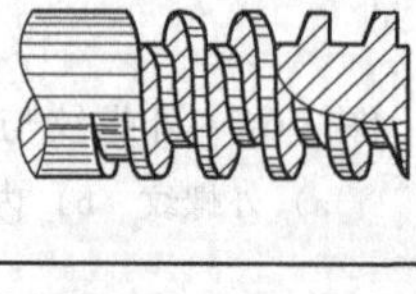	B	只能传递单向动力

　　（3）中径　在大径和小径之间设想有一圆柱（或圆锥），在其轴线剖面内素线上的牙宽和槽宽相等，则该假想圆柱（或圆锥）的直径称为螺纹中径，如图 2-65 所示。

3. 线数

　　形成螺纹螺旋线的条数称为线数（n）。螺纹按线数不同有单线螺纹（见图 2-66a）和多线螺纹（见图2-66b）之分，沿一条螺旋线形成的螺纹称为单线螺纹，沿两条或两条以上在轴向等距分布的螺旋线形成的螺纹称为多线螺纹。

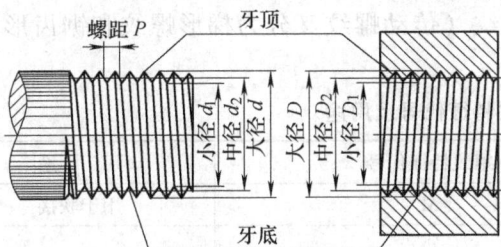

图2-65 螺纹各部分的名称及大径、小径和中径

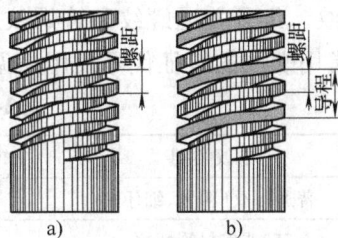

图2-66 单线螺纹和多线螺纹
a）单线螺纹 b）多线螺纹

4. 螺距和导程

（1）螺距（P） 螺纹上相邻两牙在中径线上对应两点间的轴向距离。

（2）导程（Ph） 沿同一条螺旋线形成的螺纹上相邻两牙在中径线上对应两点间的轴向距离。

线数 n、螺距（P）、导程（Ph）的关系为

$$导程 = 螺距 \times 线数$$

即

$$Ph = Pn$$

双线螺纹的导程

$$Ph = 2P$$

5. 旋向

螺纹分右旋和左旋。当螺纹旋进时为顺时针方向旋转的，称为右旋螺纹；逆时针方向旋转的，称为左旋螺纹。右旋螺纹由于应用较多，故图样上不必注明；而左旋螺纹则必须在图样上注明左旋，用于右旋螺纹不能满足的地方。

判别方法：把螺杆垂直放置，若螺旋线自左向右上升（即左低右高）即为右旋螺纹，右旋螺纹符合右手定则，右手握拳，将右手的大拇指指向螺旋件的运动方向，其余四指方向指向螺旋件的旋转方向。反之则为左旋螺纹，符合左手定则，如图2-67所示。

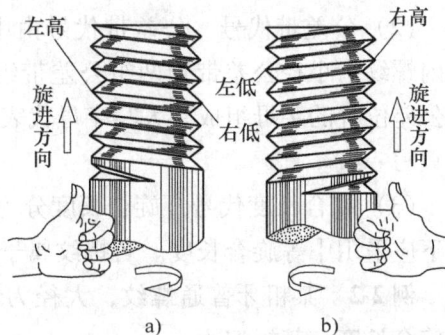

图2-67 螺纹旋向的判断
a）左旋 b）右旋

螺纹的牙型、大径、螺距、线数和旋向称为螺纹的五要素，只有这五个要素都相同的外螺纹与内螺纹才能相互旋合。

（二）螺纹的分类

（1）按标准化程度分类 螺纹按其参数的标准化程度分为标准螺纹、特殊螺纹和非标准螺纹。标准螺纹是指牙型、公称直径（大径）和螺距三个要素均符合国家标准的螺纹。只有牙型符合国家标准的螺纹称为特殊螺纹，凡牙型不符合国家标准的螺纹称为非标准螺

纹。

（2）按螺纹的用途分类　螺纹根据其用途不同可分为联接螺纹（联接螺纹又分为粗牙普通螺纹、细牙普通螺纹和管螺纹）和传动螺纹（传动螺纹又分为梯形螺纹和锯齿形螺纹等）。常用螺纹的特征代号及用途见表2-12。

表2-12　常用螺纹特征代号及用途

螺纹类别	螺纹特征代号		用　途
普通螺纹（粗牙、细牙）	M		用于联接
55°非密封管螺纹	G		用于管路联接
55°密封管螺纹	圆锥外螺纹	R	用于管路联接
	圆锥内螺纹	Rc	
	圆柱内螺纹	Rp	
梯形螺纹	Tr		用于传动
锯齿形螺纹	B		

（三）螺纹标记

由于螺纹规定画法不能表示螺纹种类和螺纹要素，因此标准螺纹必须按照相应代号进行标注。

1. 普通螺纹标记

普通螺纹的完整标记由螺纹代号、螺纹公差带代号和螺纹旋合长度代号三部分组成，其规定格式如下：

螺纹特征代号　公称直径×导程(P螺距）旋向 -　中径公差带 顶径公差带 - 螺纹旋合长度
　　└———螺纹代号———┘　　　　　└——公差带代号——┘　　　　└———旋合长度代号———┘

（1）螺纹代号　螺纹代号由表示螺纹特征的字母M、螺纹的尺寸（大径和螺距）、螺纹的旋向构成。粗牙普通螺纹不标注螺距。LH代表左旋螺纹，右旋螺纹不标注旋向。

（2）公差带代号　公差带代号由中径公差带和顶径公差带（对外螺纹指大径公差带、对内螺纹指小径公差带）两组公差带组成。每组公差带代号又由表示公差等级的数字和表示公差位置的字母组成。大写字母代表内螺纹，小写字母代表外螺纹。若两组公差带相同，则只写一组。

（3）旋合长度代号　旋合长度分为短（S）、中（N）、长（L）三种旋合长度。一般情况下应采用中等旋合长度。若螺纹属于中等旋合长度，可不标注旋合长度代号。

例2-2　某粗牙普通螺纹，大径为20mm，右旋，中径公差带为5g，大径公差带为6g，短旋合长度，其标记为

$$M20-5g6g-S$$

例2-3　某细牙普通内螺纹，大径为10mm，螺距为1mm，左旋，中径公差带为6H，小径公差带为6H，中等旋合长度，其标记为

$$M10\times1LH-6H$$

有特殊需要时可将具体的旋合长度值写在旋合长度代号的位置上。例如：

$$M24 - 6g - 35$$

内、外螺纹旋合在一起又称为螺纹副。螺纹副的标记为

$$M20\text{-}6H/6g$$

内螺纹公差带┘ └外螺纹公差带

2. 管螺纹标记

由于管螺纹按其性能分成用55°密封管螺纹和55°非密封管螺纹，两种管螺纹的标记又有很大不同，现分述如下。

（1）55°密封管螺纹　有圆锥外螺纹、圆锥内螺纹和圆柱内螺纹三种，因此其联接有圆锥内螺纹与圆锥外螺纹、圆柱内螺纹与圆锥外螺纹配合两种形式。其标记由螺纹特征代号、尺寸代号和旋向代号所组成，规定格式如下：

螺纹特征代号	尺寸代号	旋向代号

螺纹特征代号：用 Rc 表示圆锥内螺纹；用 Rp 表示圆柱内螺纹；用 R 表示圆锥外螺纹。

尺寸代号用 1/2、3/4、1、11/2 等表示。当螺纹为左旋时，左后边加注 LH，右旋螺纹不标注旋向代号。

例2-4　某右旋圆锥内螺纹，尺寸代号为 3/4，其规定标记为

$$Rc3/4$$

例2-5　某左旋圆柱内螺纹，尺寸代号为 3/4，其规定标记为

$$Rp3/4 - LH$$

内、外螺纹装配在一起时，内、外螺纹的标记用斜线分开，左边表示内螺纹，右边表示外螺纹。例如：圆柱内螺纹与圆锥外螺纹配合（右旋），其标记为

$$Rp3/4/R3/4$$

（2）55°非密封管螺纹　55°非密封管螺纹标记由螺纹特征代号、尺寸代号、公差等级代号和旋向代号所组成，规定格式如下：

螺纹特征代号	尺寸代号	公差等级代号-旋向代号

螺纹特征代号用 G 表示。尺寸代号用 1/2、3/4、1 等表示。螺纹公差等级代号：对外螺纹分 A、B 两级标记；对内螺纹则不标记。当螺纹为左旋时，在后边加注 LH，右旋螺纹不标旋向代号。

1/2 螺纹标记示例：A 级右旋外螺纹 G1/2A；左旋内螺纹 G1/2 - LH。

尺寸代号中的数值是指管子通孔的近似直径（单位英寸，1in = 25.4mm），而非螺纹大径。管螺纹的大径、中径、小径及螺距等具体尺寸，可通过查阅相关的国家标准获得。

3. 梯形和锯齿形螺纹标记

梯形和锯齿形螺纹的完整标记由螺纹代号、公差带代号和旋合长度代号三部分组成，其规定格式如下：

螺纹特征代号　公称直径×导程（P螺距）旋向	-	中径公差带	-	旋合长度

螺纹代号┘　　　　　　　公差带代号┘　　　　　旋合长度代号┘

梯形螺纹特征代号用 Tr 表示；锯齿形螺纹特征代号用 B 表示；左旋螺纹用 LH 表示，

如果是右旋螺纹，则不标注；两种螺纹只标注中径公差带；旋合长度只有中等旋合长度（N）和长旋合长度（L）两组，若为中等旋合长度则不标注。

需要注意的是：梯形螺纹的公称直径是指外螺纹大径。实际上内螺纹大径大于外螺纹大径，但标注内螺纹代号时要标注公称直径，即外螺纹大径。

例 2-6　某单线梯形外螺纹，大径为 48mm，螺距为 8mm，右旋，中径公差带为 7e，中等旋合长度，其标记为

$$Tr48 \times 8 - 7e$$

例 2-7　某双线梯形螺纹副，大径为 48mm，螺距为 8mm，右旋，内螺纹公差带为 7H，外螺纹公差带为 7e，中等旋合长度，其标记为

$$Tr48 \times 16(P8) - 7H/7e$$

（四）螺纹联接件与螺纹联接的基本类型及应用

利用螺纹零件将两个或两个以上的零件相对固定起来的联接，称为螺纹联接。螺纹联接为可拆卸联接，由于它具有结构简单、装拆方便、联接可靠等优点，因而得到了广泛的应用。大多数螺纹和螺纹联接件均已标准化，其标准可查阅相应资料。

1. 螺纹联接件

（1）螺栓　螺栓的类型很多，常见结构如图 2-68 所示，螺栓分粗牙和细牙两种。螺栓头部形状很多，如六角头、方头、沉头等，六角头螺栓应用最多，精度分 A、B、C 级。螺栓杆部有部分螺纹和全部螺纹两种。

（2）双头螺柱　双头螺柱两端均制有螺纹，如图 2-69 所示。两端公称直径及螺距相等，两端螺纹长度有相等和不相等两种，旋入端长度根据被联接件的材料而定，其他可查阅有关资料。

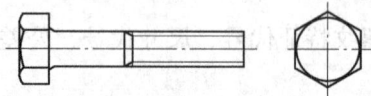

图 2-68　螺栓

图 2-69　双头螺柱

（3）螺钉　螺钉结构与螺栓相似，如图 2-70 所示。螺钉按其头部形状分为六角头螺钉、内六角沉头螺钉、开槽浅沉头螺钉、开槽圆头螺钉等多种。

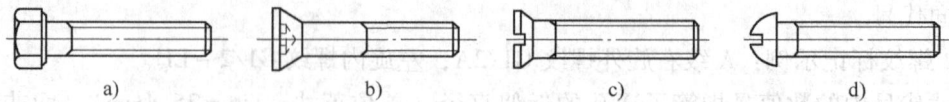

a)　　　　　b)　　　　　c)　　　　　d)

图 2-70　螺钉

a) 六角头螺钉　b) 内六角沉头螺钉　c) 开槽浅沉头螺钉　d) 开槽圆头螺钉

（4）紧定螺钉　紧定螺钉的头部和尾部形式较多，尾部形式有平端、锥端、凹端、圆柱端，如图 2-71 所示，其中平端用于轴系上经常拆卸的零件中，锥端经常起定位作用，圆柱端用于传递较大的载荷。

（5）螺母　螺母可与螺栓、螺柱、螺钉等配套使用。常见的螺母形状有六角螺母、方螺母、圆螺母等，如图 2-72 所示，其中六角螺母应用最普遍。

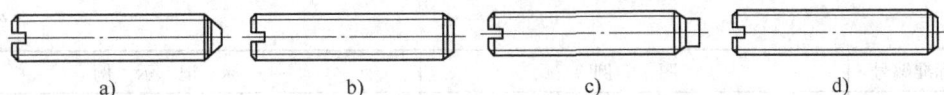

图 2-71　紧定螺钉

a）开槽锥端紧定螺钉　b）开槽平端紧定螺钉　c）开槽圆柱端紧定螺钉　d）开槽凹端紧定螺钉

图 2-72　螺母

a）六角螺母　b）六角薄螺母　c）方螺母　d）圆螺母

（6）垫圈　垫圈是与螺纹紧固件配套使用的零件，常用的垫圈有平垫圈、止动垫圈、弹簧垫圈等，如图 2-73 所示。平垫圈一般用于增大支承面及防止损伤零件，弹簧垫圈靠弹性和斜口摩擦防止紧固件松动。止动垫圈具有一个或多个能弯曲的部分或能防止转动的"耳"，以使螺栓或螺母能机械锁紧。

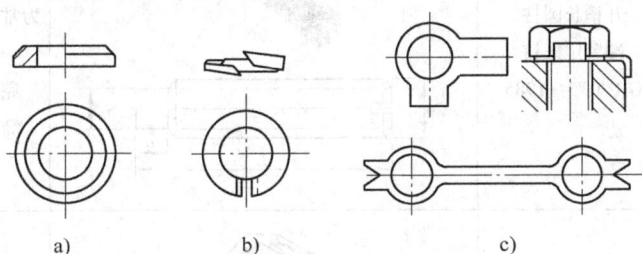

图 2-73　垫圈

a）平垫圈　b）弹簧垫圈　c）止动垫圈

2. 常用的螺纹联接件标记

常用的螺纹联接件有螺栓、螺钉、螺母和垫圈等。由于这类零件都是标准件，所以在设计和使用时，只需给出它们的规定标记。螺纹联接件的种类及标记示例见表 2-13。

表 2-13　螺纹联接件的种类及标记示例

名称及标准编号	图　例	标　记　示　例
六角头螺栓 GB/T 5782—2000		螺纹规格 d = M12、公称长度 80mm、性能等级为常用的 8.8 级、表面氧化、产品等级为 A 的六角头螺栓 完整标记：螺栓 GB/T 5782—2000-M12×80-8.8-A-O 简化标记：螺栓　GB/T 5782　M12×80（常用的性能等级在简化标记中省略，以下同）
双头螺柱 GB/T 898—1988		螺纹规格 d = M12、公称长度 L = 60mm、性能等级为常用的 4.8 级、不经表面处理、b_m = 1.25d、两端均为粗牙普通螺纹的 B 型双头螺柱 完整标记：螺柱　GB/T 898—1988-M12×60-B-4.8 简化标记：螺柱　GB/T 898　M12×60 当螺柱为 A 型时，应将螺柱规格大小写成 AM12×60

（续）

名称及标准编号	图　例	标　记　示　例
开槽圆柱头螺钉 GB/T 65—2000		螺纹规格 d = M10、公称长度 L = 60mm、性能等级为常用的 4.8 级、不经表面处理、产品等级为 A 的开槽圆柱头螺钉 　　完整标记：螺钉　GB/T 65—2000-M10×60-4.8-A 　　简化标记：螺钉　GB/T 65　M10×60
开槽长圆柱 端紧定螺钉 GB/T 75—1985		螺纹规格 d = M5、公称长度 L = 12mm、性能等级为常用的 14H 级、表面氧化的开槽长圆柱端紧定螺钉 　　完整标记：螺钉　GB/T 75—1985-M5×12-14H-O 　　简化标记：螺钉　GB/T 75　M5×12
1 型六角螺母 GB/T 6170—2000		螺纹规格 D = M16、性能等级为常用的 8 级、不经表面处理、产品等级为 A 的 1 型六角螺母 　　完整标记：螺母　GB/T 6170—2000-M16-8-A 　　简化标记：螺母　GB/T 6170　M16
平垫圈 GB/T 97.1—2002		标准系列、规格为 10mm、性能等级为常用的 200HV 级、表面氧化、产品等级为 A 的平垫圈 　　完整标记：垫圈　GB/T 97.1—2002-10-200HV-A-O 　　简化标记：垫圈　GB/T 97.1　10
标准型 弹簧垫圈 GB/T 93—1987		规格为 16mm、材料为 65Mn、表面氧化的标准型弹簧垫圈 　　完整标记：垫圈　GB/T 93—1987-16-65Mn-O 　　简化标记：垫圈　GB/T 93　16

3. 螺纹联接的基本类型及应用

（1）螺栓联接　螺栓联接常用于被联接件都不厚且能加工成通孔的情况，如图 2-74 所示，可分为普通螺栓联接（见图 2-74a）和铰制孔用螺栓联接（见图 2-74b）。普通螺栓联接螺栓杆与孔壁间留有间隙，结构简单，拆装方便，使用时不受被联接件材料的限制，应用广泛。铰制孔用螺栓联接孔和螺杆多采用基孔制过渡配合，联接能精确固定被联接件的相对位置，并能承受横向载荷，孔的加工精度要求高。

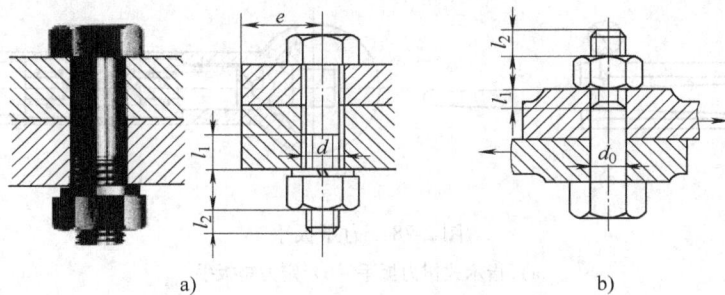

图 2-74　螺纹联接

a）普通螺栓联接　b）铰制孔用螺栓联接

（2）双头螺柱联接　当两个被联接的零件中，有一个较厚或不适宜用螺栓联接时，常采用双头螺柱联接，如图 2-75 所示，多用于被联接件中经常拆卸的不通孔。

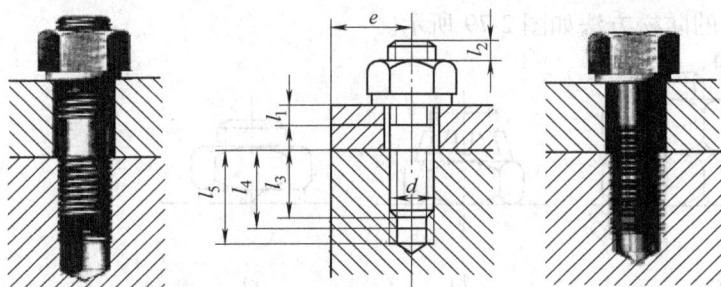

图 2-75　双头螺柱联接

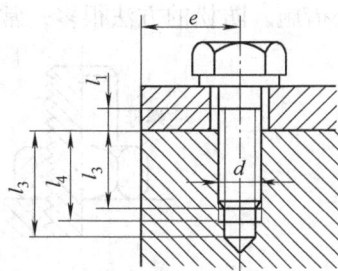

图 2-76　螺钉联接

（3）螺钉联接　螺钉联接是将螺钉直接拧入被联接件的螺纹孔中，如图 2-76 所示，不用螺母，结构上比双头螺柱简单紧凑。螺钉联接常拆装时易使螺纹磨损，可能导致被联接件报废，多用于受力不大或不经常拆装的场合。

（4）紧定螺钉联接　紧定螺钉联接是利用拧入零件螺孔中的螺钉末端顶住另一零件的表面或顶入相应的凹坑中，以固定两个零件的相对位置，并可传递不大的力或转矩。螺钉除作为联接和紧定用外，还可用于调整零件位置，如图 2-77 所示。

（五）螺纹联接的预紧、防松与装配

1. 螺纹联接的预紧

为了增加螺纹联接的刚性、紧密性、防松能力以及防止受横向

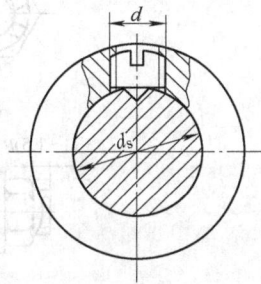

图 2-77　紧定螺钉

载荷螺栓联接的滑动，多数螺纹联接在装配时都要预紧。通常，采用螺栓联接时，若预紧力不足，联接件在工作中易于松动，而预紧力过大，又易于使螺栓损坏。所以，对于重要的螺栓联

接，装配时应严格控制预紧力，预紧力的大小根据螺栓组受力的大小和联接的工作要求确定。

一般拧紧螺母的力矩与预紧力的关系 $T \approx 0.2F_0d$，其中，F_0 为预紧力（N），d 为螺纹公称直径（mm），T 为拧紧力矩（N·m）。通常螺栓联接的预紧靠操作者的经验来控制，重要的螺栓联接控制预紧力，可用指示式扭力扳手等工具进行度量，在拧紧螺栓时，可读出扳手的力矩 T 值，若采用定力矩扳手，当达到要求的力矩 T 时弹簧受压将自动打滑，如图2-78 所示。若采用柔性螺栓，则在装配后测量螺栓的伸长量。

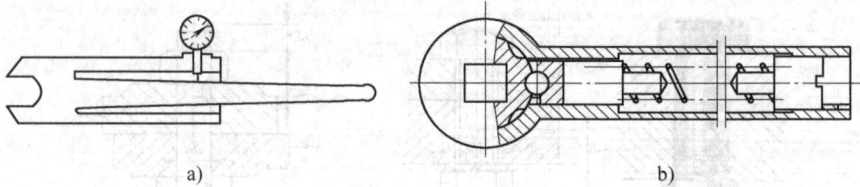

图 2-78　力矩扳手

a）指示式扭力扳手　b）定力矩扳手

2. 螺纹联接的防松

螺纹联接的防松就是防止螺纹副的相对转动，螺纹紧固件一般都具有自锁性，在静载荷下，螺栓不会自动松脱。但在冲击、振动、交变载荷作用下或工作温度变化很大时，则会出现联接松动，这不仅影响机器的正常工作，甚至会造成严重事故，因此，螺栓联接要采用防松措施。防松的方法很多，常用的防松方法如图2-79 所示。

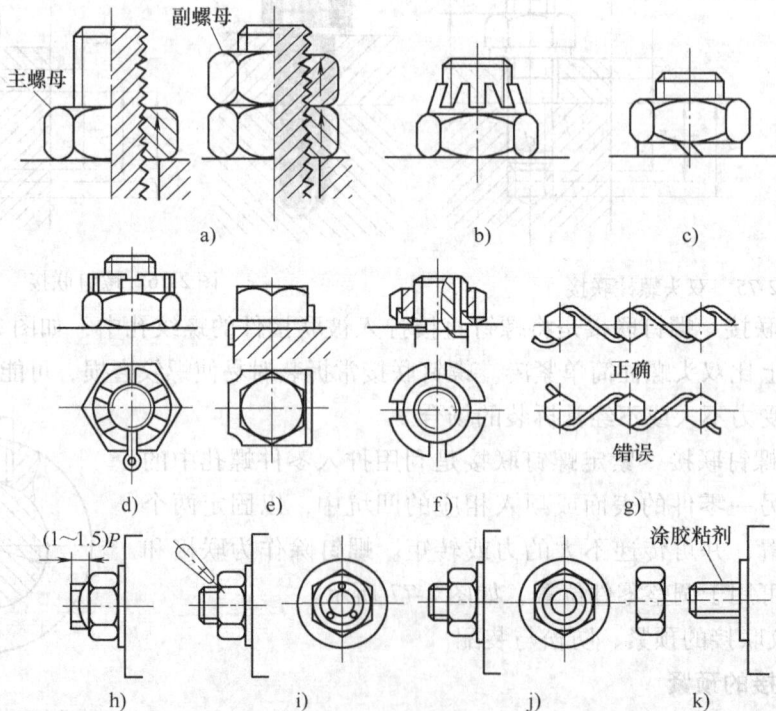

图 2-79　螺纹联接的防松

a）对顶螺母　b）金属锁紧螺母　c）弹簧垫圈　d）开口销与槽形螺母　e）止动垫片
f）止动垫片与圆螺母　g）串联金属丝　h）端铆　i）冲点　j）焊接　k）胶接

3. 螺纹联接的装配

螺纹联接装配时，尽量使用专用工具（专用的套筒扳手、呆扳手、梅花扳手、指示式扭力扳手等）进行，不要使用活扳手等容易使螺母受到损坏的工具进行螺纹联接的装配。使用双头螺柱时，要保证双头螺柱与机体螺纹的配合有足够的坚固性。装入机体时，必须用油润滑，以免拧入时产生咬住现象，又可使今后拆卸时较为方便。

使用螺钉螺母装配时，与螺钉螺母相接触的表面要经过加工（锪平）。拧紧成组的螺母时，要按一定顺序进行，并做到分次逐步拧紧（一般 2～3 次拧紧）。一般长方形布置的成组螺母，应从中间开始逐渐向两边对称地扩展，以防止零件变形；同样，对圆形或方形布置的成组螺母，也应对称地拧紧，如图 2-80、图 2-81 所示。

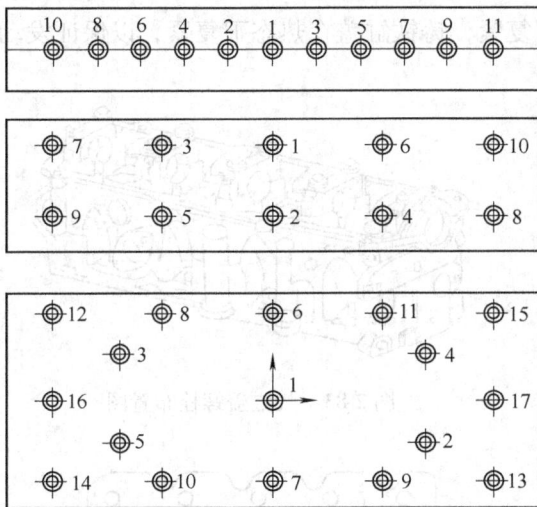

图 2-80　拧紧长方形布置成组螺母的顺序

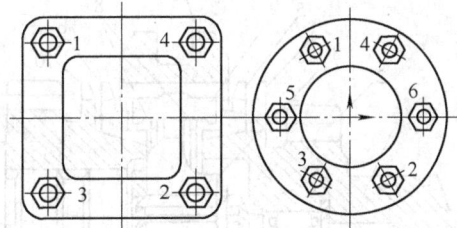

图 2-81　拧紧方形、圆形布置
成组螺母的顺序

（六）提高螺栓联接强度的措施

1. 避免附加弯曲应力

要尽量避免制造和装配误差以及结构的不合理而使螺栓产生附加弯曲应力。螺母或螺栓头部支承面偏斜或未加工时，将引起附加弯曲应力。为此，在结构上可采用斜垫圈或球面垫圈。在铸件或锻件等未加工面上安装螺栓时，通常采用凸台或沉头座等结构，经局部加工后可获得平整的支承面以减小附加弯曲的影响。

2. 减小应力集中

螺纹的牙根和收尾、螺栓头部到栓杆的过渡处、螺栓杆的截面变化处，都是产生应力集中的部位。因此，在这些地方采用较大的圆角半径以及使螺纹收尾部分平缓过渡，都能减小应力集中以提高螺栓的疲劳强度。

3. 改进工艺措施

螺栓一般采用辗压方法制造，冷镦头部因冷作硬化而使螺纹表面层留有残余压应力。经过渗氮等表面硬化处理，能提高螺栓强度。

▶▶ **任务实施**

花键联接的认知与均布螺栓的拆装

一、拖拉机手动变速器同步器花键联接认知

拖拉机手动变速器同步器的接合套 7 的内花键与花键毂 3 的外花键、花键毂 3 的内花键与轴 12 的外花键通过花键联接，如图 2-82 所示。

二、发动机气缸盖的拆装

图 2-83 所示为气缸盖螺栓布置图。气缸盖螺栓拧紧方式：按照最终拧紧力矩的要求，分三次，从中央向四周对角交错逐渐拧紧。拆卸时正好相反，如图 2-84 所示。新发动机暖车后，需复紧一次，具体为铝合金缸盖在冷态下复紧，铸铁缸盖在热态下复紧，以保证发动机在热态时的密封可靠性。

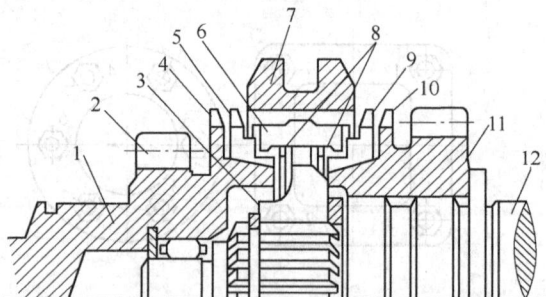

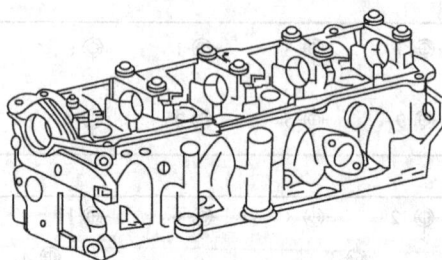

图 2-83　气缸盖螺栓布置图

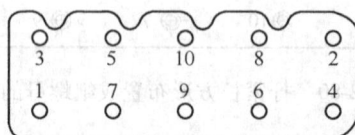

a)

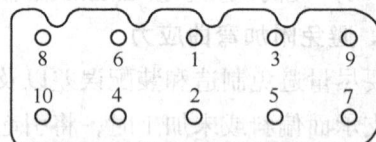

b)

图 2-82　锁环式惯性同步器

a) 滑块凸起　b) 滑块槽　c) 缺口

1—第一轴　2—第一轴齿轮　3—花键毂　4、10—接合
齿圈　5、9—锁环(同步环)　6—滑块　7—接合套
8—弹簧圈　11—四挡齿轮　12—第二轴

图 2-84　气缸盖螺栓拆装顺序

a) 拆卸时的顺序　b) 装配时的顺序

▶▶ **练习与思考**

1. 联接的主要作用是什么？分为哪几种方法？

2. 键联接的主要作用是什么？

3. 圆头、方头及单圆头普通平键各有何优、缺点？分别适用于什么场合？轴和轮毂孔上键槽是怎样加工的？

4. 如何选取普通平键的尺寸 $b \times h \times L$？它的公称长度与工作长度之间有什么关系？

5. 普通平键联接有哪些失效形式？主要失效形式是什么？怎样进行强度校核？如强度不够，可采取哪些措施？普通平键联接在什么工作情况下按压强计算？

6. 当用一个平键联接强度不够时，可否在同一段轴、轮毂上采用两个或三个平键联接？

7. 花键与平键比较有哪些优、缺点？矩形花键与渐开线花键各有哪些特点？

8. 花键与平键联接主要尺寸参数有哪些？这些参数如何选择确定？

9. 销有哪些类型？有何特点？各适用于什么场合？

10. 螺纹联接有哪些主要类型？各适用在什么场合？试说明各自的特点及主要用途。

11. 为什么螺纹联接大多数要预紧？常用什么方法来控制预紧力？

12. 说明以下螺纹标记的含义：

①M16-5g6g　　②M16×1LH-6G　　③G1

②Rc1/2　　　⑤Tr20×8（P4）　　⑥B20×2LH

13. 螺纹联接为什么要防松？防松原理是什么？有哪些防松方法？各有什么特点？

14. 螺栓联接中的附加应力是怎样产生的？为了避免产生附加应力，在结构和工艺上应采取哪些措施？

15. 正确使用工具，进行发动机气缸盖的拆装。

项目三　农机典型零件的材料分析和农机常用运行材料认知

【项目描述】

农机行业的工程技术人员在进行设计选材、加工制造、使用维修等工作时都会遇到选用材料的问题。用于生产农机的固体材料，分为金属材料、非金属材料和复合材料三大类。其中金属材料应用最广，占整个用材的80%左右。这主要是由于金属材料具有优良的使用性能和工艺性能，易于制成性能、形状都能满足使用要求的机械零件、工具和其他制品。农机常用运行材料包括燃料、润滑材料、油液等。对于农机从业人员来说，掌握常用农机运行材料特性是做好农机维护保养的基础。本项目学习重点是农机典型零件的材料分析和农机常用运行材料的性能及维护保养常识。

【项目目标】

1）熟悉金属材料常用力学性能、工艺性能的衡量指标。

2）掌握碳素钢、合金钢、铸铁的分类、牌号、性能和应用。

3）了解金属材料热处理的工艺和方法。

4）掌握农机零件失效的形式和典型农机零件用材。

5）熟悉汽油、柴油的使用性能指标、牌号及其特点。

6）掌握发动机机油、变速器齿轮油的使用特性和分类，以及使用注意事项。

7）熟悉防冻液、制动液的日常维护中的注意事项。

任务一　农机典型零件的材料分析

任务要求

☞知识点：

1）掌握金属材料的常用力学性能、工艺性能指标及常用数据。

2）掌握碳素钢、合金钢、铸铁的分类、牌号、性能和应用。

3）了解金属材料热处理的工艺和方法。

4）掌握农机常用有色金属合金的性能特点、分类、牌号和主要用途。

5）掌握各种非金属材料的基本性能、组成、分类。

☞技能点：

1）能指出农机中典型零件材料的力学性能指标。

2）具有分析一般零件失效原因的能力。

3）能识别材料名称的具体表示方法及含义。

▶▶任务导入

拖拉机、联合收割机等农机，由成千上万个零件构成，使用的材料多种多样，并牵涉到工艺、性能等方方面面的问题。因此，农机零件材料的合理选用是农业机械工业发展的重要因素。

与其他机器相同，在农机制造过程中，从设计新产品到维修、更换零件，都会涉及零件的选材、热处理工艺的确定等问题。本任务就是对农机典型零件、选材进行分析。

▶▶相关知识

一、金属材料的力学性能

任何机器工作时都会受到外力（载荷）的作用，如行车吊运重物，钢丝绳会受到重物拉力的作用；车床导轨会受到工件、工具等的压力作用；农用发动机曲轴会受到拉力、压力甚至交变外力和冲击力的作用等。在这些外力作用下，材料所表现出来的一系列特性和抵抗破坏的能力称力学性能。

按外力的作用形式，载荷常分为静载荷、冲击载荷和交变载荷等。材料的力学性能也分为强度、塑性、硬度、冲击韧度和疲劳强度等。这些性能指标是选择机械零件材料的主要依据，也是材料性能评定的依据之一，其中强度、刚度、弹性及塑性一般可通过金属拉伸试验来测定。拉伸试验是应用最为广泛的力学性能试验方法之一。

（一）强度

金属材料抵抗塑性变形或断裂的能力称为强度。根据载荷的不同，强度可分为抗拉强度、抗压强度、抗弯强度、抗剪强度和抗扭强度等几种。

抗拉强度通过拉伸试验测定。如图 3-1 所示，将一截面为圆形的低碳钢拉伸试样，装夹在材料拉伸试验机上，然后开动试验机施以一缓慢增加的轴向拉力，材料受拉逐渐伸长直至拉断为止。测得应力-应变曲线如图 3-2 所示。

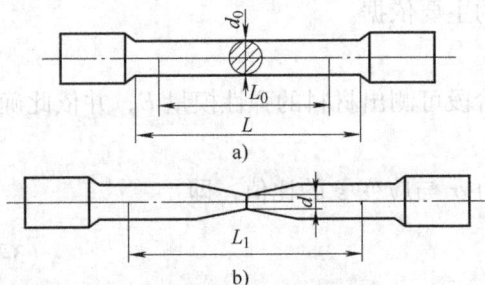

图 3-1 拉伸试样
a）拉伸前 b）拉断后

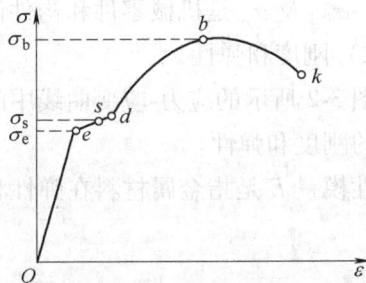

图 3-2 低碳钢的应力-应变曲线

图 3-2 中，σ 为应力，即

$$\sigma = P/d_0 \tag{3-1}$$

式中　P——所加载荷；

　　d_0——试样原始截面积。

ε 为应变，即

$$\varepsilon = \frac{\Delta L}{L_0} = \frac{L_1 - L_0}{L_0} \times 100\% \tag{3-2}$$

式中　L_0——试样的原始标距长度；

　　L_1——试样变形后的标距长度；

　　ΔL——试样在轴向上的伸长量。

图 3-2 中明显地表现出下面几个变形阶段。

Oe——弹性变形阶段：试样的变形量与外加载荷成正比，载荷卸掉后，试样恢复到原来的尺寸。

es——屈服阶段：此时的试样不仅有弹性变形，还发生了塑性变形，即载荷卸掉后，一部分形变恢复，还有一部分形变不能恢复，形变不能恢复的变形称为塑性变形。s 点为屈服点。

sd——明显塑性变形阶段：该段载荷不再增加，试样却继续变形。

db——强化阶段：为使试样继续变形，载荷必须不断增加。随着塑性变形增大，材料变形抗力也逐渐增加。

bk——缩颈阶段：当载荷达到最大值时，试样的直径发生局部收缩，称为"缩颈"，此时变形所需的载荷逐渐降低。

k 点——试样发生断裂。

金属材料的强度指标根据其变形特点分为下列几个。

弹性极限值 σ_e：表示金属材料保持弹性变形，不产生永久变形的最大应力。

屈服强度 σ_s：表示金属材料开始发生明显塑性变形的抗力。有些材料（如铸铁）没有明显的屈服现象，则用条件屈服强度来表示，即产生 0.2% 残余应变时的应力值，用符号 $\sigma_{0.2}$ 表示。

抗拉强度 σ_b：表示金属材料受拉时所能承受的最大应力。

σ_s、$\sigma_{0.2}$ 及 σ_b 是机械零件和构件设计及选材的主要依据。

（二）刚度和弹性

由图 3-2 所示的应力-应变曲线中的弹性变形阶段可测出材料的弹性模量 E，并依此确定该材料的刚度和弹性。

弹性模量 E 是指金属材料在弹性状态下的应力 σ 与应变 ε 的比值，即

$$E = \frac{\sigma}{\varepsilon} \tag{3-3}$$

在应力-应变曲线上，弹性模量就是试样在弹性变形阶段应力-应变线段的斜率，即引起单位弹性变形所需的应力。因此，它表示金属材料抵抗弹性变形的能力。工程上将材料抵抗

弹性变形的能力称为刚度。

绝大多数的机械零件都是在弹性状态下进行工作的。工作过程中，一般不允许有过量的弹性变形，更不允许有明显的塑性变形，故对刚度都有一定的要求。零件的刚度除了与零件横截面大小、形状有关外，还主要取决于材料的性能，即材料的弹性模量 E。E 越大，刚度越大。弹性模量 E 值主要取决于各种金属材料的本性，而热处理、微量合金及塑性变形等对它的影响很小，它是一个对组织不敏感的力学性能指标。

（三）塑性

断裂前金属材料产生永久变形的能力称为塑性，用伸长率和断面收缩率来表示。

（1）伸长率　试样拉断后，标距的伸长量与原始标距的百分比称为伸长率，用符号 δ 表示。

$$\delta = \frac{\Delta L}{L_0} = \frac{L_1 - L_0}{L_0} \times 100\% \tag{3-4}$$

式中　L_1——试样拉断后的标距（mm）；

L_0——试样的原始标距（mm）；

ΔL——最大伸长量。

（2）断面收缩率　试样拉断后，缩颈处截面积的最大缩减量与原横断面积的百分比称为断面收缩率，用符号 ψ 表示。

$$\psi = \frac{\Delta A}{A_0} = \frac{A_0 - A_1}{A_0} \times 100\% \tag{3-5}$$

式中　A_1——试样拉断后缩颈处最小横截面积（mm^2）；

A_0——试样的原始横断面积（mm^2）；

ΔA——试样缩颈处截面积的最大缩减量（mm^2）。

金属材料的伸长率 δ 和断面收缩率 ψ 数值越大，表示材料的塑性越好。塑性好的金属可以发生大的塑性变形而不被破坏，便于通过各种压力加工获得形状复杂的零件，例如农机的车身，一般采用低碳钢等材料冲压成形。

（四）硬度

材料抵抗另一硬物压入其内的能力称为硬度，即受压时抵抗局部塑性变形的能力。硬度试验方法很多，硬度有多种表示方式。

1. 布氏硬度

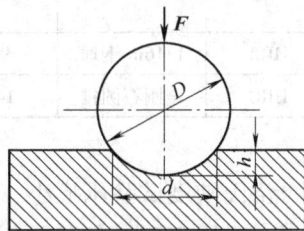

图 3-3　布氏硬度测试原理图

布氏硬度的测定是在布氏硬度试验机上进行的，图 3-3 所示为布氏硬度测试原理图。用直径为 D 的淬硬钢球或硬质合金球，在规定载荷 F 作用下压入试样表面，保持一定时间后卸除载荷，测量其压痕直径，计算硬度值。布氏硬度值用球面压痕单位表面积上所承受的平均压力来衡量，用符号 HBW 来表示。

$$HBW = 0.102 \frac{2F}{\pi D(D - \sqrt{D^2 - d^2})} \tag{3-6}$$

式中 F——荷载（N）；

    D——球体直径（mm）；

    d——压痕平均直径（mm）。

实际应用时，只要测出压痕直径，就可在布氏硬度对照表中查得硬度值。

若布氏硬度记为 200HBW10/1000/30，表示用直径为 10mm 的钢球，在 9800N（1000kgf，即 1kgf = 9.80665N）的载荷下保持 30s 时测得布氏硬度值为 200。

布氏硬度主要适用于各种退火或调质处理的钢、铸铁、有色金属等。

2. 洛氏硬度

洛氏硬度的测定是在洛氏硬度试验机上进行的，图 3-4 所示为洛氏硬度测试原理图。将锥顶角为 120° 的金刚石圆锥压头（或 1/16in 的淬火钢球压头，1in = 25.4mm），在先后施加

两个载荷（预载荷 F_0 和总载荷 F）的作用下压入金属表面。总载荷 F 为预载荷 F_0 和主载荷 F_1 之和，卸去主载荷 F_1 后，测量其残余压入深度 h_1 来计算洛氏硬度值。残余压入深度 h_1 越大，表示材料硬度越低，实际测量时硬度可直接从洛氏硬度计表盘上读得。根据压头

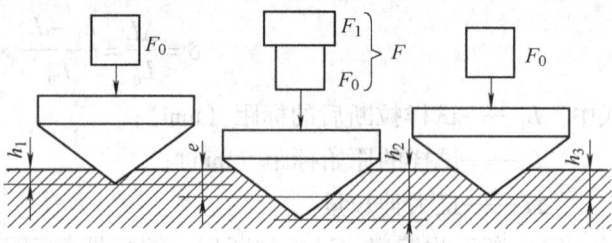

图 3-4　洛氏硬度测试原理图

的种类和总载荷的大小，洛氏硬度常用的表示方式有 HRA、HRB、HRC 三种，其中 HRA 与 HRC 用锥顶角为 120° 的金刚石圆锥压头，采用的总载荷分别为 588N 和 1470N；而 HRB 值的测定则采用 1/16in 的淬火钢球压头，总载荷为 980N，见表 3-1。如洛氏硬度表示为 62HRC，表示用金刚石圆锥压头、总载荷为 1470N 测得的洛氏硬度值为 62。

表 3-1　常用洛氏硬度值的符号、试验条件及应用

硬度符号	压头	总载荷/N	表盘上刻度颜色	常用硬度示值范围	应 用 举 例
HRA	金刚石圆锥	588	黑线	60 ~ 85	碳化物，硬质合金、表面硬化材料等
HRB	1/16in 钢球	980	红线	25 ~ 100	软钢、退火钢、铜合金等
HRC	金刚石圆锥	1470	黑线	20 ~ 67	淬火钢、调质钢等

洛氏硬度试验压痕小、直接读数、操作方便，可用于测量低、中、高硬度材料，应用最广泛，适用于测量各种黑色金属材料、有色金属材料、经淬火后工件、表面热处理工件及硬质合金等。

材料的硬度还可用维氏硬度试验方法和显微硬度试验方法测定。各种不同方法测得的硬度值可通过查表的方法进行互换。

硬度实际上是强度的局部反应（抵抗局部塑性变形能力），强度高其硬度必然高。而硬度试验相对拉伸试验更为简便、迅速，可直接用零件进行测试而无须专制试样，因而在生产、科研中取得了广泛的应用，人们常将硬度作为技术要求标注在零件图上。

（五）冲击韧度

以很快速度作用在工件上的载荷称为冲击载荷。许多机械零件和工具在工作中往往要受到冲击载荷的作用，如发动机活塞销、冲模和锻模等。材料抵抗冲击载荷作用的能力称为冲击韧度，常用一次摆锤冲击试验来测定。在冲击试验机上，使处于一定高度的摆锤自由落下，将试样冲断。测得试样冲击吸收功，用符号 A_K 表示。用冲击吸收功除以试样缺口处截面积 S_0，即得到材料的冲击韧度 a_K（kJ/m^2）。

$$a_K = A_K/S_0 \tag{3-7}$$

A_K 值越大，或 a_K 值越大，则材料的韧性越好。韧性与材料组织有密切关系，如 45 钢正火后 a_K 为 $500 \sim 800 kJ/m^2$，而调质处理后 a_K 值提高到 $800 \sim 1200 kJ/m^2$。铸铁的冲击韧度很低。此外，冲击韧度还受外界温度的影响，因为塑性材料随着温度的降低也会逐渐变脆，从而使其冲击韧度降低，这一点对低温工作的零件影响较大。

（六）疲劳强度

农机中旋转的传动轴发生突然断裂，使用频繁的气门弹簧发生脆断，气缸盖上的螺栓发生断裂，变速齿轮产生崩齿，这些现象常常是由于金属疲劳所引起的。

农机中的轴、齿轮、轴承、弹簧等零件，在工作过程中各点所受应力随时间作周期性的变化，这种随时间作周期性变化的应力称为交变应力（也称循环应力）。

在交变应力作用下，虽然零件所承受的应力远低于材料的抗拉强度 σ_b，甚至小于屈服强度 σ_s，但经过较长时间的工作也会产生裂纹或发生突然断裂，这种现象称为金属的疲劳，这种断裂方式称为疲劳断裂。各种材料发生疲劳断裂时，都不会产生明显的塑性变形，断裂是突然发生的，所以具有很大的危险性。据统计，损坏的机械零件中，有 80% 以上是由于金属的疲劳造成的。

材料承受的交变应力 σ 与材料断裂前承受交变应力的循环次数 N 之间的关系可用疲劳曲线来表示，如图 3-5 所示。金属承受的交变应力越大，则断裂时应力循环次数 N 越少。当应力低于一定值时，试样可以经受无限周期循环而不破坏，此应力值称为材料的疲劳极限，用 σ_{-1} 表示。由于无数次应力循环次数的试验是无法完成的，工程上一般规定：对于钢铁材料，循环次数为 10^7 所对应的应力即为 σ_{-1}；对于有色金属材料、不锈钢则规定 $N = 10^8$。金属的疲劳极限受到很多因素的影响，主要有工作条件、表面状态、材质、残余内应力等。改善零件的结构形状、降低零件表面粗糙度值以及采取各种表面强化的方法，都能提高零件的疲劳极限。

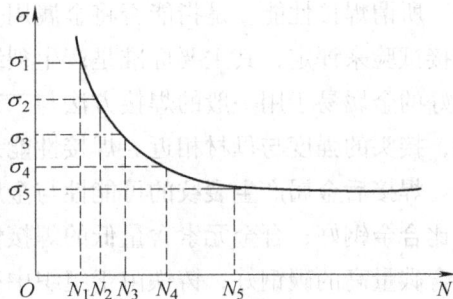

图 3-5　疲劳曲线

二、金属材料的工艺性能

在制造机械零件过程中都要对材料进行加工，如铸造、焊接、切削等。为了使工艺简单、产品质量好、成本低，必须考虑金属材料的工艺性能。工艺性能实际上是材料的力学性能、物理性能和化学性能的综合表现。

（一）铸造性能

铸造是将熔化的金属或合金，注入铸型型腔内以获得相应铸件的工艺方法。金属的铸造性能是指能否将金属材料用铸造方法制成优良铸件的性能。它取决于金属的流动性、收缩性和偏析等。生产中常根据金属的铸造性能，调整铸造工艺，以获得合格的铸件。

流动性好的金属，其充填铸型的能力较强，浇注后的铸件轮廓清晰，无浇注不足现象。收缩性好的金属，铸件冷却后缩孔小，表面无空洞，不容易因收缩不均匀而引起开裂，尺寸比较稳定。

流动性的好坏主要与金属的性质有关，关键是化学成分。例如，铸铁与铸钢相比，由于铸铁的含碳量高、熔点低而流动性好，它可以浇注较薄的铸件。

收缩性是指金属浇注后在铸型中凝固时铸件体积的收缩量。铸件的几种主要缺陷如裂纹、疏松、变形等，都与金属的收缩性有关。因此，要获得性能良好的铸件，应选用收缩性小的金属。

偏析即金属凝固后其化学成分的不均匀性，严重的偏析将影响铸件的力学性能及化学性能。

铸造能生产其他加工方法难以加工的箱体、壳体等形状复杂、大小不等的零件或毛坯。铸铁、钢、有色金属是常用的铸造材料，其中灰铸铁和青铜铸造性能较好。

（二）焊接性能

焊接是将两部分金属，通过加热或加压借助原子间的结合力，使它们牢固地连接成整体的工艺方法。焊接可分为熔化焊、压焊、钎焊三种，以熔化焊使用最广泛，其中又以电弧焊和气焊应用最普遍。

所谓焊接性能，是指能否将金属用一定的焊接方法，焊成优良接头的性能。它可以通过焊接试验来评定，其主要标准是产生裂缝的可能性和裂纹的多少以及有无气孔产生。焊接性能好的金属易于用一般的焊接方法与工艺进行焊接，焊接时不易形成裂纹、气孔、夹渣等缺陷，接头的强度与母材相近。焊接性能差的材料，必须使用特殊工艺和方法进行焊接。

焊接后金属产生裂纹的可能性与金属本身的化学成分和性能有关。例如，碳钢的焊接性能比合金钢好；合金元素含量低的焊接性能就比合金元素高的好；含碳量低的碳钢焊接性能比含碳量高的碳钢好；铸铁由于组织中存在石墨，所以焊接性较差。

焊接的优点：减轻零件或结构件的重量，生产周期短，效率高，成本低；焊接结构的强度高，气密性好；能节约金属，减少切削加工量，并能制造锻造、铸造等加工工艺无法生产的大型容器和框架结构件等。例如，汽车车身、车架一般是焊接而成的。

（三）切削加工性能

所谓金属的切削加工性能，是指用刀具进行金属零件加工的难易与经济程度。金属的切削加工性能好，即它经过切削加工成为合格产品的难度小；反之切削性能差。因此，金属的切削性能包括：允许的切削速度，经切削后能达到的表面粗糙度，切削时的动力消耗及对刀具的磨损程度等。

金属切削性能主要依据金属的硬度、韧性来判定，硬度过大、过小或韧性过大则切削加工性能差。灰铸铁及硬度在 150～250HBW 的钢切削性能好。太软的钢不易断屑，容易粘刀，影响加工质量，并影响切削速度的提高；而太硬的钢则刀具寿命短，甚至无法进行切削加工。

（四）压力加工与锻压性能

所谓压力加工性能，是指能否用压力加工方法将金属加工成优良工件的性能。金属压力加工性能的好坏，主要取决于金属本身塑性的好坏和变形抗力的大小。

压力加工是使金属在体积不变的前提下，经外力作用产生塑性变形而成形，并改善组织和性能。所以塑性越好，金属产生的塑性变形量越多，成形越方便；变形抗力越小，金属越容易变形，所用的压力就可以减小，设备的吨位可以降低。

金属的压力加工方法很多，有自由锻、模锻、轧制、拉制、挤压、冲压等。它们可以生产金属的原材料（如各类型材），也可以生产零件或毛坯。机械工业中，使用普遍的是锻造，包括自由锻和模锻。

锻造是使加热后的工件坯料受静压力或冲击力作用而产生塑性变形，从而获得一定形状工件的工艺方法。常以生产零件毛坯为主，精密锻造也可以直接制造零件。

金属的锻压性能是指金属锻压的难易程度。若金属在锻压时塑性好，变形抗力小则说明该金属锻压性能好，它取决于金属的化学成分、组织结构及变形条件。

常用金属中低碳钢、中碳钢及部分有色金属和合金锻压性能良好，铸铁不能锻造。有些金属在加热状态下可以锻造，但在常温下不能锻造。

（五）金属的热处理性能

金属的热处理性能是指金属能否通过热处理工艺来改善或提高金属的力学性能。有色金属一般不易进行热处理。通常碳钢、合金钢可以用热处理来改变其内部组织结构，甚至改变金属表面一定厚度的化学成分，以达到改善材料力学性能的目的。中碳钢、高碳钢及中碳合金钢、高碳合金钢具有较好的热处理工艺性。

三、黑色金属

通常，工业上将铁、铬和锰及这三种金属的合金称为黑色金属。除这三种金属（合金）以外的金属（合金）称为有色金属。

（一）碳素钢

碳素钢简称碳钢，是碳的质量分数大于 0.0218% 且小于 2.11%，并含有少量硅、锰、硫、磷等杂质元素的铁碳合金。碳素钢有许多优良的性能，能基本满足加工和使用的要求，还具有资源丰富、冶炼容易、不需要消耗昂贵的合金元素、价格便宜，以及良好的力学性能和工艺性能等优点，因此，被大量用于制造机械零件、工具和设备等。

1. 杂质元素对钢的影响

（1）硫　硫是在冶炼时由矿石和燃料带到钢材中的，它在钢材中以化合物的形式存在，和 Fe 能形成低熔点的共晶体（$FeS + Fe$），其熔点为 $985℃$，分布于晶界上，当钢材在 $1000 \sim 1200℃$ 进行压力加工时，由于其共晶体已经熔化，从而导致加工时材料开裂，这种现象叫做"热脆"。硫对钢的焊接性能也有不良影响，容易导致焊缝热裂，在焊接过程中，易于氧化成 SO_2，造成焊缝中产生气孔和疏松，因此，钢中的 w_S 不得超过 0.05%。在钢中加入锰，可以消除硫的有害影响。因为锰在钢中更容易与硫结合形成 MnS（熔点为 1620℃），从而避免出现 FeS。但硫元素可以改善钢的切削加工性能，所以在制造要求表面粗糙度值较小而强度要求不高的零件时，可以采用含硫量相对较高的易切削钢。

（2）磷　磷也是由矿石和燃料带入的杂质，也是钢中的有害元素，在钢中可以全部溶于 α-Fe 中，使钢的强度和硬度增高的同时，塑性和韧性显著降低。当钢中的 w_P 达到 0.3% 时，钢将完全变脆，冲击韧度接近于零，这种脆性的现象在低温时更为严重，此现象称为"冷脆"。磷还可以降低钢的焊接性能，含磷过高的钢焊接时容易产生裂纹，为削弱磷的有害作用，要限制磷的含量，一般要求 $w_P \leqslant 0.045\%$，但适量的磷可以改善钢的切削加工性和耐腐蚀性，故在易切削结构钢中可保留较高的含磷量。

（3）锰　锰主要来自于炼钢脱氧剂，脱氧后残留在钢中的锰可溶解在铁素体和渗碳体中，使钢的强度和硬度提高，并可减轻硫的不良影响，所以锰是有益元素，在碳素钢中 w_{Mn} 一般为 0.25% ~0.8%，最高可达 1.2% 左右。

（4）硅　硅主要是作为脱氧剂加入到钢中的，能溶于 α-Fe 中，形成固溶体，从而提高钢的强度和硬度，硅在钢中的质量分数 w_{Si} 一般为 0.17% ~0.37%。

2. 碳素钢的分类

碳素钢的分类方法很多，常用的分类方法有以下几种：

（1）按钢的含碳量分类

1）低碳钢。$w_C < 0.25\%$。

2）中碳钢。$w_C = 0.25\% ~0.6\%$。

3）高碳钢。$w_C > 0.60\%$。

（2）按钢的质量分类

1）普通碳素钢。$w_S \leqslant 0.050\%$，$w_P \leqslant 0.045\%$。

2）优质碳素钢。$w_S \leqslant 0.035\%$，$w_P \leqslant 0.035\%$。

3）高级优质碳素钢。$w_S \leqslant 0.030\%$，$w_P \leqslant 0.035\%$。

（3）按钢的用途分类

1）碳素结构钢。用于制造机械零件和工程结构件的碳钢，碳的质量分数大都在 0.70% 以下。

2）碳素工具钢。用于制造各种工具用钢，如刀具、量具和模具等，一般碳的质量分数在 0.7% 以上。

3. 碳素钢的牌号、性能及用途

（1）碳素结构钢的牌号、性能及用途

1）普通碳素结构钢。钢中有害杂质硫、磷和非金属夹杂物较多，同等情况下塑性、韧性较低；但此类钢冶炼容易、工艺性好且价格便宜，能满足一般工程构件和普通零件的性能要求，应用广泛。一般用于制造受力不大的机械零件（如螺钉、螺母）和厂房、桥梁、船舶中的建造结构件，如图 3-6 所示。

图 3-6　普通碳素结构钢实例（油底壳）

普通碳素结构钢的牌号由代表屈服强度的汉语拼音第一个字母"Q"、屈服强度数值、质量等级符号和脱氧方法符号 4 个部分按顺序组成。如 Q235AF 表示屈服强度为 235MPa 的 A 级沸腾钢。常用普通碳素结构钢的牌号、化学成分、力学性能见表 3-2。

表 3-2　常用普通碳素结构钢的牌号、化学成分、力学性能

牌号	等级	化学成分(质量分数,%)					脱氧方法	力学性能		
		C	Mn	Si	S	P		σ_s/MPa	σ_b/MPa	δ_5(%)
					不大于					
Q195	—	0.06 ~ 0.12	0.25 ~ 0.50	0.30	0.050	0.045	F,b,Z	195	315 ~ 390	33
Q215	A	0.090 ~ 0.15	0.25 ~ 0.55	0.30	0.050	0.045	F,b,Z	215	335 ~ 450	31
	B				0.045					
Q235	A	0.14 ~ 0.22	0.30 ~ 0.65	0.30	0.050	0.045	F,b,Z	235	375 ~ 460	26
	B	0.12 ~ 0.20	0.30 ~ 0.70		0.045					
	C	≤0.18	0.35 ~ 0.80		0.040	0.040	Z,TZ			
	D	≤0.17			0.035	0.035				
Q255	A	0.18 ~ 0.28	0.40 ~ 0.70	0.30	0.050	0.045	Z	255	410 ~ 550	24
	B				0.045					
Q275	—	0.28 ~ 0.38	0.50 ~ 0.80	0.35	0.050	0.045	Z	275	490 ~ 630	20

2）优质碳素结构钢。钢中有害杂质硫、磷和非金属夹杂物较少，钢的品质较高，塑性、韧性比（普通）碳素钢好。主要用于制造较重要的机械零件。优质碳素结构钢的牌号用两位数字表示，两位数字表示该钢的平均含碳量的万分数。如 45 钢表示平均含碳量为 0.45%（质量分数）的优质碳素结构钢，常用来制作传动齿轮，如图 3-7 所示。若含锰量较高，数字后面应加"Mn"，以示区别，如 60Mn。若为沸腾钢或其他专用钢，则应在牌号后面附加规定符号，如 10F 表示平均含碳量为 0.1%（质量分数）的优质碳素结构钢，沸腾钢；20G 表示平均含碳量为 0.2%（质量分数）的优质碳素结构钢，为锅炉用钢。

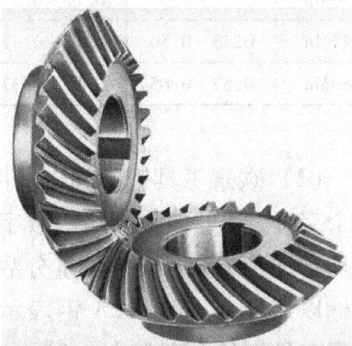

图 3-7　优质碳素结构钢实例
（主减速器齿轮）

常用优质碳素结构钢的牌号、化学成分、力学性能见表 3-3。

表 3-3　常用优质碳素结构钢的牌号、化学成分、力学性能

牌号	化学成分(质量分数,%)			力学性能				
	C	Si	Mn	σ_s/MPa	σ_b/MPa	δ_5(%)	ψ(%)	a_K/(J/cm²)
				不小于				
08F	0.05 ~ 0.11	≤0.03	0.25 ~ 0.50	175	295	35	60	—
10F	0.07 ~ 0.14	≤0.07	0.25 ~ 0.50	185	325	33	55	—

（续）

牌号	化学成分（质量分数，%）			力学性能				
	C	Si	Mn	σ_s/MPa	σ_b/MPa	δ_5(%)	ψ(%)	a_K/(J/cm²)
				不小于				
15F	0.12~0.19	~0.07	0.25~0.50	205	355	29	55	—
20	0.17~0.24	0.17~0.37	0.35~0.65	245	410	25	55	—
25	0.22~0.30	0.17~0.37	0.50~0.80	275	450	23	50	88.3
30	0.27~0.35	0.17~0.37	0.50~0.80	295	490	21	50	78.5
35	0.32~0.40	0.17~0.37	0.50~0.80	315	530	20	45	68.7
40	0.37~0.45	0.17~0.37	0.50~0.80	335	570	19	45	58.8
45	0.42~0.50	0.17~0.37	0.50~0.80	355	600	16	40	49
50	0.47~0.55	0.17~0.37	0.50~0.85	375	630	14	40	39.2
60	0.57~0.65	0.17~0.37	0.50~0.80	400	675	12	35	—
65	0.62~0.70	0.17~0.37	0.50~0.80	410	695	10	30	—
70	0.67~0.75	0.17~0.37	0.50~0.80	420	715	9	30	—
75	0.72~0.80	0.17~0.37	0.50~0.80	880	1080	7	30	—
80	0.77~0.85	0.17~0.37	0.50~0.80	930	1080	6	30	—
85	0.82~0.90	0.17~0.37	0.50~0.80	980	1130	6	30	—
15Mn	0.12~0.19	0.17~0.37	0.70~1.00	245	410	26	55	—
30Mn	0.27~0.35	0.17~0.37	0.70~1.00	315	540	20	45	78.5
45Mn	0.43~0.50	0.17~0.37	0.70~1.00	375	620	15	40	49
60Mn	0.57~0.65	0.17~0.37	0.70~1.00	410	695	11	35	—

（2）碳素工具钢的牌号、性能及用途　碳素工具钢的牌号由汉字"碳"的汉语拼音第一个字母"T"加上阿拉伯数字组成，其数字表示钢中平均含碳量的千分数。如 T8 钢表示平均含碳量为 0.8%（质量分数）的碳素工具钢。若为高级优质碳素工具钢，则应在牌号后面标以字母 A，如 T12A 钢表示平均含碳量为 1.2%（质量分数）的高级优质碳素工具钢。碳素工具钢的含碳量在 0.70%（质量分数）以上，硬度高，耐磨性好。碳素工具钢都是优质钢或高级优质钢。碳素工具钢主要用于制造刀具、模具和量具。

（二）合金钢

碳素钢的价格便宜、冶炼方便，通过热处理可得到不同的性能，以满足工业生产的需要。但是碳素钢的淬透性差，缺乏良好的综合性能。制造重型机械的传动轴、汽轮机叶片、汽车和拖拉机的一些重要零件时，碳素钢就达不到性能要求，这种情况下就应采用合金钢。

合金钢的主要合金元素有硅、锰、铬、镍、钼、钨、钒、钛、铌、锆、钴、铝、铜、硼、稀土等。其中，钒、钛、铌、锆等在钢中是强碳化物形成元素，只要有足够的碳，在适当条件下，就能形成各自的碳化物，当缺碳或在高温条件下，则以原子状态进入固溶体中；锰、铬、钨、钼为碳化物形成元素，其中一部分以原子状态进入固溶体中，另一部分形成置换式合金渗碳体；铝、铜、镍、钴、硅等是不形成碳化物元素，一般以原子状态存在于固溶体中。

合金钢种类很多，通常按合金元素含量多少分为低合金钢（质量分数＜5%）、中合金钢（质量分数5%~10%）、高合金钢（质量分数＞10%）；按质量分为优质合金钢、特质合金钢；按特性和用途又分为合金结构钢、不锈钢、耐酸钢、耐磨钢、耐热钢、合金工具钢、滚动轴承钢、合金弹簧钢和特殊性能钢（如软磁钢、永磁钢、无磁钢）等。

1. 合金结构钢

（1）低合金结构钢　在碳素结构钢中加入少量的合金元素（其质量分数一般小于3%）的工程用钢。有低合金高强度结构钢、低合金耐候钢和低合金专业用钢之分。其常用牌号、力学性能及应用见表3-4。

表3-4　常用低合金高强度结构钢的牌号、力学性能及应用

牌号	σ_s/MPa	σ_b/MPa	δ_5(%)	特性及应用举例
Q295	235~295	390~570	23	具有优良的韧性、塑性、冷弯性及焊接性，冲压成形性能良好，一般在热轧或正火状态下使用。适用于制作各种容器、车辆用冲压件，建筑用结构件、输油管道、造船用金属结构件等
Q345	275~345	470~630	21	具有良好的综合力学性能，塑性及焊接性良好，冲击韧性较好，一般在热轧或正火状态下使用。适用于制作桥梁、车辆、船舶、管道、电站、厂房中的结构件
Q390	330~390	490~650	19	具有良好的综合力学性能，焊接性好，有优良的低温韧性，冷热加工性好，一般在热轧状态下使用。适用于制作中、高压石油化工容器、桥梁、车辆、船舶、较高负荷的焊接件、连接构件等
Q420	360~420	520~680	18	具有良好的综合力学性能，焊接性良好，冲击韧性较好，一般在热轧状态下使用。适用于制作高压容器、重型机械、桥梁、机车车辆、船舶、大型焊接结构件等

低合金高强度结构钢的含碳量较低（一般质量分数为0.10%~0.25%），加入的主要合金元素是锰、硅、铌、钒、钛等。锰、硅对铁素体起固溶强化的作用，提高钢的强度；铌、钒、钛等元素起细化晶粒的作用，提高钢的韧性。可见，这类钢比相同含碳量的碳素结构钢的强度高，且塑性、韧性、耐蚀性和焊接性好，广泛用来制造车辆、桥梁、船舶、压力容器等结构件。

低合金耐候钢即耐大气腐蚀钢，是在低碳钢的基础上加入少量的合金元素，如铜、磷、镍、铌、钒、钛等，使其在金属表面形成保护层，提高钢的耐腐蚀性。

低合金专业用钢是在低合金高强度结构钢基础上发展出的一些专门用途的钢，如汽车用低合金钢、铁道用低合金钢等。

（2）合金渗碳钢　主要用于制造既有优良的耐磨性、耐疲劳性，又能承受冲击载荷作用的零件，如汽车、拖拉机中的变速齿轮，内燃机中的凸轮和活塞销等，如图3-8所示。其常用牌号、力学性能及应用见表3-5。

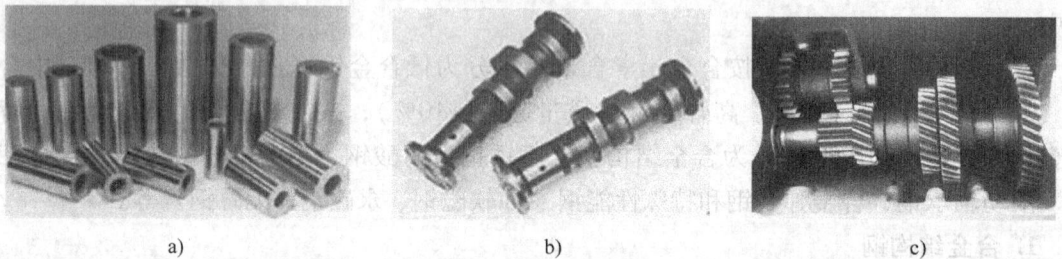

图 3-8 渗碳钢实例

a）活塞销（20Cr） b）柴油机凸轮轴 c）拖拉机变速器齿轮

表 3-5 常用合金渗碳钢的牌号、力学性能及应用

牌号	试样毛坯尺寸/mm	力学性能					用 途
		σ_s/MPa	σ_b/MPa	δ_5（%）	ψ（%）	a_K/（J/cm^2）	
		不小于					
20Cr	15	540	835	10	40	60	齿轮、齿轮轴、活塞销、凸轮
20Mn2B	15	785	980	10	45	70	齿轮、轴套、离合器、气阀挺杆
20MnVB	15	885	1080	10	45	70	重型机床的齿轮和轴、汽车后桥齿轮
20CrMnTi	15	835	1080	10	45	70	汽车、拖拉机上的变速齿轮、传动轴
12CrNi3	15	685	930	11	50	90	重负荷下工作的齿轮、轴、凸轮轴

合金渗碳钢中碳的质量分数为 0.10% ~ 0.25%，可保证心部具有足够的塑性和韧性；加入的主要合金元素是锰、硅、镍、铬等，可提高钢的淬透性，使零件在热处理后表层和心部均得到强化；加入钒、钛等合金元素可抑制晶粒长大。20CrMnTi 是最常用的合金渗碳钢，可用于截面径向尺寸小于 30mm 的高强度渗碳零件。

（3）合金调质钢 有很高的强度，很好的塑性和韧性，其综合力学性能较好。可用来制造一些受力复杂的零件，例如发动机上的连杆，如图 3-9 所示。

合金调质钢中加入合金元素锰、硅、镍、铬、硼等可提高钢的淬透性，强化铁素体并提高韧性；加入少量钼、钒、钛、钨等合金元素可细化晶粒，提高钢的耐回火性，进一步改善钢的性能。40Cr 是最常用的合金调质钢。

（4）合金弹簧钢 含碳量（质量分数）一般为 0.45% ~ 0.70%。加入合金元素锰、硅可提高钢的淬透性，同时也可将弹性极限提高（硅尤为显著），但锰、

图 3-9 合金调质钢实例（连杆）

硅含量不能过高，否则硅会使钢在加热时脱碳，锰含量过高会使钢加热时产生过热。为此，重要的弹簧钢应加入钒、铬、钨等，以提高钢的淬透性，不易过热，而且有更高的高温强度

和韧性。根据弹簧的加工方法不同，可将弹簧分为热成形弹簧和冷成形弹簧。图 3-10 所示为离合器弹簧。

（5）滚动轴承钢　应具有高的硬度和耐磨性、高的弹性极限和接触疲劳强度、足够的韧性和一定的耐蚀性。滚动轴承钢主要用来制造各种轴承的内外圈和滚动体（滚珠、滚柱、滚针），如图 3-11 所示。又由于滚动轴承钢的化学成分和主要性能与低合金工具钢相近，因此常用它来制造

图 3-10　合金弹簧钢实例（离合器弹簧）

刀具、冲模、量具及性能要求与滚动轴承相似的耐磨零件。目前应用最多的滚动轴承钢有：GCr15，主要用于制造中小型滚动轴承；GCr15SiMn，主要用于制造较大的滚动轴承。

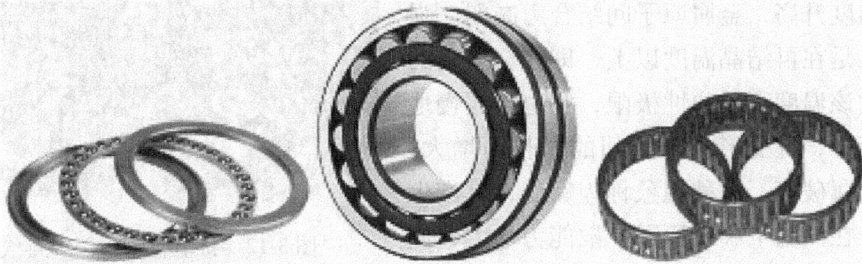

图 3-11　滚动轴承钢实例

2. 特殊性能钢

特殊性能钢是指具有某些特殊的物理、化学性能或力学性能如耐高温、高压，耐酸、碱、盐的腐蚀或很高耐磨性等的钢。常用特殊性能钢包括不锈钢、耐磨钢、耐热钢等。

（1）不锈耐酸钢　不锈耐酸钢包括不锈钢与耐酸钢。能抵抗大气腐蚀的钢称为不锈钢。而在一些化学介质（如酸类等）中能抵抗腐蚀的钢称为耐酸钢。通常也将这两类钢统称为不锈钢。一般不锈钢不一定耐酸，而耐酸钢则一般具有良好的耐蚀性。

不锈钢钢号前的数字表示平均含碳量的千分数，合金元素仍以百分数表示。对于碳质量分数≤0.03% 及≤0.08% 的不锈钢，在钢号前分别冠以 "00" 或 "0"，例如不锈钢 3Cr13 的平均碳质量分数为 0.3%、铬质量分数≈13%；0Cr13 钢的平均碳质量分数≤0.08%、铬质量分数≈13%；00Cr18Ni10 钢的平均质量分数≤0.03%、铬质量分数≈18%、镍质量分数≈10%。

常用分类如下：

1）马氏体不锈钢。常用马氏体不锈钢碳的质量分数为 0.1% ~0.45%，铬的质量分数为 12% ~14%，属铬不锈钢。随着钢中含碳量的增加，钢的强度、硬度、耐磨性提高，但耐蚀性则下降。为了提高耐蚀性及力学性能，这类钢最后的热处理采用淬火和回火，可在空

气中冷却淬硬，但一般采用油冷。这类钢多用于力学性能要求较高、耐蚀性要求较低的零件，如汽轮机叶片、各种泵的零件、弹簧、滚动轴承及一些医疗器械。

2）铁素体不锈钢。铁素体不锈钢中碳的质量分数低于0.15%，铬的质量分数为12%~30%，也属于铬不锈钢。其塑性、焊接性均较马氏体不锈钢好。这类钢广泛用于化学工业中。

3）奥氏体不锈钢。这是应用最广泛的不锈钢，属镍铬钢。

（2）耐热钢

1）抗氧化钢。一般钢铁在较高温度下（560℃以上）表面容易氧化，主要是由于铁元素在高温下氧化生成松脆多孔的FeO，它较易剥落，最终导致零件破坏。实际应用的抗氧化钢，大多数是在铬钢、镍铬钢、铬锰氮钢基础上添加硅、铝制成的，如图3-12所示的发动机排气门。抗氧化钢中的含碳量增多，钢的抗氧化性会随之下降，故一般抗氧化钢为低碳钢。

2）热强钢。金属在高温下的强度有两个特点：一是温度升高，金属原子间结合力减弱、强度下降；二是在再结晶温度以上，即使金属受的应力不超过该温度下的弹性极限，它也会缓慢地发生塑性变形，且变形量随时间的增长而增大，最后导致金属破坏。这种现象称为蠕变，其产生的原因是：在高温下金属原子扩散能力增大，使那些在低温下起强化作用的因素逐渐减弱或消

图3-12　抗氧化钢实例（排气门）

失。热强钢采用的合金元素，如铬、镍、钼、钨、硅等，除具有提高高温强度的作用外，还可提高高温抗氧化性。

3. 耐磨钢

耐磨钢是指在强烈冲击载荷作用下才能发生硬化的高锰钢。它只有在强烈冲击与摩擦的作用下，才具有耐磨性，在一般机器工作条件下，它并不耐磨。耐磨钢主要用于制造坦克、拖拉机的履带（见图3-13），挖掘机铲斗的斗齿以及防弹钢板、保险箱钢板、铁路道岔等。由于高锰钢极易加工硬化，使切削加工困难，故大多数高锰钢零件是采用铸造成形的。

（三）铸铁

铸铁是碳质量分数为2.11%~6.69%的铁碳合金。工业用铸铁一般碳质量分数为2.5%~4.0%。碳在铸铁中多以石墨形态存在，有时也以渗碳体形态存在。除碳外，铸铁中还含有质量分数为1%~3%的硅，以及锰、磷、硫等元素。合金铸铁还含有镍、铬、钼、铝、铜、硼、钒等元素。碳、硅是影响铸铁显微组织和性能的主要元素。

图3-13　耐磨钢实例（拖拉机履带）

铸铁与钢比较，其力学性能较差，减摩性及耐磨性较高，并具有消振性以及低的缺口敏感性；生产成本低廉，铸造性能好，且具有优良的切削加工性。铸铁在工业中应用广泛，汽

车上力学性能要求不高、形状复杂、锻造困难的零件，如发动机缸体、缸盖、活塞环、飞轮、后桥壳等都是由铸铁制造的。

1. 铸铁的分类

铸铁的分类形式主要有以下两种。

（1）根据碳在铸铁中存在形式不同分类　根据碳在铸铁中存在形式不同，铸铁可分为以下三种。

1）灰铸铁。碳全部或大部分以游离状态的石墨形式存在于铸铁中，由于断口呈暗灰色，故称灰铸铁。它是目前工业生产中应用最广泛的一类铸铁。

2）白口铸铁。碳以 Fe_3C 的形式存在于铸铁中，由于断口呈银白色，故称白口铸铁。其组织硬而脆，难以切削加工，很少直接用来制造机械零件，但可利用它硬而耐磨的特性，制成耐磨零件。

3）麻口铸铁。碳一部分以石墨形式存在，一部分以 Fe_3C 形式存在，由于断口夹杂着白亮的渗碳体和暗灰色的石墨，故称为麻口铸铁。这种铸铁脆性大，工业上很少使用。

（2）根据铸铁中石墨的形态不同分类　根据石墨的形态不同，铸铁可分为灰铸铁、可锻铸铁、球墨铸铁、蠕墨铸铁。

2. 铸铁的石墨化

（1）铸铁的石墨化过程　铸铁在冷却过程中既可以从液态中或奥氏体中直接析出石墨，也可以先结晶出渗碳体，再由渗碳体在一定条件下分解得到石墨。铸铁组织中石墨的形成过程称为石墨化过程，石墨化过程是一个原子扩散过程。

（2）影响铸铁石墨化的因素　影响铸铁石墨化的主要因素是冷却速度和铸铁的化学成分。

1）冷却速度的影响。在化学成分相同的情况下，缓慢冷却有利于原子扩散，有利于石墨化的充分进行，易得到灰铸铁；冷却速度加快，不利于石墨化，甚至使石墨化来不及进行而得到白口铸铁。

2）化学成分的影响。碳和硅对铸铁的石墨化有决定性作用。含碳量越多越易形成石墨晶核，而硅可促进石墨成核。综合考虑碳和硅对铸铁的影响，将硅量折合成相当的碳量，把实际的含碳量与折合成的含碳量之和称为碳当量。碳、硅含量越高，析出的石墨越多，且石墨片粗大，适当降低碳、硅含量可使石墨细化。钼、钒、钨、铬、锰等元素会阻碍渗碳体分解，阻碍石墨化。

3. 常见铸铁

（1）灰铸铁　灰铸铁的组织由片状石墨和金属基体组成，根据共析阶段石墨化进行的程度不同可分为铁素体灰铸铁、铁素体—珠光体灰铸铁、珠光体灰铸铁三种。

灰铸铁的抗拉强度、塑性、韧性和疲劳强度都比钢低得多，原因有两个方面：①石墨本身的强度和塑性几乎为零，就像金属基体中的孔洞和裂纹，它的存在就等于减小了金属基体的有效承载面积；②石墨割断了金属基体的连续性，它本身可视做一条条裂纹，在外力作用下裂纹尖端将导致严重的应力集中，形成断裂源。

石墨虽然降低了灰铸铁的力学性能，但石墨的存在使灰铸铁的耐磨性提高，具有消振性以及低的缺口敏感性，铸造性能好，且具有优良的切削加工性。实例如图 3-14 所示。

灰铸铁的牌号由汉语拼音字首"HT"与一组数字表示，数字表示最小抗拉强度，具体性能及应用见表 3-6。

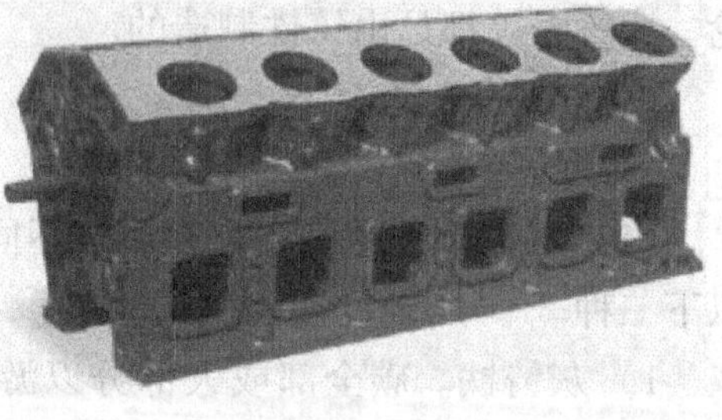

（2）球墨铸铁

1）球墨铸铁的组织与性能。球墨铸铁的组织可视做由球状石墨与基体组织所组成。常见基体组织有铁素体、铁素体—珠光体和珠光体，也可获得贝氏体、马氏体、托氏体、索氏体和奥氏体等基体组织。因此球墨铸铁可分为铁素体球墨铸铁、珠光体球墨铸铁、铁素体—珠光体球墨铸铁和贝氏体球墨铸铁等。

图 3-14　灰铸铁实例（柴油机机体）

表 3-6　灰铸铁的牌号、性能及用途

牌号	最小抗拉强度 σ_b/MPa	用　途　举　例
HT100	100	受力很小、不重要的铸件，如防护罩、盖、手轮、支架、底板等
HT150	150	受力中等的铸件，如机座、支架、罩壳、床身、轴承座、阀体、泵体、飞轮等
HT200	200	受力较大的铸件，如气缸、齿轮、机床床身、齿轮箱、冲模上托及底座等
HT250	250	
HT300	300	受力大、耐磨和高气密性的重要铸件，如中型机床床身、机架、高压液压缸、泵体、曲轴、气缸体等
HT350	350	

球墨铸铁与一般铸铁相似，都具有优良的铸造工艺性、切削加工性、耐磨性和消振性、球墨铸铁中的石墨呈球状，使其强度和塑性有了很大的提高。球墨铸铁一个突出的优良性能是，屈服强度和抗拉强度的比值（屈强比）约为钢的两倍。对于承受静载荷的零件，可用球墨铸铁代替钢，以减轻机器质量。球墨铸铁的力学性能取决于石墨的大小和基体的组织，球径越小、性能越好，珠光体球墨铸铁的抗拉强度比铁素体球墨铸铁约高一倍；以回火马氏体为基体的球墨铸铁具有高强度、高硬度；以下贝氏体为基体的球墨铸铁具有良好的综合力学性能。

生产球墨铸铁要进行脱硫处理、球化处理（浇注前必须先往铁液中加入能促使石墨结晶成球状的球化剂）和孕育处理（球化处理后立即加入石墨化元素）。

2）球墨铸铁的牌号、性能及应用。球墨铸铁的牌号由"球铁"二字汉语拼音字母的字头"QT"及两位数字组成，后面两组数字分别表示其抗拉强度和伸长率的最小值。如 QT400-18 表示最低抗拉强度为 400MPa、最低伸长率为 18% 的球墨铸铁。

球墨铸铁的牌号、基体组织、力学性能及应用见表 3-7。

（3）可锻铸铁　由白口铸铁经退火处理制成，也称韧铁或马铁。它的显微组织为铁素体或珠光体，基体上分布着团絮状石墨。中国河南洛阳出土的战国时代的铁铲就是由可锻铸铁制成的，其显微组织是团絮状石墨，基体大都是铁素体，有少量珠光体。

表 3-7　球墨铸铁的牌号、基体组织、力学性能及应用

牌号	基体组织	力学性能				应　用
		σ_b/MPa	$\delta_{0.2}$/MPa	δ_5（%）	硬度 HBW	
		最小值				
QT400-18	铁素体	400	250	18	130～180	汽车、拖拉机底盘零件、
QT400-15	铁素体	400	250	15	130～180	1600～6400MPa 阀门的阀
QT450-10	铁素体	450	310	10	160～210	体、阀盖
QT500-7	铁素体＋珠光体	500	320	7	170～230	液压泵齿轮
QT600-3	铁素体＋珠光体	600	370	3	190～270	柴油机、汽油机曲轴；磨
QT700-2	珠光体	700	420	2	225～305	床、铣床、车床主轴；空压
QT800-2	珠光体或回火组织	800	480	2	245～335	机、冷冻机缸体等
QT900-2	贝氏体或回火马氏体	900	600	2	280～360	汽车、拖拉机传动齿轮

　　可锻铸铁中石墨呈团絮状，含量较少，应力集中现象不太显著，对铸铁的有效负荷面积减小不多，抗拉强度可达 300～700MPa，伸长率可达 2%～12%，切削加工性能、抗氧化生长性能和耐蚀性能良好。

　　可锻铸铁铸态组织为白口，铁液流动性较差，容易产生缩孔，热裂倾向较大，所以一般只适用于形状不太复杂的铸件。此外由于退火时间随壁厚加大而延长，同时过厚的铸件中心部分难达到完全退火，因此白心可锻铸铁件的壁厚一般不超过 12mm，黑心可锻铸铁壁厚不超过 25mm。铁素体可锻铸铁广泛用于汽车、拖拉机的轮圈，差速器壳和底盘零件。珠光体可锻铸铁用于气阀摇杆、加煤机零件、高压接头阀体和汽车工业拨叉、差动齿轮箱等。白心可锻铸铁用于汽车零件吊架、驾驶盘柱叉肩、纺织机零件等。

　　可锻铸铁的牌号：黑心可锻铸铁牌号用"可铁黑"三字的汉语拼音字首"KTH"与两组数字表示，两组数字分别表示其抗拉强度和伸长率的最小值，如 KTH300-06；白口可锻铸铁（又称珠光体可锻铸铁），牌号用"可铁珠"三字的汉语拼音字首"KTZ"与两组数字表示，两组数字分别表示其抗拉强度和伸长率的最小值，如 KTZ500-06。

【特别提示】

　　由于可锻铸铁生产周期长，成本较高，其应用已逐渐为球墨铸铁所替代，只有形状复杂、批量很大的薄壁小件，因不宜用球墨铸铁，才采用可锻铸铁。

　　(4) 蠕墨铸铁　蠕墨铸铁的化学成分与球墨铸铁的成分基本相似，即高碳、低硫，一定的硅、锰含量。成分范围如下：w_C 为 3.0%～4.0%，w_{Si} 为 1.4%～2.4%，w_{Mn} 为 2.5% 左右，w_P 为 0.08% 左右，w_S 小于 0.03%。

　　蠕墨铸铁是在具有上述成分的铁液中加入适量的蠕化剂进行蠕化处理后获得的。蠕化处理后还要进行孕育处理，以获得良好的蠕化效果。我国目前采用的蠕化剂主要有镁钛合金、稀土镁、硅铁和硅钙合金。

　　蠕墨铸铁中的石墨是一种过渡型石墨，在光学显微镜下的形状形似蠕虫状，故得名蠕墨铸铁。蠕墨铸铁较球墨铸铁在性能上的优越性在于具有良好的抗热疲劳性能以及优良的导热性能，铸造性能、减振能力也优于球墨铸铁。广泛用来制造气缸盖、气缸套、电动机壳、机床床身、液压阀等。蠕墨铸铁的牌号由"蠕铁"二字汉语拼音字母的字头"RuT"及一组数字组成，数字代表最小抗拉强度值。如 RuT420 表示最低抗拉强度为 420MPa 的蠕墨铸铁。

蠕墨铸铁的牌号、基体组织、力学性能及应用见表 3-8。

表 3-8　蠕墨铸铁的牌号、基体组织、力学性能及应用

牌号	基体组织	力学性能				用途举例
		σ_b/MPa	$\sigma_{0.2}$/MPa	δ（%）	硬度 HBW	
		不小于				
RuT260	铁素体	260	195	3	121~197	增压器废气进气壳体、农机底盘零件等
RuT300	铁素体+珠光体	300	240	1.5	140~217	排气管、变速器箱体、气缸盖、液压件、纺织机零件、钢锭模等
RuT340	铁素体+珠光体	340	270	1.0	170~249	重型机床件、大型箱体、盖、座、飞轮、起重机卷筒等
RuT380	珠光体	380	300	0.75	193~274	活塞环、气缸套、制动盘等
RuT420	珠光体	420	335	0.75	200~280	

（四）钢的热处理

热处理就是将钢在固态下通过加热、保温和不同的冷却方式，改变金属内部组织结构，从而获得所需性能的操作工艺。热处理不改变工件的形状和尺寸，只改变工件的性能，如提高材料的强度和硬度，增加耐磨性，或者改善材料的塑性、韧性和可加工性等。

1. 常用的热处理方法

（1）退火　在工厂里，各种机器零件和工具一般都要经过如下的过程：

选原料→锻造→预备热处理→机械加工→最终热处理

退火和正火经常作为钢的预备热处理工序，安排在铸造、锻造和焊接之后或粗加工之前，以消除前一工序所造成的某些组织缺陷及内应力，为随后的切削加工及热处理作好组织准备。对于某些不太重要的工件，退火和正火也可作为最终热处理工序。

退火是将钢加热到高于或低于临界温度（临界温度是指固态金属开始发生相变的温度），保温一段时间后，然后缓慢冷却（如随炉或埋入导热性能较差的介质中），从而获得接近于平衡组织的一种热处理工艺。

由于退火可获得接近平衡状态的组织，故与其他热处理工艺比较，退火钢的硬度最低，内应力可全部消除，可提高钢材冷变形后的塑性，又由于退火过程中发生重结晶，故可细化晶粒，改善组织，所以退火可以达到各个不同的目的。

根据钢的成分和退火目的不同，主要的退火工艺有完全退火、球化退火和去应力退火等。

1）完全退火。将工件加热到临界温度以上某一温度，保温一定时间，然后缓慢冷却下来的热处理工艺称为完全退火。它是应用最广泛的退火方法，主要用于亚共析钢的铸件、锻件、热轧件，有时也用于焊件。其目的是通过重结晶使晶粒细化，均匀组织，消除应力，降

低硬度，以利于切削加工。

2）球化退火。将工件加热到临界温度以上 20～30℃，保温后缓慢冷却的热处理工艺称为球化退火。其目的是降低硬度，改善切削加工性能，为淬火作组织准备。

3）去应力退火。如果只是单纯为了消除内应力，则用去应力退火（又称低温退火），消除铸件、锻件、焊接件、热轧件、冷拉件等的残留应力，以避免在使用或随后的加工过程中产生变形或开裂。

去应力退火的加热温度为 500～650℃，经适当保温后，随炉缓冷到 200～300℃ 以下，最后出炉在空气中冷却。去应力退火的主要作用是在缓慢冷却的过程中，使工件各部分均匀冷却和收缩，这样就不会产生内应力了。

（2）正火　正火是将钢加热到临界温度以上 30～50℃，保温后从炉中取出在空气中冷却的一种热处理方法。

正火的冷却速度较退火快些，所得到的组织较细，强度和硬度较高。因此正火主要是细化晶粒、均匀组织、提高力学性能。对于力学性能要求不高的普通结构零件，正火可作为最终热处理。

此外，正火是在炉外冷却，不占用加热设备，生产周期比退火短，生产效率高，能量消耗少，工艺简单、经济，所以，低碳钢多采用正火来代替退火。

（3）淬火　将钢加热到临界温度以上 30～50℃，保温后在水或油中快速冷却的操作工艺称为淬火。

1）淬火目的。淬火的目的一般都是获得马氏体组织，随后再配合适当的回火，以获得多种多样的使用性能。如刀具和量具要求有高的硬度和耐磨性，各种轴和齿轮等要求有较好的强韧性等，都是通过淬火和回火来达到的，淬火和回火通常作为最终热处理。

2）淬火的工艺

淬火操作的难度比较大，主要是因为要得到马氏体，淬火的冷却速度就必须大于该钢种的临界冷却速度，而快冷总是不可避免地要造成很大的内应力，往往会引起钢件的变形和开裂。

生产中常用的淬火冷却介质有水、水溶液、油等。

采用水作为淬火冷却介质时，工件在 650～400℃ 范围内冷却速度很快，可获得马氏体组织，但在 300℃ 以下时，水的冷却能力仍然很强，工件易发生变形和开裂。故水一般用于形状简单的碳钢件的淬火。

盐水的冷却能力比一般清水强，因为工件表面的结晶盐发生爆炸，破坏了包围工件的蒸汽膜，有利于散热。

油类淬火冷却介质多为矿物油，油在 650～550℃ 之间冷却能力较弱，仅为水的 1/4，不利于碳钢的淬硬，但它在 300～200℃ 范围内冷却速度比水小得多，相变应力小，故油一般用于合金钢或小尺寸碳钢件的淬火。

3）常用的淬火方法。由于淬火冷却介质不能完全满足要求，除不断探索新淬火冷却介质外，还必须从淬火方法上加以解决，即利用现有各种淬火冷却介质的不同特点，扬长避短，以保证淬火质量。

①单液淬火法。将加热的工件放入一种淬火冷却介质中连续冷却至室温的操作方法称为单液淬火法。如碳钢放在水中淬火，合金钢在油中淬火。

这种淬火法操作简单，易实现机械化与自动化，适用于形状简单的工件，但此法水冷变形大，油冷难淬硬，可将油、水双冷结合起来进行双液淬火。

②双液淬火法。将加热的碳钢先在水或盐水中冷却，冷到300～400℃时迅速移入油中冷却，这种水淬油冷的方法称为双液淬火法。此法既可使工件淬硬，又能减少淬火的内应力，有效地防止淬火裂纹产生，主要用于形状复杂的高碳工具钢，如丝锥、板牙等。但双液淬火法的缺点是操作困难，需要技术熟练的工人。

③分级淬火法。分级淬火法是把加热好的工件先投入温度稍高于马氏体转变温度的盐浴或碱浴中停留一段时间，待其表面与心部达到介质温度后取出空冷，使之发生马氏体转变的方法。它比双液淬火进一步减少了应力和变形，而且操作较易。但由于盐浴、碱浴的冷却能力较小，故只适用于形状较复杂、尺寸较小的工件。

④等温淬火法。此法与分级淬火法类似，只是在盐浴或碱浴中的保温时间要足够长，使过冷奥氏体等温转变为有高强韧性的下贝氏体组织，然后取出空冷。等温淬火由于淬火内应力小，能有效地防止变形和开裂。但此法缺点是生产周期较长，又要有一定设备，常用于薄、细而形状复杂，尺寸要求精确，并且要求强韧性高的工件，如成形刀具、模具和弹簧等。

（4）回火　经过淬火后的钢应及时进行回火，以保证达到所需要的性能要求。工件淬火后，其性能是硬而脆的，并存在着由于冷却过快而造成的内应力，往往会引起工件变形甚至开裂。回火就是将淬火的钢重新加热到临界温度以下的某一温度，保温一段时间，然后置于空气或水中冷却。

1）回火的目的。

①降低淬火钢的脆性和内应力，防止变形或开裂。

②调整和稳定淬火钢的结晶组织以保证工件不再发生形状和尺寸的改变。

③获得不同需要的力学性能，通过适当的回火来获得所要求的强度、硬度和韧性，以满足各种工件的不同使用要求，淬火钢经回火后，其硬度随回火温度的升高而降低，回火一般也是热处理的最后一道工序。

2）回火的种类及应用。根据工件的不同性能要求，按其回火温度的范围，可将回火大致分为以下三种：

①低温回火（150～250℃）。低温回火的组织为回火马氏体。这种回火主要是为了降低淬火钢的应力和脆性，提高韧性，而保持高硬度和耐磨性。它主要用于各类高碳钢的刀具、冷作模具、量具，滚动轴承，渗碳或表面淬火件等。

②中温回火（350～500℃）。中温回火的组织为回火托氏体。这种回火可显著减少工件的淬火应力，具有较高的弹性极限和屈服强度，并有一定的韧性。它主要应用于各种弹簧、弹性夹头及锻模的处理。

③高温回火（500～650℃）。高温回火的组织为回火索氏体。这种回火可使工件获得强度、硬度、塑性和韧性都较好的综合力学性能。

【特别提示】

淬火后高温回火的热处理称为调质处理，简称调质，常用于受力情况复杂的重要零件，如各种轴类、齿轮、连杆等。

从以上各回火温度范围中看出，没有在 250～350℃ 范围内进行的回火，因为这正是钢容易发生不可逆回火脆性的温度范围，应避开。

（五）钢的表面热处理

农机上许多零件如传动齿轮、活塞销、花键轴等，是在各种交变、冲击载荷及摩擦作用下工作的，因此要求零件表面具有高的硬度和耐磨性，心部具有足够的强韧性。这就很难用一般的热处理方法满足其性能要求，生产中的解决办法是选用综合性能良好的材料（中碳钢或中碳合金钢）并对其进行表面热处理。

常用表面热处理方法为表面淬火和化学热处理。前者只改变表面组织而不改变表面成分；后者同时改变表面成分和组织。

表面淬火包括感应淬火、火焰淬火、激光淬火等。

经过表面淬火的工件表面硬度只能达到 52～54HRC，不是很高。若有进一步要求，则应采用化学热处理。常用的化学热处理有渗碳、渗氮和碳氮共渗等。

四、有色金属与非金属材料

（一）铝及铝合金

铝及铝合金的密度小，属轻金属，在地球上的储量丰富，居金属元素之首。铝合金在农机上的应用越来越广，但铝材的加工成本高，而且冲压及焊接技术要求比较特殊，因此，在大部分农机中只有部分零部件采用铝合金，如发动机活塞、发动机缸盖等。

1. 工业纯铝

工业纯铝是一种银白色的金属，熔点为 660℃，纯度 98%～99.7%（质量分数），具有面心立方晶格，无同素异构转变。牌号有 1070A、1060、1050A、1035 等，编号越大，纯度越低。工业纯铝可制作电线、电缆、器皿及配制合金。

工业纯铝的抗拉强度和硬度很低，分别（铸态）为 90～120MPa，24～32HBW，不能作为结构材料使用。但其塑性极高，伸长率 δ（退火）为 32%～40%，断面收缩率 ψ（退火）为 70%～90%。能通过各种压力加工制成型材。在农机上，纯铝主要用于制作垫圈、排气阀垫片、铭牌等。

2. 铝合金

铝中加入合金元素（Si、Cu、Mg、Zn、Mn 等）后，就形成了铝合金，除了保留纯铝的低密度、良好的导电性和导热性等优点外，通过合金化和其他工艺方法，可获得较高的强度，并保持良好的加工性能。许多铝合金不仅可通过冷变形提高强度，而且可用热处理来大幅度地改善性能。因此铝合金可用于制造承受较大载荷的机器零件和构件。

（1）变形铝合金　根据化学成分和性能的不同，变形铝合金可分为防锈铝合金、硬铝合金、超硬铝合金、锻铝合金四类，其主要牌号及用途见表3-9。

1）防锈铝合金。主加合金元素是 Mn 和 Mg，塑性、耐蚀性良好。Mn 的主要作用是提高耐蚀能力，还有固溶强化作用。Mg 在固溶强化的同时能降低合金的密度，减轻零件的结构重量。防锈铝合金不能通过热处理来强化，只能采用冷变形产生加工硬化。广泛应用于航空工业，也可用于经压延、焊接加工的耐蚀零件，如管道、油箱、铆钉等。

表3-9　变形铝合金主要牌号及用途

类别	牌号	原代号	用　途
防锈铝合金	5A05	LF5	中载零件、铆钉、焊接油箱、油管等
	3A21	LF21	管道、容器、铆钉及轻载零件及制品
硬铝合金	2A01	LY1	中等强度、工作温度不超过100℃的铆钉
	2A11	LY11	中等强度构件和零件，如骨架、螺旋桨叶片铆钉
超硬铝合金	7A04	LC4	主要受力构件及高载荷零件，如飞机大梁、加强框、起落架
锻铝合金	2A50	LD2	形状复杂和中等强度的锻件及模锻件
	2A70	LD5	高温下工作的复杂锻件，承受重载的锻件

2）硬铝合金。主要合金元素是 Cu 和 Mg，并加入少量的 Mn 构成 Al-Cu-Mg-Mn 多元合金系。Mn 主要是提高耐蚀性，也有一定的固溶强化和增进耐热性的作用。

①低强度硬铝。Mg 和 Cu 的含量较低，而且 Cu 含量/Mg 含量比值较高，强度低，塑性高。采用淬火和自然时效可以强化，时效速度较慢。适于制作铆钉，故又称铆钉硬铝。

②标准硬铝。Mg 和 Cu 的含量较高，Cu 含量/Mg 含量比值较高，强度和塑性在硬铝合金中属中等水平，故又称中强度硬铝。合金淬火和退火后有较高的塑性，可进行压力加工。时效处理后能提高切削加工性能。适于制作飞机螺旋桨叶片、铆钉等。

③高强度硬铝。Mg 和 Cu 的含量高，Cu 含量/Mg 含量比值较低，强度和硬度高，塑性低，变形加工能力差，有较好的耐热性。适于制作航空模锻件和重要的销轴等。

3）超硬铝合金。它是 Al-Cu-Mg-Zn 系合金。经时效处理后，可得到铝合金中的最高强度。超硬铝合金热塑性较好，但是耐蚀性较差，也可以通过包铝的方法加以改善。主要用于制作要求质量轻、受力大的重要构件，如飞机大梁、起落架、隔板等。

4）锻铝合金。有 Al-Cu-Mg-Si 系普通锻铝合金及 Al-Cu-Mg-Ni-Fe 系耐热锻铝合金，它们共同的特点是热塑性、耐蚀性较好，经锻造后可制造形状复杂的大型锻件和模锻件。普通锻铝合金可用于离心压缩机叶轮、导风轮等。耐热锻铝合金适于制作工作在 150～225℃ 的叶片、叶轮等。

（2）铸造铝合金　根据化学成分的不同，铸造铝合金可分为 Al-Si 系、Al-Cu 系、Al-Mg 系、Al-Zn 系四大类。

铸造铝合金代号以汉语拼音字母字首（ZL 表示"铸铝"）+ 三位数字表示，第一位数字 1、2、3、4 分别代表 Al-Si、Al-Cu、Al-Mg、Al-Zn 系，后两位数字是合金的顺序号。如 ZL102 代表顺序号为 2 的 Al-Si 系铸造合金。

1）Al-Si 系铸造铝合金。Al-Si 系铸造铝合金通称硅铝明，根据合金元素的种类和组元数目的不同，可分为简单硅铝明（Al-Si 二元合金）和特殊硅铝明（Al-Si-Mg 系、Al-Si-Cu-Mg 系等）。其实例如图 3-15 所示。

硅质量分数为 10%～13% 的简单硅铝明（ZL102）铸造后几乎可全部得到共晶组织，具有良好的流动性、较小的热裂倾向，适宜进行铸造。经变质处理后的 ZL102 不但铸造性能良好，还具有良好的耐热、耐蚀和焊接性。但其缺点是强度较低，而且不能通过淬火时效强化。ZL102 多用于制造形状复杂、受力不大的零件，如仪表、水泵壳体等。

为了提高强度，拓宽硅铝明的用途，在 Al-Si 二元合金基础上加入铜、镁、锌等合金元素，就得到了特殊硅铝明。特殊硅铝明能进行淬火时效强化，其强度有了明显提高，常用特殊硅铝明有 ZL101、ZL104 等，可用于制造飞机仪表零件、气缸体等。

图 3-15　Al-Si 铸造铝合金
实例（活塞）

2）Al-Cu 系铸造铝合金。Al-Cu 合金的强度和耐热性都比较好，但是组织中共晶体较少，铸造性能较差，热裂、疏松的倾向较大，耐蚀性也较差。常用的 Al-Cu 铸造合金有 ZL201、ZL202、ZL203 等，可用于制造内燃机气缸头（见图 3-16）、活塞、增压器的导风轮等。

3）Al-Mg 系铸造铝合金。Al-Mg 合金有较高的强度、良好的耐蚀性和可加工性，密度很小，比纯铝还轻，但是铸造性、耐热性较差，可进行时效处理，常用的 Al-Mg 合金有 ZL301、ZL302 等，可用于制造腐蚀和冲击条件下服役的零件，如船舶零件、氨用泵体等。

4）Al-Zn 系铸造铝合金。Al-Zn 合金铸造性能优良，价格低廉。铸态下有"自行淬火"现象，锌原子被固溶在过饱和固溶体中。经变质和时效处理后，有较高的强度，但是耐蚀性较差，热裂倾向较大。常用 Al-Zn 合金有 ZL401、ZL402 等，可用于制造机动车辆发动机零件及形状复杂的仪表零件。

图 3-16　Al-Cu 铸造铝合金
实例（气缸头）

（二）铜及铜合金

铜是人类发现和使用最早的金属。铜有优良的导电性、导热性和良好的化学稳定性，在性能上仅次于金和银。在汽车工业所用有色金属材料中，铜合金的应用范围仅次于铝合金。发动机上各类热交换器、散热器、耐磨减摩零件、电器元件、油管等，均选用了铜合金材料。

1. 工业纯铜

纯铜属于重金属，无磁性。纯铜的突出优点是具有优良的导电性、导热性和良好的化学稳定性，在大气、淡水和冷凝水中有良好的耐蚀性。但纯铜的强度不高（$\sigma_b = 200 \sim 250\text{MPa}$），硬度低（40～50HBW），塑性很好（$\delta = 45\% \sim 55\%$）。经冷变形加工后，纯铜的强度 σ_b 可提高到 400～450MPa，硬度升高到 100～200HBW，但断后伸长率 δ 下降到 1%～3%。因此，纯铜通常经塑性加工制成板材、带材、线材等。

工业纯铜中铜质量分数 $w_{Cu} = 99.5\% \sim 99.95\%$，按其纯度不同有四个牌号：T1（$w_{Cu} = $

99.95%）、T2（$w_{Cu} = 99.90\%$）、T3（$w_{Cu} = 99.7\%$）、T4（$w_{Cu} = 99.5\%$），牌号中数字越大，表示杂质含量越高，导电性、塑性越差。工业纯铜常用于制造电缆、电器元件及制取铜合金。

2. 黄铜

（1）成分　在铜中主要加入合金元素锌所形成的合金。

（2）分类　按其成分不同可分为普通黄铜和特殊黄铜。普通黄铜是由铜和锌组成的二元合金，特殊黄铜是在普通黄铜中加入其他合金元素组成的多元合金。

按加工方法不同可分为压力加工黄铜和铸造黄铜。

（3）黄铜的牌号　示例如下。

普通黄铜:H 7 0
　　　　　　　　└── 铜的质量分数
　　　　　　└── "黄"

特殊黄铜:H Pb 59 - 1
　　　　　　　　　　└── 主加合金元素 Pb 的质量分数为 1%
　　　　　　　　└── 铜的质量分数
　　　　　　└── 主加合金元素
　　　　└── "黄"

铸造黄铜:Z Cu Zn 38
　　　　　　　　　└── Zn 的质量分数为 38%
　　　　　　└── 普通黄铜合金
　　　　└── "铸"

（4）黄铜的性能和应用　$\sigma_b \approx 320 \sim 600\text{MPa}$，$\delta \approx 50\%$，价格便宜，因此普通黄铜可用于制造弹壳、散热器、冷凝器管道等构件；特殊黄铜可用于制造防海水浸蚀的船舶机械零件，如轴承、齿轮、螺旋桨叶和仪表、化工用耐蚀零件等。

经冷加工的黄铜制品存在残余应力，易发生应力腐蚀开裂，需进行去应力退火。

3. 青铜

青铜是指黄铜和白铜以外的其他铜合金。其中铜锡合金称为锡青铜，其他青铜称为特殊青铜。一般来说，青铜的耐磨性比黄铜好，所以在机械制造中青铜用得比较多。

（1）牌号　Q + 主加合金元素符号及其含量 + 其他合金元素含量。例如，QSn6.5-0.1代表 $w_{Sn} = 6.5\%$、$w_P = 0.1\%$ 的锡青铜。

（2）青铜分类、性能及应用

1）锡青铜。锡青铜在大气、淡水、海水和水蒸汽中具有良好的耐蚀性，但在酸类及氨水中其耐蚀性较差。压力加工锡青铜多用于制造导电弹性元件和轴瓦、轴套等耐磨零件。铸造锡青铜一般用于铸造气密性要求不高的铸件和艺术品。

2）铝青铜。铝青铜是在铜中主要加入合金元素铝所形成的铜合金，它比黄铜和锡青铜具有更高的强度、耐磨性和耐蚀性，并易于获得致密的铸件。

3）铍青铜。铍青铜是在铜中主要加入合金元素铍所形成的铜合金。铍青铜经固溶时效处理强化后，其强度 $\sigma_{bmax} = 1250\text{MPa}$，$\delta = 2\% \sim 4\%$，疲劳抗力高，弹性好；而且抗蚀、耐热、耐磨等性能均好于其他铜合金；导电性和导热性优良，而且具有无磁性、受冲击时无火花等优点；主要用于制造精密仪器、仪表的弹性元件、耐磨零件等。

（三）滑动轴承合金

滑动轴承合金是用于制作轴瓦及其内衬的合金，轴瓦可直接用减摩合金制成，也可在钢背上浇注（或轧制）一层减摩合金形成复合的轴瓦。

因滑动轴承传动效率不如滚动轴承，目前机器中滚动轴承的应用范围很广。但是滑动轴承承压面积大、噪声小、工作平稳，故常用于高速重载的场合，如汽车发动机的连杆轴承和曲轴轴承，如图 3-17 所示。

常用的轴承合金有锡基、铅基、铜基和铝基轴承合金等。

1. 锡基、铅基轴承合金（巴氏合金）

锡基和铅基轴承合金牌号表示方法为 Z + 基本元素符号 + 主加元素 + 主加元素含量 + 辅加元素及含量。例如，ZPbSb15Sn5 为铸造铅基合金，"Z"表示铸造，含主加元素 Sb 的质量分数为 15% 和辅加元素 Sn 的质量分数为 5%，其余为 Pb。

图 3-17　滑动轴承合金实例（轴瓦）
1—钢背　2—油槽　3—定位凸键
4—减摩合金

（1）锡基轴承合金　锡基轴承合金是以 Sn 为基体，加入 Sb、Cu 等元素组成的合金。摩擦因数小、线膨胀小，有良好的工艺性和导热性、耐蚀性优良，但其抗疲劳性能较差，运转工作温度应小于 150℃，且成本高。锡贯轴承合金主要用于制作重要轴承，如汽轮机、涡轮机、内燃机、压气机等大型机器的高速轴瓦等。

（2）铅基轴承合金（铅基巴氏合金）　铅基轴承合金是以 Pb 为基体，加入 Sn 和 Cu 元素组成的合金。这类合金的高温强度高、亲油性好、有自润滑性，适用于润滑较差的场合；而强度、硬度、耐磨性、耐蚀性、导热性低于锡基合金，但成本低，适宜制作中低载荷的轴瓦，如汽车拖拉机的曲轴轴承。

2. 铝基、铜基轴承合金

（1）铝基轴承合金　铝基轴承合金的基本元素是铝，主添加元素有锑和锡，是一种新型减摩材料，其元素资源丰富，价格低廉。铝基轴承合金密度小，导热性好，疲劳强度高，耐蚀性和化学稳定性好。但因该合金本身强度较高，使轴易磨损，故应提高轴的硬度。汽车上应用较多的是高锡铝基轴承合金。

（2）铜基轴承合金　铜基轴承合金主要有锡青铜和铅青铜。常用的锡青铜有 ZCuSn10Pb1 和 ZCuSn5Pb5Zn5 等。铜基轴承合金铸态组织中存在着较多的分散缩孔，有利于储存润滑油，这种合金能承受较大的载荷，广泛用于中速重载荷轴承，如电动机、泵、金属切削机床及汽车转向轴承等。锡青铜轴承合金可直接制成轴瓦。

（四）非金属材料

1. 高分子材料

高分子材料是以高分子化合物为主要组分的材料。高分子化合物是指相对分子质量很大的化合物，其相对分子质量一般在 5000 以上。高分子化合物包括有机高分子化合物和无机

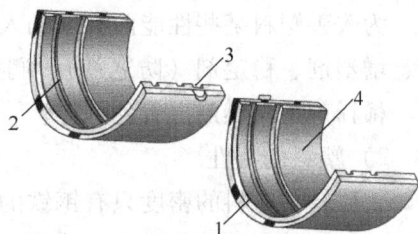

高分子化合物两类。有机高分子化合物又分为天然的和合成的。机械工程中使用的高分子材料主要是各种合成有机高分子化合物，例如塑料、合成橡胶、合成纤维、涂料和胶合剂等。

（1）塑料

1）塑料的组成。塑料是以合成树脂为主要成分，加入一些用来改善使用性能和工艺性能的添加剂而制成的。

树脂的种类、性能、数量决定了塑料的性能，因此，塑料基本上都是以树脂的名称命名的，例如用于制造聚氯乙烯塑料的树脂就是聚氯乙烯。工业中用的树脂主要是合成树脂，如聚乙烯等。

为改善塑料某些性能而必须加入的物质称添加剂，添加剂的种类较多，常用的主要有填料、增塑剂、稳定剂（防老剂）、润滑剂，除上述添加剂外，还有固化剂、发泡剂、抗静电剂、稀释剂、阻燃剂、着色剂等。

2）塑料的特性。

①质轻。塑料的密度只有钢铁的 $1/8 \sim 1/4$，铝的 $1/2$。泡沫塑料的密度约为 $0.01\,\mathrm{g/cm^3}$。这对减轻机械产品的重量具有重要意义。

②比强度高。塑料的强度比金属低，但密度小，其比强度高。

③化学稳定性好。塑料能耐大气、水、碱、有机溶剂等的腐蚀。

④优异的电绝缘性。塑料的电绝缘性可与陶瓷、橡胶以及其他绝缘材料相媲美。

⑤减摩、耐磨性好。塑料的硬度低于金属，但多数塑料的摩擦因数小，有些塑料（如聚四氟乙烯、尼龙等）具有自润滑性。因此，塑料可用于制作在无润滑条件下工作的某些零件。

⑥消声吸振性好，成型加工性好，且方法简单。多数塑料制品的生产率都很高。

⑦耐热性差。多数塑料只能在 100℃ 以下使用，少数品种可在 200℃ 左右使用。

3）塑料的分类。按树脂特性不同塑料可分为热塑性塑料和热固性塑料。热塑性塑料加热时会软化，可塑造成型，冷却后变硬，再次加热又软化，冷却又变硬，可多次成型。它的变化无化学变化，只是物理变化。这种塑料加工成型简单，力学性能较好，但耐热性和刚度较差。常用的有聚氯乙烯（PVC）、聚乙烯（PE）、ABS 塑料、聚甲醛（POM）等。热固性塑料加热时也会软化，也可塑造成型，但固化后的塑料既不溶于溶剂，也不再受热软化，只能塑制一次。这种塑料耐热性好、受压不易变形，但力学性能不好。常用的有酚醛塑料（PF）、氨基塑料、环氧塑料（EP）等。

2. 橡胶

（1）橡胶的组成与性能　橡胶是以生胶为主要原料，加入适量配合剂而制成的高分子材料。生胶是指未加配合剂的天然胶或合成胶，它也是将配合剂和骨架材料粘成一体的粘结剂。

配合剂是指为改善和提高橡胶制品性能而加入的物质，如硫化剂、活性剂、软化剂、填充剂、稳定剂、着色剂等。

橡胶弹性大，最高伸长率可达 800% ~ 1000%，外力去除后能迅速恢复原状；吸振能力强；耐磨性、隔声性、绝缘性好；可积储能量，有一定的耐蚀性和足够的强度。

（2）常用橡胶　按原料来源不同，橡胶分为天然橡胶和合成橡胶，应用实例如图3-18、图3-19所示；根据应用范围宽窄，橡胶分为通用橡胶和特种橡胶。合成橡胶是用石油、天然气、煤和农副产品为原料制成的。

图3-18　天然橡胶实例（拖拉机轮胎）

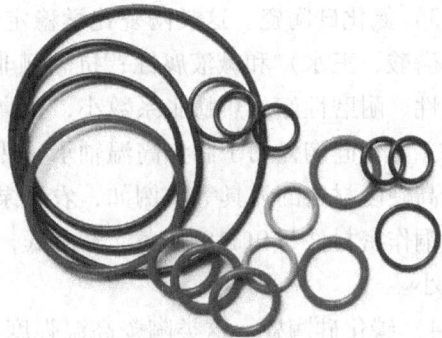

图3-19　丁腈橡胶实例（O形密封圈）

3. 工业陶瓷

陶瓷是用粉末冶金法生产的无机非金属材料，其生产过程是：原料粉碎、压制成形、高温烧结形成制品。

（1）陶瓷的分类与性能

1）陶瓷的分类。陶瓷按原料不同分为普通陶瓷和特种陶瓷；根据用途不同分为日用陶瓷和工业陶瓷。

普通陶瓷又称传统陶瓷，其原料是天然的硅酸盐产物，如粘土、长石、石英等。这类陶瓷又称硅酸盐陶瓷，例如日用陶瓷、建筑陶瓷、绝缘陶瓷、化工陶瓷等。

特种陶瓷又称近代陶瓷，其原料是人工提炼的，即纯度较高的金属氧化物、碳化物、氮化物等。特种陶瓷具有一些独特的性能，可满足工程结构的特殊需要。

2）陶瓷的性能。陶瓷有一定弹性，一般高于金属，在室温下无塑性，脆性大，冲击韧度值很低，耐疲劳性能较差。陶瓷内部气孔多，抗拉强度低，但受压时气孔不会导致裂纹扩展，故抗压强度高。陶瓷硬度高于其他材料，一般大于1500HV，而淬火钢为500～800HV，高分子材料小于20HV。

陶瓷熔点高于金属，热硬性高，抗高温蠕变能力强，高温强度高，抗高温氧化性好，抗酸、碱、盐腐蚀能力强，大多数陶瓷绝缘性好，具有不可燃烧性和不老化性。

（2）常用工业陶瓷

1）普通陶瓷。普通陶瓷质地坚硬，不氧化，不导电，耐腐蚀，成本低，加工成形性好，强度低，工作温度可达1200℃。它广泛应用于电气、化工、建筑和纺织行业，例如受力不大，在酸、碱中工作的容器、反应塔、管道、绝缘件，要求光洁、耐磨、低速、受力小的导纱零件。

2）氧化铝陶瓷。氧化铝陶瓷主要成分是Al_2O_3。它的强度比普通陶瓷高2～6倍，硬度高（仅低于金刚石）；含Al_2O_3高的陶瓷可在1600℃时长期使用，在空气中使用温度最高为1980℃，高温蠕变小；耐酸、碱和化学药品腐蚀，高温下不氧化，绝缘性好；脆性大，不能承受冲击。氧化铝陶瓷用于制作高温容器（如坩埚），内燃机火花塞，切削高硬度、大工件、精密件的刀具，耐磨件（如拉丝模），化工、石油用泵的密封环，高温轴承，纺织机用高速导纱零件等。

3）氮化硅陶瓷。这类陶瓷化学稳定性好，除氢氟酸外，可耐无机酸（盐酸、硝酸、硫酸、磷酸、王水）和碱液腐蚀；抗熔融非铁金属侵蚀，硬度高，摩擦因数小，有自润滑性；绝缘性、耐磨性好，热膨胀系数小，抗高温蠕变性高于其他陶瓷；最高使用温度低于氧化铝陶瓷。氮化硅陶瓷用于制作高温轴承，热电偶套管，转子发动机的刮片、泵和阀的密封件，切削高硬度材料的刀具等。例如，农用泵因工作环境泥砂多，要求密封件耐磨，原来用铸造锡青铜作密封件与9Cr18对磨，寿命低，现用氮化硅陶瓷与9Cr18对磨，使用8400h，磨损仍很小。

4）碳化硅陶瓷。这类陶瓷高温强度大，抗弯强度在1400℃时仍保持500~600MPa，热传导能力强，有良好的热稳定性、耐磨性、耐蚀性和抗蠕变性。碳化硅陶瓷用于制作工作温度高于1500℃的结构件，如火箭尾喷管的喷嘴，浇注金属的浇口杯，热电偶套管、炉管，汽轮机叶片，高温轴承，泵的密封圈等。

5）氮化硼陶瓷。这类陶瓷有良好的高温绝缘性（2000℃时仍绝缘）、耐热性、热稳定性、化学稳定性、润滑性，能抗多数熔融金属侵蚀，硬度低，可进行切削加工。氮化硼陶瓷用于制作热电偶套管，坩埚，导体散热绝缘件，高温容器、管道、轴承，玻璃制品的成形模具等。

4. 复合材料

由两种或两种以上性质不同的物质，经人工组合而成的多相固体材料，称为复合材料。复合材料能克服单一材料的弱点，发挥其优点，可得到单一材料不具备的性能。例如，混凝土性脆、抗压强度高，钢筋性韧、抗拉强度高，为使性能上取长补短，制成了钢筋混凝土。

复合材料，既包括了聚合物基（树脂）复合材料，也包括了金属基复合材料、陶瓷基复合材料、碳/碳复合材料、水泥基复合材料等。其中，聚合物基（树脂）复合材料的应用最广，品种最多，产量最高，在复合材料中占据着重要的地位。在聚合物基（树脂）复合材料中，纤维增强聚合物基（树脂）复合材料又是应用最广、品种最多且产量最高的一种，其在聚合物基（树脂）复合材料中占据着重要的地位。

（1）复合材料的分类　复合材料的全部相分为基体相和增强相。基体相起粘结剂作用，增强相起提高强度或韧性作用。复合材料有以下三种分类方法。

1）按基体不同，分为非金属基体和金属基体两类。

2）按增强相的种类和形状，分为颗粒、层叠、纤维增强等类型的复合材料。

3）按性能，分为结构复合材料、功能复合材料。结构复合材料用于制作结构件，功能复合材料是指具有某种物理功能和效应的复合材料。

（2）复合材料的性能

1）比强度和比模量高。例如碳纤维和环氧树脂组成的复合材料，其比强度是钢的8倍，比模量（弹性模量与密度之比）比钢大3倍。

2）抗疲劳性能好。例如碳纤维-聚酯树脂复合材料的疲劳强度是其抗拉强度的70%~

80%，而大多数金属的疲劳强度是其抗拉强度的 30% ~50%。

3）减振性能好。纤维与基体界面有吸振能力，可减小振动。例如，尺寸形状相同的梁，金属梁9s停止振动，碳纤维复合材料制成的梁2.5s就可停止振动。

4）高温性能好。一般铝合金在 400~500℃ 时弹性模量急剧下降，强度也下降。碳或硼纤维增强的铝复合材料，在上述温度时，其弹性模量和强度基本不变。

此外，复合材料还有较好的减摩性、耐蚀性、断裂安全性和工艺性等。

五、零件的失效

零件的失效是指零件在使用过程中，由于尺寸、形状或材料性能发生变化而丧失原设计功能。

1. 零件失效的形式

零件失效的形式有三种情况：一是零件完全破坏，不能继续工作；二是虽能工作，但不能保证安全；三是虽保证安全，但不能保证精度或起不到预定的作用。

零件的失效形式主要有变形、断裂和表面损伤等。

（1）变形失效　过量变形失效指零件在工作过程中产生超过允许值的变形量而导致整个机械设备无法正常工作，或者正常工作但产品质量严重下降的现象。

（2）断裂失效　断裂失效指零件在工作过程中完全断裂而导致整个机械设备无法工作的现象。

断裂失效的主要形式有塑性断裂失效、低应力脆性断裂失效、疲劳断裂失效、蠕变断裂失效。

（3）表面损伤失效　表面损伤失效指机械零件因表面损伤而造成机械设备无法正常工作或失去精度的现象，主要包括磨损失效、腐蚀失效、接触疲劳失效等。

2. 零件失效的原因

零件时效的原因一般从以下几个方面进行分析。

（1）设计不合理　机械零件的结构形状和尺寸设计不合理引起的失效，如尖角、尖棱等。

（2）选材不合理　对失效形式误判，选材不能满足工作条件的要求。

（3）加工工艺不当　由于采用的工艺方法、工艺参数不正确，可能造成各种缺陷，如表面粗糙度值过大、刀痕较深、磨削裂纹等，热成形的过热、过烧、带状组织等，热处理工序中容易产生氧化、脱碳、淬火变形与开裂。

（4）安装使用不正确　安装过紧、过松，或对中不准、固定不紧，重心不稳、密封不好等。

3. 失效分析的一般过程

失效分析是一项系统工程，必须对零件设计、选材、工艺、安装使用等各方面进行系统分析，才能找出失效原因。

事故（失效）→收集失效的残骸→全面调查（失效现场的调查）部位、特点、环境、时间→综合分析（分放区、工作状态、裂纹和断口分析、结构、受力、应力状态、材质、性能组织分析）→测试或模拟→找出失效原因→提出改进措施。

4. 农机零件的失效

农机零件失效的五种形式：

（1）磨损　零件摩擦表面的金属在相对运动过程中不断损失的现象称为磨损，它包括物理的、化学的、机械的、冶金的综合作用。对于一个表面的磨损，可能是由于单独的磨损机理造成的，也可能是由于综合的磨损机理造成的。磨损的发生将造成零件形状、尺寸及表面性质的变化，使零件的工作性能逐渐降低。

（2）腐蚀　金属零件的腐蚀是指表面与周围介质起化学或电化学作用而发生的表面破坏现象。腐蚀损伤总是从金属表面开始，然后或快或慢地往里深入，并使表面的外形发生变化，出现不规则形状的凹洞、斑点等破坏区域。时间长久将导致零件被破坏。

（3）穴蚀　穴蚀是一种比较复杂的破坏现象，它是机械、化学、电化学等共同作用的结果。当液体中含有杂质或磨料时会加速破坏过程。穴蚀常发生在柴油机缸套的外壁、水泵零件、水轮机叶片、液压泵等处。

（4）断裂　断裂是零件在机械力、热、磁、声响、腐蚀等单独或联合作用下，发生局部开裂或分成几部分的现象。断裂是零件破坏的重要原因之一，它是金属材料在不同情况下，当局部裂纹发展到零件裂纹尺寸时，剩余截面所承受的外载荷超过其强度极限而导致的完全断裂。断裂是零件使用过程中的一种最危险的破坏形式。断裂往往会造成重大事故，产生严重后果。

（5）变形　多年的维修实践证实，虽然将磨损的零件进行修复，恢复了原来的尺寸、形状和配合性质，但装配后仍达不到预期的效果。出现这种情况，通常是由于零件变形，特别是基础零件变形，使零部件之间的相互位置精度遭到破坏，影响了各组成零件之间的相互关系。在高科技迅速发展的今天，变形问题将越来越突出，它已成为维修质量低、大修周期短的一个重要原因。

▶▶ 任务实施

发动机曲轴与活塞组的选材分析

一、发动机曲轴的选材分析

曲轴是发动机中形状复杂的重要零件之一，如图 3-20 所示。

1. 曲轴的工作条件

发动机曲轴的作用是输出动力，并带动其他部件运动。曲轴在工作中受到弯曲、扭转、剪切、拉压、冲击及交变应力作用。曲轴的形状极不规则，其上的应力分布也极不均匀。曲轴轴颈与轴承还发生滑动摩擦。

2. 曲轴的主要失效形式

根据曲轴的工作条件，其主要失效形式是疲劳断裂

图 3-20　曲轴

和轴颈磨损两种。

3. 对曲轴的性能要求

根据曲轴的工作条件和失效形式，要求曲轴应具备的性能：高强度；一定的冲击韧度；足够的抗弯、扭转、疲劳强度；足够的刚度；轴颈表面有高的硬度和耐磨性。

4. 典型曲轴的选材

实际生产中，按照制造工艺，将发动机曲轴分为锻造曲轴和铸造曲轴。锻造曲轴一般采用优质中碳钢和中碳合金钢制造，如 30、45、35Mn2、40Cr、35CrMo 等。铸造曲轴主要由铸钢、球墨铸铁、珠光体可锻铸铁及合金铸铁等制造，如 ZG230-450、QT600-3、KTZ450-5 等。

5. 曲轴典型的工艺路线

根据材质不同，曲轴的工艺路线可分为两类。

铸造曲轴的工艺路线：铸造→高温正火→切削加工→轴颈气体渗碳、淬火加回火。

锻造曲轴的工艺路线：下料→模锻→调质→切削加工→轴颈表面淬火。

二、活塞组选材分析

活塞、活塞销和活塞环等零件组成活塞组，与缸体、缸盖配合形成一个容积变化的密闭空间，以完成内燃机的工作过程，在工作中承受燃气作用力并通过连杆将力传给曲轴输出，如图 3-21 所示。活塞组工作条件十分苛刻，在高温、高压燃气条件下工作，工作温度最高可达 2000℃，并在气缸内作高速往复运动，产生很大的惯性载荷。活塞在传力给连杆时，还承受着交变的侧压力。对活塞材料的性能要求：热强度高，导热性好，吸热性差，膨胀系数小，减摩性、耐磨性、耐蚀性和工艺性好等。

常用的活塞材料是铝硅合金。铝合金的特点是导热性好、密度小；硅的作用是使膨胀系数减小，耐磨性、耐蚀性、硬度、刚度和强度提高。铝硅合金活塞需进行固溶处理及人工时效处理，以提高表面硬度。

活塞销传递的力矩比较大，且承受交变载荷。这就要求活塞销材料应有足够的刚度、强度及耐磨性，还要求外硬内韧，同时具有较高的疲劳强度和冲击韧度。活塞销材料一般用 20、20Cr、18CrMnTi 等低碳合金钢。活塞销外表面应进行渗碳或液体碳氮共渗处理，以满足外表面硬而耐磨、材料内部韧性好而耐冲击的要求。

活塞环材料应具有一定的耐磨性、易磨合、韧性，以及良好的耐热性、导热性和易加工性等性能特点。目前一般多用以珠光体为基体的灰铸铁或在灰铸铁基础上添加一定的铜、铬、

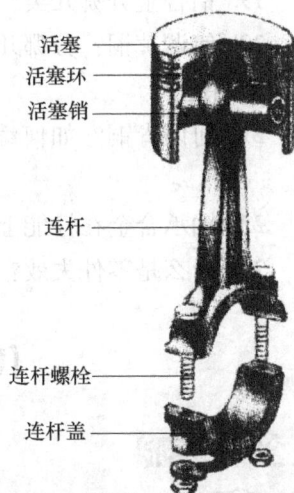

图 3-21　发动机活塞连杆组

钼及钨等合金元素的合金铸铁，也有的采用球墨铸铁或可锻铸铁。为了改善活塞环的工作性能，活塞环宜进行表面处理。目前应用最广泛的是镀铬，可以使活塞环的寿命提高 2~3 倍。其他表面处理的方法还有喷钼、磷化、氧化、涂敷合成树脂等。

练习与思考

1. 什么是金属的力学性能？根据载荷形式的不同，力学性能主要包括哪些指标？

2. 什么是弹性变形？什么是塑性变形？

3. 什么是强度？什么是塑性？衡量这两种性能的指标有哪些？各用什么符号表示？

4. 什么是硬度？HBW、HRA、HRB、HRC 各代表什么方法测出的硬度？

5. 什么是冲击韧度？用什么符号表示？

6. 什么是疲劳现象？什么是疲劳强度？

7. 为什么金属的疲劳破坏具有很大的危险性？如何提高金属的疲劳强度？

8. 长期工作的弹簧突然断裂，属于哪类问题？与材料的哪些性能有关？

9. 什么是材料的工艺性能？常指哪些项目？

10. 结合农机专业的特点，说明选用材料时如何综合考虑材料各方面的性能。

11. 什么是合金钢？合金元素在钢中有哪些作用？

12. 按用途分，碳钢可分为哪几类？主要作用是什么？

13. 热处理工艺由哪三个阶段组成？

14. 退火的主要目的是什么？生产上常用的退火有哪几种？

15. 何谓淬火？淬火的主要目的是什么？

16. HT200 属于哪类铸铁？说明其含义及用途。

17. 随着钢中含碳量的增加，钢的力学性能有何变化？为什么？

18. 指出 Q235、45、T12、60Si2Mn、1Cr13、HT150 的类型、含义及用途。

19. 铝合金分哪几类？试用合金相图解释分类的原则。

20. 何谓黄铜？分哪几类？如何编号？试举一些常用的黄铜牌号，并说明其含义、性能特点及用途。

21. 何谓青铜？如何编号？试举一些常用的青铜牌号，并说明其含义、性能特点及用途。

22. 轴承合金在性能上有何要求？在组织上有何特点？并举例说明。

23. 什么是零件失效？失效分哪几种形式？

任务二　农机常用运行材料认知

任务要求

☞知识点：

1）了解汽油、柴油的使用性能指标。

2）了解发动机机油的使用特性和分类，使用时的注意事项。

3）了解齿轮油的使用特性和分类，使用时的注意事项。

4）了解制动液、防冻液的使用注意事项。

☞ 技能点：

1）能指出汽油、柴油、机油的牌号及其特点。

2）具备对机油、制动液、防冻液进行正确保存和日常维护的能力。

任务导入

汽油和柴油作为农机燃料，对于发动机的性能、效率、耐久性、环保效应等都有着重要的影响。为减缓零部件的磨损，减少故障，延长农机的使用寿命，最大限度地发挥农机应有的功率，必须正确使用润滑油料。农机的工作液主要包括制动液、防冻液等，不同的工作条件对各种工作液有不同的要求。本任务就是带领学生了解燃油的使用性能、燃油的牌号、规格及发展趋势，正确、合理地选用润滑油、工作油，对农机进行正确的保养和维护。

相关知识

一、农机常用燃料

（一）汽油及其使用性能

汽油是汽油机的燃料。汽油是石油制品，它是多种烃的混合物，其主要化学成分是碳（C）和氢（H）。若完全燃烧，其产物为二氧化碳（CO_2）和水（H_2O）；若不完全燃烧，则产物中还包含有害物质一氧化碳（CO）和碳氢化合物（HC），对环境造成污染。

汽油的使用性能的好坏对发动机的动力性、经济性、可靠性和使用寿命都有很大的影响。它主要包括蒸发性、抗爆性和热值。

（1）蒸发性 蒸发性是指液态汽油汽化的难易程度，其用馏程和饱和蒸气压来评定。蒸发性越好，汽油越易在短时间内完全蒸发汽化，并与空气均匀混合形成可燃混合气，保证发动机在各种条件下都能迅速发动、加速和正常运转。若蒸发性不好，则汽油不能完全汽化，不能形成均匀的混合气，致使燃烧不完全，从而造成燃油消耗量增加，有害排放物增多。同时，未蒸发的汽油还会冲掉气缸壁上的润滑油膜，使气缸和活塞磨损加剧。但是汽油的蒸发性太好，在使用中容易发生"气阻"，即汽油在管路中蒸发形成气泡，阻碍汽油流通，使供油不畅，甚至中断，造成发动机熄火。汽油蒸发性能通常用汽油的10%、50%、90%、100%馏出温度来评价，相应的馏出温度越低，则蒸发性越好。

（2）抗爆性 抗爆性是指汽油在发动机气缸内燃烧时不发生爆燃的能力。汽油的抗爆性用辛烷值评定，辛烷值越高，抗爆性越好。在我国，汽油的牌号就是以辛烷值划分的，通常有两种辛烷值，一种是研究法辛烷值（RON），一种是马达法辛烷值（MON），它们的试验条件和方法略有区别，同一汽油的研究法辛烷值大于马达法辛烷值。如90号、93号、97号汽油使用的是研究法辛烷值，其数值越大，汽油品质越好。

（3）热值 汽油热值是指1kg的汽油完全燃烧后所产生的热量，其值越大越好。汽油的热值约为46000kJ/kg。

汽油的选用应根据具体的发动机而定，主要依据发动机的压缩比。因为压缩比越大，汽油在发动机气缸内燃烧产生爆燃的可能性越大，所以压缩比高的汽油机应采用辛烷值高的汽油。

（二）柴油及其使用性能

柴油是柴油机的燃料。柴油是在 533～623K 的温度范围内，从石油中提炼出的碳氢化合物，含碳 87%、氢 12.6% 和氧 0.4%（均指质量分数）。柴油分轻柴油和重柴油。

1. 轻柴油的牌号

轻柴油按其质量分为优等品、一等品和合格品三个等级，每个等级又按柴油的凝点分为 10、0、-10、-20 和 -35 五个牌号，其凝点分别不高于 10℃（15℃以上）、0℃（5℃以上）、-10℃（-5℃以上）、-20℃（-5～-15℃以上）、-35℃（-14～-29℃以上），牌号越高凝点越低。其代号分别为 RCZ-10、RC-0、RC-10、RC-20、RC-35，"R" 和 "C" 是 "燃" 和 "柴" 字的汉语拼音字头，凝点在 0℃ 以上的则在 "-" 前加上 "Z" 字，选用时，选用的号数应比实际气温低 5～10℃。

2. 轻柴油的使用性能指标

（1）发火性 指燃油的自燃能力，以十六烷值来表示，它是评价柴油着火难易的一个重要指标。十六烷值小，着火变难，着火延迟期变长，柴油机工作粗暴。十六烷值越高，发火性越好。汽车用柴油要求十六烷值不小于 45。

（2）蒸发性 由燃油的蒸馏实验确定。馏程是表征柴油蒸发性能的一个指标，以某一馏出容积百分数下的温度表示。50% 馏程表征了柴油的平均蒸发性能，该温度越低，说明柴油蒸发性越好。

蒸发性也可以通过闪点来衡量，闪点是指在一定的试验条件下，当柴油蒸气与周围空气形成的混合气接近火焰时，开始出现闪火的温度。闪点低，蒸发性好。

（3）低温流动性 用柴油的凝点来评价低温流动性。凝点是指柴油冷却到开始失去流动性的温度。汽车轻柴油的牌号就是按凝点分为各种牌号。选用柴油时，应该根据当时当地的气温确定，要求柴油的凝点低于气温 5℃ 以上。

（4）黏度 决定燃油的流动性，温度越高，黏度越小，流动性越好。

（5）机械杂质和水分 机械杂质会引起喷油器的喷孔堵塞，加剧喷油泵、喷油器精密偶件磨损；而水分会使燃烧恶化，都应严格控制。尤其是柴油的输运和添加等环节，注意防止外界灰尘、杂质及水分混入，应进行沉淀和严格过滤。

二、农机常用润滑材料

（一）发动机机油

1. 机油的使用特性

发动机机油在润滑系统内循环流动，循环次数每小时可达 100 次。机油的工作条件十分恶劣，在循环过程中，机油与高温的金属壁面及空气频频接触，不断氧化变质。窜入曲轴箱内的燃油蒸气、废气以及金属磨屑和积炭等，使机油受到严重污染。另外，机油的工作温度变化范围很大：在发动机起动时为环境温度；在发动机正常运转时，曲轴箱中机油的平均温度可达 95℃ 或更高。同时，机油还与 180～300℃ 的高温零件接触，受到强烈的加热。因此，发动机对机油有严格的要求。机油质量的高低直接关系到发动机的性能及使用寿命。机油的性能特点：

（1）适当的黏度和粘温性　机油黏度指机油的稀稠程度。它对发动机的工作有很大的影响。黏度过小，在高温、高压下容易从摩擦表面流失，不能形成足够厚度的油膜；黏度过大，其润滑性、密封性、缓冲性较好，但冷却洗涤效果较差，发动机冷起动困难，机油不能被泵送到摩擦表面。黏温性是指机油的黏度随温度的变化而变化。温度升高，黏度减小；温度降低，黏度增大。为使发动机得到良好的润滑，要求机油具有合适的黏度和良好的黏温特性。

（2）优异的氧化安定性　氧化安定性是指机油抵抗氧化作用不使其性质发生永久变化的能力。当机油在使用和储存过程中与空气中的氧气接触而发生氧化作用时，机油的颜色变暗，黏度增加，酸性增大，并产生胶状沉积物。氧化变质的机油将腐蚀发动机零件，甚至破坏发动机的工作。

（3）良好的防腐性　机油在使用过程中不可避免地被氧化而生成各种有机酸。这类酸性物质对金属零件有腐蚀作用，可能使铜铅和镉镍一类的轴承表面出现斑点、麻坑或使合金层剥落。

（4）较低的起泡性　由于机油在润滑系中快速循环和飞溅，必然会产生泡沫。如果泡沫太多，或泡沫不能迅速消除，将造成摩擦表面供油不足。控制泡沫生成的方法，是在机油中添加泡沫抑制剂。

（5）强烈的清净分散性　机油的清净分散性是指机油分散、疏松和移走附着在零件表面上的积炭和污垢的能力。为使机油具有清净分散性，必须加入清净分散添加剂。

（6）高度的极压性　在摩擦表面之间的油膜厚度小于 $0.3 \sim 0.4 \mu m$ 的润滑状态，称边界润滑。习惯上把高温、高压下的边界润滑，称为极压润滑。机油在极压条件下的抗摩性称为极压性。

2. 机油的分类

国际上广泛采用美国汽车工程师学会（Society of Automotive Engineers，简称 SAE）黏度分类法和美国石油学会（American Petroleum Institute，简称 API）使用分类法，而且它们已被国际标准化组织（ISO）确认。

（1）API 质量标号　API 使用分类法是美国石油学会（API）根据机油的性能及其最适合的使用场合，把机油分为 S 系列和 C 系列两类。

1）S 系列为汽油机机油，目前有 SA、SB、SC、SD、SE、SF、SG 和 SH 这八个级别。API S 系列常用汽油机机油使用范围和油品性能见表 3-10。

表 3-10　API S 系列常用汽油机机油使用范围和油品性能

标号	美国石油学会（API）油品使用范围介绍	美国材料学会（ASTM）油品性能介绍
SA	用于运行条件非常温和的老式发动机，除汽车制造厂特别推荐外，已不再使用	除降凝剂及抗泡剂不含其他类型的添加剂
SB	用于运行条件非常温和的老式汽油机，除汽车制造厂特别推荐外，已不再使用	具有抗低温油泥和抗锈蚀功能

（续）

标号	美国石油学会（API）油品使用范围介绍	美国材料学会（ASTM）油品性能介绍
SC	用于 1964～1967 年型汽车的发动机	具有一定程度的抗氧化和抗磨损性能
SD	用于 1968～1971 年型小轿车和部分货车的发动机，如国产的解放、东风等汽油发动机	具有抗低温油泥和抗锈蚀功能
SE	用于 1972 年以后和某些 1971 年型小轿车和货车的汽油机，如桑塔纳、标致、夏利及早期的丰田、日产等轿车	具有高温抗氧化性能和防止低温油泥及锈蚀的性能
SF	用于汽车制造厂推荐的维护方法运行的 1980 年以后的小轿车和货车的汽油机，如奥迪、切诺基等车型	具有抗油泥、抗漆膜、抗锈蚀、抗磨损和抗高温增稠的性能
SG	适用于所有国产和进口新型六缸以上的宝马、美洲虎、凯迪拉克、凌志、林肯等高级轿车，同时可满足各类汽油发动机的中型客车使用	有比 SF 级更好的高温抗氧清洁性和抗磨性
SH	适用于林肯、凯迪拉克、奔驰、宝马、本田等进口轿车	有比 SG 级更好的高温抗氧清洁性和抗磨性

2）C 系列为柴油机油，目前有 CA、CB、CC、CD 和 CE 这五个级别。级号越靠后，使用性能越好，适用的机型越新或强化程度越高。其中，SA、SB、SC 和 CA 等级别的机油，除非汽车制造厂特别推荐，否则将不再使用。API C 系列柴油机机油使用范围和油品性能见表 3-11。

表 3-11　API C 系列柴油机机油使用范围和油品性能

标号	美国石油学会（API）油品使用范围介绍	美国材料学会（ASTM）油品性能介绍
CA	供轻负荷柴油机使用，除汽车制造厂特别推荐外，已不再使用	用于汽油机和以低硫燃料运行的增压柴油机
CB	供中负荷柴油机使用，有时也可用于运行条件温和的汽油机	用于汽油机和非增压柴油机
CC	供中负荷柴油机和汽油机使用，用于中到重负荷下运行的低增压柴油机，并包括一些重负荷汽油机	具有低温防止油泥和锈蚀的性能，并且有适应低增压柴油机需要的性能
CD	供重负荷柴油机使用，用于高速、大功率增压柴油机	具有适应中增压柴油机需要的使用性能
CE	供重负荷增压中冷柴油机使用，用于需要非常有效地控制磨损及沉积物的新型高速、大功率增压中冷柴油机	具有适应重负荷增压中冷柴油机需要的使用性能

我国的机油分类法参照采用 ISO 分类方法。GB/T 28772—2012 规定，按机油的性能和使用场合分为：

①汽油机机油。包括 SE、SF、SG、SH（GF-1）、SJ（GF-2）、SL（GF-3）、SM（GF-4）、SN（GF-5）这八个级别。

②柴油机机油。包括 CC、CD、CF、CF-2、CF-4、CG-4、CH-4、CI-4、CJ-4 这九个级别。

③农用柴油机机油。

（2）SAE 黏度级号　SAE 黏度分级标准把机油分为高温黏度级号和低温黏度级号。级号末尾带 W 的为低温黏度级号。W 为 WINTER（冬季）的缩写。

1）单级油。只能满足低温或高温一种黏度级要求的机油，称为单级油。冬用发动机机油分为 0W、5W、10W、15W、20W 和 25W 六个级别。字母 W 前的数值越小，表示机油低温流动性越好。夏用发动机机油分为 20、30、40 和 50 四个级别，数值越大表示高温下的最低黏度越好。

2）多级油。既能满足低温时的黏度级要求，又能满足高温时的黏度级要求的机油，称为多级油。多级油牌号标记为 5W/20、10W/30、15W/40 和 20W/40 等。这种机油可以适应一定温度变化的区域，可在某一地区范围冬夏通用，因此多级油目前使用范围很广。机油的选用，首先应根据汽车发动机的强化程度选用合适的润滑油使用等级，其次根据当地气温条件选用适当黏度等级的润滑油，可参见图 3-22 选择。具体机型应按使用说明书进行机油选用与保养。实物图如图 3-23 所示。

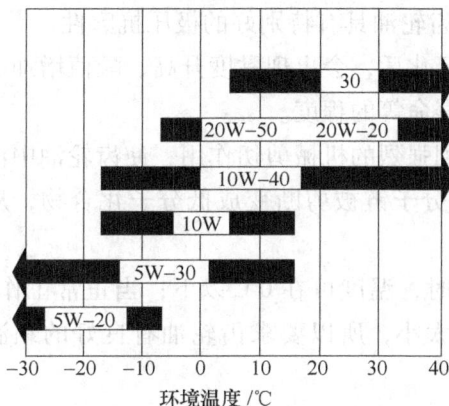

图 3-22　发动机润滑油选用

图 3-23　发动机机油实物图

（3）使用机油注意事项

1）严格按照使用说明书中的规定，选用该型农机相适应的机油。

2）汽油机机油和柴油机机油原则上应区别使用，只有在农机制造厂有代用说明或标明是汽油机和柴油机的通用油时，才可代用或在标明的级别范围里通用。

3）应尽量使用多级油。多级油的优越性是它的黏度随温度变化小，温度范围宽，通用性好，特别是寒区短途行驶，低温起动较多，使得其优越性更为明显。

4）保持曲轴箱有适当的油量。油量过少，会引起机件烧蚀并加速机油变质；油量过多，机油会从气缸活塞的间隙中窜进燃烧室使燃烧室内积炭增多。油量一般以本机机油尺测量的为准。

5）按农机使用说明书推荐或按该车型规定的换油里程换油。换油时要放净旧机油，同时还应更换滤芯。

3. 合成机油

合成机油是利用化学合成方法制成的润滑剂。其主要特点是有良好的黏度—温度特性，可以满足大温差的使用要求；有优良的热氧化安定性，可长期使用不需更换。使用合成机油，发动机的燃油经济性会稍有改善，并可降低发动机的冷起动转速。目前，合成机油的价格比从石油提炼出来的机油贵。但是，随着生产规模的扩大和制造工艺的改进，合成机油的价格将会越来越便宜，未来将是合成机油的时代。

（二）齿轮油

齿轮油以精制润滑油为基础，通过加入抗氧化剂、防腐蚀剂、防锈剂、消泡剂、抗磨剂等多种添加剂配制而成。齿轮油用于汽车机械变速器、驱动桥和传动机构。

1. 齿轮油的性能特点

汽车齿轮油应具有优良的极压抗磨性，热氧化安定性，防锈、防腐蚀性和剪切安定性，在使用中不产生泡沫，具有良好的低温流动性等，以满足汽车传动齿轮在各种工况下的润滑要求。

极压抗腐蚀性是指齿轮面在极高压（或高温）润滑条件下，防止擦伤和磨损等的能力，特别是准双曲面齿轮面负荷在 2000MPa 以上时要求齿轮油具有特别好的极压抗磨性。

抗氧化安定性是指齿轮油在与空气中的氧接触氧化后，会出现黏度升高、酸值增加、颜色加深、产生沉淀和胶质的现象，影响齿轮油使用寿命等的程度。

剪切安定性是指汽车齿轮油在齿轮运动中会受到强烈的机械剪切作用，使齿轮油中添加的高分子化合物（黏度指数改进剂和某些降凝剂）分子链被剪断变成低分子化合物，从而使齿轮油黏度下降的程度。

农机齿轮油的工作温度变化很大，冬季冷起动时，温度可在 0℃ 以下；当正常工作时，其工作温度可在 100℃ 以上，此时要求的黏度不能太小，所以要求齿轮油有良好的黏温特性。

2. 齿轮油的规格

目前国际上采用美国汽车工程师学会（SAE）和美国石油学会（API）的分类标准。例如：

$$API \ GL\text{-}4 \qquad SAE \ 80W$$

API——美国石油学会简称。

GL-4——齿轮油标号，GL-4 指适用于双曲面齿轮传动的润滑。

SAE——美国汽车工程师学会简称。

80W——齿轮油黏度级号，80W 指适用于 −26℃ 以上的温度范围。

1）API 质量标号根据齿轮负载能力，分为 GL-1、GL-2、GL-3、GL-4、GL-5、GL-6 六个等级。

2）我国车辆齿轮油按使用性能分为三类，即普通齿轮油、中负荷车辆齿轮油和重负荷车辆齿轮油，分别相当于 API GL-3、API GL-4 和 API GL-5。

3）SAE 黏度标号分为 70W、75W、80W、85W、90、140、250 七个标号，其中带 W 字母的为冬季用油。多级齿轮油如 SAE 80W/90，表示其低温黏度符合 SAE 80W 的要求，高温黏度符合 SAE 90 的要求，该油可以在某一地区全年通用，也可根据当地温度选用。实物图如图 3-24 所示。

3. 选用齿轮油注意事项

根据季节选用齿轮油的标号（黏度级），对照当地冬季最低气温适当选用。标号为 75W、80W、85W 号的齿轮油分别是适用于最低气温为 -40℃、-26℃、-12℃的地区。

1）根据齿轮类型和工况选择齿轮油（使用性能级别）。对于一般工作条件下的螺旋锥齿轮主减速器（驱动桥）、变速器和转向器，可选用普通车辆齿轮油；主减速器是准双曲面齿轮的，必须根据工作条件选用中负荷车辆齿轮油或重负荷车辆齿轮油，绝不能用普通齿轮油代替准双曲面齿轮油。馏分型双曲面齿轮油的颜色一般为黄绿色到深绿色及深棕红色，其他齿轮油一般为深黑色，使用时注意区别。

2）加油量应适当。油量过多，不仅增加搅油阻力和燃油消耗，而且极有可能使齿轮油经后桥壳混入制动鼓造成制动失灵；油量过少，会使润滑不良、温度过高、加速齿轮磨损。齿轮油一般应加到与齿轮箱加油口下缘平齐。

图 3-24　齿轮油实物图

3）按规定期限换油，一般换油期为 30000～48000km。

齿轮油原则上应按产品使用说明书的规格进行选用，也可以按工作条件选用品种，按气温选择牌号。

（三）润滑脂

润滑脂（俗称黄油）实际上是一种稠化了的润滑油，是将稠化剂分散于液体润滑剂中所组成的一种固体或半固体产品。润滑脂在常温下可附着于垂直表面而不流淌，并能在敞开或密封不良的摩擦部位工作，具有其他润滑剂所不能代替的特点。润滑脂主要用于农机轮毂轴承及底盘各活动关节处的润滑。

1. 润滑脂的性能特点

1）稠度。稠度指润滑脂的浓稠程度。

2）耐热性。润滑脂应具有很强的附着能力，要求在温度升高时也不易流失。

3）抗磨性和抗水性。要求润滑脂具有良好的抗磨性和抗水性，不会在遇水后稠度下降，甚至乳化而流失。

4）良好的胶体安定性和抗腐蚀性。防止使用中和储存时胶体分解，液体润滑油被析出。

2. 润滑脂的种类

农机常用的润滑脂有钙基润滑脂、钠基润滑脂、钙钠基润滑脂、锂基润滑脂、石墨钙基润滑脂等。钙基润滑脂抗水性好，不耐热和低温，适宜在农机具大部分轴承中使用。钠基润滑脂耐温可达120℃，但不耐水，适用于工作温度较高而不与水接触的润滑部位。钙钠基润滑脂介于上述两者之间。锂基润滑脂抗水性好，耐热和耐寒性都较好，它可以取代其他基脂使用在拖拉机、联合收割机上。

润滑脂的牌号按其稠度（以"锥入度"表示其软硬程度）可分为000、00、0、1、2、3、4、5、6共九个牌号，号数越大，润滑脂越硬。拖拉机、联合收割机上一般使用2号或3号。

3. 润滑脂使用注意事项

1）不同种类的润滑脂不能混用，新旧润滑脂也不能混用。即使是同类润滑脂也不可新旧混用，这是因为旧润滑脂含有大量的有机酸和杂质，会加速新润滑脂的氧化。换润滑脂时，必须将旧润滑脂清洗干净，才能加入新润滑脂。

2）用量适当。更换轮毂轴承润滑脂时，只需在轴承的滚珠（或滚柱）之间塞满润滑脂，而轮毂内腔采用"空毂润滑"，即在轮毂内腔仅仅涂上一层润滑脂，这样易于散热，可降低润滑脂的工作温度，还可节约润滑脂用量。

3）合理选用润滑脂。

①与水直接接触的部位，如水泵轴承、底盘轴承等，不能用钠基等水溶性稠化剂润滑脂，应使用钙钠基润滑脂或锂基润滑脂。

②高转速、恶劣条件下工作的部位，如离合器分离轴承、传动轴中间轴承、传动轴十字轴滚针轴承等，可用粘附性好、稠度低一些的钙基润滑脂、钙钠基润滑脂。

③高温部位，如变速器输入轴承，不能用钙基润滑脂，应使用钠基润滑脂或钙钠基润滑脂。

④轮毂轴承应使用长寿命的锂基润滑脂或二硫化钼锂基润滑脂，以减少轮毂拆装次数，降低维护成本。

⑤石墨钙基润滑脂则适用于钢板弹簧、起重机齿轮转盘、铰车齿轮等重负荷、低转速和粗糙的机械润滑。

三、农机常用油、液

（一）制动液

制动液用于液压制动系统和液压离合器操纵系统的能量传递，制动液的质量直接关系着行车的安全。为了保证汽车行驶的安全，汽车制动液必须具有适当的黏度、气阻温度、氧化安全性及橡胶膨胀性等。

1. 性能要求

（1）黏度　制动液必须有合适的高、低温黏度，其高温（100℃）运动黏度不低于1.5mm^2/s，否则将起不到润滑作用，而且密封性差，容易出现渗漏；而低温（-40℃）运动黏度不应大于1800mm^2/s，否则在严寒地区使用时，由于流动性差会影响安全。

（2）平衡回流沸点和气阻温度　平衡回流沸点是指在冷凝回流系统内与大气压平衡条件下，试样沸腾的温度。平衡回流沸点是在没有吸收水分情况下的耐高温性能指标，主要反映组成制动液的各种原料组分的沸点高低。一般情况下，只有平衡回流沸点越高，制动液的高温性能才可能越好。气阻温度是指制动液温度升高蒸发汽化，导致气阻，使汽车制动压系统开始失去控制能力的温度。气阻平均温度越高，制动液在使用时安全可靠。一般来说，平衡回流沸点高的制动液，其气阻温度也高。

（3）湿平衡回流沸点　当制动液含有（3.5±0.5）%（质量分数）的水时，所测定的平衡回流沸点称为湿平衡回流沸点。这一性能指标是考虑到汽车在使用中，制动液不可避免地会吸入一部分水分，吸有水分的制动液其平衡回流沸点和气阻温度都会降低，这就会影响制动液的使用性能，当制动液含水质量分数为 2.0% 时，其平衡回流沸点可由 193℃ 下降到 150℃。因此，制动液在使用和储存时要注意避免吸水。

（4）氧化安定性和防腐性　为防止制动液对制动系部件产生腐蚀作用，制动液必须用抗氧剂、防锈剂和多种抗腐蚀添加剂，有效地控制制动液的酸值和提高其抗腐蚀、防锈蚀的能力。而氧化安定性直接关系到制动液的使用寿命，所以制动液的规格中规定条件是进行 70℃、168h 的氧化试验，以测定制动液的氧化安定性。

（5）橡胶膨胀性　制动总泵和分泵的橡胶皮碗和密封件如果和制动液产生溶胀，导致皮碗的形状、尺寸和机械强度发生变化，而不能有效地密封，甚至出现翻碗，使液压系统失效。因此在制动液中，分别进行 70℃、120h 和 120℃、70h 的橡胶溶胀试验。

（6）溶水性　制动液中存在游离的水时，在低温下可能结冰，高温时会汽化而导致制动故障，所以要求制动液能把外来的少量水分完全溶解吸收，并且不因此而分层、产生沉淀或显著改变原来的性质。

2. 制动液的品种和牌号

常用的进口制动液有 DOT3 和 DOT4，它们属非矿物油系，是由以聚二醇为基础和乙二醇衍生物为主的醇醚型合成制动液，再加润滑剂、稀释剂、防锈剂、橡胶抑制剂等调和而成，是各国汽车使用最普通的制动液。

3. 制动液的选用

1）根据农机使用说明书中的规定选用制动液。

2）合理选用制动液。合成制动液适用于高速重负荷和驱动频繁的轿车和货车；醇型制动液只能用于车速较低、负荷不大的老旧车型；矿物性制动液可在各种汽车上使用，但制动系统需换耐油橡胶件。

4. 注意事项

1）各种制动液绝对不能混用，否则会因分层而失去制动作用。

2）保持清洁，不允许杂质混入制动系统。

3）注意防潮，防止水分混入和制动液吸收水分使沸点降低。存放制动液的容器应当密封，更换下来和装在未密封容器内的制动液，不允许继续使用。

4）定期更换。制动液应在工作 1~2 年后进行更换，以防制动液吸湿后影响制动性能。

5）山区下坡连续使用制动或在高温地区长期频繁制动，制动液温度可达 150~170℃，已超过一般合成制动液的潮湿沸点。因此要注意检查制动温度，以防因气阻发生交通事故。

6）防止矿物油混入使用醇型和合成型制动液的制动系统，使用矿物油制动液，制动系统应换用耐油橡胶件。使用醇型制动液前，应先检查是否有沉淀，如有沉淀，应过滤后再使用。

（二）防冻液

长效防冻液一般都具有防冻、防锈、防沸和防水垢等性能。常用的防冻液为水与乙二醇、水与酒精、水与甘油按一定比例混合而成。多数防冻液为乙二醇—水型。目前我国市场上主要防冻液品牌有壳牌、美孚牌和 TCL 牌等。

1. 性能要求

1）防冻液对发动机的冷却和传热应无不良反应。

2）防冻液的冰点应低于最低环境温度。

3）对冷却系的金属无腐蚀作用，且不会产生沉淀物，对橡胶件的影响应尽可能小。

4）要求具有较小的低温黏度，且应无毒，起泡性小，沸点合适，蒸发损失少。

2. 防冻液的种类

发动机防冻液是由基础液、防腐剂、消泡剂、染料和水组成。

目前使用最多的是乙二醇防冻液。用工业乙二醇质量分数90%～95%、添加剂质量分数3%～5%、水质量分数0～5%组成的防冻液称为永久型防冻液，简称PT防冻液。而由乙醇或乙醇同甘油混合液作基础液的防冻液称为半永久型防冻液，简称SPT防冻液。若在永久型防冻液中添加抗防腐剂，提高其抗腐蚀性能，则其使用期可达2～3年，这种防冻液称为长效防冻液，简称LLC。

3. 注意事项

1）根据气温选配防冻液，冰点至少应低于最低气温5℃。

2）使用防冻液时，水箱温度比用水作冷却液时温度高10℃以上是正常的。这是因为防冻液冷却沸点高，而且水温稍高有利于提高发动机的热效率，节省燃料。

3）防冻液（乙二醇）有一定毒性，对人的皮肤和内脏有刺激作用，使用中严禁用嘴吸，手接触后要及时清洗，若溅入眼睛则应及时用清水冲洗，必要时到医院作处置。

4）合理使用防冻液。防冻液使用期限较长，长效防冻液可工作两年之久。防冻液呈碱性，pH值在7.5～11.0之间，若pH值低于7.0或高于11.0时应及时更换。加注防冻液前，应将冷却水完全放掉并用清水彻底清洗冷却系，若冷却系水垢过多可使用专用的水箱清洗剂进行清洗。加注防冻液要适量，一般加到冷却系总容量的95%即可，以避免升温后防冻液膨胀溢出。如果选用的是浓缩液，应按产品说明书规定的比例加清洁水进行稀释。

▶▶▶ **任务实施**

柴油机机油的选用和更换

当柴油机运行时间达到更换规定的换油时间或进行二级保养时，更换机油及机油滤清器。更换机油的方法及步骤：

1）应根据发动机的强化程度选用合适的润滑油使用等级，再根据当地气温条件选用适当黏度等级的润滑油。具体机型应按使用说明书进行机油选用与保养。

2）更换机油时，首先应发动柴油机，待机油温度上升达到60～80℃时，将柴油机熄灭，拆卸下油底壳放油螺塞，将机油放出，拆卸机油滤清器，更换新机油滤清器。机油放干净后，拆卸油底壳，检查油底壳是否有金属及其他杂质。清洗油底壳，清洗机油集滤器，检查主轴瓦、连杆瓦、推力片的情况，如无异常，安装油底壳，注意安装时油底壳胶圈一定要安放平整，如变形、损坏应更换。

3）加入满足要求的经过过滤的机油。加油后，用起动机带动柴油机空转几圈，使机油泵泵油，机油压力表抬头以后，停下来。5min以后再起动柴油机怠速运转，检查各部分有无渗漏，怠速运转 5 ~ 10min 后停机，等 15min 后抽出油尺，检查油位，加油位置以上下限中间往上一点为好。油尺如图 3-25 所示。

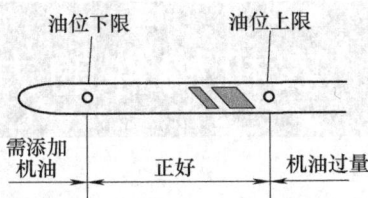

图 3-25　油尺

练习与思考

1. 汽、柴油的使用性能指标有哪些？
2. 简述发动机机油的使用特性和分类，以及使用时注意事项。
3. 简述齿轮油的使用特性和分类，以及使用的注意事项。
4. 简述制动液使用的注意事项。
5. 简述防冻液、液压油使用的注意事项。
6. 进行油、液的添加和保养。

项目四 农机构件的力学分析

【项目描述】

力学分析是研究物体的机械运动和构件承载能力的知识，例如活塞连杆组的受力分析、传动轴承受扭转的强度校核等。本项目学习重点是力系的简化以及物体在力系作用下平衡的普遍规律，构件受力作用后所发生的变形，以及构件内力、应力和强度、刚度、稳定性计算的基本理论和方法。

【项目目标】

1）掌握物体受力分析、汇交力系的合成、力矩计算及力系平衡方程的应用。

2）掌握强度与刚度的概念，初步掌握轴向拉伸与压缩的强度校核。

3）掌握轴的扭转强度校核和梁的弯曲强度校核。

任务一 农机构件静力分析

任务要求

☞知识点：

1）了解静力分析的基本概念和有关力学定理、公理及定律。

2）掌握受力分析的方法，并能画受力分析图。

3）掌握平面任意力系平衡的条件。

☞技能点：

1）具备对农机机件进行受力分析，并画出简单受力图的能力。

2）具备利用平面力系平衡条件解决实际问题的能力。

任务导入

静力学是研究物体在力系作用下平衡规律的科学。力系是指作用于同一物体上的一群力。物体的平衡一般是指物体相对于地面静止或作匀速直线运动。而静力分析主要研究力系的简化以及物体在力的作用下平衡的普遍规律。本任务就是对农机构件进行受力分析、力系的简化和利用物体的平衡条件计算未知力的大小并确定未知力的方向。

>> **相关知识**

一、农机构件静力分析基础

（一）静力分析的基本概念

1. 力的概念

力的概念是人们从劳动中得到的。人们在推、拉、提、掷物体时，从肌肉的紧张收缩中，感觉到了自身对物体施加的作用，从而产生了对力的感性认识。经过长期的生产劳动和生活实践，人们逐步加深了对力的认识并建立了力的概念：力是物体间相互的作用。

力作用的效应是使物体的运动状态发生改变，或使物体产生变形。例如：滚动的车轮受到制动力的摩擦而使车轮运动变慢，直到车辆停驶；弹簧受到拉力而伸长；横梁受到载荷而弯曲；薄钢板受到上下模的压力挤压而变形，成为轿车的外壳，等等。

力不能脱离物体而存在，一谈到力必定有两个或两个以上的物体存在，单独一个物体根本谈不上什么力。当一物体受到力作用时，必有另一物体对它施加作用。在研究物体受力时，应该分清哪个是施力物体，哪个是受力物体。

2. 力的三要素与力的单位

力对物体的作用效应取决于力的三要素：力的大小、方向和作用点。这三个要素中有任何一个改变时，力对物体的作用效应就随之改变。

要测定力的大小，必须先确定力的大小，在国际单位制中力的单位为牛顿，记作 N。牛顿单位较小，工程上常以千牛顿作为力的单位，记作 kN。

3. 力的图示法

力是矢量，它既有大小又有方向。力的三要素可用有向线段来表示。线段的长度（按一定比例）表示力的大小，线段的箭头指向表示力的方向，线段的起点或终点表示力的作用点，力的这种表示方法称为力的图示法。

（二）静力学公理

静力学的公理是人类从长期的生产和生活实践中积累起来的经验，并经过概括、总结、抽象而提炼出来的，它的正确性已被大量的实践所证明。静力学公理揭示了有关力的基本规律，静力学的全部理论就是建立在静力学公理的基础之上的。

1. 二力平衡公理

要使作用在一个刚体上的两个力平衡，其必要和充分的条件是：这两个力大小相等、方向相反并且作用在同一直线上。简而言之就是：二力平衡的条件是作用在一个刚体上的两个力必须等值、反向、共线。

设一刚体受到 F_1、F_2 两个力作用而平衡（见图 4-1），则这两个力的作用线必定与两力作用点的连线重合，此外，这两个力的大小相等、指向相反，用矢量式可表示为

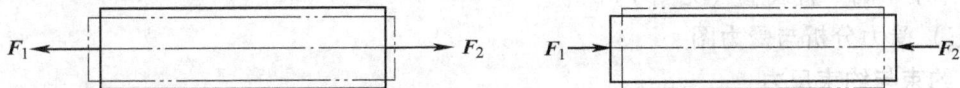

图 4-1 两力的平衡

$$F_1 = -F_2$$

只受两个力作用并处于平衡的物体称为二力杆。根据二力平衡公理，能够确定这两个力的方向必定沿着两力作用点的连线（见图4-2），二力杆受力情况只可能是两个：受拉或者受压。

2. 加减平衡力系公理

在作用着已知力系的刚体上，加上或减去任意的平衡力系并不改变原力系对刚体的作用效果。根据二力平衡公理和加减平衡力系公理可以导出一个重要的推论——力的可传性原理：作用于刚体上的力可沿其作用线移至刚体的任一点，而不改变此力对刚体的作用效应。例如，用一水平力 **F** 推一小车和拉一小车，得到的效果是一样的（见图4-3）。

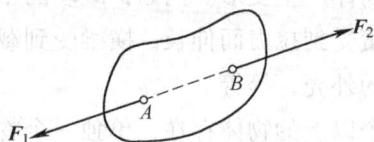

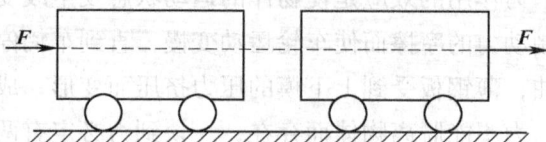

图4-2　二力杆　　　　　　　图4-3　力的可传性原理

3. 二力合成公理

作用于物体上同一点的两个力可以合成为一个合力，此合力仍然通过该点，合力的大小和方向由以这两个力为邻边所构成的平行四边形的对角线来决定。

如图4-4所示，作用在物体 O 点上的两个已知力 F_1 和 F_2 的合力为 R，用矢量等式可表示为

$$R = F_1 + F_2$$

二力合成公理又称平行四边形法则，它是矢量合成的基本法则——矢量加法定则。合力 R 又可称为力 F_1 和 F_2 的矢量和。

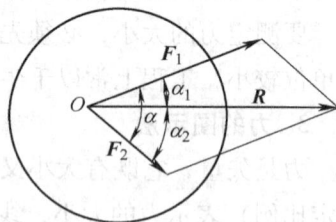

图4-4　二力合成

二力合成公理不但适用于两个力的合成，还可推广到更多的共点力的合成。由此还可得出一个推论——三力平衡汇交定理：如果刚体受到互不平行的三个力作用而处于平衡，则此三个力的作用线必汇交于一点。

4. 作用与反作用公理

两个物体间的作用力与反作用力总是成对出现，它们同时产生，同时消失，而且它们大小相等、方向相反，沿着同一直线，分别作用在两个物体上。例如推车时，用手给车一个作用力，车子因此而动了起来；与此同时，人的手也感觉到了压力，这就是车对手的反作用力。为了更形象地说明这一公理，还可做这样的实验：将两弹簧秤钩在一起（见图4-5a），在两端施以一对拉力，从实验中可以看到，两弹簧秤的读数相等。这表明：右弹簧秤施于左弹簧秤的作用力 F，与左弹簧秤施于右弹簧秤的反作用力 F' 数值相等。显然，它们方向相反，并作用于同一直线上（见图4-5b）。

（三）受力分析与受力图

1. 约束与约束反力

限制物体运动的其他物体称为约束，约束对该物体的作用力称为约束反力。被约束的物

体除受约束反力外，同时还承受其他载荷，如重力、气体压力、切削力等，它们属于主动力。约束反力取决于约束本身的特征，同时还与主动力有关，因此属于被动力。

图4-5　作用力和反作用力

下面介绍工程中常见的三种约束类型。

（1）柔性体约束　绳子、链条、带、钢丝等柔性物体，只能阻止物体沿柔性体伸长方向的运动而不能阻止其他任何方向的运动，因而这类约束的约束反力必沿柔性体的中心线且背离被约束的物体，如图4-6所示。

（2）光滑面约束　这类约束由表面为理想光滑的物体构成。它只能阻止物体沿接触面的公法线且趋向于约束内部的运动。因此，其约束反力只能是沿接触面的公法线且指向被约束的物体，如图4-7所示。

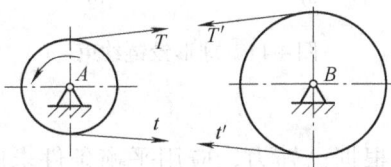

图4-6　柔性体约束　　　　　　　　图4-7　光滑面约束

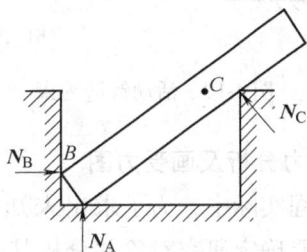

（3）光滑铰链约束　这类约束包括圆柱形铰链约束和球形铰链约束。

1）圆柱形铰链约束。这类约束是由销钉联接两带孔的构件组成。工程中常见的有中间铰链约束、固定铰链约束和活动铰链约束三种形式。

销钉把具有相同孔径的两物体联接起来，便构成了中间铰链约束，如图4-8a所示。当忽略摩擦时，销钉对两物体的约束相当于光滑面约束，因此其约束反力必沿接触面的公法线而指向物体。但物体与销钉的接触点的位置与其受力有关，预先不能确定，所以约束反力的方向亦不能确定，通常用两正交分量来代替，各分矢量的指向可任意假设，图4-8b所示为其力学模型。

如果销钉联接的两物体中有一个固联于地面，如图4-9a所示，这类约束称为固定铰链约束，其约束反力的表示方法与中间铰链约束相同，图4-9b所示为其力学模型。

根据工程需要，把固定铰链约束用几个辊轴支承在光滑面上，便构成了活动铰链约束，如图4-10a所示。这种约束是由光滑面和铰链两种约束组合而成的一种复合约束形式，其约束反力的作用线必垂直于支承面且过铰链中心，图4-10b所示为其力学模型。

2）球形铰链约束。这是一种空间约束形式。杆端的球体放在球窝内便构成了球形铰链约束，如图4-11a所示。球体可在球窝内任意转动，但不能沿径向移动，因此其约束反力作用于接触点且通过球心。但由于接触点的位置与其受力有关，不能预先确定，故约束反力也不能预先确定，可用三个正交分量来代替，图 4-11b 所示为其力学模型。

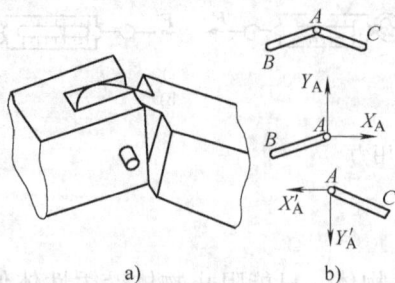

图 4-8　中间铰链约束　　　　　　　　图 4-9　固定铰链约束

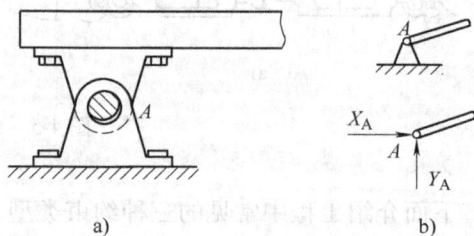

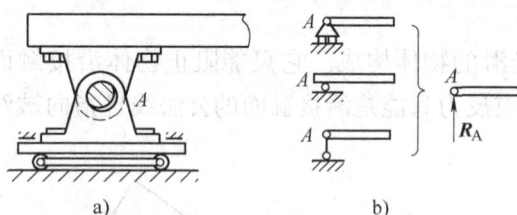

图 4-10　活动铰链约束　　　　　　　　图 4-11　球形铰链约束

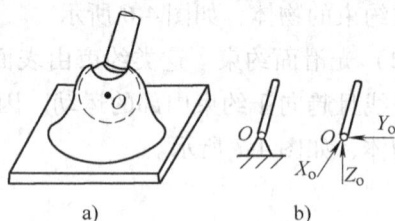

2. 受力分析及画受力图

在工程实际中，为了求出未知的约束反力，需要根据已知力，应用平衡条件求解。为此，首先要确定研究对象并分析其受力情况，这个过程称为受力分析。为了清晰地表示物体的受力情况，需要将其从与之相联系的周围物体中分离出来，被分离出来的物体称为分离体，然后在分离体上画出作用于其上的所有力（包括主动力和约束反力），这种表示物体受力情况的简明图形称为受力图。

对研究对象进行受力分析并正确地画出其受力图，是解决静力学问题的一个重要步骤。下面通过例子说明受力图的画法。

例 4-1　三角架如图 4-12a 所示，三角架 ABC 的销钉 B 上挂一重力为 G 的物体。如不计三角架各杆自重，试画出 AB、BC 及销钉 B 的受力图。

解：1）取杆 AB 为研究对象。当杆自重不计时，AB 杆为二力杆，铰链 A、B 的约束反力 R_A、R_{BA} 在沿两铰链中心的连线上，如图 4-12b 所示。

2）取杆 BC 为研究对象。同理杆 BC 也为二力杆，故铰链 B 和 C 的约束反力 $R_{B'C}$ 和 R_C 必等值、反向、共线，如图 4-12c 所示。

图 4-12　三角架

3）取销钉 B 为研究对象。它受到主动力（即物体重力）G、二力杆 AB 对它的约束反力 R'_{BA}，二力杆 BC 给它的约束反力 R_{BC}，如图 4-12d 所示。根据作用力与反作用力公理，即

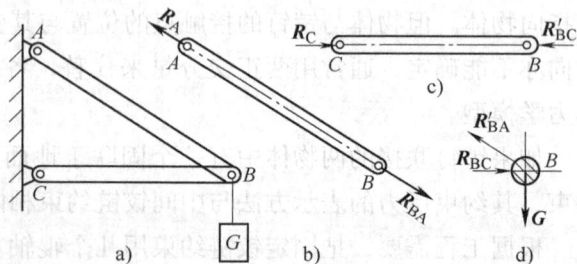

$$R_{BC} = -R'_{BC}, \quad R_{BA} = -R'_{BA}$$

二、平面力系的合成与简化

(一) 平面汇交力系的合成和简化

1. 平面汇交力系的合成和简化——几何法

设在刚体上作用一平面汇交力系 F_1、F_2、F_3、F_4，各力作用线汇交于点 A。根据刚体内部力的可传性，将各力沿其作用线移至汇交点 A，如图 4-13a 所示；然后连续应用力的三角形法将各力依次合成，最后得到一个通过汇交点 A 的合力 R，如图 4-13b 所示。多边形 $abcde$ 称为此平面汇交力系的力多边形，其封闭边 ae 即表示此平面汇交力系的合力的大小和方向，这种利用几何作图求合力的方法称为几何法。

实际作图时，中间合力矢 R_1、R_2 的虚线不必画出，只要将力系中各矢量依次首尾相接地连成折线，然后用一矢量连接折线的首末两点，即可得一封闭的力多边形，封闭边即为该力系的合力。并且，所得结果与各力矢合成的先后顺序无关。改变合成顺序所得合力矢不变，但力多边形的形状将会改变，如图 4-13c 所示。

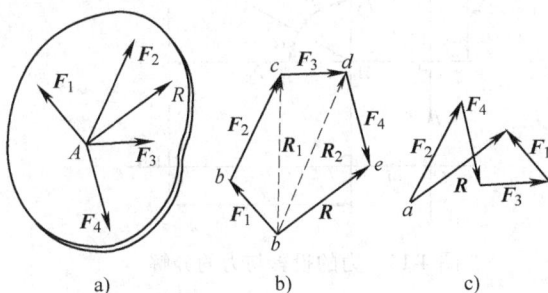

图 4-13　平面汇交力系的合成和简化——几何法

合力 R 的矢量表示式为

$$R = F_1 + F_2 + F_3 + F_4$$

上述方法可推广到任意个汇交力的情况。此时力系的合成可表示为

$$R = F_1 + F_2 + F_3 + F_4 + \cdots + F_n = \sum F \tag{4-1}$$

即平面汇交力系的合成结果是一个合力，它等于该力系中各力的矢量和，其作用线通过原力系的汇交点。

若用几何法求平面汇交力系的合力时，各力矢所构成的力多边形自行封闭（即第一个力的始端与最后一个力的终端相重合），则合力 R 等于零，该力系为平衡力系。所以平面汇交力系平衡的必要与充分的图解条件是：该力系的力多边形自行封闭。以矢量式表示，平面汇交力系的平衡条件为

$$R = \sum F = 0 \tag{4-2}$$

2. 平面汇交力系的合成和简化——解析法

解析法是通过力矢在坐标轴上的投影来分析平面汇交力系的合成及平衡条件。

设有一力 F，它与 x 轴正向之间的夹角为 α，与 y 轴正向之间的夹角为 β，如图 4-14 所示。从力 F 的两端 A 和 B 分别向 x 轴作垂线 Aa 及 Bb，则从垂足 a 到垂足 b 的线段 ab 的长度，冠以适当的正负号，称为力 F 在 x 轴上的投影，用 X 表示。力在轴上的投影是标量。若投影线段 ab 与 x 轴正向一致，则 X 为正值；相反则为负值。

平面汇交力系合成的解析法的理论基础是合力投影定理。

设有平面汇交力系 F_1、F_2、F_3、F_4，该力系的力多边形为 $abcde$，则封闭边 ae 表示该

力系的合力 R，如图 4-15 所示。取坐标系 Oxy，将所有力矢向 x 轴及 y 轴上投影。由图可以看出

$$a_1e_1 = a_1b_1 + b_1c_1 - c_1d_1 + d_1e_1$$
$$a_2e_2 = a_2b_2 - b_2c_2 - c_2d_2 - d_2e_2$$

即

$$X = X_1 + X_2 + X_3 + X_4, \quad Y = Y_1 + Y_2 + Y_3 + Y_4$$

上面的结果可推广到任意个汇交力的情况。

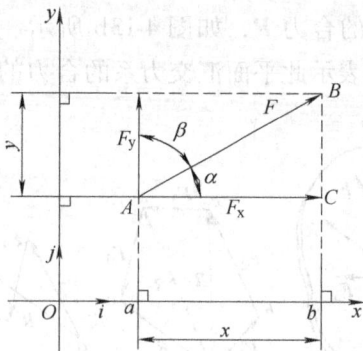

图 4-14 力的投影与力的分解

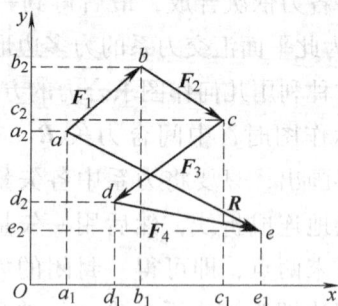

图 4-15 平面汇交力系的合成——解析法

设有一平面汇交力系 F_1、F_2、$\cdots$、F_n。已知各力在 x 轴与 y 轴上的投影分别为 X_1、Y_1、X_2、Y_2、$\cdots$、X_n、Y_n，而合力 R 在 x 轴与 y 轴上的投影分别记为 R_x、R_y。则

$$R_x = X_1 + X_2 + \cdots + X_n = \sum X, \quad R_y = Y_1 + Y_2 + \cdots + Y_n = \sum Y \tag{4-3}$$

即合力在任意轴上的投影等于各分力在同一轴上投影的代数和。这一结论称为合力投影定理。知道了合力的投影 R_x、R_y，则合力的大小和方向可用下列公式求出，即

$$R = \sqrt{R_x^2 + R_y^2} = \sqrt{(\sum X)^2 + (\sum Y)^2}, \quad \cos\alpha = \sum X/R, \quad \cos\beta = \sum Y/R \tag{4-4}$$

平面汇交力系平衡的必要与充分条件是：该力系的合力 R 等于零。由式（4-4）得

$$R = \sqrt{(\sum X)^2 + (\sum Y)^2} = 0$$

可得

$$\sum X = 0, \quad \sum Y = 0 \tag{4-5}$$

上述方程称为平面汇交力系的平衡方程，即平面汇交力系平衡的解析条件是：各力在两坐标轴上的投影的代数和均等于零。应用这两个独立的方程，可以求解两个未知量。

（二）力对点之矩、力偶

1. 力矩

如图 4-16 所示，用扳手拧螺母时，力 F 使扳手及螺母绕 O 点转动，为了度量力使物体绕点转动的效果，引进"力对点的矩"（力矩）的概念。

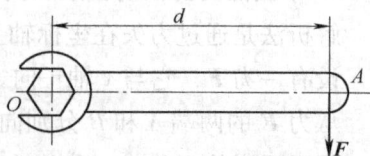

图 4-16 螺母的扭转

使螺母绕 O 点转动的效果，不仅与 F 的大小成正比，且与 O 点至该力作用线的垂直距离 d 成正比。F 与 d 的值越大，螺母越容易转动。F 与 d 的乘积称为 F 对 O 点的矩，O 点至

力 F 的作用线的垂直距离 d 称为力臂，O 点称为矩心。

力使物体绕点转动时，有两种不同的转向。通常规定：力使物体按顺时针方向转动时力矩为负，力使物体按逆时针方向转动时力矩为正。

由此可见，力 F 使物体绕 O 点转动的效果，可完全地由下列两个要素决定：

1）力的大小与力臂的乘积 Fd。

2）力使物体绕 O 点转动的方向。

力 F 对 O 点的矩，记 M_O（F），即

$$M_O（F）= \pm Fd \tag{4-6}$$

力矩的单位是 N·m。

【特别提示】

当力的作用线通过矩心时，力臂为零，力矩等于零。力不能使物体绕点转动。

2. 力偶

力偶是大小相等、方向相反，而作用线不在一直线上的两个平行力，记（F，F'）。如攻螺纹扳手（见图 4-17）、驾驶盘等，物体受力偶作用时产生的转动效果，不仅与力偶中力 F 的大小成正比，且与两力作用线间的垂直距离 l 成正比。

力 F 与距离 l 越大，转动效果就越大。F 与 l 的乘积称为力偶矩。力偶两力作用线间的垂直距离 l 称为力偶臂，力偶中两力作用线所决定的平面称力偶作用面。

用力偶矩的正、负来表示物体受力偶作用时的转向。力偶矩正、负的规定与力矩相同，即使物体顺时针方向转动时为负，逆时针方向转动时为正。

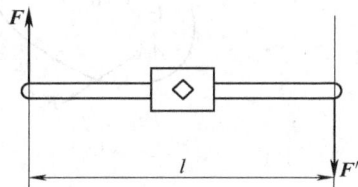

图 4-17　攻螺纹扳手

力偶对物体的作用效果，是由力偶矩的大小和力偶在作用平面内的转向两个要素决定的。即力偶矩的大小等于力偶中力的大小与力偶臂的乘积，它的正负表示力偶的转向。

以 M 表示力偶（F，F'）的力偶矩，即 $M = \pm Fl$。力偶矩的单位与力矩的单位相同，为 N·m。

（三）平面任意力系的简化

1. 力的平移定理

根据力的可传性原理可知，作用于刚体上的力可沿其作用线任意移动而不改变它对刚体的效应。但力的平移使力离开了原作用线，效果将会发生变化。力的平移定理就是关于这一问题的解答，同时也是平面任意力系简化的理论依据。

力的平移定理：将刚体上某点的力矢平移到刚体上的任一点后，将产生一附加力偶，其力偶矩等于该力对新作用点之矩。

如图 4-18 所示，设刚体上 A 点作用有力 F，为将其平移至刚体上的 B 点，可根据加减平衡力系的原理，在点 B 加上一对平衡力 F' 和 F''，且令

$$F' = -F'' = F，\quad F' /\!/ F$$

不会改变刚体的受力效应。因此，由于 F'' 与 F 是等值、反向、作用线平行的力，它们构成一对力偶，其矩为 $M（F，F''）= Fd = M_B（F）$。即将力 F 移至 B 点，同时产生了附加力偶。

由此可知，平移前的一个力与平移后的一个力及一个力偶等效。

力的平移定理揭示了力可以转换为同平面内的一个力和力偶。反之，同平面的一个力和力偶也可以合成为一个力。这不但是力系简化的理论基础，同时对分析和解决工程力学及日常生活中一些实际的力学问题也具有指导意义。

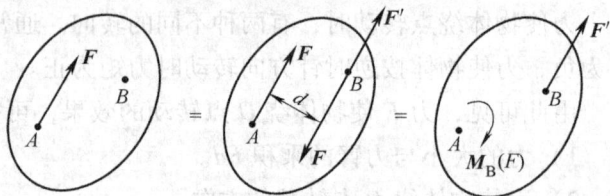

图4-18 力的平移定理

2. 平面任意力系向一点简化

设刚体上作用一平面任意力系 F_1、F_2、$\cdots$、F_n，在力系的作用面内任取一点 O，O 点称为简化中心，如图4-19a 所示。

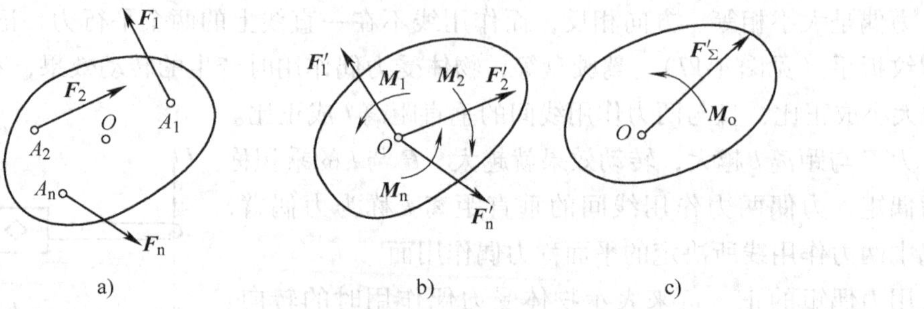

图4-19 平面任意力系的简化

应用力向一点平移的方法，将力系中的每一个力向 O 点平移，得到一平面汇交力系和一平面力偶系，如图4-19b 所示。其中平面汇交力系中各个力的大小和方向，分别与原力系中对应的各个力相同，但作用线互相平行；而平面力偶系中各个力偶的力偶矩，分别等于原力系中各个力对简化中心的力矩。即

$$F_1' = F_1, F_2' = F_2, \cdots, F_n' = F_n$$

$$M_1 = M_O(F_1), M_2 = M_O(F_2), \cdots, M_n = M_O(F_n)$$

简化后的平面汇交力系和平面力偶系又可以分别合成一个合力和一个合力偶，如图4-19c 所示。其中 F_Σ' 为简化后平面汇交力系各力的矢量和，称为原力系的主矢。M_O 为简化后平面力偶系的合力偶，其力偶矩为各个分力偶的力偶矩之和，它等于原力系中各个力对简化中心之矩的代数和，称之为原力系对简化中心的主矩，即

$$F_\Sigma' = \sum_{i=1}^{n} F_i' = \sum_{i=1}^{n} F_i$$

$$M_O = \sum_{i=1}^{n} M_i = \sum_{i=1}^{n} M_O(F_i)$$

【特别提示】

力系向一点简化的方法是适用于任何复杂力系的普遍方法。

三、平面力系的平衡

（一）平面任意力系的平衡

平面任意力系平衡的必要和充分条件是力系的主矢和力系对作用面内任一点的主矩皆为零，即

$$\boldsymbol{R}' = 0, \quad \boldsymbol{M}_O = 0 \tag{4-7}$$

上述条件可用解析式表示，即

$$\Sigma \boldsymbol{X} = 0, \quad \Sigma \boldsymbol{Y} = 0, \quad \Sigma \boldsymbol{M}_O(F) = 0 \tag{4-8}$$

式（4-8）即为平面任意力系的平衡方程。平面任意力系共有三个独立的平衡方程，故可求解三个未知量。

式（4-8）是平面任意力系平衡方程的基本形式，平面任意力系平衡方程还有如下两种形式，即

$$\Sigma \boldsymbol{X} = 0, \quad \Sigma \boldsymbol{M}_A(F) = 0, \quad \Sigma \boldsymbol{M}_B(F) = 0 \tag{4-9}$$

其中，x 轴与 A、B 两点的连线不垂直。

$$\Sigma \boldsymbol{M}_A(F) = 0, \quad \Sigma \boldsymbol{M}_B(F) = 0, \quad \Sigma \boldsymbol{M}_C(F) = 0 \tag{4-10}$$

其中，A、B、C 三点不共线。

以上讨论了平面任意力系的三种不同形式的平衡方程，在解决实际问题时可以根据具体条件选取某一种形式。

对于平面平行力系，若选择直角坐标轴时，使 y 轴与各力的作用线平行，则式（4-8）的第一式为恒等式，于是，平面平行力系的独立平衡方程的数目只有两个，即

$$\Sigma \boldsymbol{Y} = 0, \quad \Sigma \boldsymbol{M}_A(F) = 0 \tag{4-11}$$

$$\Sigma \boldsymbol{M}_A(F) = 0, \quad \Sigma \boldsymbol{M}_B(F) = 0 \tag{4-12}$$

其中，A、B 两点的连线不得与各力平行。

（二）平面力系平衡方程的应用

例 4-2 悬臂式起重机（见图 4-20a）悬臂 AB 重力为 $G = 2200\text{N}$。起重机连同吊起的重物共产生重力 $Q = 4000\text{N}$，若 $l = 11.4\text{m}$，$b = 0.9\text{m}$，$\alpha = 25°$。

试求：绳索 BC 的拉力及铰链 A 处的约束力。

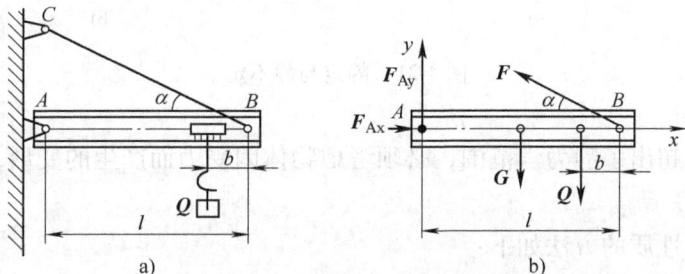

图 4-20 悬臂式起重机受力分析

解：选取臂 AB 为研究对象。臂 AB 受到的绳索约束力用 $\boldsymbol{F}$ 表示，$\boldsymbol{F}$ 的方向沿绳索向上；铰链 A 处的约束力因其方向未定，故用它的两个分力 $\boldsymbol{F}_{Ax}$ 和 $\boldsymbol{F}_{Ay}$ 来表示。臂 AB 的受力图如图

4-20b 所示。

选取直角坐标系中的 x 轴、y 轴，列出平衡方程式求解，即

$$\sum F_x = 0, \quad F_{Ax} - F\cos\alpha = 0 \tag{4-13}$$

$$\sum F_y = 0, \quad F_{Ay} + F\sin\alpha - G - Q = 0 \tag{4-14}$$

$$\sum M_A(F) = 0, \quad Fl\sin\alpha - G(l/2) - Q(l-b) = 0 \tag{4-15}$$

由式（4-15）得

$$F = \{[Gl/2 + Q(l-b)]/(l\sin\alpha)\}$$
$$= \{[2200 \times 5.7 + 4000 \times (11.4 - 0.9)]/(11.4 \times \sin25°)\}N$$
$$= 11315.35N$$

将 $F = 11315.35N$ 代入式（4-13），得

$$F_{Ax} = F\cos\alpha = (11315.35 \times \cos25°)N = 10225.19N$$

将 $F = 11315.35N$ 代入式（4-14），得

$$F_{Ay} = G + Q - F\sin\alpha = (2200 + 4000 - 11315.35 \times \sin25°)N = 1417.93N$$

四、物系的平衡

（一）物系静定性质的判断

各种力系平衡时都有一定数目的平衡方程，如平面一般力系有三个，平面汇交力系有两个等。在静力学问题中，如果未知量数目不超过独立平衡方程的数目，则全部未知量可以由平衡方程求出，这类问题称为静定问题。前面所列举的例子均属此类。但在工程中有很多构件和结构，为了提高刚度和坚固性，常增加一些约束，从而造成未知量数目多于独立平衡方程数，不能全部由平衡方程求出，此类问题称为静不定或超静定问题。

例如，图 4-21a 所示为静定问题，图 4-21b 所示为静不定问题。

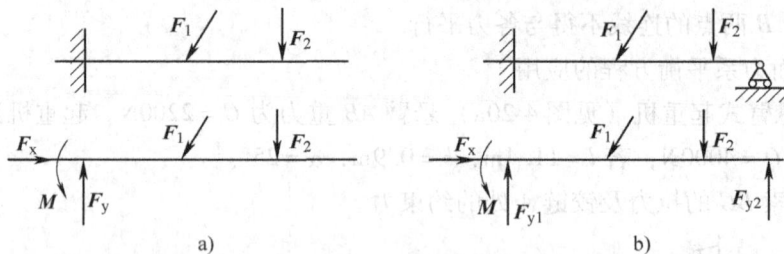

图 4-21 静定与静不定

静不定问题已超出了静力学范围，必须考虑物体因受力而产生的变形，补充一些方程方能求出全部未知数。

判断物系静定性质的方法如下：

设物系由 n 个物体构成，有 n_1 个物体受二力或力偶作用，有 n_2 个物体受平面汇交力系作用，有 n_3 个物体受平面任意力系作用。当物系平衡时，各个物体也平衡。现分别考虑各物体的平衡，应有 $n_1 + 2n_2 + 3n_3 = m$ 个独立平衡方程。若物系上未知约束力总数为 K，则当 $K \leq m$ 时，是静定问题；当 $K > m$ 时，则是静不定问题。

（二）研究对象的选取

系统以外的物体作用在系统上的力称为物系的外力，系统内各物体之间相互的作用力称物系的内力。所谓外力与内力，是视所取的研究对象而定的。

如图 4-22 所示，一货车拉一拖车，当以单独的货车或拖车为研究对象时，F、F' 为外力；而以整个拖车系统为研究对象时，F、F' 则为内力。

当以整个系统为研究对象时，物系的内力总是成对出现，作用于系统的两个相连的物体上的力是作用力与反作用力关系，在任意轴上的投影和对任意点的矩均为零，故不必考虑。但以单一物体为研究对象时，则应考虑。

由于物系是由多个物体组成的，因此研究对象的选择对于能否求解以及求解的简繁有着密切关系。可以单独或分别选取

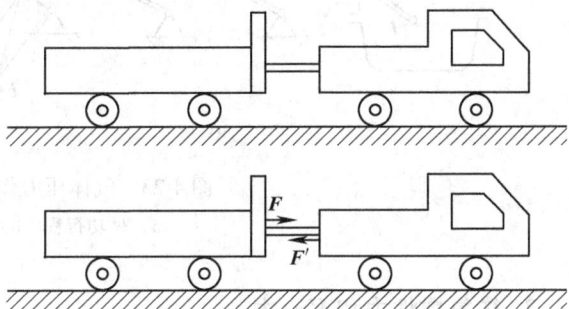

图 4-22　货车与拖车

整个系统、局部系统或单个物体为研究对象，列出平衡方程求解。选取研究对象的原则是：

1）选取与已知量有关的物体。

2）研究对象中要反映出未知量。

3）所列平衡方程中包含的未知量数目最少。

>> 任务实施

农用发动机曲柄连杆机构的受力分析

曲柄连杆机构受到的力主要有气体的压力、往复惯性力、旋转运动的离心力以及相对运动件接触表面的摩擦力。

1. 气体压力

在每个工作循环的四个行程中，气体压力是始终存在的。但由于进气、排气两个行程中气体压力较小，对机件的影响不大。这里主要研究做功和压缩两个行程中的气体作用力。

在做功行程中，气体压力是推动活塞向下运动的。这时，燃烧气体产生的高压直接作用在活塞顶部，如图 4-23a 所示，设活塞所受总压力为 F_P，传到活塞销上，可分解为 F_{P1} 和 F_{P2}，分力 F_{P1} 通过活塞销传给连杆，并沿连杆方向作用在曲柄上。F_{P1} 可分解为两个分力 R 和 S。沿曲柄方向分力 R 使曲柄主轴颈与主轴承间产生压紧力；与曲柄相垂直的分力 S 除了使主轴颈和主轴承之间产生压紧力外，还对曲柄形成转矩 T，推动曲柄旋转。水平力 F_{P2} 把活塞压向气缸壁，形成活塞与气缸壁间的侧压力，使两者产生摩擦，并有使机体翻转的趋势。

在压缩行程中．如图 4-23b 所示，气体压力是阻碍活塞向上运动的阻力。这时作用在活塞顶的气体总压力 F_p' 也可以分解为两个分力 F_{p1}' 和 F_{p2}'，而 F_{p1}' 又分解为 R' 和 S'。R' 使曲轴主轴颈与主轴承间产生压紧力；S' 对曲轴造成一个旋转阻力矩 T'，阻碍曲轴旋转。而 F_{p2}' 则将活塞压向气缸的另一侧壁，也使两者产生磨损。

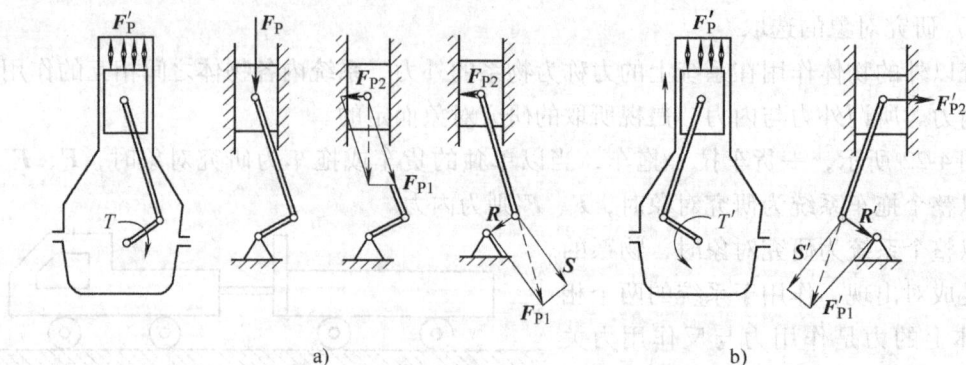

图 4-23　气体压力作用情况示意图

a）做功行程　b）压缩行程

2. 往复惯性力和离心力

往复运动的物体，当运动速度变化时，就要产生往复惯性力。物体绕某一中心作旋转运动时，就会产生离心力，这两种力在曲柄连杆机构的运动中都是存在的。活塞和连杆小头在气缸中作往复直线运动时，速度很高，而且数值在不断地变化。当活塞从上止点向下止点运动时，其速度变化规律是：从零开始，逐渐增大，临近中间达最大值，然后又逐渐减小至零。也就是说，当活塞向下运动时，前半程是加速运动，惯性力向上，以 F_j 表示，如图 4-24a 所示。后半程是减速运动，惯性力向下，以 F_j' 表示，如图 4-24b 所示。同理，当活塞向上时，前半程惯性力向下，后半程惯性力向上。

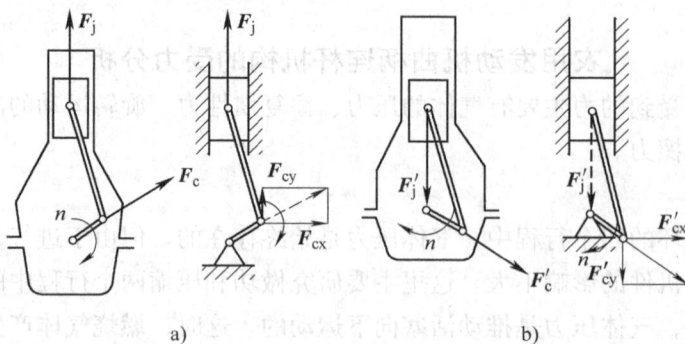

图 4-24　往复惯性力和旋转惯性力作用情况示意图

a）活塞在上半行程的惯性力　b）活塞在下半行程的惯性力

活塞、活塞销和连杆小头的质量越大，曲轴转速越高，则往复惯性力也越大。它使曲轴连杆机构的各零件和所有轴颈承受周期性的附加载荷，加快轴承的磨损；未被平衡的变化着的惯性力传到气缸体后，还会引起发动机的振动。

偏离曲轴轴线的曲柄和连杆大头绕曲轴轴线旋转，产生旋转惯性力，即离心力，其方向沿曲柄半径向外，其大小与曲轴半径、旋转部分的质量及曲轴转速有关。曲柄半径长，旋转质量大，曲轴转速高，则离心力大。如图 4-24a 所示，离心力 F_c 在垂直方向的分力 F_{cy} 与往复惯性力方向总是一致的，因而加剧了发动机的上、下振动。而水平方向分力 F_{cx} 则使发动机产生水平方向的振动。离心力还使连杆大头的轴瓦和活塞销、曲轴主轴颈及其轴承受到额外载荷，增加它们的变形和磨损。

>> **练习与思考**

1. 习题1图所示刚体上作用有两力 F_1、F_2，如何求这两力的合力？

2. 什么是二力构件？其有何特点？静力学中有哪些公理？内容如何？

3. 工程上常见的约束类型有哪些？如何确定约束反力的方位？

4. 任何力系都能简化为一个合力吗？合力一定大于分力吗？为什么？

5. "力的分力"和"力在坐标轴上的投影"有何不同？

6. 既然力偶只能与力偶平衡，那么怎样解释习题6图所示轮子的平衡？

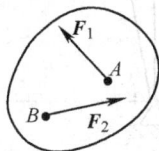

项目四任务一 习题1图

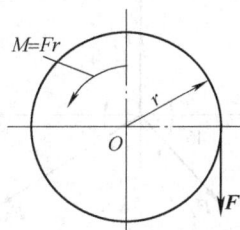

项目四任务一 习题6图

7. "力偶"、"二力平衡"和"作用力与反作用力"中的两个力均等值、反向，它们有何不同？

8. 习题8图所示刚体上 A、B、C 三点受力 F_1、F_2、F_3 作用，且 $F_1 = F_2 = F_3$。试问：此力系是什么力系？在该力系作用下，刚体是否平衡？为什么？

9. 一平面任意力系向某一点简化得到一个合力，现将力向另一点简化，有没有可能简化得到一个合力偶？

10. 试判断习题10图中哪个为静定问题？哪个是静不定问题？理由是什么？

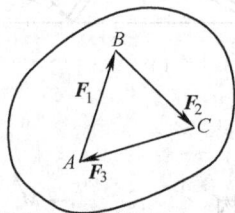

项目四任务一 习题8图

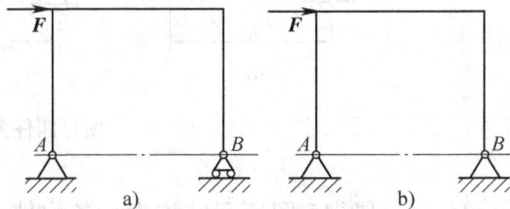

项目四任务一 习题10图

11. 画出下列指定物体的受力图，如习题11图所示。未画重力的物体重量均不计，所有接触处均为光滑接触。

12. 作用于点 O、位于同一平面内的三个力 F_1、F_2、F_3，其方向如习题12图所示。各力的大小分别为 $F_1 = 150\text{N}$，$F_2 = 200\text{N}$，$F_3 = 300\text{N}$。试求这三个力的合力。

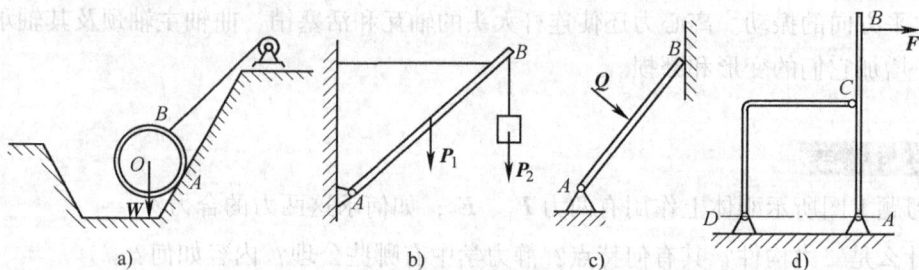

项目四任务一 习题 11 图

13. 刚架的尺寸和受力如习题 13 图所示，试求 A、B 两处的约束反力。刚架自重不计。

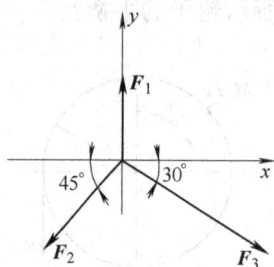

项目四任务一 习题 12 图

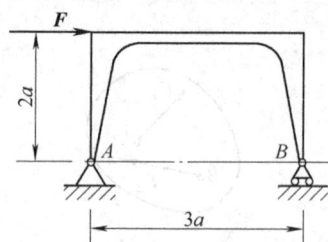

项目四任务一 习题 13 图

14. 试计算习题 14 图中力 F 对点 O 之矩。

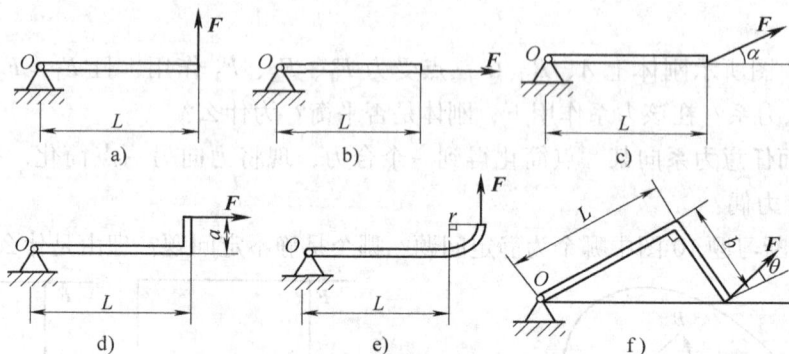

项目四任务一 习题 14 图

15. 在习题 15 图所示结构中，各构件自重均不计。在构件 AB 上作用一力偶矩为 M 的力偶，求铰链 A 和 C 的约束反力。

16. 高炉送料小车如习题 16 图所示，车和料共重 $P = 240\text{kN}$，重心在点 C，已知：$a = 1\text{m}$，$b = 1.4\text{m}$，$c = 1\text{m}$，$d = 1.4\text{m}$，$\alpha = 55°$，料车处于匀速运动状态。求钢索的拉力 F 和轨道的支反力。

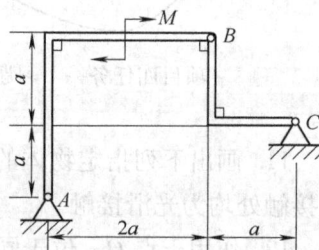

项目四任务一 习题 15 图

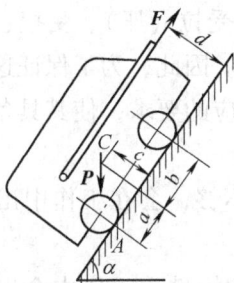

项目四任务一　习题16图

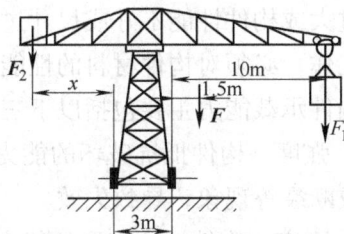

项目四任务一　习题17图

17. 如习题17图所示，行动式起重机不计平衡锤的重力为 $F=500\mathrm{kN}$，其重心在离右轨 1.5m 处。起重机的起重量为 $F_1=250\mathrm{kN}$，突臂伸出离右轨10m。跑车本身重量略去不计，欲使跑车满载和空载时起重机均不致翻倒，求平衡锤的最小重力 F_2 以及平衡锤到右轨的最大距离 x。

任务二　承载能力分析

▶▶ 任务要求

☞ 知识点：

1）掌握轴向拉伸和压缩时的强度计算方法。
2）掌握剪切和挤压的实用计算方法。
3）掌握扭转时的强度条件和刚度条件。
4）掌握弯曲时的应力计算方法。
5）熟悉构件疲劳强度条件。

☞ 技能点：

1）具备对杆件轴向拉伸、压缩进行强度校核的能力。
2）具备对圆轴扭转进行强度校核的能力。
3）具备对典型农机构件承载能力进行分析的能力。

▶▶ 任务导入

农机上的各种零部件在外力作用下，将受拉伸与压缩、剪切和挤压、扭转和弯曲等变形，如果出现过大的塑性变形，将会影响其正常工作，这种现象称为失效或破坏。为了保证构件安全可靠地工作，必须对构件材料的性能、尺寸、形状等提出相应的要求，使其具备足够的强度。本任务就是对农机典型构件进行承载能力分析。

一、基本认知

（一）承载能力分析研究任务

在工作过程中，各个构件都会受到相应的载荷作用，如受拉（压）、受扭、弯曲等，如果载荷过大或构件性能不好或尺寸过小等，会导致构件破坏。因此，为了保证这些构件安全可靠地工作，必须对构件材料的性能、尺寸、形状等提出相应的要求，使其具备足够的承载能力。构件承载能力主要包括以下三个方面：

（1）强度　构件抵抗破坏的能力称为强度。构件强度不够，会在工作中出现过大的塑性变形或断裂等现象，导致失效。

（2）刚度　构件抵抗变形的能力称为刚度。刚度不足的构件在工作中会出现过大的变形，从而影响机械设备的正常运行。如图 4-25 所示，齿轮轴变形过大使齿轮不能正确地啮合。

（3）稳定性　构件保持原有平衡状态的能力称为稳定性。一些受压的细长杆，如果其稳定性不够，在工作中将不能始终保持原有的直线平衡状态而失控，例如活塞杆（见图 4-26），千斤顶中的丝杠等。

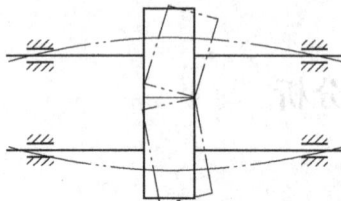

图 4-25　齿轮轴的变形　　　　　　　　图 4-26　活塞杆

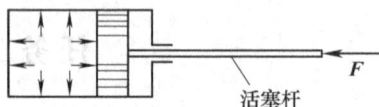

足够的强度、刚度和稳定性是对构件提出的三个基本要求。使用好的材料和增大构件截面尺寸，可以满足构件承载能力的要求；但太好的材料和过大的构件截面尺寸势必造成构件成本的提高和重量的增加，使经济性下降。因此，构件安全性和经济性是一对矛盾，如何协调好这对矛盾，使设计出来的构件既安全合理又经济实用，正是构件承载能力研究要解决的关键问题。本任务将介绍合理设计构件所需的理论基础和计算方法。

（二）变形体及其基本假设

任何研究对象都有多方面的性质。就某一问题而言，这些性质又有主次之分，一些次要因素对所研究的问题影响甚微，则可不必考虑。因此，对不同学科需建立不同的理想化模型，对研究对象的属性进行概括。在静力分析中，为使问题简化，将研究对象抽象简化为"刚体"，忽略其变形因素。但在研究构件承载能力时，需要考察物体的受力、变形、失效的现象和规律，变形是主要因素。因此，应将研究对象看做变形体。

实际变形体的结构、形态很复杂，当考察宏观变形时，同样也应忽略其次要因素作适当抽象，即作出以下基本假设：

（1）连续性假设　组成物体的物质毫无间隙地充满物体的几何容积。

（2）均匀性假设　物体各处的力学性能是完全相同的。

（3）各向同性假设　物体沿各个方向的力学性能是相同的。

根据这些假设，从宏观和统计学的角度来看，更能反映物体的主要性质。有了这些假设，在解决问题时，例如求物体的变形、位移等物理量时，可以用连续函数、微积分等数学工具解题。实践证明，经过这样的假设得出的理论和计算结果是足够精确的。但应指出，上述假设并不适用于所有材料。如某些高强度、超高强度钢材，对缺陷有强敏感性，不能适用连续性假设等。

另外，在构件承载能力研究中，考察物体的平衡时，仍沿用"刚体"的力学模型，其受力可通过静力分析进行分解、投影面简化。

（三）杆件变形的基本形式

工程中构件的几何形状多种多样，但归纳起来大致可分为杆件、板件和箱体类零件。其中，杆件是构件承载能力的主要研究对象。杆件是指某一方向的尺寸远大于其余两个方向尺寸的构件。在研究问题时，往往忽略外形因素，将其抽象、简化为计算简图，使问题简化。很多工程构件都可简化为杆件，如汽车传动轴、发动机中的连杆等。

杆件的几何特征有杆的横截面、杆件截面形心的连线（即轴线）。

按照变形的特征可分为：拉伸及压缩，如图 4-27a 所示；剪切和挤压，如图 4-27b 所示；扭转，如图 4-27c 所示；弯曲，如图 4-27d 所示。实际构件的变形经常是由两种或两种以上基本变形组合的情况，称为组合变形。

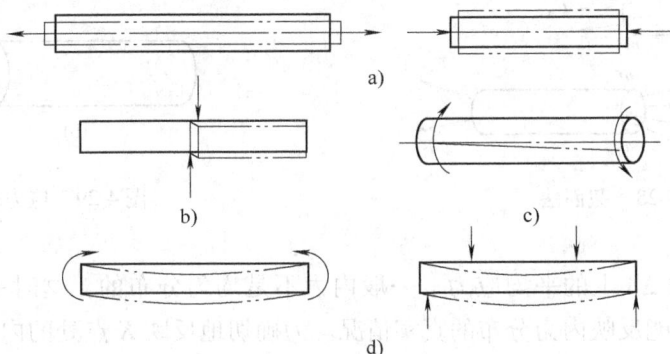

图 4-27　杆件基本变形形式

（四）内力、截面法和应力

1. 内力

构件工作中受到其他物体对它的作用力，这种作用力称为外力，包括主动力和约束反力。在外力的作用下，物体内部各质点之间的相对位置以及相互作用力会发生改变，具体表现就是构件发生了变形。构件内部质点之间相互作用力（固有内力）的改变量称为附加内力，简称内力。内力随外力的大小而变化，当内力达到某一极限值时，构件即发生破坏。因此，构件的内力大小及其分布方式与其承载能力之间有密切的关系，研究和分析内力是解决强度、刚度等问题的基础。

2. 截面法

截面法是分析、计算内力的方法，就是假想用截面把构件截为两部分，取其中一部分为研究对象，并以内力代替另一部分对研究部分的作用，根据研究部分内力与外力的平衡来确定内力的大小和方向。

如图 4-28 所示，杆件在外力 F_1、F_2、F_3 和 F_4 的作用下平衡，欲求杆件的内力，可用一假想的截面 m—m 将杆件一分为二，任取其中一段来研究。由于杆件处于平衡状态，所以其中任一段也应平衡，这时可利用静力平衡条件来列出平衡方程，求出截面 m—m 上的内力。

3. 应力

截面法可以确定杆件截面上内力的合力，但不能确定内力在截面上的分布密度，由此需引入应力的概念。

如图 4-29a 所示，在杆件截面上任一点 K 周围，取一微面积 ΔA，ΔA 上内力的合力为 ΔF，则它们的比值为

$$p_\mathrm{m} = \frac{\Delta F}{\Delta A}$$

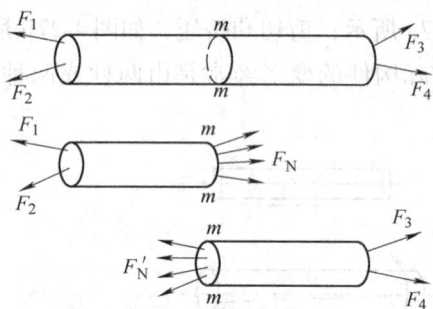

图 4-28　截面法

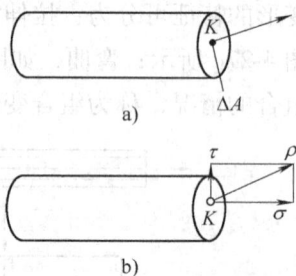

图 4-29　应力概念

其中，p_m 称为 ΔA 上的平均应力。一般内力不是均匀分布的，这时平均应力 p_m 随 ΔA 的大小而变化，不能反映内力分布的真实情况。为确切地反映 K 点处的内力集度，将 ΔA 减小，当 ΔA 趋于零时，得

$$p = \lim_{\Delta A \to 0} \frac{\Delta F}{\Delta A} = \frac{\mathrm{d}F}{\mathrm{d}A}$$

其中，p 称为 K 点的全应力，表明了内力系在该点的集度，p 是一个矢量，通常把 p 分解为两个正交的分量：垂直于截面的分量 σ 称为正应力，切于截面的分量 τ 称为切应力，如图 4-29b 所示。

应力的单位是 Pa（帕），$1\mathrm{Pa} = 1\mathrm{N/m}^2$。另外，在工程实践中还常用 MPa 和 GPa，其换算关系为 $1\mathrm{MPa} = 10^6\mathrm{Pa}$，$1\mathrm{GPa} = 10^9\mathrm{Pa}$。

二、轴向拉伸与压缩

（一）轴向拉伸与压缩的概念

工程实际中，经常遇到承受拉伸或压缩的杆件，如发动机中的连杆（见图 4-30）、气缸体与气缸盖的联接螺栓（见图 4-31）、螺旋千斤顶的螺杆（见图 4-32）等。这些杆件形状不同，加载和联接方式各异，但所受外力的合力与轴线重合，杆件发生拉伸或压缩变形，且都可以简化为计算简图。

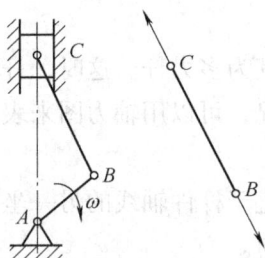

图 4-30 连杆

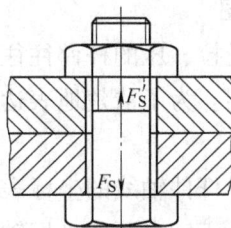

图 4-31 螺栓

当杆件所受外力的作用线与杆件轴线重合时，杆件将沿轴线伸长或缩短，称为轴向拉伸和压缩，这类杆件称拉压杆。

（二）拉压杆内力计算和轴力图

1. 内力的计算

图 4-33a 所示的拉杆受两个力 F 的作用，现用截面法求其内力。

用截面 m—m 假想将杆截为两段，取左段为研究对象，并单独画出。同时，用内力 F_N 表示右段对左段的作用，如图 4-33b 所示。根据平衡条件列出平衡方程为

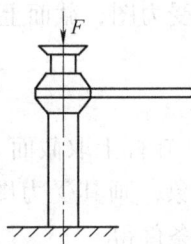

图 4-32 千斤顶的螺杆

$$\sum F_x = 0 \qquad F_N - F = 0$$

求得

$$F_N = F$$

如果取右段为研究对象，如图 4-33c 所示，所得结果相同，即

$$F_N' = F$$

F_N 和 F_N' 是作用力与反作用力的关系，即对同一截面来说，选取不同部分为研究对象，内力必等值、反向。

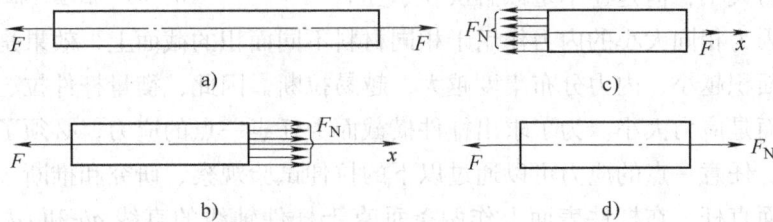

图 4-33 拉杆内力

由于外力 F 沿杆的轴线方向，内力的合力 F_N 也可合成为一个合力，作用于轴线，称为轴力，如图 4-33d 所示。

轴力的正负号规定如下：轴力的正负号由杆件的变形确定，当轴力沿轴线离开截面，即与横截面外法线方向一致时为正，这时杆件受拉；反之轴力为负，杆件受压。一般未知指向的轴力可假设为正向，由计算结果判断其正负。

2. 轴力图

工程上受拉、压的杆件往往同时受多个外力作用，称其为多力杆。这时，杆上不同轴段的轴力将不同。为了清楚地表达轴力随截面位置变化的情况，可以用轴力图来表示。轴力图的画法如下：

用平行于杆件轴线的坐标表示杆件截面的位置，用垂直于杆件轴线的另一坐标表示轴力数值的大小，正轴力画在坐标轴正向，反之画在坐标轴负向。

下面举例来说明杆件内力的分析计算及轴力图的画法。

例4-3 汽车上某液压缸活塞杆受力如图 4-34 所示，设 $F > F_1 > F_2$，试求截面 1—1、2—2 的轴力并画轴力图。

解：1）在活塞杆上以假想截面 1—1 将杆一分为二，取截面以右的一段为研究对象，并画其受力图，截面上轴力为 F_{N1}，如图 4-34 所示，根据平衡条件得

$$\sum F_x = 0 \qquad F_{N1} - F = 0$$
$$F_{N1} = F$$

2）在杆上取截面 2—2，以截面以左的一段为研究对象，画其受力图，如图 4-34 所示，根据静力平衡条件得

$$\sum F_x = 0 \qquad F_{N2} - F_1 = 0$$
$$F_{N2} = F_1$$

3）画轴力图。以 x 轴表示杆上截面的位置，以纵轴表示轴力大小，F_{N1}、F_{N2} 均为压力，画在坐标轴负向，如图 4-34 所示。

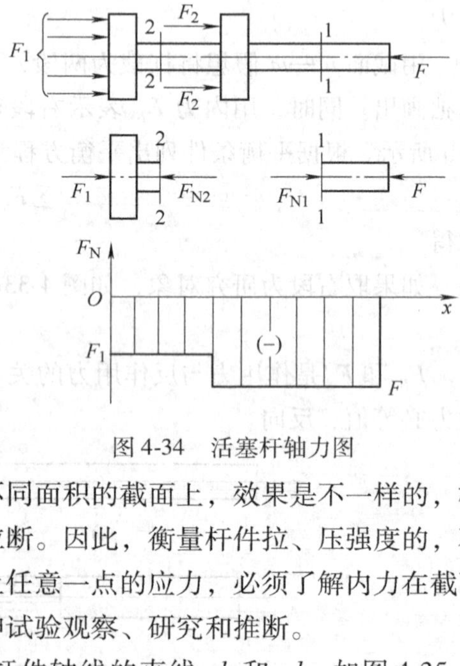

（三）拉压杆横截面上的应力

根据前面的分析可知，利用截面法可以计算出杆件截面的内力大小，但是还不足以解决拉、压杆

图 4-34 活塞杆轴力图

的强度问题。因为相同大小的内力作用于相同材料不同面积的截面上，效果是不一样的，杆件越细即截面面积越小，内力分布集度越大，越易拉断。因此，衡量杆件拉、压强度的，不是内力大小，而是应力大小。为了求出杆件横截面上任意一点的应力，必须了解内力在截面上的分布规律。任意一点的应力可以通过以下的拉伸试验观察、研究和推断。

取一等截面直杆，在杆件表面上作两条垂直于杆件轴线的直线 ab 和 cd，如图 4-35 所示，然后在杆两端施加力 F 使其产生拉伸变形后发现，ab、cd 分别平移到了 $a'b'$ 和 $c'd'$，但仍保持为直线，且仍垂直于轴线。

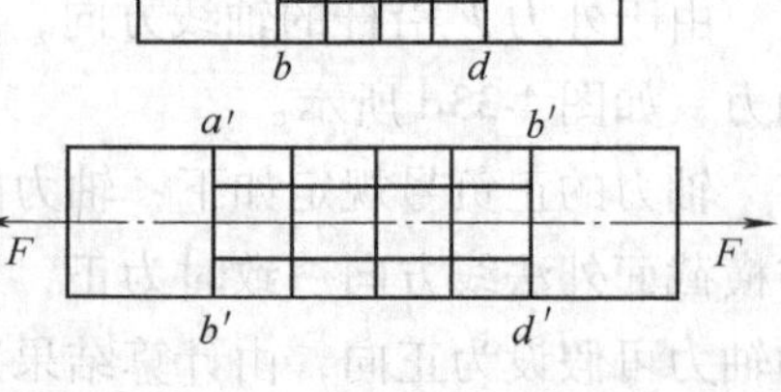

根据以上观察到的现象以及由表及里的分析，可作如下假设：变形前是平面的横截面，变形后仍为平面，变形时横截面只是沿轴线产生了相对平移。这一假设称为平面截面假设。设想杆件由许多纵向纤维组成，那么这一假设意味着杆件所有纵向纤维的伸长相

图 4-35 拉伸试验

等，由材料的均匀性假设可推断，各纵向纤维的受力也相等，也就是说，杆件横截面上内力的分布是均匀的。由此得出结论：拉压杆横截面上各处应力大小相等，方向与内力 F_N 方向一致，也就是说，拉压杆横截面上只有正应力 σ，而无切应力 τ。由于正应力 σ 在横截面上的分布是均匀的，因此其计算公式为

$$\sigma = F_N / A \tag{4-16}$$

式中　A——横截面面积；

　　　F_N——杆件横截面上的内力；

　　　σ——横截面上的正应力。

正应力的正负号随轴力的正负号而定，即拉应力为正，压应力为负。

例 4-4　如图 4-36a 所示的圆截面杆件 AC，已知 $d_1 = 20\text{mm}$，$d_2 = 30\text{mm}$，$F_1 = 20\text{kN}$，$F_2 = 50\text{kN}$，试画出轴力图并计算 AB、BC 段杆件截面上的应力。

解：1）在杆件 AB 段任取截面 1—1，并取截面以左的一段为研究对象，画出受力图，如图 4-36b 所示，根据平衡条件求内力 F_{N1}。

$$\sum F_x = 0 \quad F_{N1} - F_1 = 0$$

$$F_{N1} = F_1 = 20\text{kN}$$

2）在杆件上 BC 段取截面 2—2，并取截面以左一段为研究对象，画出受力图，如图 4-36c 所示，根据平衡条件求内力 F_{N2}。

$$\sum F_x = 0 \quad F_{N2} + F_2 - F_1 = 0$$

$$F_{N2} = F_1 - F_2 = (20 - 50)\text{kN} = -30\text{kN}$$

3）画轴力图，如图 4-36d 所示。

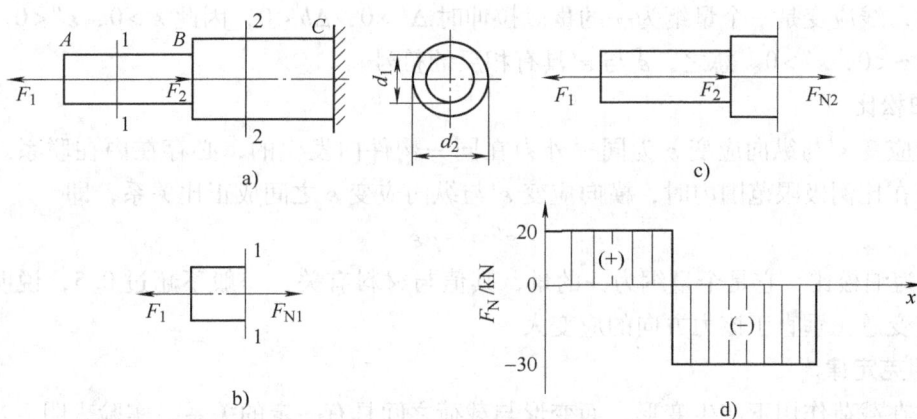

图 4-36　求杆件截面应力

4）计算各段应力：

AB 段应力　　　$\sigma_1 = \dfrac{F_{N1}}{A_1} = \dfrac{20 \times 10^3 \text{N}}{\pi d_1^2 / 4} = \dfrac{20 \times 10^3 \times 4}{\pi \times 20^2}\text{MPa} = 63.7\text{MPa}$

BC 段应力 $\quad \sigma_2 = \dfrac{F_{N2}}{A_2} = \dfrac{-30 \times 10^3\,N}{\pi d_2^2/4} = \dfrac{-30 \times 10^3 \times 4}{\pi \times 30^2}MPa = -42.4MPa$

（四）拉、压杆的变形

直杆在轴向力的作用下，将引起轴向尺寸的伸长或缩短；与此同时，杆件的横向尺寸也会产生缩小或增大（见图4-37）。前者称为纵向变形，后者称为横向变形。

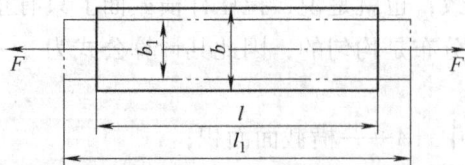

图4-37 杆件的变形

1. 变形与应变

杆件总的伸长或缩短量称为绝对变形。设等直杆原长为 l，横向尺寸为 b，受轴向力后，杆长变为 l_1，横向尺寸变为 b_1，则

纵向绝对变形为 $\qquad\qquad \Delta l = l_1 - l$

横向绝对变形为 $\qquad\qquad \Delta b = b_1 - b$

原始长度不同的杆件，即使它们的绝对变形相同，但它们的变形程度并不相同。因此，绝对变形只表示杆件变形的大小，不能反映杆件的变形程度。为了度量杆的变形程度，消除杆件原长的影响，用单位长度内杆件的变形量来度量其变形程度，将单位长度内杆件的变形量称为相对变形，又称线应变。与上述两种绝对变形相对应的线应变为

纵向线应变为 $\qquad\qquad \varepsilon = \dfrac{\Delta l}{l} = \dfrac{l_1 - l}{l}$

横向线应变为 $\qquad\qquad \varepsilon' = \dfrac{\Delta b}{b} = \dfrac{b_1 - b}{b}$

显然，线应变是一个量纲为一的量。拉伸时 $\Delta l > 0$，$\Delta b < 0$，因此 $\varepsilon > 0$，$\varepsilon' < 0$。压缩时则相反，$\varepsilon < 0$，$\varepsilon' > 0$。总之，ε 与 ε' 具有相反的符号。

2. 泊松比

横向应变 ε' 与纵向应变 ε 为同一外力在同一构件内发生的，必存在内在联系。实验证明，应力在比例极限范围内时，横向应变 ε' 与纵向应变 ε 之间成正比关系，即

$$\varepsilon' = -\mu\varepsilon$$

μ 称为泊松比，它是个量纲为一的量，其值与材料有关，一般不超过 0.5，说明沿外力方向的应变总比垂直于该力方向的应变大。

3. 胡克定律

杆件在载荷作用下产生变形，而变形与载荷之间具有一定的关系。实验表明，当轴向拉伸或压缩杆件的正应力不超过比例极限时，其轴向绝对变形 Δl 与轴力 F_N 及杆长 l 成正比，与杆件的横截面面积 A 成反比。即

$$\Delta l \propto \dfrac{F_N l}{A}$$

此外，Δl 还与杆的材料性能有关，引入与材料有关的比例常数 E，得

$$\Delta l = \dfrac{F_N l}{EA} \qquad\qquad (4\text{-}17)$$

式（4-17）称为胡克定律。

式（4-17）可改写为

$$\frac{\Delta l}{l} = \frac{1}{E} \cdot \frac{F_N}{A}$$

即

$$\varepsilon = \frac{\sigma}{E} \quad 或 \quad \sigma = E\varepsilon \tag{4-18}$$

式（4-18）是胡克定律的另一表达式。由此，胡克定律又可简述为：若应力在比例极限范围内，则应力与应变成正比。

E 称为材料的弹性模量。由式（4-17）可知，当其他条件不变时，弹性模量 E 越大，杆件的绝对变形 Δl 就越小，说明 E 值的大小表示在拉、压时材料抵抗弹性变形的能力，它是材料的刚度指标。弹性模量 E 的常用单位为 GPa。其值随材料不同而异，可通过实验测定。工程上常用材料的弹性模量列表于 4-1 中。

表 4-1　常用材料的 E、μ 值

材料名称	E/GPa	μ
低碳钢	196～216	0.25～0.3
合金钢	186～216	0.24～0.33
灰铸铁	115～160	0.24～0.27
铜及其合金	74～130	0.31～0.42
橡胶	0.008	0.47

（五）材料在拉伸和压缩时的力学性能

构件的强度和变形不仅与构件的尺寸和所承受的载荷有关，而且还与构件所用材料的力学性能有关。材料的力学性能是指在外力的作用下，材料在变形和破坏方面表现出的特性，它由实验来确定。本节讨论材料在常温静载下的力学性能。

1. 材料拉伸时的力学性能

常用工程材料品种很多，现以低碳钢和铸铁为主要代表，介绍材料拉伸时的力学性能。

将低碳钢标准拉伸试件（见图 4-38）装在拉伸试验机上，用夹头把试件两端加粗的部分夹住，加载荷后，使试件向两端拉伸，随着载荷 F 的不断增加，试件的长度也不断伸长，直至试件被拉断。在试验过程中，使试样在试验机上受到缓慢增加的拉

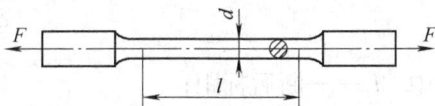

图 4-38　标准拉伸试件

力，对应着拉力的每一个值，可以测定标距 l 的相应伸长 Δl。以横截面的原始面积 A 除拉力 F，得应力 σ。同时，以标距的原始长度 l 除 Δl，得相应的应变 ε。若以 σ 为纵坐标，ε 为横坐标，则得到 σ 与 ε 关系的曲线（见图 4-39），称为应力-应变曲线或 σ-ε 曲线。从图线中可以得到低碳钢的下列特性。

（1）弹性阶段　在拉伸的初级阶段，σ 与 ε 的关系为直线 Oa，表明应力与应变成正比。这即是前面所述的胡克定律 $\sigma = E\varepsilon$。直线部分 Oa 的最高点 a 所对应的应力 σ_p 称为比例极限。显然，只有应力低于比例极限时，应力才与应变成比例，胡克定律才是正确的。超过比例极限后，从 a 点到 b 点，σ 与 ε 之间的关系虽然不再是直线，但仍为弹性变形。b 点所对

应的应力 σ_e 是保证只出现弹性变形的最高应力，称为弹性极限。在低碳钢的 $\sigma\text{-}\varepsilon$ 曲线上，由于 a、b 两点非常接近，所以对比例极限和弹性极限一般不严格区分。

（2）屈服阶段　应力超过弹性极限增加到某一数值时，会突然下降，而后基本不变，只作微小的波动，但应变却有明显的增大，表明材料已暂时失去抵抗变形的能力。这在 $\sigma\text{-}\varepsilon$ 图上形成接近水平线的小锯齿形线段。这种应力基本保持不变，而应变明显增大的现象称为屈服。屈服阶段内，波动应力中比较稳定的最低值，称为屈服强度，用 σ_s 来表示。材料屈服表现为显著的塑性变

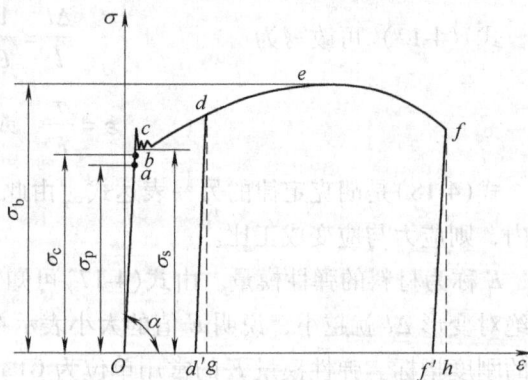

图 4-39　低碳钢拉伸时的应力-应变曲线

形，而构件的显著塑性变形将影响其正常工作，所以 σ_s 是衡量材料强度的一个重要指标。

（3）强化阶段　屈服阶段过后，只有增加拉力才能使试件继续变形，这一阶段称为强化阶段。此阶段的变形既有弹性变形又有塑性变形，但主要是塑性变形。强化阶段的最高点 e 所对应的应力是材料所能承受的最高应力，称为抗拉强度，用 σ_b 表示。它是衡量材料强度的另一个重要指标。

（4）局部变形阶段　到达抗拉强度后，试件在某一局部范围内横向尺寸突然缩小的现象称为缩颈现象（见图 4-40）。缩颈现象一出现，试件的变形就主要发生在缩颈处，直到 f 点试件被拉断。

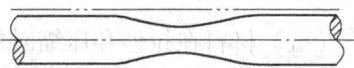

图 4-40　缩颈现象

（5）伸长率和断面收缩率　试件拉断后单位长度内产生的残余伸长的百分数称为伸长率，用 δ 表示。即

$$\delta = \frac{l_1 - l_0}{l_0} \times 100\% \qquad (4\text{-}19)$$

式中　l_1——断后标距；

　　　l_0——原始标距。

试件拉断后横截面面积相对收缩的百分数称为断面收缩率，用 ψ 表示。即

$$\psi = \frac{A - A_1}{A} \times 100\% \qquad (4\text{-}20)$$

式中　A_1——拉断后颈缩处的截面面积；

　　　A——原始截面面积。

通常将伸长率 $\delta > 5\%$ 的材料称为塑性材料，如钢材、铜、铝等；$\delta < 5\%$ 的材料称为脆性材料，如铸铁等。

（6）卸载定律和冷作硬化　若把试样拉到强化阶段的 d 点（见图 4-39），然后逐渐卸除拉力，可发现应力和应变在卸载过程中按直线规律变化，沿直线 dd' 回到 d'，且斜直线 dd' 大致与 Oa 平行。上述规律称为卸载定律。拉力完全卸除后，在 $\sigma\text{-}\varepsilon$ 图中，$d'g$ 代表消失

了的弹性变形，而 Od' 表示不再消失的塑性变形。卸载后如在短期内重新加载，则出现材料的比例极限上升而塑性变形减少的现象，称为冷作硬化。起重钢索、传动链条等就经常利用冷作硬化进行预拉以提高弹性承载能力。

图 4-41 所示为几种塑性材料的 $\sigma\text{-}\varepsilon$ 曲线。其中，16Mn 钢和低碳钢都有明显的弹性阶段、屈服阶段、强化阶段和局部变形阶段；黄铜 H62 没有屈服阶段，但有其他三个阶段；高碳钢 T10A 则只有弹性阶段和强化阶段，而没有屈服阶段和局部变形阶段。但这些材料在拉伸的初始阶段都是线弹性的。

对于没有明显屈服阶段的塑性材料，工程上把产生 0.2% 塑性应变时的应力（见图 4-42）作为屈服强度，用 $\sigma_{0.2}$ 来表示。

铸铁是典型的脆性材料，其拉伸时的 $\sigma\text{-}\varepsilon$ 曲线如图 4-43 所示，没有明显的直线部分，在较小的应力水平下就被拉断，拉断前的变形小，伸长率也很

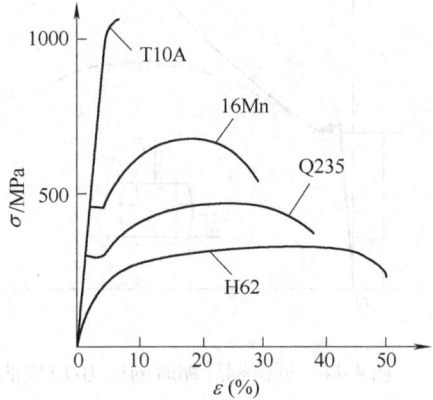

图 4-41 几种塑形材料的应力应变曲线

小。铸铁拉断时的应力为其抗拉强度，它是衡量强度的唯一指标。一般情况下，脆性材料的抗拉强度都很低，所以不宜作为抗拉构件的材料。

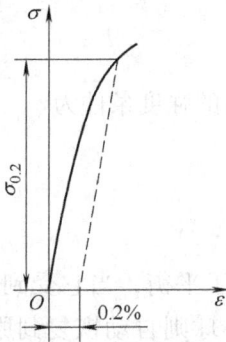

图 4-42 $\sigma_{0.2}$ 的确定

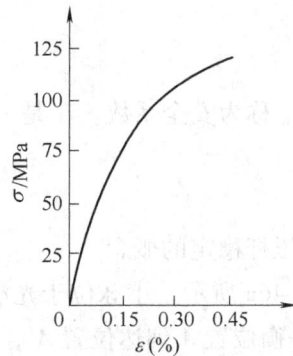

图 4-43 铸铁拉伸时的应力-应变曲线

2. 材料压缩时的力学性能

金属的压缩试样一般制成很短的圆柱，以免被压弯，圆柱高度为直径的 1.5～3 倍。图 4-44 所示为低碳钢压缩时的 $\sigma\text{-}\varepsilon$ 曲线。实验表明，压缩时低碳钢的弹性模量 E 和屈服强度 σ_s 都与拉伸时大致相同。屈服阶段以后，试样越压越扁，横截面不断增大，试样抗压能力也继续提高，所以得不到压缩时的抗压强度。铸铁压缩时的 $\sigma\text{-}\varepsilon$ 曲线如图 4-45 所示，试样在较小的变形下突然破坏，破坏断面的法线与轴线大致成 45°～55°的倾角。铸铁的抗压强度比抗拉强度高 4～5 倍。

（六）轴向拉伸和压缩时的强度条件

要保证构件工作时不被破坏，必须使工作应力小于材料的极限应力。为了给构件一定的

安全储备，以保证构件在载荷作用下能安全可靠地工作，一般把极限应力除以一个大于1的系数，所得的结果称为许用应力，用 $[\sigma]$ 表示。

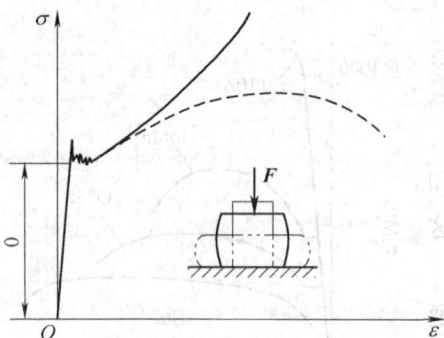

图 4-44 低碳钢压缩时的应力-应变曲线

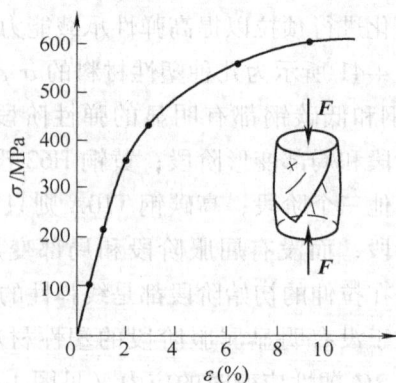

图 4-45 铸铁压缩时的应力-应变曲线

对于塑性材料，其许用应力为

$$[\sigma] = \frac{\sigma_s}{n_s} \tag{4-21}$$

对于脆性材料，其许用应力为

$$[\sigma] = \frac{\sigma_b}{n_b} \tag{4-22}$$

n_s 或 n_b 称为安全系数。于是，构件受轴向拉伸或压缩时的强度条件为

$$\sigma = \frac{F_N}{A} \leqslant [\sigma] \tag{4-23}$$

（七）压杆稳定的概念

如图 4-46a 所示，小球位于光滑的凹面最低位置 A 而处于平衡，当它受到外力干扰时，将离开其平衡位置 A 到达位置 A'，但只要去除干扰外力，小球则自动恢复到原来的平衡位置 A 处，表明小球在该处的平衡能经受外力干扰，具有稳定性，小球的这种平衡状态称为稳定平衡。而图 4-46b 所示位于凸面顶部 B 的小球，虽然也处于平衡状态，但只要有微小外力干扰，则小球将离开其平衡位置而不会自动复位，表明小球在该处的平衡不能经受外力干扰，不具有稳定性，小球的这种平衡状态称为不稳定平衡。

a)

b)

图 4-46 稳定平衡与不稳定平衡

如图 4-47a 所示，在细长直杆两端作用有一对大小相等、方向相反的轴向压力，杆件处于平衡状态。若施加一个横向干扰力，则杆件变弯，如图 4-47b 所示。但是，当轴向压力 F 小于某一数值 F_{cr} 时，若撤去横向干扰力，压杆能回复到原来的直线平衡状态，如图 4-47c 所示，此时压杆处于稳定平衡状态；当轴向压力 F 大于某一数值 F_{cr} 时，若撤去横向干扰力，压杆不能回复到原来的直线平衡状态，如图 4-47d 所示，此时压杆处于不稳定平衡状态。

将压杆不能保持其原有直线平衡状态而突然变弯的现象，称为压杆失稳。因此，失稳破坏与强度破坏是不同的，它是由平衡形式的突变所致，压杆失稳时其横截面上的计算应力远远小于材料的强度破坏数值，图 4-48 所示的内燃机配气机构中的挺杆即为细长压杆。

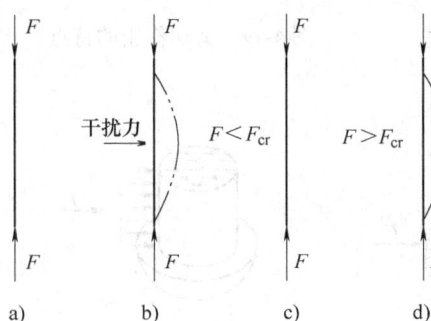

图 4-47　压杆的稳定平衡与不稳定平衡　　　图 4-48　内燃机配气机构中的挺杆

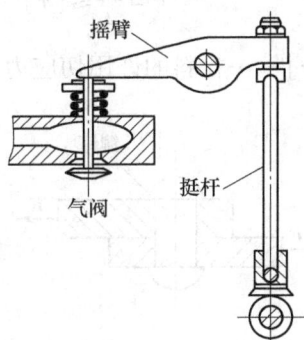

由上述可知，压杆所受的轴向压力由小到大逐渐增加到某个极限值 F_{cr} 时，压杆由稳定平衡状态转化为不稳定平衡状态，这个压力的极限值 F_{cr} 称为临界力。临界力 F_{cr} 的大小表示了压杆稳定性的强弱，临界力 F_{cr} 越大，则压杆越不易失稳，稳定性越好。

对于粗而短的压杆，因不易失稳，其承载能力取决于强度；但细长压杆往往因不能维持其直线平衡状态而突然变弯，从而丧失正常工作能力，因此，细长杆的承载能力取决于其稳定性。

【特别提示】

为提高压杆的承载能力，应尽量减小压杆的长度，选用弹性模量较大的材料；在横截面积一定的条件下，正方形或圆形截面比矩形截面好，空心正方形或圆环形截面比实心截面好。

三、剪切和挤压

（一）剪切的实用计算

剪切的特点是，杆件受到大小相等、方向相反且作用线靠近的一对力的作用，如图 4-49a 所示，变形表现为杆件两部分沿力的作用线方向的相对错动，如图 4-49b 所示。使杆件两部分产生相对错动的内力称为剪切力。产生相对错动的平面称为剪切面。剪切面上内力的集度称为切应力。

切应力可由截面法求得，如图 4-50 所示。由截面法，容易求得

$$Q = F$$

剪切面上的切应力分布较复杂，实际计算通常假定切应力均匀地分布在剪切面上，于是有

$$\tau = \frac{Q}{A}$$

式中　A——剪切面的面积；

　　　τ——切应力。

剪切强度条件为

$$\tau = \frac{Q}{A} \leqslant [\tau] \tag{4-24}$$

式中　$[\tau]$——材料的许用切应力。

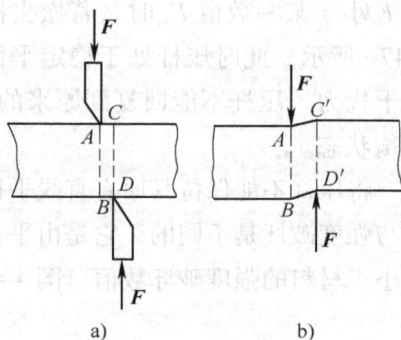

图 4-49　剪切作用的特点

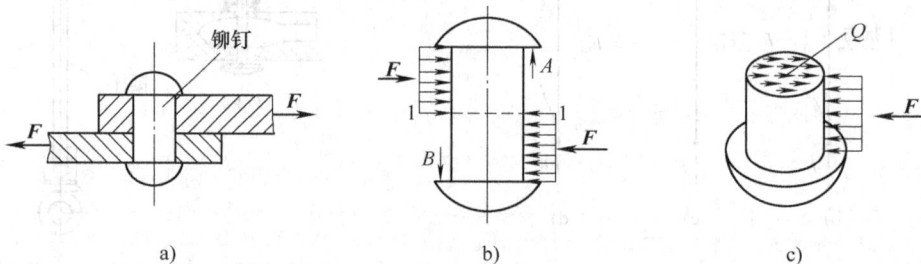

图 4-50　铆钉受剪时的计算简图

（二）挤压的实用计算

在外力作用下，联接件与被联接件在其接触面上发生的相互压紧现象称为挤压。挤压面上应力的分布一般也比较复杂，实际计算中通常也是假定挤压应力均匀地分布在挤压面上。于是有

$$\sigma_{bs} = \frac{F}{A_{bs}}$$

式中　σ_{bs}——挤压应力；

　　　F——挤压面上传递的总压力；

　　　A_{bs}——挤压面的面积。

在实际计算中，当联接件与被联接件的接触面为平面时，A_{bs} 为接触面的面积；当联接件与被联接件的接触面为圆柱面时，A_{bs} 为直径平面的面积。

相应的挤压强度条件为

$$\sigma_{bs} = \frac{F}{A_{bs}} \leqslant [\sigma_{bs}] \tag{4-25}$$

式中　$[\sigma_{bs}]$——材料的许用挤压应力。

四、扭转

（一）扭转的概念

扭转是杆件的基本变形之一。扭转变形是指杆件在若干截面内受到转向不同的外力偶作用，使直杆的纵向变成螺旋线的一种变形形式，如图4-51所示。

工程上受到扭转的杆件很常见。例如转向盘轴，如图4-52所示，在操纵方向时，双手在转向盘上施加一对力偶使转向盘轴受扭；又如底盘传动轴、电动机轴、搅拌器轴、车床主轴等，都受扭转作用。工程上将受到扭转的直杆统称为轴。本节只讨论圆截面直轴的扭转问题。

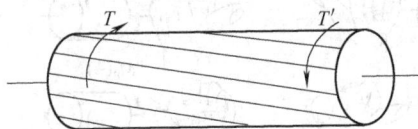

图4-51　扭转变形

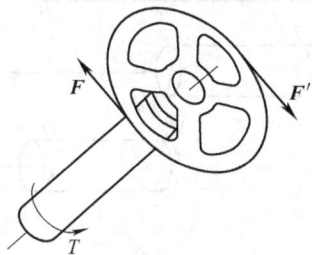

图4-52　转向盘轴

（二）外力偶矩、转矩和转矩图

1. 外力偶矩

在分析轴扭转时的强度、刚度条件之前，要先分析轴的受力情况。在工程实际中，作用在轴上的外力偶矩 T 往往不是直接给出来的，而是要通过已知轴所传递的功率 P 和轴的转速 n 算出。它们之间的关系为

$$T = \frac{9550P}{n} \tag{4-26}$$

式中　T——轴所受的外力偶矩（N·m）；

P——轴所传递的功率（kW）；

n——轴的转速（r/min）。

从式（4-26）可看出，轴所承受的力偶矩与传递的功率成正比，与轴的转速成反比。当传递相同的功率时，高速轴所受外力偶矩较小，低速轴所受外力偶矩较大。因此，在传动系统中，低速轴的轴径要大于高速轴轴径。

2. 转矩

当已知作用在轴上的所有外力偶矩后，即可用"截面法"计算圆轴扭转时各横截面上的内力。如图4-53a所示的 AB 轴，在其两端垂直于杆轴线的平面内，作用有一对反向力偶，杆件处于平衡状态。为了求出轴的内力，用一假想截面 m—m 将轴一分为二，先取左段为研究对象，左段受一外力偶矩 T 作用，要使其平衡，m—m 截面上必有一力偶矩 M_n 与外力偶矩 T 相平衡，即截面上的内力是一力偶矩。

根据平衡条件得

$$\sum M_x = 0 \quad M_n - T = 0$$
$$M_n = T$$

M_n 是轴在扭转时截面上的内力偶矩，称为转矩。如果研究右段的平衡，会得到同一截面上大小相等、方向相反的转矩 M_n'，实际上两者是作用力与反作用力的关系。

转矩的正负号规定如下：用右手螺旋定则判断，右手四指绕向表示转矩绕轴线方向，则大拇指指向与截面外法线方向一致时转矩为正，反之转矩为负，如图4-53b 所示。同一截面的转矩符号是一致的，如图4-53a 中转矩 M_n、M_n' 均为正。

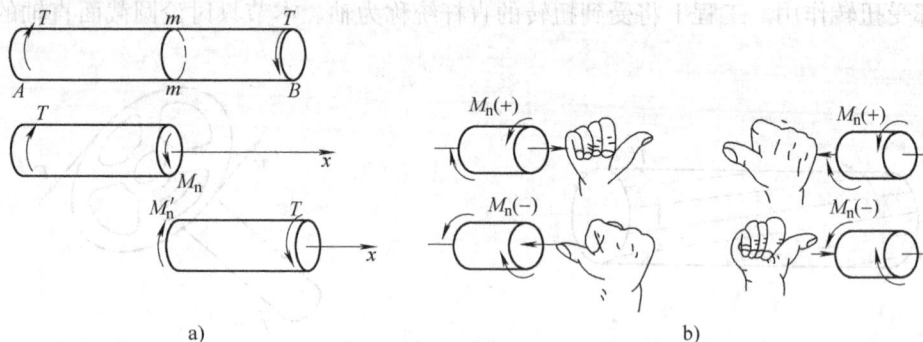

图4-53　转矩的计算及正负号规定图
a）转矩截面法计算　b）转矩的正负号规定

3. 转矩图

当轴上作用有两个以上外力偶时，则轴上各段转矩 M_n 的大小和方向将有所不同。为了形象地表达轴上各截面转矩大小和符号的变化情况，可用转矩图来表示，如图4-54 所示。

在转矩图上，以横轴表示轴上截面的位置，纵轴表示转矩的大小，正转矩画在纵轴正向，负转矩画在纵轴负向。由转矩图可清楚地看出轴上转矩随截面的变化规律，便于分析轴上的危险截面和进行强度计算。

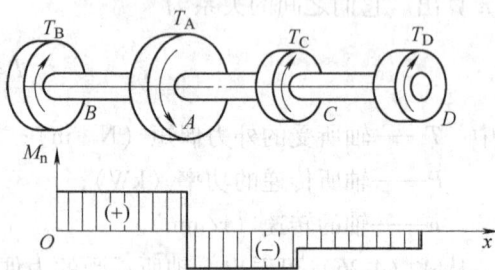

图4-54　传动轴—

例4-5　如图4-55a 所示传动轴，已知轴的转速 $n = 300\text{r/min}$，主动轮 A 的输入功率 $P_A = 400\text{kW}$，三个从动轮 B、C、D 的输出功率分别为 $P_B = 120\text{kW}$、$P_C = 120\text{kW}$、$P_D = 160\text{kW}$，试求各段轴的转矩并画出传动轴的转矩图，确定最大转矩 $|M_n|_{max}$。

解： 1）先求出主、从动轮上所受的外力偶矩

$$T_A = \frac{9550 P_A}{n} = \frac{9550 \times 400}{300} \text{N} \cdot \text{m} = 12.7\text{kN} \cdot \text{m}$$

$$T_B = T_C = \frac{9550 P_B}{n} = \frac{9550 \times 120}{300} \text{N} \cdot \text{m} = 3.8\text{kN} \cdot \text{m}$$

$$T_D = \frac{9550 P_D}{n} = \frac{9550 \times 160}{300} \text{N} \cdot \text{m} = 5.1 \text{kN} \cdot \text{m}$$

2）用截面法求各段轴的转矩。在 BC、CA、AD 段任取截面 1—1、2—2、3—3，并取相应轴段为研究对象，画受力图，如图 4-55b 所示。由平衡条件得

$$\sum M_x = 0 \quad M_{n1} + T_B = 0 \quad M_{n1} = -T_B = -3.8 \text{kN} \cdot \text{m}$$

$$\sum M_x = 0 \quad M_{n2} + T_B + T_C = 0 \quad M_{n2} = -(T_B + T_C) = -7.6 \text{kN} \cdot \text{m}$$

$$\sum M_x = 0 \quad M_{n3} - T_D = 0 \quad M_{n3} = T_D = 5.1 \text{kN} \cdot \text{m}$$

3）画转矩图，如图 4-55c 所示，最大转矩 $|M_n|_{max} = 7.6 \text{kN} \cdot \text{m}$。

（三）圆轴扭转时的强度条件和刚度条件

1. 圆轴扭转时的强度条件

圆轴扭转时，要保证其正常工作，必须保证其最大切应力不超过许用切应力 $[\tau]$，即扭转强度条件为

$$\tau_{max} = \frac{Q_{max}}{A} \leqslant [\tau] \tag{4-27}$$

对于变截面圆轴，如阶梯轴，各段截面积 A 不同，τ_{max} 不一定发生在 Q_{max} 所在的截面上，因此须综合考虑 A 及 Q 两个因素来确定 τ_{max}。

2. 圆轴扭转时的刚度条件

根据实验，在弹性范围内，切应力 τ 与切应变 γ 成正比，称为剪切胡克定律，即：

$$\tau = G\gamma \tag{4-28}$$

其中 G 为比例常数，称为材料的剪切弹性模量，它与弹性模量 E 和泊松比 μ 之间存在下列关系，即

$$G = \frac{E}{2(1 + \mu)} \tag{4-29}$$

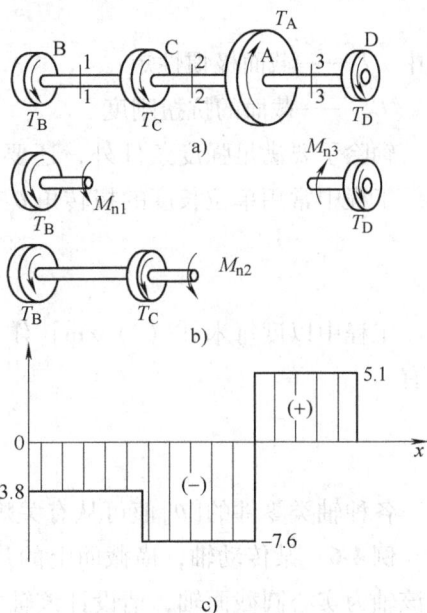

图 4-55 传动轴二

如图 4-56 所示，圆轴扭转时横截面上到圆心距离为 ρ 的任意一点的切应力计算公式为

$$\tau_\rho = \frac{T\rho}{I_\rho} \tag{4-30}$$

式中 T——转矩（$\text{N} \cdot \text{m}$）；

I_ρ——截面极惯性矩（m^4）。

对于实心圆，截面 $I_\rho = \pi D^4/32$；对于空心圆，截面 $I_\rho = \pi D^4 (1 - \alpha^4)/32$，$\alpha = d/D$。其中，$d$ 为空心圆截面内径，D 为空心圆截面外径。此式说明，若截面形状、尺寸一定，当 $\rho = R$ 时，切应力达到最大值。可见圆轴扭转时的危险点在圆截面的边缘上。其计算公式为

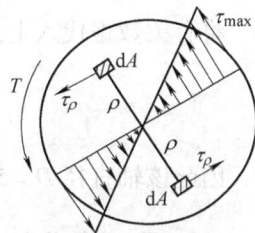

图 4-56 横截面上切应力的分布

$$\tau_{max} = \frac{T}{I_\rho/R} = \frac{T}{W_t} \tag{4-31}$$

其中，$W_t = I_\rho/R$，称为抗扭截面系数，单位为 m^3。对于实心圆，截面 $W_t = \pi D^3/16$；对于空心圆，截面 $W_t = \pi D^3(1-\alpha^4)/16$。

扭转变形的标志是两个横截面间绕轴线的相对转角，即扭转角。对于两端受外力偶作用的等截面圆轴，在轴长 l 范围内，T 与 l 都是常量，其扭转角为

$$\phi = \frac{Tl}{GI_\rho}$$

式中 I_ρ——截面极惯性矩；

GI_ρ——截面的抗扭刚度。

轴除了要满足强度条件外，还要满足扭转刚度条件，即实际扭转角不能超过许用扭转角。工程中常用单位长度的扭转角 θ 来表示。

$$\theta = \frac{\phi}{l} \leqslant [\theta] \tag{4-32}$$

工程中以度每米 $[(°)/m]$ 作为 $[\theta]$ 的单位，因此应把上式左端的弧度换算成度，故有

$$\theta = \frac{\phi}{l} \frac{180}{\pi} \leqslant [\theta] \tag{4-33}$$

各种轴类零件的 $[\theta]$ 值可从有关规范或手册中查到。

例4-6 某传动轴，横截面上的最大转矩 $T = 1.5kN \cdot m$，许用切应力 $[\tau] = 50MPa$，如果该轴为实心圆截面轴，请设计该轴的直径。

解： 1）根据式（4-31）和实心圆截面 W_t 的计算公式知实心圆轴的强度条件为

$$\frac{16T}{\pi D^3} \leqslant [\tau]$$

由此得

$$D \geqslant \sqrt[3]{\frac{16T}{\pi[\tau]}}$$

将有关数据代入上式，得

$$D \geqslant \sqrt[3]{\frac{16 \times 1.5 \times 10^3}{\pi \times 50 \times 10^5}} mm = 53.5mm$$

因此该轴直径 $D = 54mm$。

五、平面弯曲

（一）平面弯曲的特点和梁的基本类型

工程实际中，存在大量的受弯曲杆件，如火车轮轴、桥式起重机大梁，如图 4-57 所示。

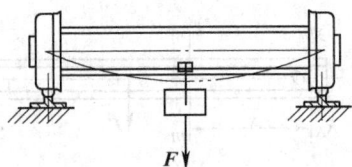

图 4-57 受弯曲杆件

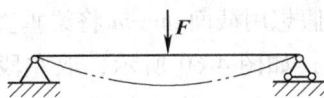

所谓的弯曲变形，是指杆的轴线由直线变成曲线，以弯曲变形为主的杆件称为梁。梁的受力特点是在轴线平面内受到力偶矩或垂直于轴线方向的外力的作用。

如果梁上所有的外力都作用于梁的纵向对称平面内，则变形后的轴线将在纵向对称平面内形成一条平面曲线。这种弯曲称为平面弯曲。

如图 4-58 所示，根据梁的支承情况，可将梁分为简支梁、悬臂梁和外伸梁三种基本类型。这些梁的支反力都可由静力学平衡方程确定，统称为静定梁。

(二) 弯曲内力

现以图 4-59a 所示起重机横梁为例，分析梁弯曲时的内力。梁的约束情况和计算简图分别如图 4-59b、c 所示。

首先，由静力学平衡方程

$$\sum M_B = 0, \quad Fb - R_A l = 0, \quad \sum M_A = 0, \quad R_B l - Fa = 0$$

得

$$R_A = \frac{Fb}{l}, \quad R_B = \frac{Fa}{l}$$

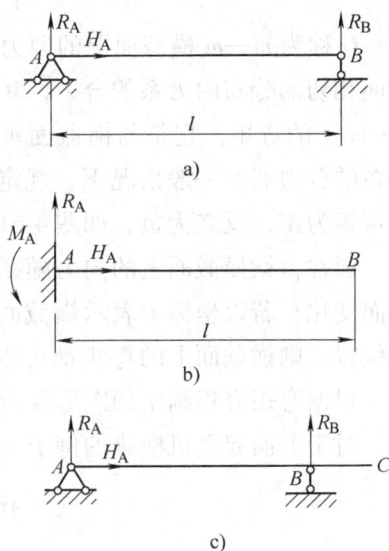

图 4-58 梁的支承情况

a) 简支梁　b) 悬臂梁　c) 外伸梁

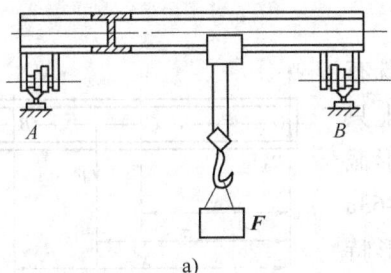

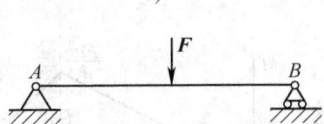

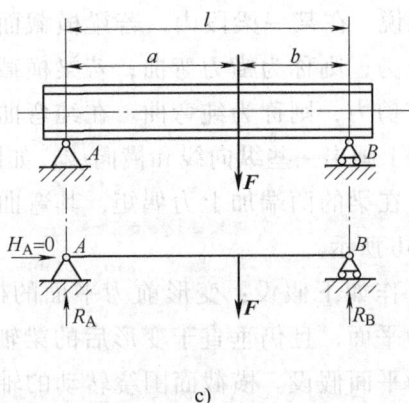

图 4-59 起重机横梁计算简图

然后运用截面法，求梁任意横截面上的内力。若求距左端支承点 A 的距离为 x （$x < a$）处的内力，假想用截面 $m—m$ 将梁垂直于轴线截分为两段，如图 4-60 所示，取左段为分离体，以力 Q 和力偶 M 代替右段对左段的作用，静力学平衡方程为

$$\sum F_y = 0,\quad Q = R_A = \frac{Fb}{l}$$

$$\sum M_O = 0,\quad M = R_A x = \frac{Fb}{l}x$$

图 4-60 吊车横梁内力分析

Q 称为 $m—m$ 横截面上的剪力，它是与横截面相切的分布内力系的合力；M 称为横截面 $m—m$ 上的弯矩，它是与横截面垂直的分布内力系的合力偶。一般情况下，规定使梁凸向下的弯矩为正，反之为负，如图 4-61 所示。

图 4-61 弯矩的符号规定

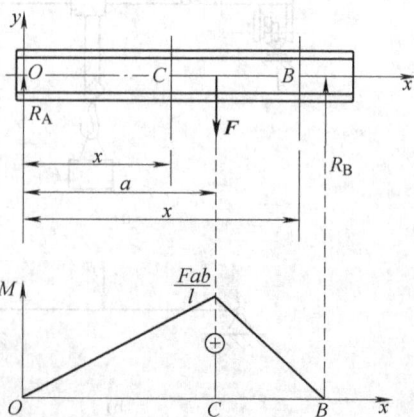

通常，梁横截面上的内力随截面位置的变化而变化。若以坐标 x 表示横截面在梁轴线上的位置，则横截面上的弯矩都可表示为 x 的函数，即 $M = M(x)$，该函数称为梁的弯矩方程。根据弯矩方程画出的图形称为弯矩图。

对于上面起重机横梁的例子（见图 4-59），其弯矩方程为

$$M(x) = \frac{Fb}{l}x \qquad (0 \leqslant x \leqslant a)$$

$$M(x) = \frac{Fb}{l}x - F(x-a) = \frac{Fa}{l} - (l-x) \qquad (a \leqslant x \leqslant l)$$

其弯矩图如图 4-62 所示，其最大弯矩为 $M_{max} = \dfrac{Fab}{l}$。

（三）弯曲时的正应力

一般地说，在某一梁段内，若梁横截面上既有弯矩又有剪力，则称为横力弯曲；若梁横截面上只有弯矩没有剪力，则称为纯弯曲。在纯弯曲矩形截面梁的侧面上画出一些纵向线和横向线，如图 4-63a 所示，然后在梁的两端加上力偶矩，其弯曲变形特点如图 4-63b 所示。

由此可作如下假设：变形前为平面的横截面，变形后仍为平面，且仍垂直于变形后的梁轴线，这个假设称为平面假设。横截面围绕转动的轴称为中性轴，而且可以证明中性轴是通过截面形心的；由梁的轴线和中性轴所构成的平面称为中性层，如图

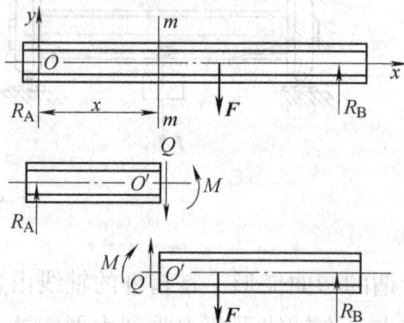

图 4-62 弯矩图

4-63c 所示。根据平面假设可知，中性层上的材料既不伸长，也不缩短。另外，通常还假设梁的各纵向纤维间无相互作用的正应力。

如从图 4-63 所示梁中取一微段 dx，放大后如图 4-64 所示。纵向纤维 O_1O_2 位于中性层上。根据平面假设，变形前相距为 dx 的两个横截面，变形后各自绕中性轴相对转过一个角度 $d\theta$，于是，距中性层为 y 的纵向纤维 CD 的应变为

$$\varepsilon = \frac{C'D' - CD}{CD} = \frac{(\rho + y)d\theta - \rho d\theta}{\rho d\theta} = \frac{y}{\rho} \qquad (4\text{-}34)$$

其中，ρ 为中性层的曲率半径。

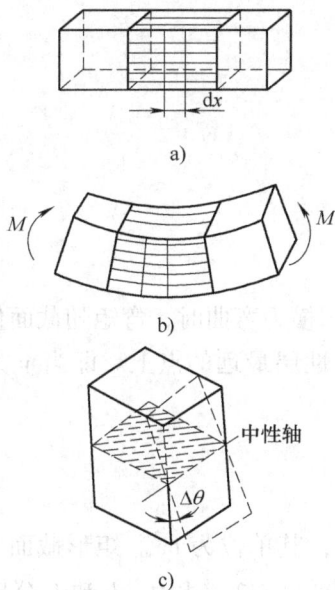

图 4-63　纯弯曲的变形

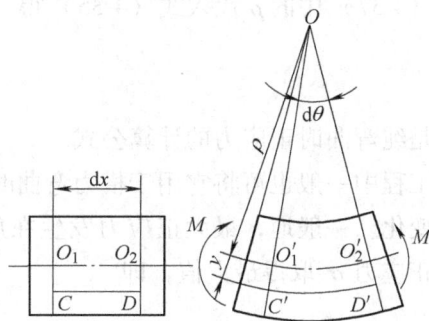

图 4-64　梁的弯曲应变分析

由于纵向纤维间无正应力，每一纵向纤维都是单向拉伸或压缩，于是，当材料在弹性范围内时，根据胡克定律可得

$$\sigma = E\varepsilon = E\frac{y}{\rho} \qquad (4\text{-}35)$$

这表明，当材料一定时，梁横截面上任意点的正应力与该点距中性层的距离成正比，即应力在中性层上为零，距中性层越远，应力越大，且中性层的一侧全为拉应力，另一侧全为压应力，如图 4-65a 所示。

若从横截面上取微小面积 dA，如图 4-65b 所示，可以认为微小面积上的应力均匀分布。然后，将微内力 σdA 对中性轴取矩，并在整个横截面积上积分，其结果应该等于横截面积上的弯矩，即

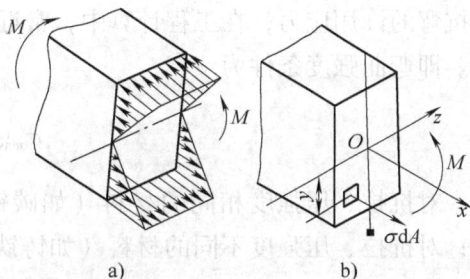

图 4-65　梁横截面应力分布情况

$$M = \int_A y\sigma dA = \int_A yE\frac{y}{\rho}dA = \frac{E}{\rho}\int_A y^2 dA \tag{4-36}$$

其中，$\int_A y^2 dA$ 为仅与截面尺寸和形状有关的量，称为截面对 z 轴的惯性矩，用 I_z 表示，即

$$\int_A y^2 dA = I_z$$

其单位为 m^4。对于矩形截面，$I_z = bh^3/12$；对于实心圆截面，$I_z = \pi D^4/64$；对于空心圆截面，$I_z = \pi(D^4 - d^4)/64$；其他截面类型的惯性矩可参阅有关设计手册。于是，式（4-36）可写成

$$\frac{1}{\rho} = \frac{M}{EI_z} \tag{4-37}$$

将式（4-37）中的 ρ 代入式（4-35）得

$$\sigma = \frac{My}{I_z} \tag{4-38}$$

这就是纯弯曲时正应力的计算公式。

工程中一般也可将它用于横力弯曲时的正应力计算。横力弯曲时，弯矩随截面位置的变化而变化。一般地，最大正应力发生在危险截面上距中性层最远的点上。即当 y 为最大值时，正应力 σ 取得最大值，即

$$\sigma_{max} = \frac{M_{max}y_{max}}{I_z} \tag{4-39}$$

其中，I_z/y_{max} 可用符号 W 表示，称为抗弯截面系数，其单位为 m^3。矩形截面 $W = bh^2/6$；实心圆截面 $W = \pi D^3/32$；空心圆截面 $W = \pi D^3 (1 - \alpha^4)/32$。式中，$b$ 和 h 分别为矩形截面宽和高，$\alpha = d/D$，d 和 D 分别为空心圆截面内径和外径。于是，梁的最大弯曲正应力可表示为

$$\sigma_{max} = \frac{M_{max}}{W} \tag{4-40}$$

（四）弯曲正应力强度和刚度条件

1. 弯曲正应力强度条件

为使受弯构件能安全、可靠地工作，必须使危险截面上的最大弯曲正应力小于或等于材料抗弯的许用应力，在工程计算中，常近似取材料抗拉、压时的许用应力为其抗弯的许用应力。即弯曲强度条件为

$$\sigma_{max} = \frac{M_{max}}{W} \leqslant [\sigma] \tag{4-41}$$

对抗拉、压强度相同的材料（如碳钢），只要绝对值最大的正应力不超过许用应力即可；对抗拉、压强度不同的材料（如铸铁），则拉、压的最大的正应力都应不超过各自的许用应力。

例 4-7 图 4-66a 所示为薄板轧机轧辊的计算简图，轧制力均匀分布，其集度为 $q = 12.5$

$\times 10^3 \text{kN/m}$。若薄板轧机的轧辊直径 $D = 760\text{mm}$，许用应力 $[\sigma] = 800\text{MPa}$。试校核轧辊的强度。

解： 由于梁上载荷和支反力对跨度中点对称，容易求出支反力为

$$R_A = R_B = 5 \times 10^3 \text{kN}$$

其弯矩方程为

AC 段：$M(x) = R_A x \qquad (0 \leqslant x \leqslant 0.43)$

CD 段：$M(x) = R_A x - \dfrac{1}{2} q (x - 0.43)^2 \qquad (0.43 < x \leqslant 1.23)$

DB 段：$M(x) = R_B (1.66 - x) \qquad (1.23 < x \leqslant 1.66)$

其弯矩图如图 4-66b 所示，由弯矩图可知截面 E 为危险截面，且 $M_{\max} = 3150\text{kN} \cdot \text{m}$。轧辊的抗弯截面系数为

$$W = \frac{\pi (760 \times 10^{-3})^3}{32} \text{m}^3 = 4.31 \times 10^{-2} \text{m}^3$$

于是有

$$\sigma_{\max} = \frac{M_{\max}}{W} = \frac{3150 \times 10^3}{4.31 \times 10^{-2}} \text{Pa} = 73.1\text{MPa} < [\sigma]$$

故轧辊满足强度要求。

2. 弯曲刚度条件

工程中对某些受弯构件除强度要求外，往往还有刚度要求。一般用挠度和转角来衡量梁的弯曲变形。如图 4-67 所示，在原轴线的垂直方向上的线位移称为梁在该点的挠度，用 y 来表示；横截面绕中性轴的转角称为该截面的转角，用 θ 表示。

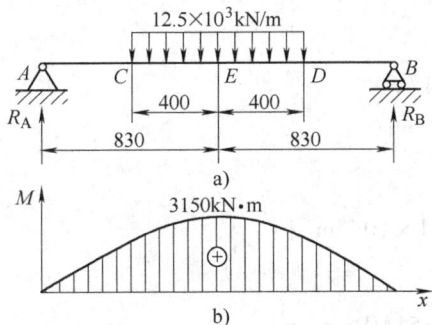

图 4-66　轧辊的计算简图和内力图

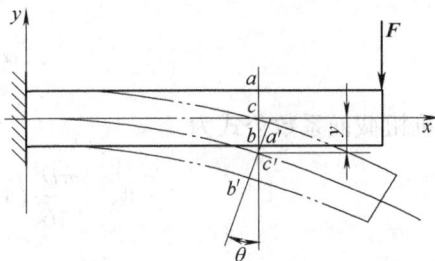

图 4-67　挠度和转角

对于简支梁和悬臂梁在简单载荷作用下的变形计算，可查阅材料力学教材。由于梁有两个变形量，相应的刚度条件也有两个。一方面，梁的转角 θ 要小于许用转角 $[\theta]$；另一方面，梁的挠度 y 要小于许用挠度 $[y]$，于是，梁的刚度条件为

$$\theta \leqslant [\theta]$$
$$y \leqslant [y]$$

上述所讨论的构件变形，仅限于一种基本变形，即直杆轴向拉伸或压缩、剪切、圆轴扭转、梁的对称弯曲。工程实际中构件由外力所引起的变形中常常同时包含两种或两种以上的

基本变形，称为组合变形。在小变形、线弹性条件下，处理这类问题时往往采用叠加法，即分别计算每一种基本变形所对应的应力，然后进行叠加，求得构件在组合变形下的应力，进而建立强度条件。

>> **任务实施**

旋耕机传动轴受扭转的强度分析

如图4-68所示，旋耕机传动轴由45钢无缝管制成，其外径$D = 90 \text{mm}$，内径$d = 85 \text{mm}$。材料的许用应用$[\tau] = 60 \text{MPa}$，工作时最大转矩$M_n = 1.5 \times 10^3 \text{N} \cdot \text{m}$，试校核轴的强度。

图4-68 旋耕机传动轴

解： 传动轴的内径和外径的比值

$$\alpha = \frac{d}{D} = 0.944$$

抗扭截面系数公式为

$$W_t = \frac{\pi D^3}{16}(1 - \alpha^4) = 29.4 \times 10^{-6} \text{m}^3$$

$$\tau_{max} = \frac{M_n}{W_t} = \frac{1.5 \times 10^3}{29.4 \times 10^{-6}} \text{Pa} = 51 \text{MPa} < [\tau]$$

所以，该轴的强度足够。

>> **练习与思考**

1. 求习题1图所示阶梯状直杆各横截面上的应力，并求杆的总伸长。材料的弹性模量$E = 200 \text{GPa}$。横截面面积$A_1 = 200 \text{mm}^2$，$A_2 = 300 \text{mm}^2$，$A_3 = 400 \text{mm}^2$。

2. 直径$d = 20 \text{mm}$、长$L = 200 \text{mm}$的钢杆，受拉力$F = 4 \text{kN}$的作用，已知$E = 200 \text{GPa}$，泊松比$\mu = 0.3$，试求杆的应力、总伸长、单位长度伸长及直径变化。

3. 试指出习题3图所示的剪切面和挤压面（在图上标出位置并说明形状）。

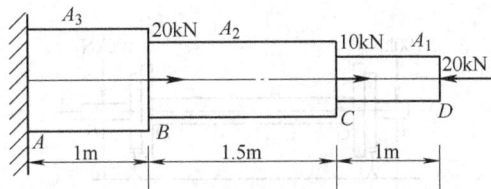

项目四任务二　习题1图

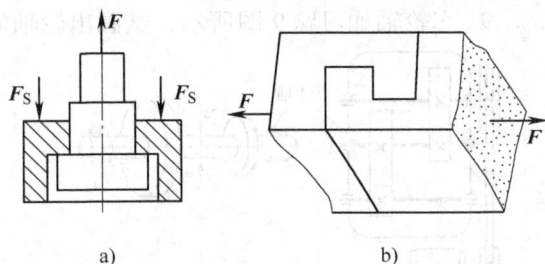

项目四任务二　习题3图

4. 如习题4图所示，拉杆受力 $F = 40\text{kN}$，其材料的许用应力 $[\sigma] = 100\text{MPa}$，横截面为矩形，且 $b = 20\text{mm}$。试确定 a 的尺寸。

5. 测定材料剪切强度的剪切器的示意图如习题5图所示。设圆试样的直径 $d = 115\text{mm}$，当 $F = 31.5\text{kN}$ 时，试样被剪断，试求材料的名义剪切极限应力。若取许用切应力 $[\tau] = 80\text{MPa}$，试问安全系数等于多少？

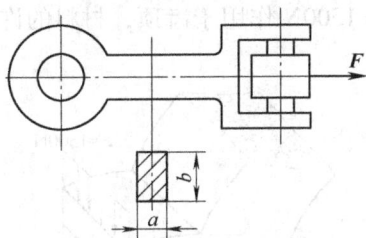

项目四任务二　习题4图

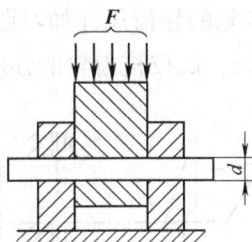

项目四任务二　习题5图

6. 如习题6图所示的轴以 $n = 200\text{r/min}$ 的速度旋转，轴上带有五个带轮，其中轮2为主动轮。其余为从动轮。传递到主动轮上的功率 $P = 80\text{kW}$，且分别以 25kW、15kW、30kW 和 10kW 分配到轮1、3、4、5上。试画出此轴的转矩图。图中尺寸 $a = 1.75\text{m}$，$b = d = 1.5\text{m}$，$c = 2.5\text{m}$。

7. 如习题7图所示实心轴、两端受外力偶矩 $T = 14\text{kN} \cdot \text{m}$，轴的直径 $d = 100\text{mm}$，长度 $L = 1000\text{mm}$，$G = 78\text{GPa}$。试计算：①横截面上的最大切应力；②轴的扭转角；③横截面上 A 点处的切应力。

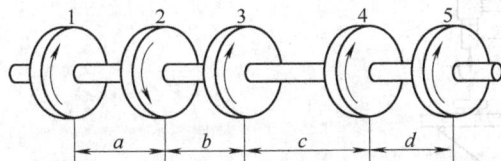

项目四任务二　习题6图

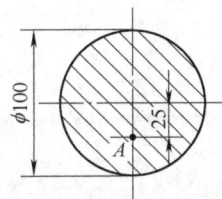

项目四任务二　习题7图

8. 如习题8图所示的机床变速箱第 I 轴传递的功率 $P = 15\text{kW}$，转速 $n = 200\text{r/min}$，材料为45钢，$[\tau] = 40\text{MPa}$。试按强度条件初步确定轴的直径。

9. 车轮轴如习题 9 图所示，试画出轮轴的弯矩图。

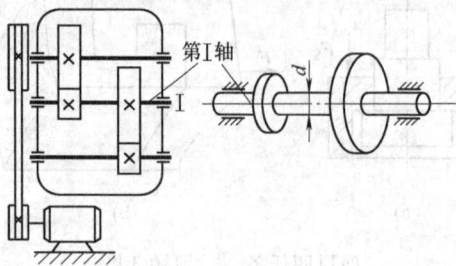

项目四任务二　习题 8 图

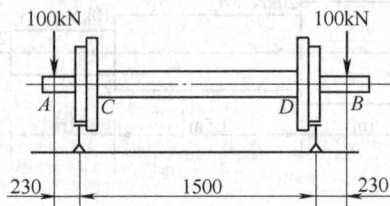

项目四任务二　习题 9 图

10. 长度为 5m，直径为 4cm 的轴，材料的 $G = 75 \times 10^3 \text{MPa}$，传递的功率为 25kW，若许用单位长度内的扭转角 $[\theta] = 1.5°/\text{m}$，试求此轴的最低转速 n。

11. 如习题 11 图所示割刀在切割工件时，受到 $F = 1\text{kN}$ 的切割力作用，切刀尺寸如图所示。试求割刀内的最大弯曲正应力。

12. 某齿轮的轮齿尺寸如习题 12 图所示，假设 $F = 1500\text{N}$ 作用于齿顶，材料的许用应力 $[\sigma] = 140\text{MPa}$，试校核齿轮的强度。

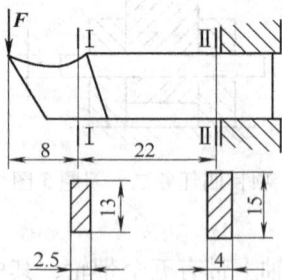

项目四任务二　习题 11 图

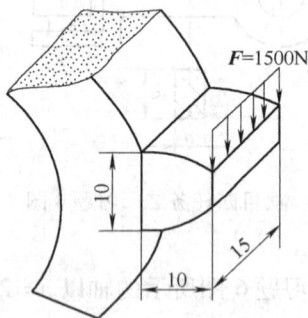

项目四任务二　习题 12 图

13. 如习题 13 图所示钻床的立柱由铸铁制成，$F = 15\text{kN}$，许用拉应力 $[\sigma] = 35\text{MPa}$。试确定立柱所需直径 d。

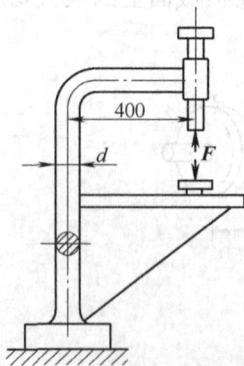

项目四任务二　习题 13 图

项目五　互换性与技术测量

【项目描述】

在一批相同的零件中任取一个，不需修配便可装到机器上并能满足使用要求的性质，称为互换性。为使零件具有互换性，必须保证零件的尺寸、表面粗糙度、几何形状及零件上有关要素的相互位置等技术要求的一致性。互换性与技术测量是农机维修岗位所必备的基本知识和技能。本项目重点内容是互换性的概念、极限与配合、几何公差、表面粗糙度。学习本项目后，学生应具备极限、配合与技术测量方面的基本知识，为后面从事专业课程学习和工作打下一定的基础。

【项目目标】

1）掌握公差带图解、公差带代号及配合代号的含义。

2）熟悉农机上常用极限与配合的选用。

3）掌握农机配件常用的测量工具的使用方法。

4）能用测量工具对农机重要零件几何误差进行测量，并能准确读取和处理数据。

5）理解表面粗糙度的含义及实际作用。

任务一　极限与配合的选用

▶▶ 任务要求

☞ 知识点：

1）了解互换性的意义和作用。

2）掌握尺寸、偏差和公差的基本概念。

3）掌握公差带图解、公差带代号及配合代号的含义。

4）掌握极限与配合的选用原则。

5）熟悉农机上常用极限与配合的选用。

☞ 技能点：

1）能看懂图样中的尺寸公差、配合的标注。

2）具备根据配合性质选用尺寸公差的能力。

3）具备根据所给公差带代号查表计算的能力。

▶▶ 任务导入

相互配合的零件需要满足两个要求，一是在使用和制造上是合理、经济的；二是保证相互配合的尺寸之间形成一定的配合关系，以满足不同的使用要求。孔和轴是机械中最常见的一种配合，根据孔和轴之间的配合情况，可将配合分为间隙、过盈和过渡配合三种类型。其中，间隙配合主要用于孔、轴间的活动连接，过盈配合主要用于孔、轴间的紧固连接，过渡配合主要用于孔、轴间的定位连接。国家标准规定了基孔制和基轴制两种配合制度，一般情况下，由于孔的加工难度比轴高，故优先选用基孔制配合，但还是要视具体情况而定。在农机上，也有很多配合的部位，如发动机活塞与气缸之间、气门与气门导杆之间、气门导杆与气缸盖之间的配合。本任务就是对农机上常用的极限与配合进行分析。

▶▶ 相关知识

一、互换性及其作用

互换性是指同规格的一批产品（包括零件、部件、构件）在尺寸、功能上能够彼此互相替换的性质。

在日常生活中有大量的现象涉及互换性。例如，自行车、汽车、拖拉机、机床等的某个零件若损坏了，可按相同规格购买一个新的装上，并且在更换与装配后，能很好地满足使用要求。

除少数单件生产的产品外，现代机械制造工业产品都要求零件、部件具有互换性。要使零件间具有互换性，不必要也不可能使零件质量参数的实际值完全相同，而只要将它们的差异控制在一定的范围内，即按"公差"来制造即可。公差是指允许实际参数值的变动量。

【特别提示】

互换性应同时具备两个条件：一是不需挑选、不经修理就能进行装配；二是装配以后能满足使用要求。

互换性是机械产品设计和制造的重要原则。按互换性原则组织生产的重要目标，是获得产品功能与经济效益的综合最佳效应。互换性是实现生产分工、协作的必要条件，它不仅使专业化生产成为可能，有效地提高了生产率、保证了产品质量、降低了生产成本，而且能大大地缩短设计、制造周期。在当今市场竞争日趋激烈、科学技术迅猛发展、产品更新周期越来越短的时代，互换性对于提高产品的竞争能力，从而获得更大的经济效益具有重要的作用。

要实现互换性，就要求设计、制造、检验等项工作按照统一的标准进行。为了满足各部门的协调和各生产环节的衔接需要，必须有统一的标准，才能使分散的、局部的生产部门和生产环节保持必要的技术统一，使之成为一个有机的整体，从而实现互换性生产。

二、极限与配合的基本术语及定义

在生产实践中，由于存在加工误差和测量误差，零件不可能完全准确地制成指定的尺寸。对零件的加工误差及其控制范围所制定的技术标准，称为极限与配合标准，它是实现互换性的基础。为了正确理解和应用极限与配合，必须弄清极限与配合的基本术语及定义。

（一）孔和轴

在极限与配合标准中，孔和轴这两个术语有其特定含义，它关系到公差标准的应用范围。

（1）孔 主要指圆柱形内表面，也包括其他内表面中由单一尺寸确定的部分。

（2）轴 主要指圆柱形外表面，也包括其他外表面中由单一尺寸确定的部分。

从装配关系来讲，孔是包容面，在它之内没有材料；轴是被包容面，在它之外没有材料。在极限与配合标准中，孔、轴的概念是广义的，而且是由单一主要尺寸构成的。

图 5-1 中的 d_1、d_2、d_3 均为轴，D_1 为孔。在图 5-2 中，滑块槽宽 D_2、D_3、D_4 为孔，而滑块槽厚度 d_4 为轴。

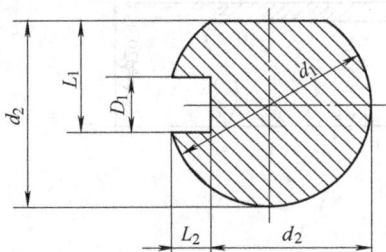

图 5-1 孔和轴定义示意图（一）

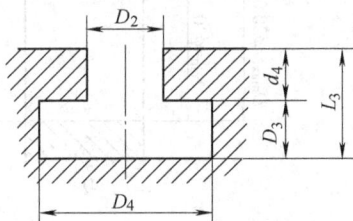

图 5-2 孔和轴定义示意图（二）

（二）尺寸的术语及定义

1. 尺寸

用特定单位表示长度值的数字称为尺寸。由定义可知，尺寸由数值和特定单位两部分组成，如 300m、50cm 等。在机械制图中，图样上的尺寸通常以 mm 为单位，如以此为单位时，可省略单位的标注，仅标注数值；采用其他单位时，则必须在数值后注明单位。

【特别提示】

为避免混淆，将角度量称为角度尺寸，而通常所讲尺寸均指长度尺寸。

2. 公称尺寸

设计给定的尺寸，称为公称尺寸。孔的公称尺寸用 "D" 表示，轴的公称尺寸用 "d" 表示。公称尺寸由设计给定，设计时可根据零件的使用要求，通过计算、试验或类比的方法确定公称尺寸。图样上所标注的尺寸通常都是公称尺寸。它是计算极限尺寸和极限偏差的起始尺寸。

【特别提示】

孔、轴配合时的公称尺寸相同。

3. 实际尺寸

通过测量获得的尺寸，称为实际尺寸。孔以 "D_a" 表示，轴以 "d_a" 表示。由于存在测量误差，所以实际尺寸并非尺寸的真值。例如：测得轴的轴颈尺寸为 29.975mm，测量的误差为 ±0.001mm，则实际尺寸的真值在（29.975±0.001）mm 范围内。真值是客观存在的，但又是不知道的，因此只能以测量获得的尺寸作为实际尺寸。

4. 极限尺寸

允许尺寸变化的两个界线值，称为极限尺寸。孔或轴允许的最大尺寸称为上极限尺寸，孔以"D_{max}"、轴以"d_{max}"表示；孔或轴允许的最小尺寸称为下极限尺寸，孔以"D_{min}"、轴以"d_{min}"表示。极限尺寸是以公称尺寸为基数来确定的。

在机械加工中，由于机床、刀具、量具等各种因素而形成加工误差的存在，要把同一规格的零件加工成同一尺寸是不可能的。从使用的角度来讲，也没有必要将同一规格的零件都加工成同一尺寸，只需将零件的实际尺寸控制在一个范围内，就能满足使用要求。这个范围由上述两个极限尺寸确定，如图5-3所示。

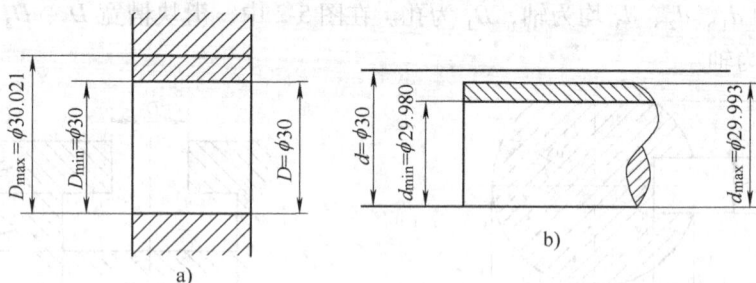

图5-3 极限尺寸

a）孔的极限尺寸 b）轴的极限尺寸

孔的公称尺寸 $D = 30\text{mm}$。

孔的上极限尺寸 $D_{max} = 30.021\text{mm}$。

孔的下极限尺寸 $D_{min} = 30\text{mm}$。

轴的公称尺寸 $d = 30\text{mm}$。

轴的上极限尺寸 $d_{max} = 29.993\text{mm}$。

轴的下极限尺寸 $d_{min} = 29.980\text{mm}$。

要注意的是公称尺寸和极限尺寸都是设计时给定的，公称尺寸可以在极限尺寸所确定的范围内，也可以在极限尺寸所确定的范围外。如图5-3中孔的公称尺寸等于孔的下极限尺寸，在两极限尺寸所确定的范围内；而轴的公称尺寸大于轴的上极限尺寸，在两极限尺寸所确定的范围外。当不考虑形状误差的影响时，加工后的零件获得的实际尺寸若在两极限尺寸所确定的范围之内，则零件合格，否则零件不合格。

5. 作用尺寸

在配合面全长上，与实际孔内接的最大理想轴的尺寸，称为孔的作用尺寸；与实际轴外接的最小理想孔的尺寸，称为轴的作用尺寸。作用尺寸是实际尺寸和形状误差的综合结果，如图5-4所示。

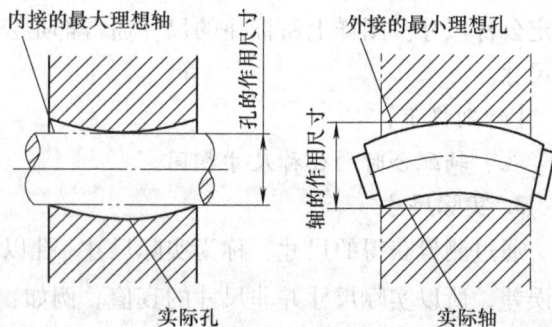

图5-4 孔或轴的作用尺寸

6. 实体状态和实体尺寸

孔、轴的极限尺寸除按其尺寸大小特征分为上、下极限尺寸外，还可按工件实体的大小，即所占有材料的多少为特征进行分类。

最大实体状态（MMC）和最大实体尺寸（MMS）：孔和轴在尺寸公差范围内，具有材料量最多时的状态，称为最大实体状态，在此状态下的极限尺寸称为最大实体尺寸。最大实体尺寸为 D_{min} 与 d_{max} 的统称。

最小实体状态（LMC）和最小实体尺寸（LMS）：孔和轴在尺寸公差范围内，具有材料量最少时的状态，称为最小实体状态，在此状态下的极限尺寸称为最小实体尺寸。最小实体尺寸为 D_{max} 与 d_{min} 的统称。

（三）尺寸偏差、公差及公差带

1. 尺寸偏差（简称偏差）

偏差是指某一尺寸（实际尺寸、极限尺寸）减其公称尺寸所得的代数差。

（1）极限偏差　极限偏差是指极限尺寸减其公称尺寸所得的代数差。上极限尺寸减其公称尺寸所得的代数差称为上极限偏差，下极限尺寸减其公称尺寸所得的代数差称为下极限偏差。孔、轴的上极限偏差分别以 ES 和 es 表示，孔、轴的下极限偏差分别以 EI 和 ei 表示，即

$$ES = D_{max} - D \quad es = d_{max} - d \tag{5-1a}$$

$$EI = D_{min} - D \quad ei = d_{min} - d \tag{5-1b}$$

（2）实际偏差　实际偏差是指实际尺寸减其公称尺寸所得的代数差。孔、轴的实际偏差分别以 E_a 和 e_a 表示。工件尺寸合格的条件也可以用偏差表示如下：

对于孔，$ES \geq E_a \geq EI$；

对于轴，$es \geq e_a \geq ei$。

应该注意，偏差可以为正、负或零值。合格零件的实际偏差应在上、下极限偏差之间。

例 5-1　轴颈直径的公称尺寸为 $\phi 60mm$，上极限尺寸为 $\phi 60.018mm$，下极限尺寸为 $\phi 59.988mm$（见图 5-5），求轴颈直径的上、下极限偏差。

图 5-5　轴的上、下极限偏差计算示例

解：由式（5-1a）可知轴的上、下极限偏差为

$$es = d_{max} - d = 60.018mm - 60mm = 0.018mm$$

$$ei = d_{min} - d = 59.988mm - 60mm = -0.012mm$$

2. 尺寸公差（简称公差）

允许尺寸的变动量称为尺寸公差。公差是设计时根据零件要求的精度并考虑加工时的经济性能，对尺寸的变动范围给定的允许值。由于合格零件的尺寸只能在上极限尺寸与下极限尺寸之间的范围内变动，而变动只涉及大小，因此用绝对值定义，所以公差等于上极限尺寸与下极限尺寸之代数差的绝对值，也等于上极限偏差与下极限偏差的代数差的绝对值。孔和轴的公差分别以 T_h 和 T_s 表示，其表达式为

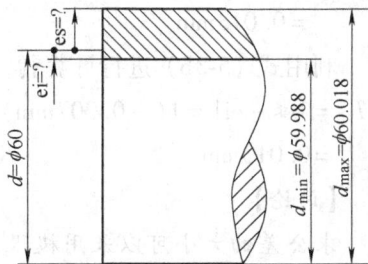

$$T_h = |D_{max} - D_{min}| \tag{5-2a}$$

$$T_s = |d_{max} - d_{min}| \tag{5-2b}$$

由式(5-1a)可得

$$D_{max} = D + ES \qquad D_{min} = D + EI$$

代入式(5-2a)中可得

$$T_h = |D_{max} - D_{min}| = |(D + ES) - (D + EI)|$$

$$T_h = |ES - EI| \tag{5-3a}$$

同理可推导出

$$T_s = |es - ei| \tag{5-3b}$$

以上两式说明：公差等于上极限偏差与下极限偏差代数差的绝对值。

从以上叙述可以看出，尺寸公差是用绝对值来定义的，没有正负的含义，因此在公差值的前面不能标出"＋"或"－"；同时因加工误差不可避免，即零件的实际尺寸总是变动的，所以公差不能取零值，这两点与偏差是不同的。

从加工的角度看，公称尺寸相同的零件，公差值越大，加工就越容易，反之加工就越困难。

例 5-2 求轴 $\phi 25^{-0.007}_{-0.020}$ 的尺寸公差（如图5-6）。

解： 利用式(5-1)、式(5-26)进行计算得

$$d_{max} = d + es = 25mm + (-0.007mm) = 24.993mm$$

$$d_{mim} = d + ei = 25mm + (-0.020mm) = 24.980mm$$

$$T_s = |d_{max} - d_{mim}| = |24.993mm - 24.980mm|$$

$$= 0.013mm$$

利用式(5-3b)进行计算得

$$T_s = |es - ei| = |(-0.007mm) - (-0.020mm)|$$

$$= 0.013mm$$

图 5-6 轴的尺寸公差计算示例

【讨论】

求公差的大小可以采用极限尺寸和极限偏差两种方法，哪一种简单？

3. 公差带图、零线、尺寸公差带

为了清晰地表示上述各量及其相互关系，一般采用极限与配合的示意图，在图中将公差和极限偏差部分放大，如图5-7所示。从图中可以直观地看出公称尺寸、极限尺寸、极限偏差和公差之间的关系。由于公差及偏差的数值与公称尺寸数值相比要小得多，不便用同一比例表示，所以在实际应用中，为了简化，只画出放大的孔、轴公差带来分析问题，这种方法称为公差带图解。图5-8所示就是图5-7的公差带图。

（1）零线 在公差带图中，确定偏差的一条基准直线称为零线，即零偏差线。通常零线表示公称尺寸。正偏差位于零线上方，负偏差位于零线下方。

（2）尺寸公差带（简称公差带） 在公差带图中，由代表上、下极限偏差的两条直线所限定的一个区域称为尺寸公差带。尺寸公差带的大小取决于公差的大小；公差带相对于零线的位置取决于极限偏差的大小。只有既给定公差大小，又给定一个极限偏差（上极限偏差或下极限偏差），才能完整地描述一个公差带。

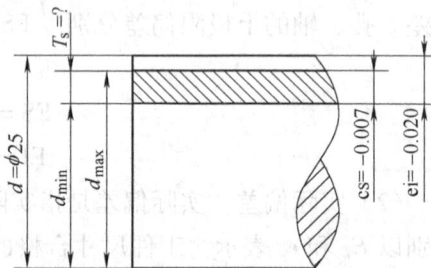

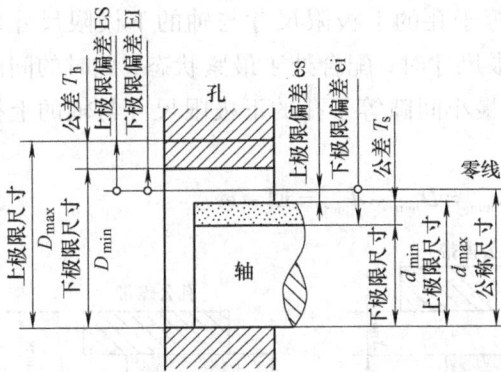

图 5-7 极限与配合示意图

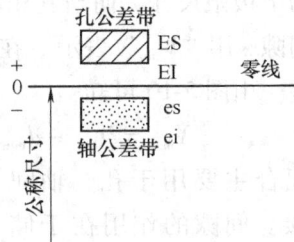

图 5-8 公差带图

4. 基本偏差

基本偏差是用来确定公差相对零线位置的上极限偏差或下极限偏差，一般指靠近零线的那个偏差，如图 5-7 所示。当公差带位于零线上方时，其基本偏差为下极限偏差；位于零线下方时，其基本偏差为上极限偏差；当公差带对称于零线时，两者皆可。

（四）配合

1. 配合的概念

公称尺寸相同的，相互结合的孔和轴的公差带之间的关系称为配合。由于配合是指一批孔、轴的装配关系，而不是指单个孔与轴的装配关系，所以用公差带关系来反映配合比较确切。装配后的松紧程度即装配的性质，取决于相互配合的孔和轴公差带之间的关系。

2. 间隙与过盈

孔的尺寸减去相配合的轴的尺寸所得的代数差，此差值为正时是间隙，一般用"X"表示；为负时是过盈，一般用"Y"表示。间隙数值前应标有"＋"号；过盈数值前应标"－"号。在孔和轴的配合中，间隙的存在是配合后

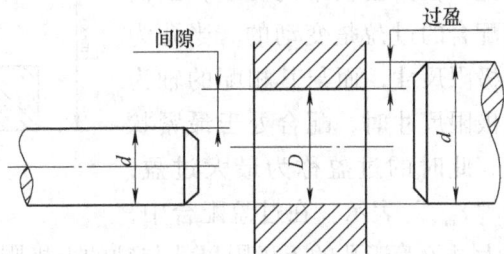

图 5-9 间隙或过盈

能产生相对运动的基本条件，而过盈的存在使配合零件位置固定或能够传递载荷，如图 5-9 所示。

3. 间隙配合

具有间隙（包括最小间隙等于零）的配合称为间隙配合。某一规格的一批孔和某一规格的一批轴（孔、轴的公称尺寸相同），任选其中的一对孔、轴，则孔的尺寸总是大于或等于轴的尺寸，其代数差为正值或零，则这批孔与这批轴的配合为间隙配合。当其代数差为零时，则是间隙配合中的一种形式——零间隙。间隙配合时，孔的公差带在轴的公差带之上，如图 5-10 所示。

由于孔、轴的实际尺寸允许在其公差带内变动，因而其配合的间隙是变动的。当孔为上极限尺寸，而与其相配的轴为下极限尺寸时，配合处于最松状态，此时的间隙称为最大间

隙，用"X_{max}"表示。在间隙配合中，最大间隙等于孔的上极限尺寸与轴的下极限尺寸之差。当孔为下极限尺寸，而与其相配的轴为上极限尺寸时，配合处于最紧状态，此时的间隙称为最小间隙，用"X_{min}"表示。在间隙配合中，最小间隙等于孔的下极限尺寸与轴的上极限尺寸之差。由图5-10可知：

$$X_{max} = D_{max} - d_{min} = ES - ei \qquad X_{min} = D_{min} - d_{max} = EI - es$$

间隙配合主要用于孔、轴间的活动连接。间隙的作用在于储藏润滑油，补偿温度引起的变形，补偿弹性变形及制造与安装误差等。间隙的大小影响孔、轴相对运动的活动程度。

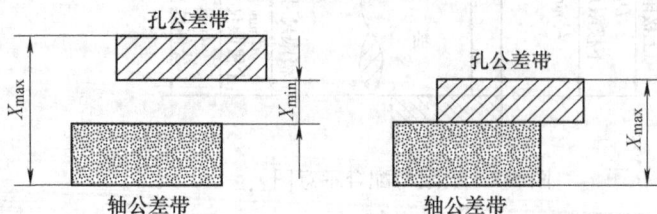

图5-10 间隙配合

4. 过盈配合

具有过盈（包括最小过盈等于零）的配合称为过盈配合。某一规格的一批孔和某一规格的一批轴（两者公称尺寸相同），任取其中一对孔、轴，则孔的尺寸总是小于或等于轴的尺寸，其代数差为负值或零，则这批孔与这批轴的配合为过盈配合。当其代数差为零时，则是过盈配合中的一种形式——零过盈。过盈配合时，孔的公差带在轴的公差带之下，如图5-11所示。

同样，由于孔、轴的实际尺寸允许在其公差带内变动，因而其配合的过盈是变动的。当孔为下极限尺寸，而与其相配的轴为上极限尺寸时，配合处于最紧状态，此时的过盈称为最大过盈，用"Y_{max}"表示。在过盈配合中，

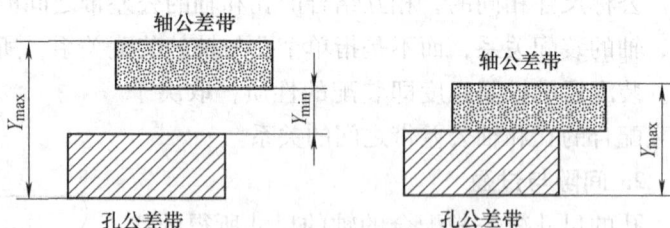

图5-11 过盈配合

最大过盈等于孔的下极限尺寸与轴的上极限尺寸之差。当孔为上极限尺寸，而与其相配的轴为下极限尺寸时，配合处于最松状态，此时的过盈称为最小过盈，用"Y_{min}"表示。在过盈配合中，最小过盈等于孔的上极限尺寸与轴的下极限尺寸之差。由图可知

$$Y_{max} = D_{min} - d_{max} = EI - es \qquad Y_{min} = D_{max} - d_{min} = ES - ei$$

过盈配合用于孔、轴间的紧密连接，不允许两者有相对运动。

5. 过渡配合

可能具有间隙或过盈的配合称为过渡配合。某一规格的一批孔和某一规格的一批轴（两者公称尺寸相同），任取其中一对孔、轴，则孔的尺寸可能大于、也可能小于或等于轴的尺寸，其代数差可能为正值，也可能为负值或零，则这批孔与这批轴的配合为过渡配合。可以说过渡配合是介于间隙配合与过盈配合之间的一种配合。过渡配合时，孔的公差带与轴的公差带相互交叠，其极限值为最大间隙X_{max}和最大过盈Y_{max}，如图5-12所示。由图可知

$$X_{max} = D_{max} - d_{min} = ES - ei \qquad Y_{max} = D_{min} - d_{max} = EI - es$$

过渡配合主要用于孔、轴的定位连接。标准中规定的过渡配合的间隙或过盈一般较小，

因此可以保证结合零件具有很好的同轴度，并且便于拆卸和装配。

6. 配合公差 T_f

配合公差 T_f 是指允许间隙或过盈的变动量。对间隙配合，$T_f = X_{max} - X_{min}$；对过盈配合，$T_f = Y_{min} - Y_{max}$；对过渡配合，$T_f = X_{max} - Y_{max}$。

图 5-12　过渡配合

当公称尺寸一定时，配合公差 T_f 表示配合的精确程度，反映了设计使用要求；而孔公差带 T_h 和轴公差带 T_s 则分别表示孔、轴加工的精确程度，反映了工艺制造要求及加工的难易程度。通过关系式 $T_f = T_h + T_s$，将这两方面的要求联系在一起。若使用要求或设计要求提高，即 T_f 减小，则 $T_h + T_s$ 也要减小，这时加工更困难，成本也相应增加。因此，这个关系正好说明公差的实质：反映机器使用要求与制造要求的矛盾，或设计与工艺的矛盾。

7. 配合公差带

配合公差带的大小表示配合的精度。对间隙配合，为最大间隙与最小间隙之间的公差带；对过盈配合，为最大过盈与最小过盈之间的公差带；对过渡配合，为最大间隙与最大过盈之间的公差带。

可用配合公差带图来直观地表达配合性质。在配合公差带图中，横坐标为零线，表示间隙或过盈为零；零线上方的纵坐标为正值，代表间隙 X，零线下方的纵坐标为负值，代表过盈 Y。配合公差带两端的坐标值代表极限间隙 X_{max} 或极限过盈 Y_{max}，它反映了配合的松紧程度；上、下两端间的距离为配合公差 T_f，它反映配合的松紧变化程度，如图 5-13 所示。

图 5-13　配合公差带图

（五）基准制

基准制是以两个相配合零件中的一个为基准件，并选定标准公差带，然后按使用要求的最小间隙或最小过盈，确定非基准件公差带位置，从而形成各种配合的一种制度。

（1）基孔制　它是基本偏差为一定的孔的公差带，与不同基本偏差的轴的公差带形成各种配合的一种制度，如图 5-14a 所示。基孔制中配合的孔，称为基准孔，它是配合的基准件。标准规定，基准孔基本偏差（下极限偏差）为零，即 $EI = 0$，而上极限偏差为正值，即

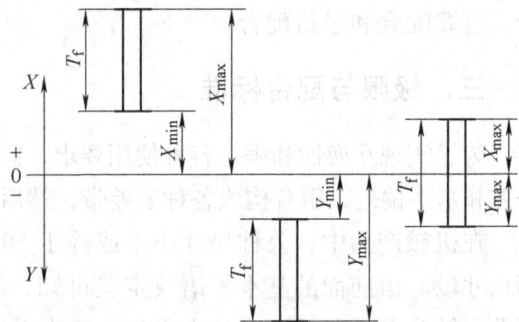

公差带在零线上方。

基孔制中配合的轴为非基准件，如图 5-14a 所示。当轴的基本偏差为上极限偏差且为负值或零时，是间隙配合；基本偏差为下极限偏差且为正值时，孔与轴公差带相交叠，为过渡配合，相错开则为过盈配合。另外，在图 5-14a 中，轴的另一极限偏差用一条虚线段画出，以示意其位置随公差带大小而变化的范围。这样，随着孔与轴的另一极限偏差线位置之间的关系不同，在过渡配合与过盈配合之间，出现了配合类别不确定的"过渡配合或过盈配合"区。

（2）基轴制　它是基本偏差为一定的轴的公差带，与不同基本偏差的孔的公差带形成各种配合的一种制度，如图 5-14b 所示。

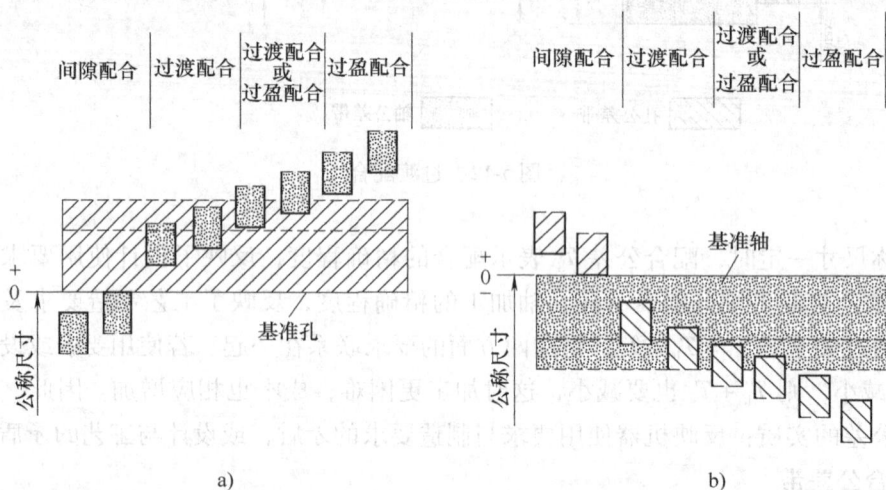

图 5-14　基孔制与基轴制

a）基孔制　b）基轴制

基轴制中配合的轴称为基准轴，是配合的基准件，而孔为非基准件。标准规定，基准轴基本偏差（上极限偏差）为零，即 $es = 0$，而下极限偏差为负值，即公差带在零线下方。与基孔制相似，随着基准轴与相配孔公差之间相互关系不同，可形成不同松紧程度的间隙配合、过渡配合和过盈配合。

三、极限与配合标准

为了实现互换性和满足各种使用要求，国家标准对不同的公称尺寸，规定了一系列的标准公差和基本偏差，组合构成各种公差带，然后由不同的孔、轴公差带结合，形成各种配合。

在机械产品中，公称尺寸小于或等于 500mm 的零件应用最广，因此这一尺寸段称为常用尺寸段。由前面的基本术语及定义可知，各种配合是由孔和轴公差带之间的关系决定的，而孔、轴公差带又是由它的大小和位置决定的。标准公差决定公差带的大小，基本偏差决定公差带的位置。为了使极限与配合实现标准化，GB/T 1800.1—2009《产品几何技术规范（GPS）　极限与配合　第 1 部分：公差、偏差和配合的基础》规定了两个基本系列，即标准公差系列和基本偏差系列，分别对标准公差和基本偏差进行了标准化。

【特别提示】

标准公差决定公差带的大小，基本偏差决定公差带的位置。

（一）标准公差系列

标准公差是国标规定的用以确定公差带大小的任一公差值。标准公差系列是由不同公差等级和不同公称尺寸的标准公差构成的。

1. 公差等级

确定尺寸精确程度的等级，称为公差等级。规定和划分公差等级的目的，是简化和统一对公差的要求，使规定的公差等级既能满足广泛的不同使用要求，又能大致代表各种加工方法的精度。这样，既有利于设计，也有利于制造。

在 GB/T 1800.1—2009 中，标准公差用 IT 表示，共分为 20 个等级，用 IT 和阿拉伯数字表示，分别为 IT01、IT0、IT1、IT2、…、IT17、IT18，其中 IT01 等级最高，IT18 为最低级，等级依次降低，公差值依次增大，加工难度依次降低。标准公差的大小，即公差等级的高低，决定了孔、轴的尺寸精度和配合精度。在确定孔、轴公差时，应按标准公差等级取值，以满足标准化和互换性的要求。

2. 尺寸分段

实践证明，公差等级相同而公称尺寸相近的公差数值差别不大。为了减少标准公差数目、统一公差值、简化公差表格以及便于实际应用，国家标准将公称尺寸分成若干段。尺寸分段后，对同一尺寸段内的所有公称尺寸，在相同的公差等级的情况下，规定相同的标准公差。公称尺寸分段见表 5-1。

表 5-1　公称尺寸 ≤500mm 的尺寸分段　　　　（单位：mm）

主段落		中间段落		主段落		中间段落		主段落		中间段落	
大于	至	大于	至	大于	至	大于	至	大于	至	大于	至
	3			50	80	50	65	180	250	180	200
3	6					65	80			200	225
6	10					80	100			225	250
10	18	10	14	80	120	100	120	250	315	250	280
		14	18			120	140			280	315
18	30	18	24	120	180	140	160	315	400	315	355
		24	30			160	180			355	400
30	50	30	40					400	500	400	450
		40	50							450	500

在标准公差计算公式中，公称尺寸一律以所属尺寸段内首、尾两个尺寸的几何平均值来进行计算。这样做的结果势必不够精确，即对同一尺寸段内的大尺寸，公差值计算小了，而对小尺寸则计算大了。经过生产实践证明，这一误差对生产影响不大，然而对于公差值的标准化却非常有利。标准公差数值见表 5-2。

（二）基本偏差系列

公差带由公差带大小和公差带位置两部分构成，大小由标准公差决定，而位置则由基本偏差确定。为满足机器中各种不同性质和不同松紧程度的配合需要，需要有一系列不同的公差带位置以组成各种不同的配合。

表 5-2　标准公差数值（摘自 GB/T 1800.1—2009）

公称尺寸/mm	标准公差等级																	
	IT1	IT2	IT3	IT4	IT5	IT6	IT7	IT8	IT9	IT10	IT11	IT12	IT13	IT14	IT15	IT16	IT17	IT18
	μm											mm						
≤3	0.8	1.2	2	3	4	6	10	14	25	40	60	0.10	0.14	0.25	0.40	0.60	1.0	1.4
>3~6	1.0	1.5	2.5	4	5	8	12	18	30	48	75	0.12	0.18	0.30	0.48	0.75	1.2	1.8
>6~10	1.0	1.5	2.5	4	6	9	15	22	36	58	90	0.15	0.22	0.36	0.58	0.90	1.5	2.2
>10~18	1.2	2	3	5	8	11	18	27	43	70	110	0.18	0.27	0.43	0.70	1.10	1.8	2.7
>18~30	1.5	2.5	4	6	9	13	21	33	52	84	130	0.20	0.33	0.52	0.84	1.30	2.1	3.3
>30~50	1.5	2.5	4	7	11	16	25	39	62	100	160	0.25	0.39	0.62	1.00	1.60	2.5	3.9
>50~80	2	3	5	8	13	19	30	46	74	120	190	0.30	0.46	0.74	1.20	1.90	3.0	4.6
>80~120	2.5	4	6	10	15	22	35	54	87	140	220	0.35	0.54	0.87	1.40	2.20	3.5	5.4
>120~180	3.5	5	8	12	18	25	40	63	100	160	250	0.40	0.63	1.00	1.60	2.50	4.0	6.3
>180~250	4.5	7	10	14	20	29	46	72	115	185	290	0.46	0.72	1.15	1.85	2.90	4.6	7.2
>250~315	6	8	12	16	23	32	52	81	130	210	320	0.52	0.81	1.30	2.10	3.20	5.2	8.1
>315~400	7	9	13	18	25	36	57	89	140	230	360	0.54	0.89	1.40	2.30	3.60	5.7	8.9
>400~500	8	10	15	20	27	40	63	97	155	250	400	0.63	0.97	1.55	2.50	4.00	6.3	9.7
>500~630	9	11	16	22	32	44	70	110	175	280	440	0.70	1.00	1.75	2.80	4.40	7.0	11.0
>630~800	10	13	18	25	36	50	80	125	200	320	500	0.80	1.25	2.00	3.20	5.00	8.0	12.5
>800~1000	11	15	21	28	40	56	90	140	230	360	560	0.90	1.40	2.30	3.60	5.60	9.0	14.0
>1000~1250	13	18	24	33	47	66	105	165	260	420	660	1.05	1.65	2.60	4.20	6.60	10.5	16.5
>1250~1600	15	21	29	39	55	78	125	195	310	500	780	1.25	1.95	3.10	5.00	7.80	12.5	19.5
>1600~2000	18	25	35	46	65	92	150	230	370	600	920	1.50	2.30	3.70	6.00	9.20	15.0	23.0
>2000~2500	22	30	41	55	78	110	175	280	440	700	1100	1.75	2.80	4.40	7.00	11.0	17.5	28.0
>2500~3150	26	36	50	68	96	135	210	330	540	860	1350	2.10	3.30	5.40	8.60	13.5	21.0	33.0

注：公称尺寸 >500mm 的 IT1~IT2 的标准公差数值为试行的。公称尺寸 ≤1mm 时，无 IT4~IT18。

1. 孔、轴的基本偏差的特点

基本偏差是指两个极限偏差中靠近零线或位于零线的那个偏差。因此公差带在零线之上的，以下极限偏差为基本偏差；公差带在零线之下的，以上极限偏差为基本偏差。如图 5-15 所示，孔的基本偏差为下极限偏差（EI），轴的基本偏差为上极限偏差（es）。

为了满足各种不同配合的需要，国家标准对孔和轴分别规定了 28 种基本偏差，它们用拉丁字母表示。大写字母表示孔，小写字母表示轴。26 个字母中除去 5 个容易与其他含义混淆的字母：孔去掉 I、L、O、Q、W，轴去掉 i、l、o、q、w，剩下的 21 个字母加上 7 个双写的字母，孔加上 CD、EF、FG、JS、ZA、ZB、ZC，轴加上 cd、ef、fg、js、za、zb、zc，共 28 种，作为基本偏差的代号。这 28 种基本偏差构成基本偏差系列，如图 5-16 所示。

图 5-15　基本偏差

从图 5-16 可以看出，这些基本偏差的主要特点如下：

1）基本偏差系列中的 H(h)，其基本偏差为零，即 H 的下极限偏差 EI = 0，h 的上极限偏差 es = 0。由前述可知，H 和 h 分别为基准孔和基准轴的基本偏差代号。

2）JS(js) 与零线对称；上极限偏差 ES(es) = +IT/2，下极限偏差 EI(ei) = −IT/2，上、下极限偏差均可作为基本偏差。以 J 和 j 为基本偏差组成的公差带跨在零线上，呈不对

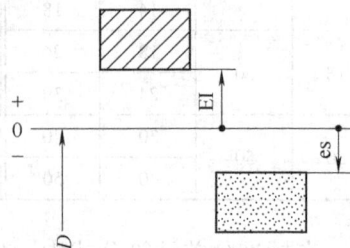

称分布，它们的基本偏差不一定是靠近零线的那个偏差。JS(js)将逐渐取代近似对称的偏差 J 和 j，所以在新的国家标准中，孔仅保留了 J6、J7、J8，轴仅保留了 j5、j6、j7 和 j8 等几种。因此，在基本偏差系列中将 J 和 j 放在 JS 和 js 的位置上。

3）在孔的基本偏差系列中，A ~ H 的基本偏差为下极限偏差 EI（为正值或零）；J ~ ZC 的基本偏差为上极限偏差 ES（多为负值）。

4）在轴的基本偏差系列中，a ~ h 的基本偏差为上极限偏差 es（为负值或零）；j ~ zc 的基本偏差为下极限偏差 ei（多为正值）。

5）K 和 N 的基本偏差为上极限偏差；k 和 n 的基本偏差为下极限偏差，但精度等级不同，其基本偏差数值不同，故同一代号有两个位置。

6）在基本偏差系列图中，仅绘出了公差带的一端，对公差带的另一端未绘出，因为它取决于公差等级和这个基本偏差的组合。

2. 轴和孔的基本偏差系列

（1）轴的基本偏差的确定　轴的各种基本偏差是在基孔制的基础上制定的。根据生产实践经验和科学试验，将轴的各种基本偏差整理为一系列的计算公式，具体数值列于表 5-3 中。

图 5-16　基本偏差系列

轴的基本偏差确定后，在已知公差等级的情况下，即可确定轴的另一极限偏差。例如，轴的基本偏差为上极限偏差 es，标准公差为 IT，则按下式即可算出另一极限偏差 ei 为

$$ei = es - IT$$

同样，已知轴的基本偏差为下极限偏差 ei，标准公差为 IT，则按下式即可算出另一极限偏差 es 为

$$es = ei + IT$$

（2）孔的基本偏差的确定　孔的基本偏差是在基轴制基础上制定的。由于基轴制与基孔制是两种平行等效的配合制度，所以孔的基本偏差不需要另外制定一套计算公式，而是根据同一字母的轴的基本偏差，按一定规则换算得到。

在实际应用中，不论选择同级公差的孔、轴，还是不同级公差的孔、轴，也不论选用哪一种代号的配合，均可直接从表格中查出基本偏差值，不必另行计算。表 5-3 为国标规定的轴的基本偏差数值，表 5-4 为孔的基本偏差数值。

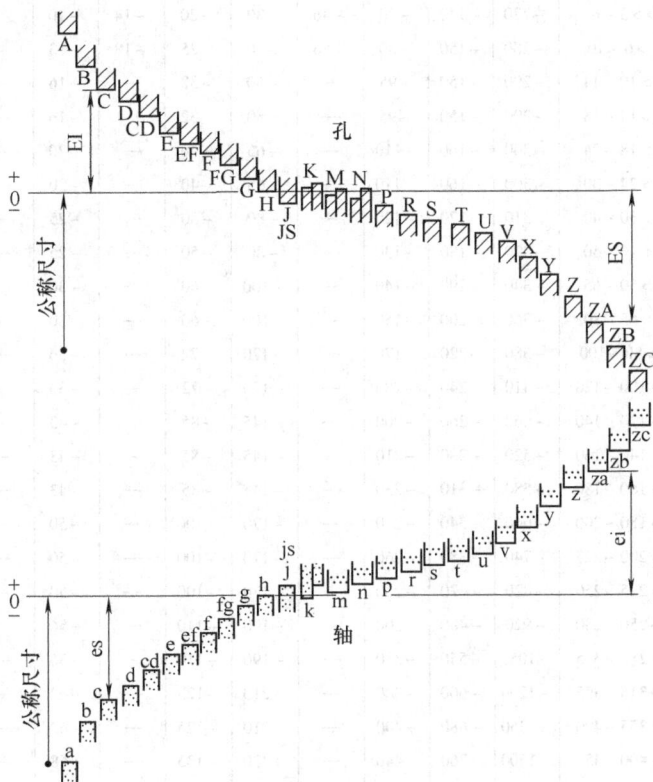

表 5-3　轴的

公称尺寸/mm	上极限偏差 es															IT5 IT6	IT7	IT8	IT4 至IT7	≤IT3 >IT7
	所有标准公差等级													j			k	
	a	b	c	cd	d	e	ef	f	fg	g	h	js	IT5IT6	IT7	IT8	IT4至IT7	≤IT3>IT7
≤3	−270	−140	−60	−34	−20	−14	−10	−6	−4	−2	0		−2	−4	−6	0	0
>3~6	−270	−140	−70	−46	−30	−20	−14	−10	−6	−4	0		−2	−4	—	+1	0
>6~10	−280	−150	−80	−56	−40	−25	−18	−13	−8	−5	0		−2	−5	—	+1	0
>10~14	−290	−150	−95	—	−50	−32	—	−16	—	−6	0		−3	−6	—	+1	0
>14~18	−290	−150	−95	—	−50	−32	—	−16	—	−6	0		−3	−6	—	+1	0
>18~24	−300	−160	−110	—	−65	−40	—	−20	—	−7	0		−4	−8	—	+2	0
>24~30	−300	−160	−110	—	−65	−40	—	−20	—	−7	0		−4	−8	—	+2	0
>30~40	−310	−170	−120	—	−80	−50	—	−25	—	−9	0		−5	−10	—	+2	0
>40~50	−320	−180	−130	—	−80	−50	—	−25	—	−9	0		−5	−10	—	+2	0
>50~65	−340	−190	−140	—	−100	−60	—	−30	—	−10	0		−7	−12	—	+2	0
>65~80	−360	−200	−150	—	−100	−60	—	−30	—	−10	0		−7	−12	—	+2	0
>80~100	−380	−220	−170	—	−120	−72	—	−36	—	−12	0		−9	−15	—	+3	0
>100~120	−410	−240	−180	—	−120	−72	—	−36	—	−12	0		−9	−15	—	+3	0
>120~140	−460	−260	−200	—	−145	−85	—	−43	—	−14	0		−11	−18	—	+3	0
>140~160	−520	−280	−210	—	−145	−85	—	−43	—	−14	0		−11	−18	—	+3	0
>160~180	−580	−310	−230	—	−145	−85	—	−43	—	−14	0		−11	−18	—	+3	0
>180~200	−660	−340	−240	—	−170	−100	—	−50	—	−15	0		−13	−21	—	+4	>0
>200~225	−740	−380	−260	—	−170	−100	—	−50	—	−15	0	偏差等于±ITₙ/2	−13	−21	—	+4	0
>225~250	−820	−420	−280	—	−170	−100	—	−50	—	−15	0		−13	−21	—	+4	0
>250~280	−920	−480	−300	—	−190	−110	—	−56	—	−17	0		−16	−26	—	+4	0
>280~315	−1050	−540	−330	—	−190	−110	—	−56	—	−17	0		−16	−26	—	+4	0
>315~355	−1200	−600	−360	—	−210	−125	—	−62	—	−18	0		−18	−28	—	+4	0
>355~400	−1350	−680	−400	—	−210	−125	—	−62	—	−18	0		−18	−28	—	+4	0
>400~450	−1500	−760	−440	—	−230	−135	—	−68	—	−20	0		−20	−32	—	+5	0
>450~500	−1650	−840	−480	—	−230	−135	—	−68	—	−20	0		−20	−32	—	+5	0
>500~560	—	—	—	—	−260	−145	—	−76	—	−22	0					0	0
>560~630	—	—	—	—	−260	−145	—	−76	—	−22	0					0	0
>630~710	—	—	—	—	−290	−160	—	−80	—	−24	0					0	0
>710~800	—	—	—	—	−290	−160	—	−80	—	−24	0					0	0
>800~900	—	—	—	—	−320	−170	—	−86	—	−26	0					0	0
>900~1000	—	—	—	—	−320	−170	—	−86	—	−26	0					0	0
>1000~1120	—	—	—	—	−350	−195	—	−98	—	−28	0					0	0
>1120~1250	—	—	—	—	−350	−195	—	−98	—	−28	0					0	0
>1250~1400	—	—	—	—	−390	−220	—	−110	—	−30	0					0	0
>1400~1600	—	—	—	—	−390	−220	—	−110	—	−30	0					0	0
>1600~1800	—	—	—	—	−430	−240	—	−120	—	−32	0					0	0
>1800~2000	—	—	—	—	−430	−240	—	−120	—	−32	0					0	0
>2000~2240	—	—	—	—	−480	−260	—	−130	—	−34	0					0	0
>2240~2500	—	—	—	—	−480	−260	—	−130	—	−34	0					0	0
>2500~2800	—	—	—	—	−520	−290	—	−145	—	−38	0					0	0
>2800~3150	—	—	—	—	−520	−290	—	−145	—	−38	0					0	0

注：公称尺寸≤1mm 时，基本偏差 a 和 b 均不采用。公差带 js7 至 js11，若 IT_n 值是奇数时，则取偏差 $= \pm (IT_{n-1})/2$。

基本偏差数值 （单位：μm）

下极限偏差 ei

						所有标准公差等级							
m	n	p	r	s	t	u	v	x	y	z	za	zb	zc
+2	+4	+6	+10	+14	—	+18	—	+20	—	+26	+32	+40	+60
+4	+8	+12	+15	+19	—	+23	—	+28	—	+35	+42	+50	+80
+6	+10	+15	+19	+23	—	+28	—	+34	—	+42	+52	+67	+97
+7	+12	+18	+23	+28	—	+33	—	+40	—	+50	+64	+90	+130
+7	+12	+18	+23	+28	—	+33	+39	+45	—	+60	+77	+108	+150
+8	+15	+22	+28	+35	—	+41	+47	+54	+63	+73	+98	+136	+188
+8	+15	+22	+28	+35	+41	+48	+55	+64	+75	+88	+118	+160	+218
+9	+17	+26	+34	+43	+48	+60	+68	+80	+94	+112	+148	+200	+274
+9	+17	+26	+34	+43	+54	+70	+81	+97	+114	+136	+180	+242	+325
+11	+20	+32	+41	+53	+66	+87	+102	+122	+144	+172	+226	+300	+405
+11	+20	+32	+43	+59	+75	+102	+120	+146	+174	+210	+274	+360	+480
+13	+23	+37	+51	+71	+91	+124	+146	+178	+214	+258	+335	+445	+585
+13	+23	+37	+54	+79	+104	+144	+172	+210	+254	+310	+400	+525	+690
+15	+27	+43	+63	+92	+122	+170	+202	+248	+300	+365	+470	+620	+800
+15	+27	+43	+65	+100	+134	+190	+228	+280	+340	+415	+535	+700	+900
+15	+27	+43	+68	+108	+146	+215	+252	+310	+380	+465	+600	+780	+1000
+17	+31	+50	+77	+122	+166	+236	+284	+350	+425	+520	+670	+880	+1150
+17	+31	+50	+80	+130	+180	+258	+310	+385	+470	+575	+740	+960	+1250
+17	+31	+50	+84	+140	+196	+284	+340	+425	+520	+640	+820	+1050	+1350
+20	+34	+56	+94	+158	+218	+315	+385	+475	+580	+710	+920	+1200	+1550
+20	+34	+56	+98	+170	+240	+350	+425	+525	+650	+790	+1000	+1300	+1700
+21	+37	+62	+108	+190	+268	+390	+475	+590	+730	+900	+1150	+1500	+1900
+21	+37	+62	+114	+208	+294	+435	+530	+660	+820	+1000	+1300	+1650	+2100
+23	+40	+68	+126	+232	+330	+490	+595	+740	+920	+1100	+1450	+1850	+2400
+23	+40	+68	+132	+252	+360	+540	+660	+820	+1000	+1250	+1600	+2100	+2600
+26	+44	+78	+150	+280	+400	+600	—	—	—	—	—	—	—
+26	+44	+78	+155	+310	+450	+660	—	—	—	—	—	—	—
+30	+50	+88	+175	+340	+500	+740	—	—	—	—	—	—	—
+30	+50	+88	+185	+380	+560	+840	—	—	—	—	—	—	—
+34	+56	+100	+210	+430	+620	+940	—	—	—	—	—	—	—
+34	+56	+100	+220	+470	+680	+1050	—	—	—	—	—	—	—
+40	+66	+120	+250	+520	+780	+1150	—	—	—	—	—	—	—
+40	+66	+120	+260	+580	+840	+1300	—	—	—	—	—	—	—
+48	+78	+140	+300	+640	+960	+1450	—	—	—	—	—	—	—
+48	+78	+140	+330	+720	+1050	+1600	—	—	—	—	—	—	—
+58	+92	+170	+370	+820	+1200	+1850	—	—	—	—	—	—	—
+58	+92	+170	+400	+920	+1350	+2000	—	—	—	—	—	—	—
+68	+110	+195	+440	+1000	+1500	+2300	—	—	—	—	—	—	—
+68	+110	+195	+460	+1100	+1650	+2500	—	—	—	—	—	—	—
+76	+135	+240	+550	+1250	+1900	+2900	—	—	—	—	—	—	—
+76	+135	+240	+580	+1400	+2100	+3200	—	—	—	—	—	—	—

表 5-4　孔的

公称尺寸/ mm	下极限偏差 EI												IT6	IT7	IT8	≤IT8	>IT8	≤IT8	>IT8	≤IT8	>IT8
	所有标准公差等级												J			K		M		N	
	A	B	C	CD	D	E	EF	F	FG	G	H	JS									
≤3	+270	+140	+60	+20	+20	+14	+10	+6	+4	+2	0		+2	+4	+6	0	0	-2	-2	-4	-4
>3~6	+270	+140	+70	+46	+30	+20	+14	+10	+6	+4	0		+5	+6	+10	-1+Δ	—	-4+Δ	-4	-8+Δ	0
>6~10	+280	+150	+80	+56	+40	+25	+18	+13	+8	+5	0		+5	+8	+12	-1+Δ	—	-6+Δ	-6	-10+Δ	0
>10~14	+290	+150	+95	—	+50	+32	—	+16	—	+6	0		+6	+10	+15	-1+Δ	—	-7+Δ	-7	-12+Δ	0
>14~18	+290	+150	+95	—	+50	+32	—	+16	—	+6	0		+6	+10	+15	-1+Δ	—	-7+Δ	-7	-12+Δ	0
>18~24	+300	+160	+110	—	+65	+40	—	+20	—	+7	0		+8	+12	+20	-2+Δ	—	-8+Δ	-8	-15+Δ	0
>24~30	+300	+160	+110	—	+65	+40	—	+20	—	+7	0		+8	+12	+20	-2+Δ	—	-8+Δ	-8	-15+Δ	0
>30~40	+310	+170	+120	—	+80	+50	—	+25	—	+9	0		+10	+14	+24	-2+Δ	—	-9+Δ	-9	-17+Δ	0
>40~50	+320	+180	+130	—	+80	+50	—	+25	—	+9	0		+10	+14	+24	-2+Δ	—	-9+Δ	-9	-17+Δ	0
>50~65	+340	+190	+140	—	+100	+60	—	+30	—	+10	0		+13	+18	+28	-2+Δ	—	-11+Δ	-11	-20+Δ	0
>65~80	+360	+200	+150	—	+100	+60	—	+30	—	+10	0		+13	+18	+28	-2+Δ	—	-11+Δ	-11	-20+Δ	0
>80~100	+380	+220	+170	—	+120	+72	—	+36	—	+12	0		+16	+22	+34	-3+Δ	—	-13+Δ	-13	-23+Δ	0
>100~120	+410	+240	+180	—	+120	+72	—	+36	—	+12	0		+16	+22	+34	-3+Δ	—	-13+Δ	-13	-23+Δ	0
>120~140	+460	+260	+200	—	+145	+85	—	+43	—	+14	0		+18	+26	+41	-3+Δ	—	-15+Δ	-15	-27+Δ	0
>140~160	+520	+280	+210	—	+145	+85	—	+43	—	+14	0		+18	+26	+41	-3+Δ	—	-15+Δ	-15	-27+Δ	0
>160~180	+580	+310	+230	—	+145	+85	—	+43	—	+14	0		+18	+26	+41	-3+Δ	—	-15+Δ	-15	-27+Δ	0
>180~200	+660	+340	+240	—	+170	+100	—	+50	—	+15	0		+22	+30	+47	-4+Δ	—	-17+Δ	-17	-31+Δ	0
>200~225	+740	+380	+260	—	+170	+100	—	+50	—	+15	0	偏差等于 ±ITn/2	+22	+30	+47	-4+Δ	—	-17+Δ	-17	-31+Δ	0
>225~250	+820	+420	+280	—	+170	+100	—	+50	—	+15	0		+22	+30	+47	-4+Δ	—	-17+Δ	-17	-31+Δ	0
>250~280	+920	+480	+300	—	+190	+110	—	+56	—	+17	0		+25	+36	+55	-4+Δ	—	-20+Δ	-20	-34+Δ	0
>280~315	+1050	+540	+330	—	+190	+110	—	+56	—	+17	0		+25	+36	+55	-4+Δ	—	-20+Δ	-20	-34+Δ	0
>315~355	+1200	+600	+360	—	+210	+125	—	+62	—	+18	0		+29	+39	+60	-4+Δ	—	-21+Δ	-21	-37+Δ	0
>355~400	+1350	+680	+400	—	+210	+125	—	+62	—	+18	0		+29	+39	+60	-4+Δ	—	-21+Δ	-21	-37+Δ	0
>400~450	+1500	+760	+440	—	+230	+135	—	+68	—	+20	0		+33	+43	+66	-5+Δ	—	-23+Δ	-23	-40+Δ	0
>450~500	+1650	+840	+480	—	+230	+135	—	+68	—	+20	0		+33	+43	+66	-5+Δ	—	-23+Δ	-23	-40+Δ	0
>500~560	—	—	—		+260	+140	—	+76	—	+22	0		—	—	—	0		-26		-44	
>560~630	—	—	—		+260	+140	—	+76	—	+22	0		—	—	—	0		-26		-44	
>630~710	—	—	—		+290	+160	—	+80	—	+24	0		—	—	—	0		-30		-50	
>710~800	—	—	—		+290	+160	—	+80	—	+24	0		—	—	—	0		-30		-50	
>800~900	—	—	—		+320	+170	—	+86	—	+26	0		—	—	—	0		-34		-56	
>900~1000	—	—	—		+320	+170	—	+86	—	+26	0		—	—	—	0		-34		-56	
>1000~1120	—	—	—		+350	+195	—	+98	—	+28	0		—	—	—	0		-40		-65	
>1120~1250	—	—	—		+350	+195	—	+98	—	+28	0		—	—	—	0		-40		-65	
>1250~1400	—	—	—		+390	+220	—	+110	—	+30	0		—	—	—	0		-48		-78	
>1400~1600	—	—	—		+390	+220	—	+110	—	+30	0		—	—	—	0		-48		-78	
>1600~1800	—	—	—		+430	+240	—	+120	—	+32	0		—	—	—	0		-58		-92	
>1800~2000	—	—	—		+430	+240	—	+120	—	+32	0		—	—	—	0		-58		-92	
>2000~2240	—	—	—		+480	+260	—	+130	—	+34	0		—	—	—	0		-68		-110	
>2240~2500	—	—	—		+480	+260	—	+130	—	+34	0		—	—	—	0		-68		-110	
>2500~2800	—	—	—		+520	+290	—	+145	—	+38	0		—	—	—	0		-76		-135	
>2800~3150	—	—	—		+520	+290	—	+145	—	+38	0		—	—	—	0		-76		-135	

注：1. 公称尺寸≤1mm 时，基本偏差 A 和 B、<IT8 的 N 均不采用。

2. 公差带 JS7 至 JS11 的 IT_n 值若是奇数，则取偏差 $= \pm (IT_{n-1})/2$；≤IT8 的 K、M、N 和≤IT7 的 P 至 ZC，所需 Δ 值从表内右侧选取。

基本偏差数值 （单位：μm）

| | 上极限偏差 ES | | | | | | | | | | | | Δ值 | | | | | |
| | ≤IT7 | 标准公差等级 >IT7 | | | | | | | | | | | 标准公差等级 | | | | | |
P至ZC	P	R	S	T	U	V	X	Y	Z	ZA	ZB	ZC	IT3	IT4	IT5	IT6	IT7	IT8
在大于IT7的相应数值上增加一个Δ值	−6	−10	−14	—	−18	—	−20	—	−26	−32	−40	−60	0	0	0	0	0	0
	−12	−15	−19	—	−23	—	−28	—	−35	−42	−50	−80	1	1.5	1	3	4	6
	−15	−19	−23	—	−28	—	−34	—	−42	−52	−67	−97	1	1.5	2	3	6	7
	−18	−23	−28	—	−33	—	−40	—	−50	−64	−90	−130	1	2	3	3	7	9
	−18	−23	−28	—	−33	−39	−45	—	−60	−77	−108	−150	1	2	3	3	7	9
	−22	−28	−35	—	−41	−47	−54	−63	−73	−98	−136	−188	1.5	2	3	4	8	12
	−22	−28	−35	−41	−48	−55	−64	−75	−88	−118	−160	−218	1.5	2	3	4	8	12
	−26	−34	−43	−48	−60	−68	−80	−94	−112	−148	−200	−274	1.5	3	4	5	9	14
	−26	−34	−43	−54	−70	−81	−97	−114	−136	−180	−242	−325	1.5	3	4	5	9	14
	−32	−41	−53	−66	−87	−102	−122	−144	−172	−226	−300	−405	2	3	5	6	11	16
	−32	−43	−59	−75	−102	−120	−146	−174	−210	−274	−360	−480	2	3	5	6	11	16
	−37	−51	−71	−91	−124	−146	−178	−214	−258	−335	−445	−585	2	4	5	7	13	19
	−37	−54	−79	−104	−144	−172	−210	−254	−310	−400	−525	−690	2	4	5	7	13	19
	−43	−63	−92	−122	−170	−202	−248	−300	−365	−470	−620	−800	3	4	6	7	15	23
	−43	−65	−100	−134	−190	−228	−280	−340	−415	−535	−700	−900	3	4	6	7	15	23
	−43	−68	−108	−146	−210	−252	−310	−380	−465	−600	−780	−1000	3	4	6	7	15	23
	−50	−77	−122	−166	−236	−284	−350	−425	−520	−670	−880	−1150	3	4	6	9	17	26
	−50	−80	−130	−180	−258	−310	−385	−470	−575	−740	−960	−1250	3	4	6	9	17	26
	−50	−84	−140	−196	−284	−340	−425	−520	−640	−820	−1050	−1350	3	4	6	9	17	26
	−56	−94	−158	−218	−315	−385	−475	−580	−710	−920	−1200	−1550	4	4	7	9	20	29
	−56	−98	−170	−240	−350	−425	−525	−650	−790	−1000	−1300	−1700	4	4	7	9	20	29
	−62	−108	−190	−268	−390	−475	−590	−730	−900	−1150	−1500	−1900	4	4	7	9	20	32
	−62	−114	−208	−294	−435	−530	−660	−820	−1000	−1300	−1650	−2100	4	5	7	11	21	32
	−68	−126	−232	−330	−490	−595	−740	−920	−1100	−1450	−1850	−2400	5	5	7	13	23	34
	−68	−132	−252	−360	−540	−660	−820	−1000	−1250	−1600	−2100	−2600	5	5	7	13	23	34
	−78	−150	−280	−400	−600	—	—	—	—	—	—	—	—	—	—	—	—	—
	−78	−155	−310	−450	−660	—	—	—	—	—	—	—	—	—	—	—	—	—
	−88	−175	−340	−500	−740	—	—	—	—	—	—	—	—	—	—	—	—	—
	−88	−185	−380	−560	−840	—	—	—	—	—	—	—	—	—	—	—	—	—
	−100	−210	−430	−620	−940	—	—	—	—	—	—	—	—	—	—	—	—	—
	−100	−220	−470	−680	−1050	—	—	—	—	—	—	—	—	—	—	—	—	—
	−120	−250	−520	−780	−1150	—	—	—	—	—	—	—	—	—	—	—	—	—
	−120	−260	−580	−840	−1300	—	—	—	—	—	—	—	—	—	—	—	—	—
	−140	−300	−640	−960	−1450	—	—	—	—	—	—	—	—	—	—	—	—	—
	−140	−330	−720	−1050	−1600	—	—	—	—	—	—	—	—	—	—	—	—	—
	−170	−370	−820	−1200	−1850	—	—	—	—	—	—	—	—	—	—	—	—	—
	−170	−400	−920	−1350	−2010	—	—	—	—	—	—	—	—	—	—	—	—	—
	−195	−440	−1000	−1500	−2300	—	—	—	—	—	—	—	—	—	—	—	—	—
	−195	−460	−1100	−1650	−2500	—	—	—	—	—	—	—	—	—	—	—	—	—
	−240	−550	−1250	−1900	−2900	—	—	—	—	—	—	—	—	—	—	—	—	—
	−240	−580	−1400	−2100	−3200	—	—	—	—	—	—	—	—	—	—	—	—	—

3. 各种基本偏差所形成配合的特征

（1）间隙配合　a~h(或 A~H)等 11 种基本偏差与基准孔的基本偏差 H(或基准轴的基本偏差 h)形成间隙配合。其中 a 与 H(或 A 与 h)形成配合的间隙最大。此后，间隙依次减小，基本偏差 h 与 H 所形成配合的间隙最小，该配合的最小间隙为零。

（2）过渡配合　js、j、k、m、n(或 JS、J、K、M、N)5 种基本偏差与基准孔基本偏差 H(或基准轴基本偏差 h)形成过渡配合。其中 js 与 H(或 JS 与 h)形成的配合较松，获得间隙的概率较大。此后，配合依次变紧，n 与 H(或 N 与 h)形成的配合较紧，获得过盈的概率较大。而标准公差等级很高的 n 与 H(或 N 与 h)形成的配合则为过盈配合。

（3）过盈配合　p~zc(或 P~ZC)等 12 种基本偏差与基准孔的基本偏差 H(或基准轴的基本偏差 h)形成过盈配合。其中 p 与 H(或 P 与 h)形成配合的过盈最小。此后，过盈依次增大，基本偏差 zc 与 H(或 ZC 与 h)所形成配合的过盈最大。

4. 公差带代号和配合代号

把孔、轴基本偏差代号和公差等级代号组合，就组成它们的公差带代号。例如孔的公差带代号 H7、F8、M6、K5 等，轴的公差带代号 h7、f8、m6、v5 等。注有公差的尺寸可以表示为 $\phi 45^{+0.039}_{0}$ 或 $\phi 45H8(^{+0.039}_{0})$。把孔和轴公差带代号组合，就组成配合代号，用分数形式表示，分子代表孔，分母代表轴，例如 $\phi 45H8/f7$、$\phi 50H7/m6$、$\phi 50M7/h6$ 等，如图 5-17 所示。

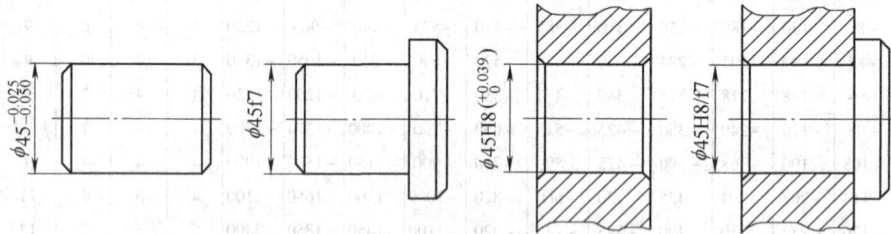

图 5-17　孔、轴尺寸及配合尺寸的标注

5. 应用举例

例 5-3　确定 $\phi 35H7/g6$ 及 $\phi 35G7/h6$ 配合中孔与轴的极限偏差。

解：由表 5-2 查得 $IT6 = 16\mu m$，$IT7 = 25\mu m$；由表 5-3 查得，g 的基本偏差 $es = -9\mu m$，则

$$\phi 35H7：ES = +25\mu m，EI = 0$$

$$\phi 35g6：es = -9\mu m，ei = es - IT6 = -9\mu m - 16\mu m = -25\mu m$$

查表 5-4 得 G 的基本偏差 $EI = +9\mu m$，则

$$\phi 35G7：ES = EI + IT7 = 9\mu m + 25\mu m = +34\mu m，EI = +9\mu m$$

$$\phi 35h6：es = 0，ei = es - IT6 = 0 - 16\mu m = -16\mu m$$

因而两对孔、轴配合可以表示为如图 5-18 所示的公差带。

从图中可以看到，$\phi 35H7/g6$ 与 $\phi 35G7/h6$ 两对配合的

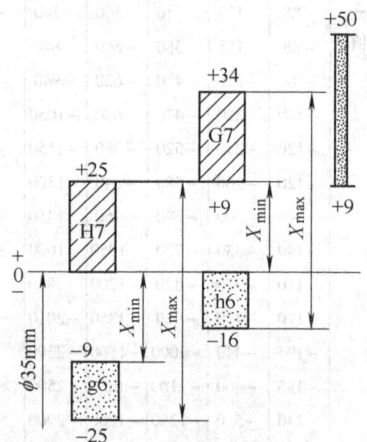

图 5-18　配合孔、轴公差带
（偏差数值单位为 μm）

最大间隙与最小间隙均相等，即配合性质相同。

【验证讨论】

$\phi35H7/p6$ 与 $\phi35P7/h6$ 两对配合的配合性质是否相同？

四、国标规定的公差带与配合

（一）孔和轴的公差带代号

根据国家标准 GB/T 1800.1—2009 提供的标准公差和基本偏差，可以组成大量的、不同大小与位置的孔、轴公差带（孔有543种，轴有544种）。由不同的孔、轴公差带又可以组合成多种多样的配合。如果如此多的公差带与配合全部投入使用，显然很不经济。为了尽量减少零件、定值刀具、量具和工艺装备的品种及规格，对公差带和配合的选择应加以限制。因此，国家标准对孔、轴规定了一般公差带、常用公差带和优先公差带。选用公差带时，应按优先、常用、一般公差带的顺序选取。

国家标准规定了一般、常用和优先轴公差带共 119 种，如图 5-19 所示。其中方框内的 46 种为常用公差带，圆圈内的 13 种为优先公差带。

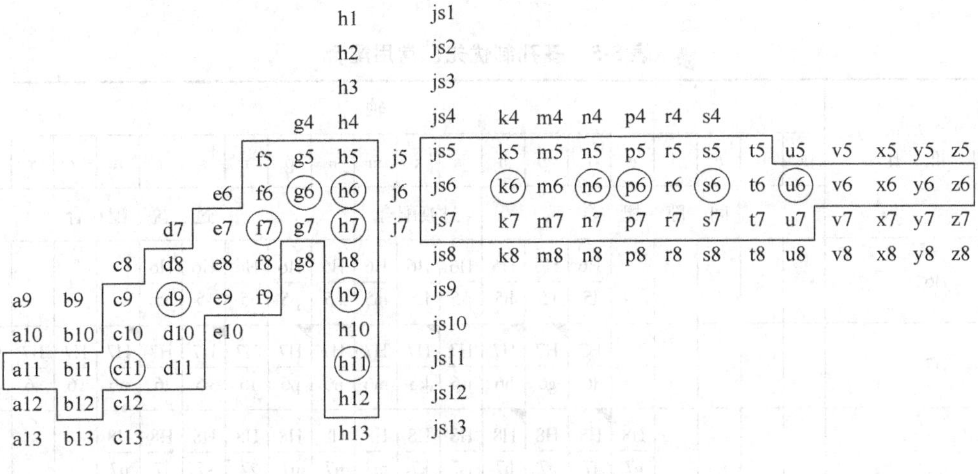

图 5-19 一般、常用和优先的轴公差带

国家标准规定了一般、常用和优先孔公差带共 101 种，如图 5-20 所示。其中方框内的 31 种为常用公差带，圆圈内的 13 种为优先公差带。

（二）孔和轴的配合代号

国家标准在规定孔、轴公差带选用的基础上，还规定了孔、轴公差带的组合。基孔制常用配合 59 种，优先配合 13 种，见表 5-5。基孔制优先配合公差带图如图 5-21 所示。基轴制常用配合 47 种，优先配合 13 种，见表 5-6。基轴制优先配合公差带图如图 5-22 所示。当轴的标准公差等级小于或等于 IT7 时，则与低一级的基准孔相配合；大于或等于 IT8 时，则与同级基准孔相配合。当孔的标准公差等级小于 IT8 或少数等于 IT8 时，则与高一级的基准轴相配合，其余则与同级基准轴相配合。

```
                                        H1    JS1
                                        H2    JS2
                                        H3    JS3
                                        H4    JS4  K4  M4
                                   G5   H5    JS5  K5  M5
                              F6  G6   H6   J6  JS6  K6  M6  N6  P6  R6  S6  T6  U6  V6  X6  Y6  Z6
                    D7  E7  F7  (G7) (H7)  J7  JS7 (K7) M7 (N7)(P7) R7 (S7) T7 (U7) V7  X7  Y7  Z7
            C8  D8  E8 (F8) G8  (H8)  J8  JS8  K8  M8  N8  P8  R8  S8  T8  U8  V8  X8  Y8  Z8
        A9  B9  C9 (D9) E9  F9      (H9)     JS9          N9  P9
    A10 B10 C10 D10 E10           (H10)     JS10
    A11 B11 (C11) D11            (H11)     JS11
    A12 B12 C12               H12      JS12
                              H13      JS13
```

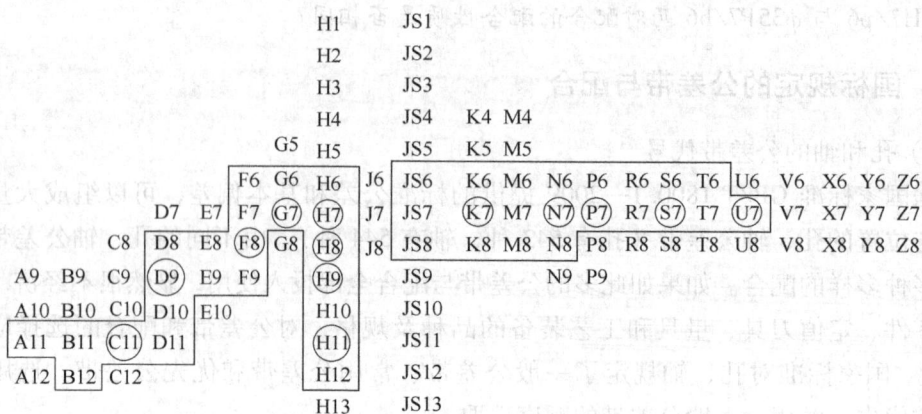

图 5-20　一般、常用和优先的孔公差带

表 5-5　基孔制优先、常用配合

基准孔	轴																				
	a	b	c	d	e	f	g	h	js	k	m	n	p	r	s	t	u	v	x	y	z
	间隙配合								过渡配合				过盈配合								
H6						H6/f5	H6/g5	H6/h5	H6/js5	H6/k5	H6/m5	H6/n5	H6/p5	H6/r5	H6/s5	H6/t5					
H7						H7/f6	H7/g6	H7/h6	H7/js6	H7/k6	H7/m6	H7/n6	H7/p6	H7/r6	H7/s6	H7/t6	H7/u6	H7/v6	H7/x6	H7/y6	H7/z6
H8					H8/e7	H8/f7	H8/g7	H8/h7	H8/js7	H8/k7	H8/m7	H8/n7	H8/p7	H8/r7	H8/s7	H8/t7	H8/u7				
				H8/d8	H8/e8	H8/f8		H8/h8													
H9			H9/c9	H9/d9	H9/e9	H9/f9		H9/h9													
H10			H10/c10	H10/d10				H10/h10													
H11	H11/a11	H11/b11	H11/c11	H11/d11				H11/h11													
H12		H12/b12						H12/h12													

注：1. $\dfrac{H6}{n5}$、$\dfrac{H7}{p6}$ 在公称尺寸≤3mm 和 $\dfrac{H8}{r7}$ 在公称尺寸≤100mm 时，为过渡配合。

2. 带▼ 的配合为优先配合。

表 5-6 基轴制优先、常用配合

基准轴	孔																				
	A	B	C	D	E	F	G	H	JS	K	M	N	P	R	S	T	U	V	X	Y	Z
	间 隙 配 合								过 渡 配 合				过 盈 配 合								
h5						$\frac{F6}{h5}$	$\frac{G6}{h5}$	$\frac{H6}{h5}$	$\frac{JS6}{h5}$	$\frac{K6}{h5}$	$\frac{M6}{h5}$	$\frac{N6}{h5}$	$\frac{P6}{h5}$	$\frac{R6}{h5}$	$\frac{S6}{h5}$	$\frac{T6}{h5}$					
h6						$\frac{F7}{h6}$	$\frac{G7}{h6}$	$\frac{H7}{h6}$	$\frac{JS7}{h6}$	$\frac{K7}{h6}$	$\frac{M7}{h6}$	$\frac{N7}{h6}$	$\frac{P7}{h6}$	$\frac{R7}{h6}$	$\frac{S7}{h6}$	$\frac{T7}{h6}$	$\frac{U7}{h6}$				
h7					$\frac{E8}{h7}$	$\frac{F8}{h7}$		$\frac{H8}{h7}$	$\frac{JS8}{h7}$	$\frac{K8}{h7}$	$\frac{M8}{h7}$	$\frac{N8}{h7}$									
h8				$\frac{D8}{h8}$	$\frac{E8}{h8}$	$\frac{F8}{h8}$		$\frac{H8}{h8}$													
h9				$\frac{D9}{h9}$	$\frac{E9}{h9}$	$\frac{F9}{h9}$		$\frac{H9}{h9}$													
h10				$\frac{D10}{h10}$				$\frac{H10}{h10}$													
h11	$\frac{A11}{h11}$	$\frac{B11}{h11}$	$\frac{C11}{h11}$	$\frac{D11}{h11}$				$\frac{H11}{h11}$													
h12		$\frac{B12}{h12}$						$\frac{H12}{h12}$													

注：带 ▼ 的配合为优先配合。

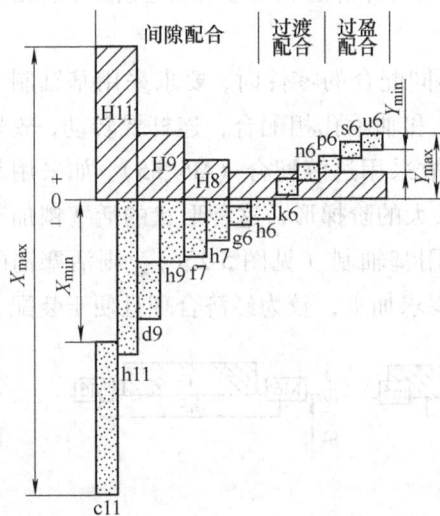

图 5-21 基孔制优先配合公差带图

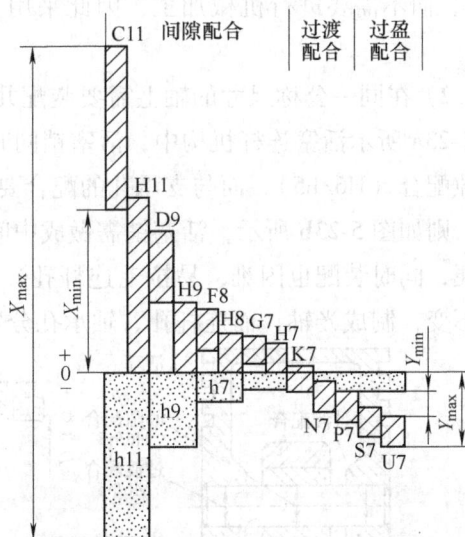

图 5-22 基轴制优先配合公差带图

【特别提示】

国标规定的孔、轴公差带和配合均属推荐性质，如果情况允许，在生产中尽量在此范围内选取。当有特殊需要时，可以根据生产和使用的要求自行选用公差带并组成配合。

五、极限与配合的选用

极限与配合的选择是机械设计和制造中非常重要的一环，是一项既重要又困难的工作。合理地选择极限与配合，不但有利于产品质量的提高，而且还有利于生产成本的降低。在设计工作中，极限与配合的选择主要包括基准制、公差等级和配合种类的选择。选择原则是既要保证机械产品的性能优良，又要兼顾经济可行。

（一）基准制的选择

基准制包括基孔制和基轴制，基孔制和基轴制可以满足同样的使用要求。选用基准制主要从产品结构、工艺和经济性等方面来综合考虑，并遵循以下原则进行。

1. 优先选用基孔制

因为一般孔比轴难加工，并且通常用定值刀具（如钻头、铰刀、拉刀等）加工，使用塞规检验，而轴使用通用刀具（如车刀、砂轮等）加工，便于用普通计量器具测量。例如，加工 $\phi35H7/g6$、$\phi35H7/t6$ 及 $\phi35H7/k6$ 三种配合件，由于孔的公差带相同，只需一种规格的刀具、量具；而采用基轴制 $\phi35G7/h6$、$\phi35T7/h6$ 及 $\phi35K7/h6$，三种配合的孔，则需三种不同规格的刀具、量具。因此，优先采用基孔制可减少定值刀具和塞规的规格种类和数量，显然是经济合理的。

2. 特殊情况选用基轴制

在下列情况下采用基轴制较为经济合理：

1）当配合的公差等级要求不高时，可直接采用冷拉钢材做轴（这种轴是按基轴制制造的），而不需要进行机械加工，因此采用基轴制较为经济合理，对于细小直径的轴尤为明显。

2）在同一公称尺寸的轴上需要装配几个具有不同配合的零件时，要求采用基轴制。如图 5-23a 所示活塞连杆机构中，活塞销同时与连杆孔和轴承孔相配合，连杆要转动，故采用间隙配合（H6/h5），而与支承孔的配合要求紧些，故采用过渡配合（M6/h5）。如采用基孔制，则如图 5-23b 所示，活塞销需做成中间小、两头大的阶梯形，这种形状的活塞销加工不方便，同时装配也困难，易拉毛连杆孔。反之，采用基轴制（见图 5-23c），则活塞销的尺寸不变，制成光轴，而连杆孔、轴承孔分别按不同要求加工，较为经济合理且便于装配。

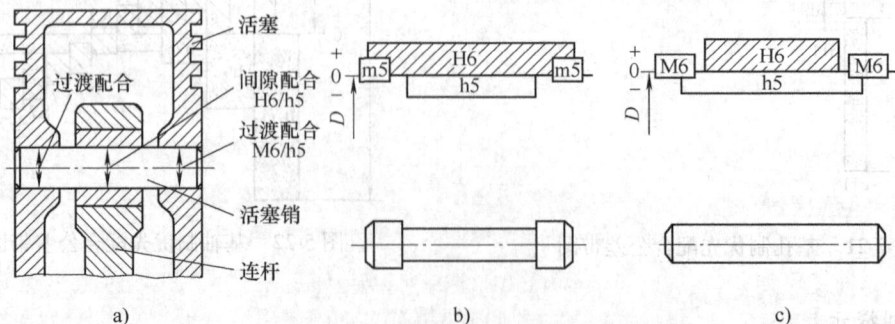

图 5-23 活塞连杆机构

a）活塞连杆机构 b）基孔制配合 c）基轴制配合

3）若与标准件配合，应以标准件为基准件来确定采用基孔制还是基轴制。

对于与标准件（或标准部件）配合的孔或轴，基准制的选择要依据标准件而定。例如与滚动轴承内圈相配合的轴应选用基孔制，而与滚动轴承外圈相配合的壳体孔则应选用基轴制。

4）为满足配合的特殊要求，必要时采用任意孔、轴公差带组成非基准制的配合（混合制配合），如图5-24 所示的减速器中轴套处和轴承端盖处的配合。

（二）公差等级的选择

公差等级的选择是一项重要又比较困难的工作，因为公差等级的高低直接影响产品使用性能和加工的经济性。公差等级过低，产品质量得不到保证；公差等级过高，将使制造成本增加。所以，必须综合考虑这两方面。

选用公差等级的原则是：在充分满足使用要求的前提下，考虑工艺的可能性，尽量选用精度较低的公差等级。

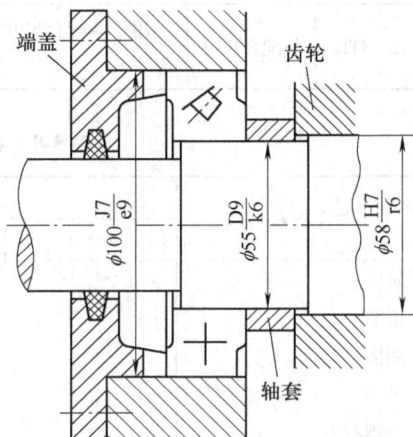

图 5-24 减速器中的配合

当公称尺寸小于等于500mm 时，推荐采用常用配合的公差等级，即 IT6、IT7、IT8 的孔与 IT5、IT6、IT7 的轴配合。这是考虑孔的加工比同级轴的加工困难，差一级配合使孔、轴工艺等价。但对公差等级大于 IT8 或公称尺寸大于 500mm 的配合，由于孔的测量精度比轴容易保证，推荐采用同级孔、轴配合。

选用公差等级时，应从工艺、配合及有关零件、部件或机构等的特点，并参考已被实践证明合理的实例来考虑。表5-7 为 20 个公差等级的应用范围，表5-8 为各种加工方法能达到的公差等级，可供选用时参考。

表 5-7　20 个公差等级的应用范围

公差等级	应用范围	应 用 举 例
IT01 ~ IT1		用于精密的尺寸传递基准，高精度测量工具，极个别特别重要的精密配合尺寸，精密尺寸标准块公差，个别特别重要和精密的机械零件尺寸
IT2 ~ IT5		用于很高精度和重要配合处，例如精密的机械零件尺寸相配的机床主轴，精密机械和高速机械的轴径；与 C 级轴承相配的机床外壳孔；柴油机活塞销及活塞销座孔径；高精密齿轮的基准孔或轴径；航空及航海工业用仪器中特殊精密的孔径
IT6（孔至IT7）	配合尺寸	用于精密配合处，广泛用于机械制造中的重要配合，配合表面有较高均匀性的要求；能保证相当高的配合性质，使用可靠，例如齿轮、带轮与轴的配合，发动机中的气缸套外径、曲轴主轴颈、活塞销、连杆、衬套和轴承外径等
IT7 ~ IT8		用于精度要求一般的场合，在机械制造中属于中等精度等级，例如联轴器、带轮、凸轮等的孔径，机床卡盘座孔，摇臂钻床的摇臂孔，车床丝杠的轴承孔等；发动机中的连杆孔、活塞孔、铰制螺栓定位孔等
IT9 ~ IT10		用于只有一般要求的圆柱配合，例如发动机中机油泵体内孔、气门导管内孔、飞轮套、圈衬套、气缸盖孔径、活塞槽环、油封挡圈孔与曲轴带轮毂的配合等

（续）

公差等级	应用范围	应用举例
IT11～IT12	配合尺寸	用于不重要配合处，例如机床中法兰盘止口与孔，滑块与滑轮，齿轮、凹槽等，农业机械、机车车厢部件及冲压加工的配合零件
IT12～IT18	非配合尺寸	用于非配合尺寸及不重要的粗糙连接的尺寸公差（包括未注公差的尺寸）、工序间尺寸等

表 5-8　各种加工方法能达到的公差等级

加工方法	公差等级 IT																			
	01	0	1	2	3	4	5	6	7	8	9	10	11	12	13	14	15	16	17	18
研磨	✓	✓	✓	✓	✓	✓	✓													
珩磨					✓	✓	✓	✓	✓											
圆磨							✓	✓	✓	✓										
平磨							✓	✓	✓	✓										
金刚石车							✓	✓	✓											
金刚石磨							✓	✓	✓											
拉削							✓	✓	✓	✓										
铰孔								✓	✓	✓	✓	✓								
车									✓	✓	✓	✓	✓							
镗									✓	✓	✓	✓	✓							
铣										✓	✓	✓	✓							
刨、插												✓	✓							
钻												✓	✓	✓	✓					
滚压、挤压												✓	✓							
冲压												✓	✓	✓	✓	✓				
压铸													✓	✓	✓	✓				
粉末冶金成形								✓	✓	✓										
粉末冶金烧结									✓	✓	✓									
砂型铸造、气割																		✓	✓	✓
锻造																	✓	✓		

（三）配合的选择

　　选择配合主要是为了解决配合零件在机器工作时的相互关系，以保证机器中各个零件能协调动作，实现预定的任务。正确地选择配合，可以提高机器的性能、质量和使用寿命，并使加工经济合理。

　　选择配合时，应首先考虑选用标准中规定的优先配合，其次是常用配合，再次采用一般用途孔、轴公差带组成的配合，必要时可选用任意孔、轴公差带组成的配合。

　　配合的选用有三种方法：计算法、试验法和类比法。

　　用计算法选择标准公差等级和配合种类，通常要用到相关专业理论知识，通过一些公式计算出极限间隙或极限过盈，可以借助计算机来完成。

用试验法选择标准公差等级和配合种类，主要用于对产品质量和性能有极大影响的重要配合，通过一定数量的试验，确定出最佳工作性能所需的极限间隙或极限过盈。这种方法费时、费力，费用颇高，因此很少采用。

用类比法选择标准公差等级和配合种类是设计时常用的方法，借鉴使用效果良好的同类产品的技术资料或参考有关资料并加以分析来确定孔和轴的极限尺寸。这种方法就是凭经验，在生产实践中广泛应用。表5-9列出了13种优先配合的选用说明，供选择时参考。

表5-9　优先配合选用说明

优先配合		说　明
基孔制	基轴制	
$\dfrac{H11}{c11}$	$\dfrac{C11}{h11}$	间隙非常大，用于很松的、转动很慢的配合，要求大公差与大间隙的外露组件，以及要求装配方便的配合
$\dfrac{H9}{d9}$	$\dfrac{D9}{h9}$	是间隙很大的配合，用于精度非主要要求时，或有大的温度变化，高转速或大的轴颈压力时
$\dfrac{H8}{f7}$	$\dfrac{F8}{h7}$	是间隙不大的配合，用于中等转速与中等轴颈压力的精确转动
$\dfrac{H7}{g6}$	$\dfrac{G7}{h6}$	是间隙很小的配合，用于不希望自由转动，但可摆动或滑动的配合，或用于精密定位
$\dfrac{H7}{h6}$	$\dfrac{H7}{h6}$	均为间隙配合，零件可自由装拆，而工作时一般相对静止。在最大实体条件下的间隙为零，在最大实体条件下的间隙由公差等级决定
$\dfrac{H8}{h7}$	$\dfrac{H8}{h7}$	
$\dfrac{H9}{h9}$	$\dfrac{H9}{h9}$	
$\dfrac{H11}{h11}$	$\dfrac{H11}{h11}$	
$\dfrac{H7}{k6}$	$\dfrac{K7}{h6}$	是过渡配合，用于精密定位
$\dfrac{H7}{n6}$	$\dfrac{N7}{h6}$	是过渡配合，允许有较大过盈的精密定位
$\dfrac{H7}{p6}$	$\dfrac{P7}{h6}$	是过盈配合，即小过盈配合，用于定位精度特别重要时，能以最好的定位精度达到部件的刚性及对中的性能要求，而对内孔承受压力无特殊要求，不依靠配合的紧固性传递摩擦负荷
$\dfrac{H7}{s6}$	$\dfrac{S7}{h6}$	是中等过盈配合，适用于薄壁件用冷缩法获得的配合，用于铸铁件可得到最紧的配合
$\dfrac{H7}{u6}$	$\dfrac{U7}{h6}$	是大的过盈配合，适用于可以承受高压力的零件或不宜承受大压力而用冷缩法获得的配合

（四）一般公差线性尺寸的未注公差

1）线性尺寸的一般公差的概念　线性尺寸的一般公差是指在车间普通工艺条件下，机床设备一般加工能力可保证的公差。线性尺寸的一般公差主要用于低精度的非配合尺寸。

采用一般公差，图样上该尺寸后不需注出其极限偏差数值，可简化图样，使图样清晰易读；突出了图样上注出公差的尺寸，从而使人们在对这些注出公差的尺寸进行加工和检验时给予应有的重视。

2）国家标准GB/T 1804—2000《一般公差　未注公差的线性和角度尺寸的公差》中有关线性尺寸一般公差的规定有四个公差等级，从高到低依次为精密级、中等级、粗糙级和最粗级，分别用字母 f、m、c、v 表示。而对尺寸也采用了大的分段。线性尺寸的未注极限偏差的数值见表 5-10。这四个公差等级相当于 IT12、IT14、IT16 和 IT17。

由表 5-10 可见，不论孔和轴还是长度尺寸，其极限偏差的取值都采用对称分布的公差带，使用更方便。标准同时也对倒圆半径与倒角高度尺寸的未注极限偏差的数值作了规定，见表 5-11。

表 5-10　线性尺寸的未注极限偏差的数值　　（单位：mm）

公差等级	公称尺寸分段							
	0.5~3	>3~6	>6~30	>30~120	>120~400	>400~1000	>1000~2000	>2000~4000
精密 f	±0.05	±0.05	±0.1	±0.15	±0.2	±0.3	±0.5	—
中等 m	±0.1	±0.1	±0.2	±0.3	±0.5	±0.8	±1.2	±2
粗糙 c	±0.2	±0.3	±0.5	±0.8	±1.2	±2	±3	±4
最粗 v	—	±0.5	±1	±1.5	±2.5	±4	±6	±8

表 5-11　倒圆半径与倒角高度尺寸的未注极限偏差的数值　　（单位：mm）

公差等级	公称尺寸分段			
	0.5~3	>3~6	>6~30	>30
精密 f	±0.2	±0.5	±1	±2
中等 m				
粗糙 c	±0.4	±1	±2	±4
最粗 v				

注：倒圆半径和倒角高度的含义参见 GB/T 6403.4—2008。

≫ 任务实施

发动机气门杆与气门导管、气门导管与气缸盖的配合分析

如图 5-25 所示，在发动机运转中，气门以极高的速度开启、关闭，气门杆在气门导管内作高速往复运动，因此气门杆与气门导管之间是活动连接，气门杆与气门导管保持较小的配合间隙，以减小磨损，并起到良好的导向和散热作用。

气门导管 2 的作用是对气门杆的运动进行导向，保证气门杆作直线往复运动，使气门杆与气门座圈能正确贴合。此外，还将气门杆接受的热量部分地传给气缸盖 1。气门导管与气缸盖之间是过盈连接，气门导管的工作温度较高，而且润滑条件较差，在以一定的过盈将气门导管压入气缸盖上的气门导管座孔之后，再精铰气门导管孔，以保证气门导管与气门杆的正确配合间隙。

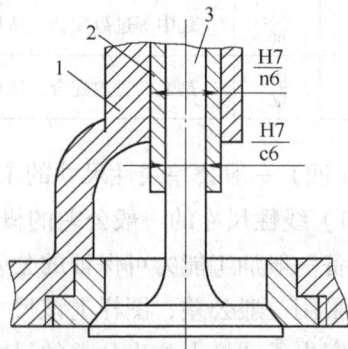

图 5-25　发动机气门杆、气门导管和气缸盖配合图
1—气缸盖　2—气门导管　3—气门杆

▶▶ 练习与思考

1. 什么叫互换性？互换性在机械制造中的作用是什么？

2. 叙述公称尺寸、实际尺寸、极限尺寸、作用尺寸的概念，它们之间有何区别？

3. 加工误差、公差、互换性三者之间的关系是什么？

4. 公差、基本偏差与公差带之间的关系是什么？

5. 配合有几种类型？各用于什么场合？

6. 选择题

（1）设计零件图样时，图样上标注的尺寸是（   ）。

A. 尺寸　　　　　　B. 公称尺寸　　　　C. 实际尺寸　　　　D. 极限尺寸

（2）极限偏差是指（   ）减其（   ）所得的代数差。

A. 公称尺寸　　　　B. 实际尺寸　　　　C. 极限尺寸　　　　D. 尺寸

（3）实际偏差是指（   ）减其（   ）所得的代数差。

A. 公称尺寸　　　　B. 实际尺寸　　　　C. 极限尺寸　　　　D. 尺寸

（4）通常零线表示（   ）。

A. 公称尺寸　　　　B. 实际尺寸　　　　C. 极限尺寸　　　　D. 尺寸

（5）间隙配合是指孔的尺寸减去相配合的轴的尺寸为（   ）。

A. >0　　　　　　　B. ≥0　　　　　　　C. =0　　　　　　　D. ≤0

（6）孔的尺寸总是（   ）轴的尺寸，则这批孔与这批轴的配合为过盈配合。

A. 大于　　　　　　B. 大于等于　　　　C. 等于　　　　　　D. 小于等于

7. 根据下表所给数据，完成表格各空中数据内容。

（单位：mm）

尺寸标注	公称尺寸	极限尺寸		极限偏差		公差
		上极限尺寸	下极限尺寸	上极限偏差	下极限偏差	
孔 $\phi 30^{+0.025}_{-0.012}$						
轴 $\phi 80$				-0.010		0.030
孔 $\phi 30$			29.965			0.021

8. 查出下列配合中的孔、轴极限偏差值，求出极限间限或极限过盈，说明该配合的基准制及配合性质，并画出公差带图。

（1）$\phi 50H7/m6$　　（2）$\phi 120H7/r6$　　（3）$\phi 80H8/js7$　　（4）$\phi 30H7/n6$

（5）$\phi 70F9/k6$　　（6）$\phi 115F6/h5$　　（7）$\phi 85H7/g6$　　（8）$\phi 36K7/h6$

9. 在下列尺寸标注中，判别哪个工件尺寸公差等级最高、加工最困难？哪个工件尺寸公差等级最低、加工最容易？

（1）$\phi 50 \pm 0.023$，$\phi 50^{+0.039}_{0}$，$\phi 50^{0}_{-0.039}$，$\phi 50^{+0.054}_{+0.039}$。

（2）$\phi 50js7$，$\phi 30js8$，$\phi 50f6$，$\phi 20h6$。

任务二 测量技术基础

任务要求

☞知识点：

1）掌握游标卡尺的读数和操作测量方法。

2）掌握外径千分尺的读数、误差处理和操作测量方法。

3）掌握内径千分尺的组装和测量方法。

4）掌握塞尺的测量方法。

☞技能点：

1）能正确使用常用机械测量工具。

2）具备正确进行常规机械测量并准确读取和处理数据的能力。

任务导入

在农机维修中，经常需要使用量具进行测量，如气缸磨损检测、气门间隙的测量、曲轴轴颈磨损等测量，来确定是否超限。因此，本任务的内容，就是正确使用农机维修中常用测量工具进行测量并正确识读数据。

相关知识

一、长度计量单位

为了进行长度测量，必须建立统一可靠的长度单位基准。当前国际上通常使用的长度单位有米制和寸制两种。目前，我国采用的长度单位制是国际单位制，基本单位是米（m），其他常用单位有厘米（cm）、毫米（mm）和微米（μm）等。工程上常用的单位是毫米（mm），在图样上标注时，通常只标注数值而不标注单位。

二、常用测量器具及使用方法

1. 钢卷尺

钢卷尺用于粗测量。在一般工厂中，常用钢卷尺来粗量较为长大的工件。这种尺所能量得的准确度是±1mm。这种钢卷尺的截面略作弧形，有弹性，因钢卷尺很薄，故能直伸量也能微弯曲量。另一类较长的钢卷尺是扁平状的，有10m、20m、30m、50m等不同长度。

2. 钢直尺

钢直尺用于较准确的测量，其刻度是用精密刻度机刻成。按照准确度的不同分成几个等级。

钢直尺必须具备下列条件才能使用：

1）尺面没有受过损伤。

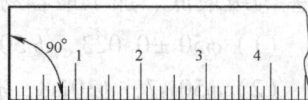

图 5-26 钢直尺

2）端边必须和零线符合。

3）尺的端边必须和长边垂直（见图5-26）。

用钢直尺测量工件的方法如图5-27所示。首先应注意尺的零线是否确与工件的边缘重合，如果尺的零线模糊不清或有损伤，可以改用零线后的某个刻度线作为测量的起线。读数方法要正确（见图5-28），尺和靠边角尺的测量方法如图5-29所示。

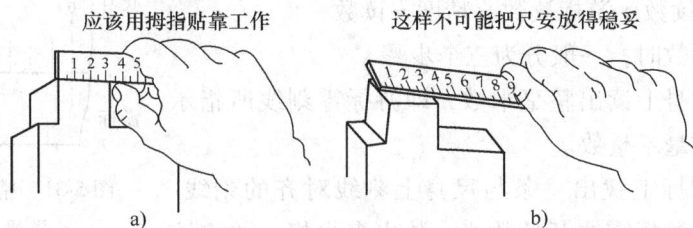

图 5-27　钢直尺

a）正确使用，用拇指贴靠工件　b）错误使用，这样不可能把尺安放得稳妥

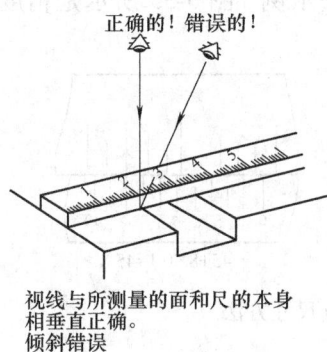

图 5-28　读数方法

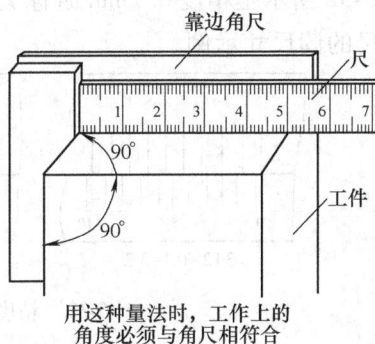

图 5-29　用靠边角尺的测量方法

3. 游标卡尺

游标卡尺是利用游标读数原理制成的一种常用量具，具有结构简单、使用方便、测量范围大等特点。它可以测量工件的外径、内径、长度、宽度、深度和孔距。根据测量用处的不同，有多种不同构造的游标卡尺可供选用，如深度游标卡尺、高度游标卡尺、齿厚游标卡尺等，其读数原理相同，所不同的主要是测量面的位置不同，常用游标卡尺如图5-30所示。

（1）游标卡尺的刻度原理及精度　游标卡尺的读数值就是测量时的读数精度，不要估读。常用的有0.1mm、0.05mm、0.02mm三种。这三种游标卡尺的尺身刻度是相同的，即每小格1mm，所不同的是游标格数与尺身相对的格数。

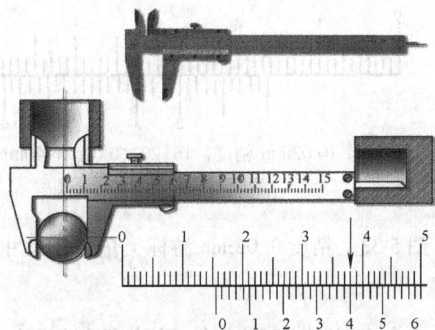

图 5-30　游标卡尺实物（精度0.02mm）及测量方法示意

现以精度 0.1mm 游标类量具为例说明它们的原理。尺身每小格为 1mm，当两测量爪合并时，尺身上 9mm 正好等于游标上 10 格（见图 5-31），则

$$游标每格 = 9mm/10 = 0.9mm$$

尺身与游标每格相差 $= 1mm - 0.9mm = 0.1mm$，这就是读数值的来源。

读数方法为

$$尺身读数 + 游标读数 \times 精度 = 读数$$

在游标尺上读数时，一般分为三个步骤。

第一步：在尺身上读出整毫米数，即游标零刻线所指示的尺身左边刻线的毫米整数。

第二步：在游标上找出一条与尺身上刻线对齐的刻线。以该刻线为终线从游标零线开始数格，数出多少格，并将该格数乘以本尺的读数精度即是游标的读数值。

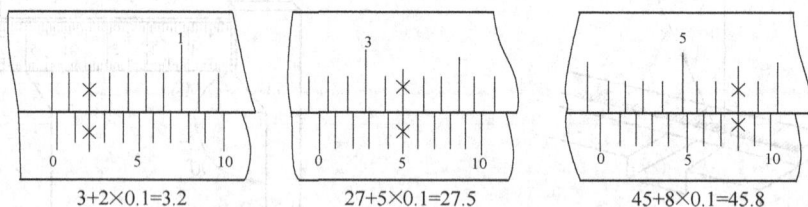

图 5-31　精度 0.1mm 游标类量具的刻线

第三步：把尺上读数值（单位 mm）和游标上的读数值相加即为所需的读数。

图 5-32 所示是精度 0.1mm 游标类量具的读尺寸方法示例。图 5-33 所示是精度 0.02mm 游标卡尺的读尺寸示例。

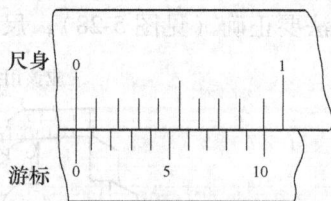

$3 + 2 \times 0.1 = 3.2$　　　$27 + 5 \times 0.1 = 27.5$　　　$45 + 8 \times 0.1 = 45.8$

图 5-32　精度 0.1mm 游标类量具读尺寸方法

（2）游标卡尺测量工件的方法　把工件放入游标卡尺两个张开的卡脚时，必须贴靠在左侧固定卡脚上，然后用轻微的压力把活动卡脚推过去。当两个卡脚的测量面已和工件均匀贴靠时，即可从游标卡尺上读出工件的尺寸，如图 5-34 所示。

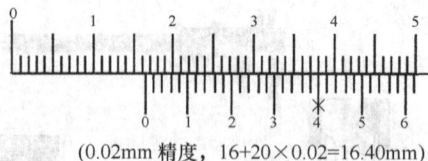

（0.02mm 精度，$16 + 20 \times 0.02 = 16.40mm$）

图 5-33　精度 0.02mm 游标类量具读尺寸方法

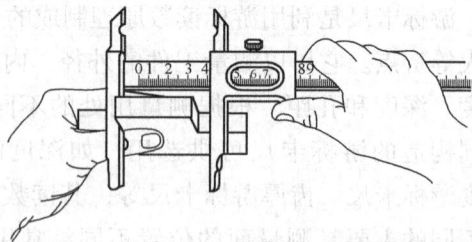

图 5-34　正确使用游标卡尺测量工件

在车床或磨床上使用游标卡尺测量工件尺寸，必须先使工件的运动停下后，才可用游标卡尺量尺寸。先把固定卡脚贴靠工件，然后移动活动卡脚，轻压到工件上。绝不可把已固定好开口的游标卡尺用一只手硬卡到工件上去，这样会使卡脚弯曲，使被测量面磨损，降低游标卡尺的精确度，如图 5-35 所示。

4. 千分尺读数原理及使用方法

千分尺是螺纹测微量具，是利用螺旋运动原理进行测量和读数的一种测微量具。它按用途分外径千分尺、内径千分尺、深度千分尺、螺纹千分尺、公法线千分尺等。普通千分尺的测值（分度值）为 0.01mm，因此常用来测量加工精度要求较高的零件。现以外径千分尺为例说明其测量方法，其结构如图 5-36 所示。

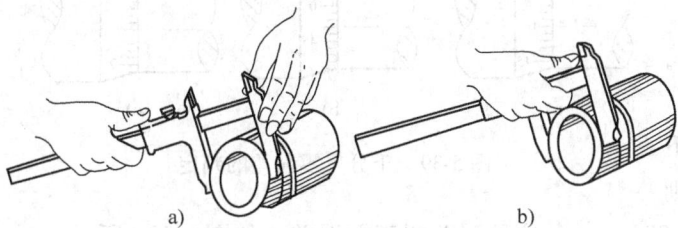

图 5-35 车削或磨削工件时的测量
a）正确测量方法 b）错误测量方法

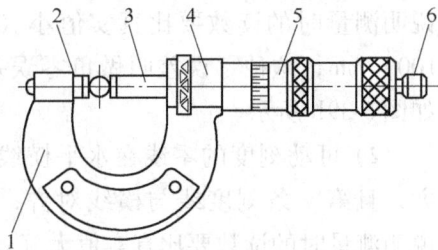

图 5-36 外径千分尺的结构形状
1—尺架 2—测砧 3—测微螺杆 4—固定套筒 5—微分筒 6—限荷棘轮

（1）外径千分尺的刻度原理及精度 千分尺测微螺杆螺纹的螺距为 0.5mm，当微分筒转一周时，测微螺杆就推进 0.5mm。固定套筒上的刻度也是 0.5mm，微分筒圆周上共刻 50 格，因此当微分筒转一格时，测微螺杆就推进：0.5mm/50 = 0.01mm，即这种千分尺的分度值为 0.01mm。在千分尺上读尺寸的方法，可分为三步。

第一步：读出微分筒边缘处固定套筒露出刻线的毫米、半毫米整数。

第二步：微分筒上哪一格与固定套筒上基准线对齐，要估读一位，再乘以分度值 0.01mm。

第三步：把以上两个读数相加，如图 5-37 所示。

（2）外径千分尺的测量方法

步骤一：将被测物擦干净，千分尺使用时轻拿轻放。

步骤二：松开千分尺锁紧装置，校准零位，转动旋钮，使测砧与测微螺杆之间的距离略大于被测物体。

步骤三：一只手拿千分尺的尺架，将待测物置于测砧与测微螺杆的端面之间，另一只手转动旋钮，当螺杆要接近物体时，改旋限荷棘轮，直至听到 3 声"喀喀"声，如图 5-38 所示。

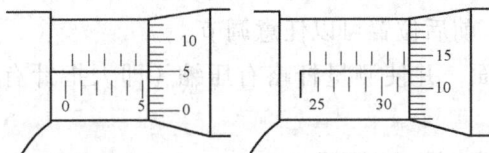

5+5.0×0.01=5.050   313.5+13.0×0.01=313.630

图 5-37 千分尺的读尺寸方法

图 5-38 千分尺的读数操作方法

步骤四：旋紧锁紧装置（防止移动千分尺时螺杆转动），即可读数。

（3）外径千分尺零误差的判定 校准好的千分尺，当测微螺杆与测砧（或校零标准测杆）接触后，微分筒上的零线与固定刻度上的水平横线应该是对齐的，如图5-39a所示，如果没有对齐，测量时就会产生系统误差——零误差。如无法消除零误差，则应考虑它们对读数的影响。

1）可动刻度的零线在水平横线上方，且第 x 条刻度线与横线对齐，即说明测量时的读数要比真实值小（$x/100$）mm，这种零误差叫做负零误差，如图5-39b所示。

2）可动刻度的零线在水平横线下方，且第 y 条刻度线与横线对齐，则

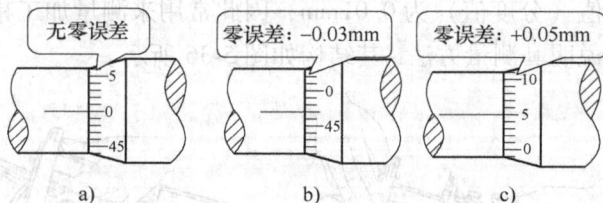

图5-39　千分尺零误差的判定

说明测量时的读数要比真实值大（$y/100$）mm，这种误差叫正零误差，如图5-39c所示。

对于存在零误差的千分尺，测量结果应等于读数减去零误差，即

$$物体直径 = 固定刻度读数 + 可动刻度读数 - 零误差$$

（4）外径千分尺的保养及保管

1）轻拿轻放。

2）将测砧、微分筒擦拭干净，避免切屑粉末、灰尘影响。

3）将测砧分开，放在锁紧位置，以免长时间接触而造成生锈。

4）不得放在潮湿、温度变化大的地方。

5. 指示量具的使用方法

指示量具是利用机械结构将直线位移经传动、放大后，通过读数装置表示出来的一种测量器具。主要有百分表、内径百分表等。

（1）百分表　百分表的结构如图5-40a所示，百分表的分度值为0.01mm，表盘圆周刻有100条等分刻线。即百分表的测量杆移动1mm，大指针回转一圈。小指针可指示大指针转过的圈数。测杆伸长时，表针顺时针转动，读数为正值；测量杆缩短时，表针逆时针转动，读数为负值。指针的偏转量即为被测工件的实际偏差或间隙值。百分表的示值范围有0 ~3mm、0 ~5mm、0 ~10mm 三种。

百分表的使用方法如下。

步骤一：百分表在使用时，可装在磁性专用的表架上（见图5-40b），表架放在平板上，或放在某一平整位置上。百分表在表架上的上下、前后位置可以任意调节。

步骤二：调整表架，使测量杆垂直于被测量面，并使测量杆略有压缩（即大指针有转动，一般为0 ~1mm）。

步骤三：转动表圈使大指针对正表盘上的"0"，即"对零"。

步骤四：使量表与被测表面缓慢地产生相对运动。

步骤五：读出相对运动的前后指针的变化值即为相对长度变化值。

【特别提示】

百分表（千分表）是比游标卡尺更为精密的量具，使用时更应小心。

（2）内径百分表　内径百分表又称量缸表，是用来测量孔径的，可测量6 ~1000mm 的

内径尺寸，特别是测量深孔。其结构如图 5-41 所示。内径百分表活动测量头的位移量很小，它的测量范围是由更换或调整测量头的长度而达到的。

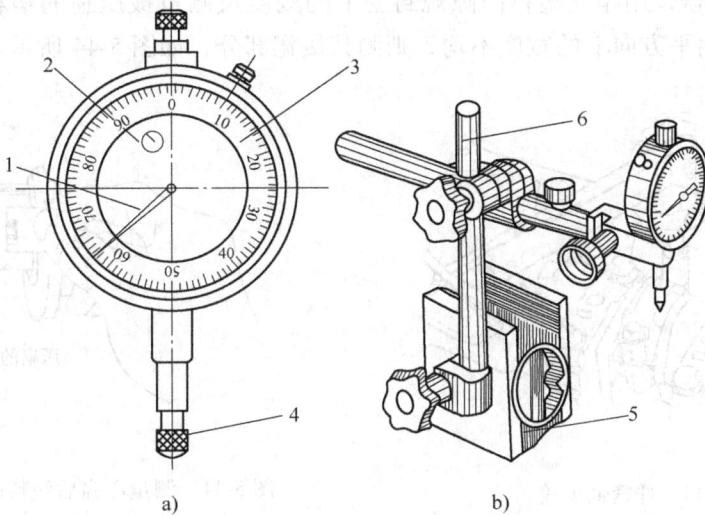

图 5-40　百分表的结构及安装方法

a）百分表　b）磁力表座

1—大指针　2—小指针　3—刻度盘　4—测头　5—磁力表座　6—支架

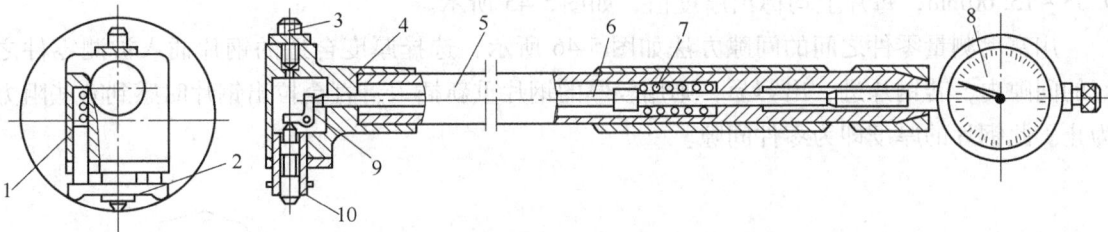

图 5-41　内径百分表

1、7—弹簧　2—定位装置　3—可换测量头　4—测量套　5—测量杆

6—传动杆　8—百分表　9—杠杆　10—活动测量头

6. 塑料内隙规

塑料内隙规通常用于测量曲轴轴颈、连杆轴颈和轴承内的游隙。它是厚度均匀的线状塑料，并装在纸封套内。下面以测量曲轴轴承的径向间隙说明其使用方法。

1）将手、连杆轴颈和轴承擦干净。

2）根据轴承宽度，撕下适当长度的塑料量规封套。

3）小心将塑料内隙规从封套包装内取出，横置于曲轴背上，如图 5-42 所示。

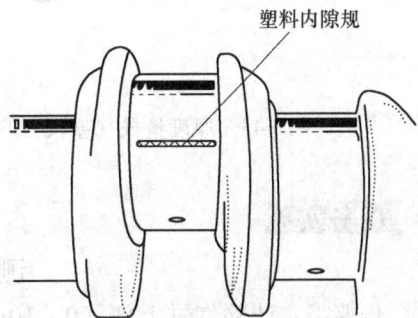

图 5-42　放置塑料内隙规

4）量规保持在该位置，将轴承盖放在连杆轴颈上，用力拧紧螺栓至规定转矩（切勿转动曲轴），如图5-43所示。

5）拆下轴承盖，用印在塑料内隙规封套上的刻度尺测量被压扁的塑料内隙规的宽度，若沿塑料内隙规扁平方向上的宽度不均，则测其最宽部分，如图5-44所示。

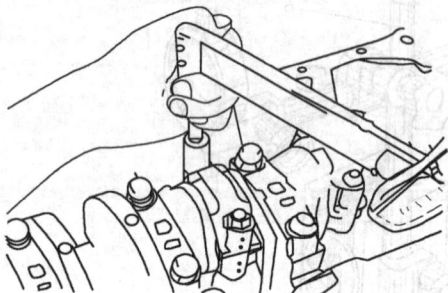

图 5-43　拧紧轴承盖

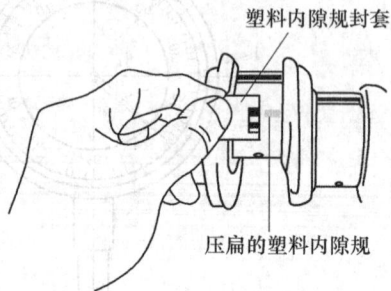

图 5-44　测量压扁后塑料内隙规的宽度

7. 厚度量规（塞尺）

厚度量规是用来测量零件之间的间隙。它由许多薄钢片组成，一般钢片厚度范围为0.03~13.00mm，每片上均标出厚度值，如图5-45所示。

用塞尺测量零件之间的间隙方法如图5-46所示，选择厚度合适的钢片插入被测零件之间的间隙内，若钢片进、出容易，则用较厚的钢片重新插入，直至拉出钢片时感到有些阻力为止。此钢片的厚度即为零件间隙。

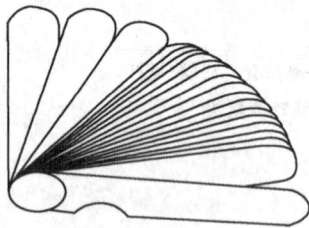

图 5-45　厚度量规（塞尺）

图 5-46　测量间隙

▶▶**任务实施**

测量发动机气缸内径

步骤一：清除气缸上部（0~10mm）未磨损处的油污或灰尘，用游标卡尺测出气缸内径值，确定所测量孔的内径大小范围，正确选择合适的测量头。

步骤二：把百分表装到测量杆上，使百分表测量杆略有压缩，一般为 1mm 左右（即百分表小指针转动 1 格）。

步骤三：用标准测量杆，确定外径千分尺的零误差。

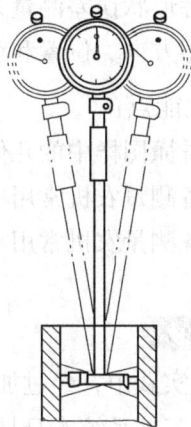

步骤四：把外径千分尺测砧与测微螺杆之间的距离调整到所需测量尺寸的名义值，锁紧外径千分尺的锁紧装置。

步骤五：把内径百分表的测量头调整到合适的长度，卡入外径千分尺测砧与测微螺杆之间，使百分表测量杆压缩 1～2mm（即小指针转 1～2 圈）。

步骤六：转动百分表的表圈，使大指针对零。

步骤七：如图 5-47 所示，测量内孔孔径，测量时应放正。

图 5-47 内径百分表的使用方法

练习与思考

1. 读出习题 1 图所示游标卡尺的读数，分度值为 0.1mm。

2. 读出习题 2 图所示游标卡尺的读数，分度值为 0.02mm。

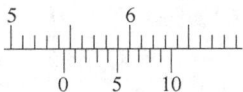

项目五任务二 习题 1 图

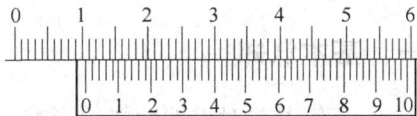

项目五任务二 习题 2 图

3. 读出习题 3 图所示千分尺的读数。

4. 用游标卡尺测量气门垫块厚度。

5. 外径千分尺的零误差应如何处理？

6. 用千分尺测量发动机活塞外径。

7. 用内径百分表测量气缸内径，并写出测量步骤和注意事项。

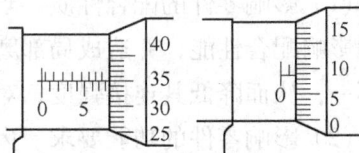

项目五任务二 习题 3 图

任务三 几何公差的认知与应用

任务要求

☞知识点：

1) 掌握形状、方向、位置和跳动公差特征项目及其符号。

2) 掌握形状公差及其公差带。

3）掌握方向、位置和跳动公差及其公差带。

4）熟悉形状误差测量方法及在农机零件修理中的应用。

5）熟悉方向、位置和跳动误差测量方法及在实际中的应用。

☞ 技能点：

1）能看懂图样中的几何公差的标注。

2）具备测量农机常用零件形状误差的能力。

3）具备测量农机常用零件方向误差、位置误差、跳动误差的能力。

▶▶ 任务导入

在生产实践中，经过加工的零件，除了会产生尺寸误差外，由于机床、夹具、刀具和工件所组成的工艺系统本身具有一定的误差，以及在加工过程中出现受力变形、振动、磨损等各种干扰，致使加工后零件会产生形状误差以及方向、位置和跳动误差（旧称形位误差），将造成装配困难，影响机器的质量，它们对产品的寿命和使用性能有很大的影响。本任务要求在正确识读图样上的几何公差标注基础上，掌握测量农机常用零件形状、方向、位置、跳动误差的能力。

▶▶ 相关知识

一、基本认知

（一）几何误差对零件性能的影响

形状误差以及方向、位置和跳动误差，它们对产品的寿命和使用性能有很大的影响。具体归纳为三个方面：

（1）影响零件的配合性质　当轴和孔的配合有几何误差时，对间隙配合，会因间隙不均匀而影响配合性能，并造成局部磨损使寿命降低；对过盈配合，会使过盈在整个结合面上大小不一，从而降低其连接强度；对过渡配合，会降低其定位精度。

（2）影响零件的功能要求　齿轮箱上各轴承孔的位置误差影响齿轮齿面的接触均匀性和齿侧间隙。

（3）影响零件的自由装配性　几何误差越大，零件的几何参数的精度越低，其质量也越低，为了保证零件的互换性和使用要求，有必要对零件规定几何公差，用以限制几何误差。

对于精密机械以及经常在高速、高压、高温和重载条件下工作的机器，几何误差的影响更为严重。所以几何误差的大小是衡量机械产品质量的一项重要指标。

（二）几何公差特征符号

为限制机械零件的几何误差，提高机械产品的精度，增加寿命，保证互换性生产，我国已制定一套最新《几何公差》国家标准，代号为 GB/T 1182—2008、GB/T 1184—1996 等。标准中，规定了 14 种几何公差特征项目，各特征项目的名称及其符号见表 5-12。

表 5-12　几何公差特征项目的名称及其符号

公差类型	几何特征	符　号	有无基准	公差类型	几何特征	符　号	有无基准
形状公差	直线度	—	无	位置公差	位置度	⊕	有或无
	平面度	▱	无		同心度（用于中心点）	◎	有
	圆度	○	无		同轴度（用于轴线）	◎	有
	圆柱度	⌭	无		对称度	═	有
	线轮廓度	⌒	无		线轮廓度	⌒	有
	面轮廓度	⌓	无		面轮廓度	⌓	有
方向公差	平行度	∥	有	跳动公差	圆跳动	↗	有
	垂直度	⊥	有		全跳动	⌰	有
	倾斜度	∠	有				
	线轮廓度	⌒	有				
	面轮廓度	⌓	有				

（三）几何要素及其分类

几何公差的研究对象是构成零件几何特征的点、线、面，这些点、线、面统称几何要素，简称要素，它是几何公差研究的对象。图 5-48 所示零件的要素有：点——锥顶、球心；线——圆柱、圆锥的素线、轴线；面——端平面、球面、圆锥面及圆柱面等。一般在研究形状公差时，涉及的对象有线和面两类要素；在研究方向、位置和跳动公差时，涉及的对象有点、线和面三类要素。几何公差就是研究这些要素在形状及其相互间在方向或位置方面的相互关系。

要素可以从不同的角度进行分类。

1. 按存在状态分类

（1）理想要素　理想要素是指具有几何学意义的要素，按设计要求，由图样给定的点、线、面的理想形态。它不存在任何误差，是绝对正确的几何要素。理想要素是作为评定实际要素的依据，在生产中是不可能得到的。

（2）实际要素　实际要素是指零件上实际存在的要素，通过测量反映出来的要素（由于测量误差总是客观存在的，因此，测得要素并非要素的真实状态）。

2. 按在几何公差中所处的地位分

（1）被测要素　被测要素是指图样中给出几何公差要求的要素，也就是需要研究和测量的要素。

（2）基准要素　基准要素是指用来确定被测要素方向和（或）位置的要素，基准要素在图样上都标有基准符号。

3. 按结构特征分类

（1）轮廓要素　轮廓要素是指构成零件外形特征的点、线、面，如图 5-48 所示的圆柱面和圆锥面、端平面、球面、圆锥面及圆柱面的素线等。

（2）中心要素　中心要素是指轮廓要素对称中心所表示的点、线、面，其特点是它不能被人们直接感觉到，而是通过相应的轮廓要素才能体现出来，如图 5-48 所示的球心、轴线等。

4. 按结构的性能分类

（1）单一要素　单一要素是指仅对被测要素本身给出形状公差的要素。

（2）关联要素　关联要素是指与零件基准要素有功能要求的要素。

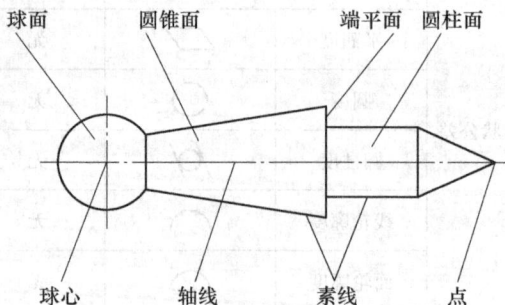

图 5-48　零件的几何要素

形状公差是指被测实际要素的形状所允许的变动量，所以，形状公差是指单一要素允许的变动量。方向、位置和跳动公差是指关联实际要素的位置对基准所允许的变动量。几何公差的公差带是空间线与面之间的区域，比尺寸公差带即数轴上两点之间的区域复杂。

（四）几何公差带的组成

几何公差带由形状、大小、方向和位置四个部分组成。

1. 公差带的形状

公差带的形状由被测要素的几何特征和设计要求来确定。如设计要求均为位置度：当被测要素为点时，其公差带形状是一个圆（平面上）或球（空间中）；当被测要素为直线时，其公差带可能为平行平面之间的区域。当几何特征为任意方向的直线度要求时，公差带为圆柱面内的区域。

2. 公差带的大小

公差带的大小用以体现几何精度要求的高低，是用图样上给出的几何公差值来确定的，一般反映几何公差带的宽度或直径，如 t 或 ϕt（圆）、$S\phi t$（球）。

3. 公差带的方向

公差带的方向是指组成公差带的几何要素的延伸方向。

4. 公差带的位置

几何公差带的位置分浮动和固定两种。所谓浮动，是指几何公差带在尺寸公差带内，随实际尺寸的不同而变动，其变动范围不超出尺寸公差带；所谓固定，是指几何公差带的位置是由图样给定的，与零件尺寸无关。在形状公差中，公差带的位置均为浮动。在位置公差中，同轴度、对称度和位置度的公差带固定，有基准要求的轮廓度的公差带位置固定。如无特殊要求时，其他位置公差的公差带位置浮动。

二、形状公差与形状误差

（一）形状公差与公差带

形状公差是指单一被测实际要素的形状对其理想要素所允许的变动量。形状公差用形状公差带表示。形状公差带是限制单一实际要素变动的区域，零件实际要素在该区域内为合格。形状公差带的大小用公差带的宽度或直径来表示，由形状公差值决定。典型的形状公差带见表5-13。

形状公差带具有如下特点：

1）由表5-13可知，形状公差的形状有多种形式，如两条平行直线、两个平行平面、四棱柱、圆柱、两个同心圆柱限定的区域等。

2）直线度、平面度、圆度和圆柱度不涉及基准，其公差带没有方向或位置的约束，可以根据被测实际要素不同的状态而浮动。

表5-13　形状公差带定义、标注和解释

特征	公差带定义	标注和解释
直线度	若在公差值前加注 ϕ，则公差带是直径为 t 的圆柱面内的区域 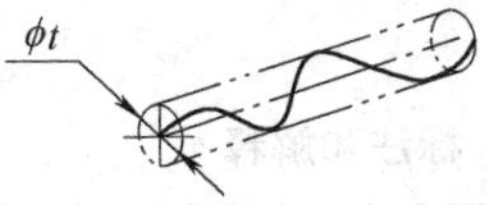	被测圆柱的轴线必须位于直径为 $\phi0.04$mm 的圆柱面内 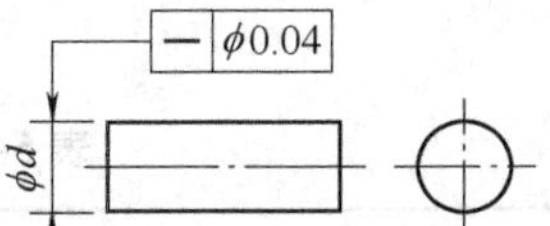
	在给定平面内，公差带是距离为公差值 t 的两平行直线之间的区域 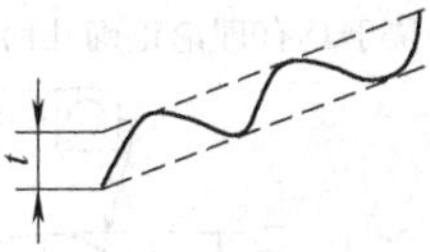	被测圆柱面与任一轴向截面的交线（平面线）必须位于在该平面内距离为 0.04mm 的两平行直线内 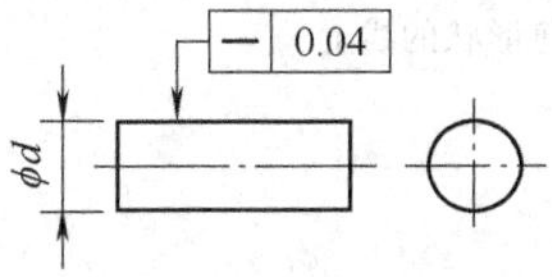
	在给定方向上，公差带是距离为公差值 t 的两平行平面之间的区域 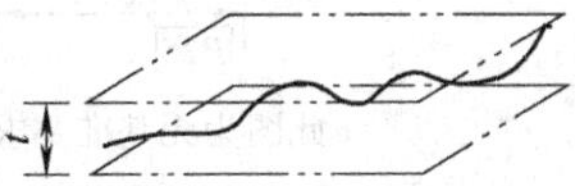	被测棱线必须位于距离为公差值 0.02mm 的两平行平面内 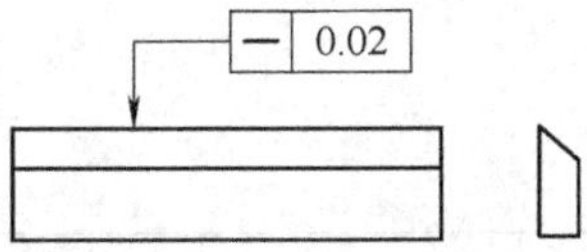
平面度	公差带是距离为公差值 t 的两平行平面之间的区域 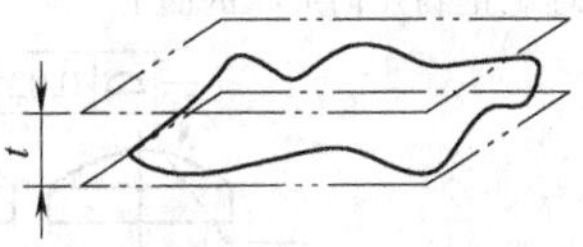	被测表面必须位于距离为公差值 0.1mm 的两平行平面内 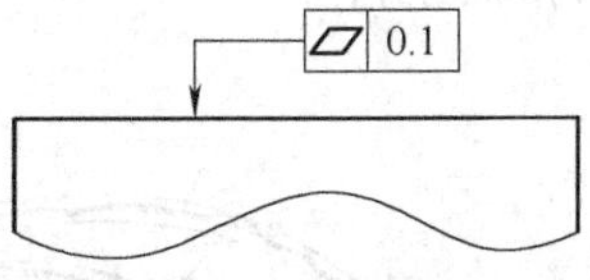
圆度	公差带是在同一正截面上，半径差为公差值 t 的两个同心圆之间的区域 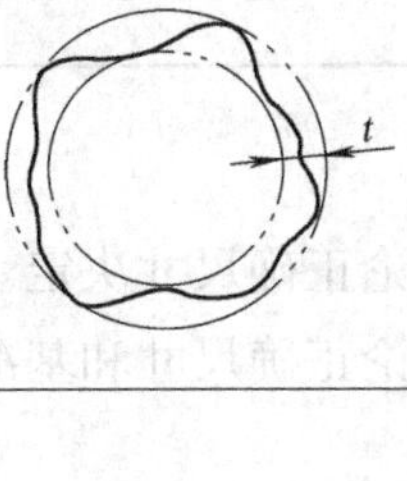	被测圆柱面的任一正截面的圆周必须位于半径差为公差值 0.02mm 的两同心圆之间 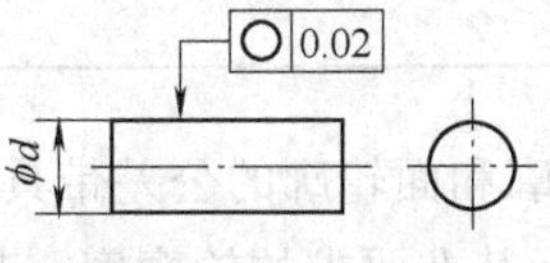

（续）

特征	公差带定义	标注和解释
圆柱度	公差带是半径差为公差值 t 的两个同心圆柱之间的区域 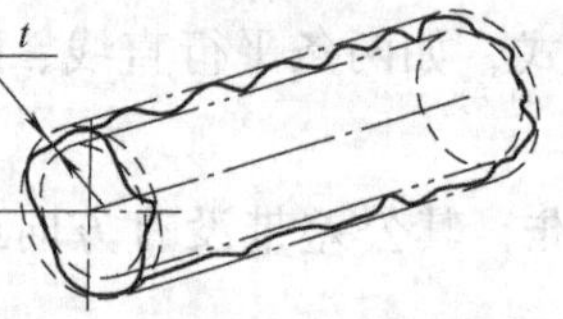	被测圆柱面必须位于半径差为公差值 0.05mm 的两同轴圆柱面之间 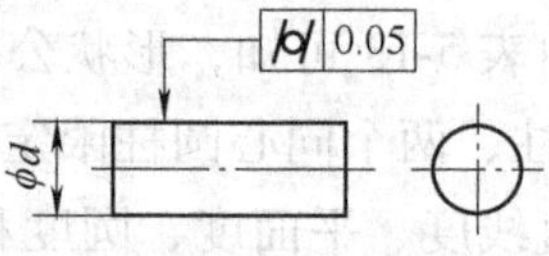

（二）轮廓度公差与公差带

轮廓度公差特征有线轮廓和面轮廓两类。轮廓度无基准要求时为形状公差，有基准要求时为位置公差。轮廓度公差带的定义、标注和解释见表5-14。

表5-14　轮廓度公差带定义、标注和解释

特征	公差带定义	标注和解释
线轮廓度	公差带是包容一系列直径为公差值 t 的圆的两包络线之间的区域，诸圆的圆心位于具有理论正确几何形状的线上 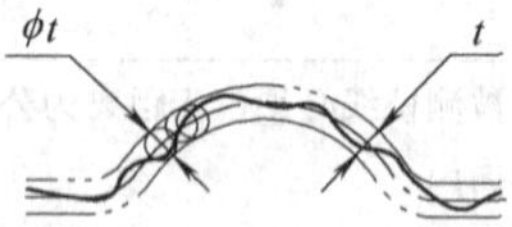	在平行于图样所示投影面的任一截面上，被测轮廓线必须位于包容一系列直径为公差值 0.04mm，且圆心位于具有理论正确几何形状的线上的两包络线 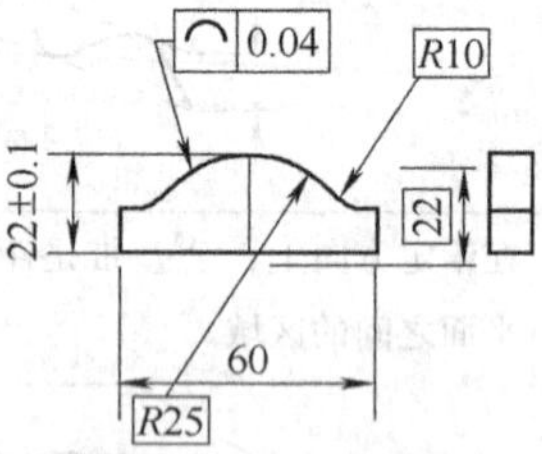 （此图为无基准要求的情况）
面轮廓度	公差带是包络一系列直径为公差值 t 的球的两包络面之间的区域，诸球的球心位于具有理论正确几何形状的面上 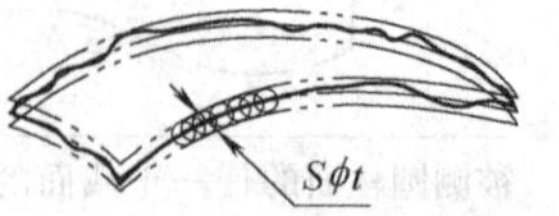	被测轮廓面必须位于包络一系列球的两包络面之间，诸球的直径为公差值 0.02mm，且球心位于具有理论正确几何形状的面上 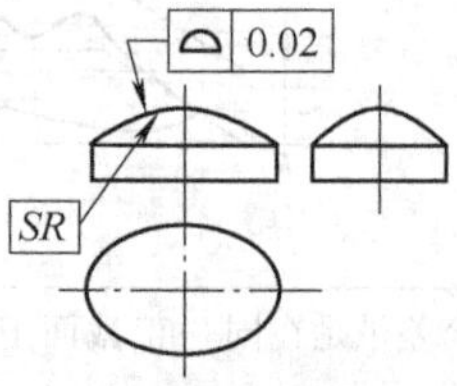 （此图为无基准要求的情况）

线轮廓和面轮廓的公差带具有如下特点：

1）无基准要求的轮廓度，其公差带的形状只由理论正确尺寸决定。

2）有基准要求的轮廓度，其公差带的形状需由理论正确尺寸和基准决定。

（三）形状误差评定准则

形状误差是指单一被测实际要素对其理想要素的变动量。形状误差的误差值小于或等于相应的形状公差值为合格。

被测实际要素与理想要素作比较以确定其变动量时，由于理想要素所处位置的不同，得到的被测实际要素的最大变动量也会不同。因此，评定实际要素的形状误差时，理想要素相对于实际要素的位置，必须有一个统一的评定准则，这个准则就是最小条件。

1. 最小条件

对于轮廓要素（线、面轮廓度除外），最小条件就是理想要素位于实体之外与实际要素相接触，并使被测要素的最大变动量为最小，如图 5-49 所示。图中 h_1、h_2、h_3 是对应于理想要素处于不同位置得到的最大变动量，且 $h_1 < h_2 < h_3$，若 h_1 为最小值，则理想要素在 A_1B_1 处符合最小条件。

对于中心要素（如轴线、中心平面等），最小条件就是理想要素应穿过实际中心要素，并使实际中心要素对理想要素的最大变动量为最小，如图 5-50 所示。图中，理想平面、理想轴线符合最小条件，其最大变动量 t、ϕt 为最小。

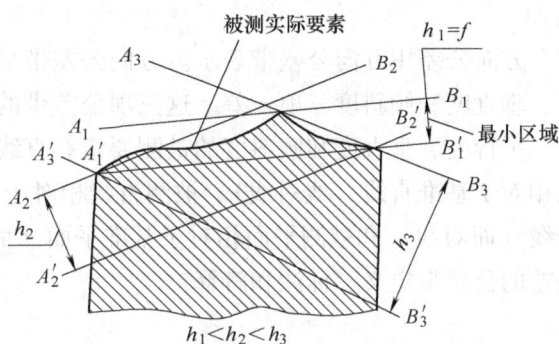

图 5-49　最小条件和最小区域

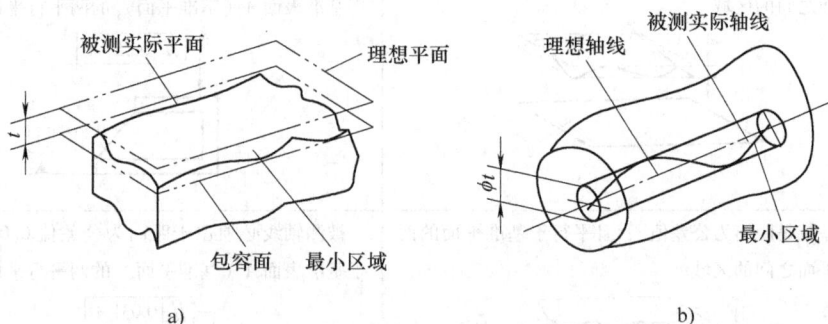

a)　　　　　　　　　　　　　　b)

图 5-50　最小区域

a) 轮廓要素　b) 中心要素

2. 最小包容区域

国标规定，在评定形状误差时，形状误差值用最小包容区域的宽度或直径表示。所谓最小包容区域，是指包容被测实际要素的理想要素具有的最小宽度或最小直径的区域。最小包容区域的形状与形状公差带相同，按最小包容区域评定形状误差的方法称为最小区域法。

按最小条件法评定的形状误差值为最小，并且是唯一的稳定的数值，用这个方法评定形状误差可最大限度地通过合格件。

三、方向、位置和跳动公差与误差

方向、位置和跳动公差是指关联实际要素的位置对基准所允许的变动全量。方向、位置和跳动公差用以控制方向、位置和跳动误差，用方向、位置和跳动公差带表示，它是限制关联实际要素的变动区域。关联实际要素位于该区域内为合格，区域的大小由公差值决定。

（一）方向公差与公差带

方向公差是指关联实际要素对基准在方向上允许的变动全量。方向公差用以控制方向误差。

方向公差用方向公差带表示。方向公差带是限制关联实际要素的变动区域。它包括平行度、垂直度和倾斜度三项公差。这三项公差带的方向都是确定的，但位置是浮动的。

平行度、垂直度和倾斜度的被测要素有直线和平面之分，因此，这三项公差都有被测直线相对于基准直线（线对线）、被测直线相对于基准平面（线对面）、被测平面相对于基准直线（面对线）和被测平面相对于基准平面（面对面）四种形式。表 5-15 列出了部分方向公差的公差带定义、标注和解释。

表 5-15　方向公差带定义、标注和解释

特征		公差带定义	标注和解释
平行度	面对面	公差带是距离为公差值 t，且平行于基准面的两平行平面之间的区域 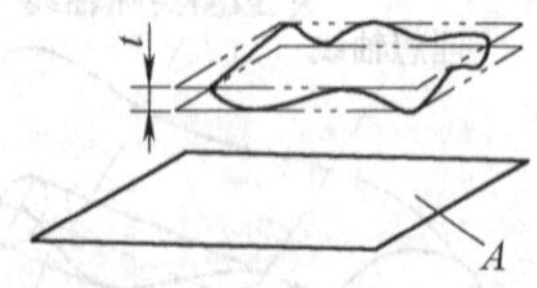	被测表面必须位于距离为公差值 0.05mm，且平行于基准表面 A（基准平面）的两平行平面之间 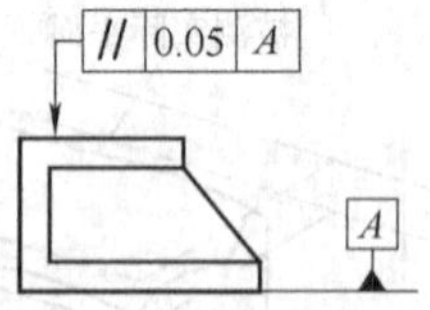　// 0.05 A
	线对面	公差带是距离为公差值 t，且平行于基准平面的两平行平面之间的区域 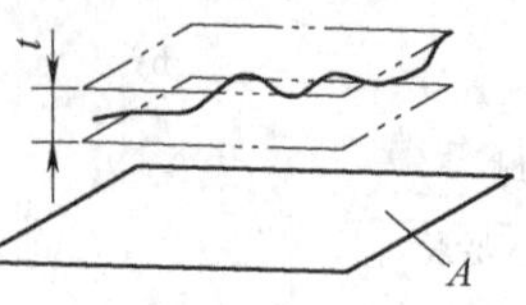	被测轴线必须位于距离为公差值 0.03mm，且平行于基准表面 A（基准平面）的两平行平面之间 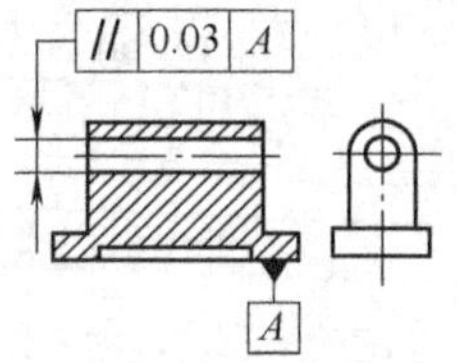　// 0.03 A
	面对线	公差带是距离为公差值 t，且平行于基准线的两平行平面之间的区域 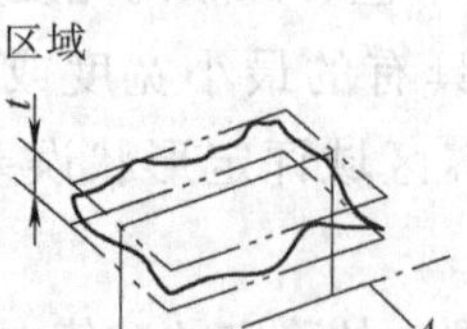	被测表面必须位于距离为公差值 0.05mm，且平行于基准线 A 的两平行平面之间 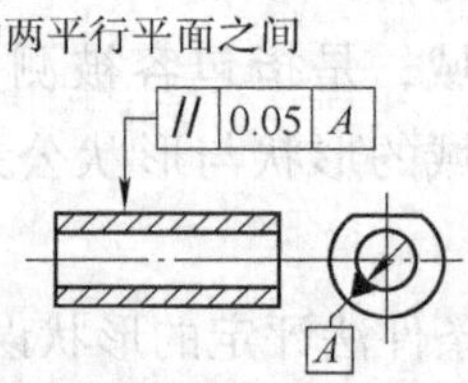　// 0.05 A

（续）

特征		公差带定义	标注和解释
平行度	线对线	如在公差值前加注 ϕ，公差带是直径为公差值 ϕt，且平行于基准线的圆柱面内的区域 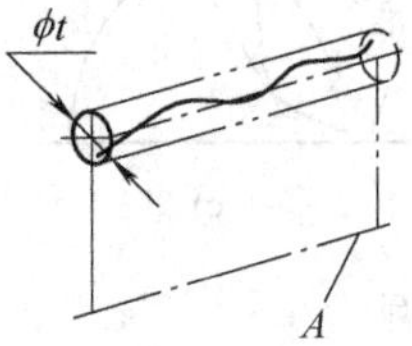	被测轴线必须位于直径为公差值 $\phi 0.1mm$，且平行于基准轴线的圆柱面内 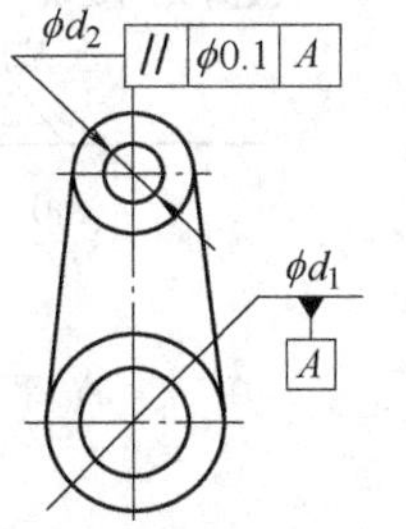
垂直度	面对线	公差带是距离为公差值 t，且垂直于基准轴线的两平行平面之间的区域 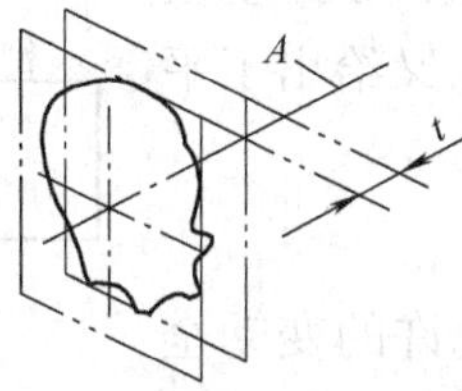	被测表面必须位于距离为公差值 $0.05mm$，且垂直于基准线 A（基准轴线）的两平行平面之间 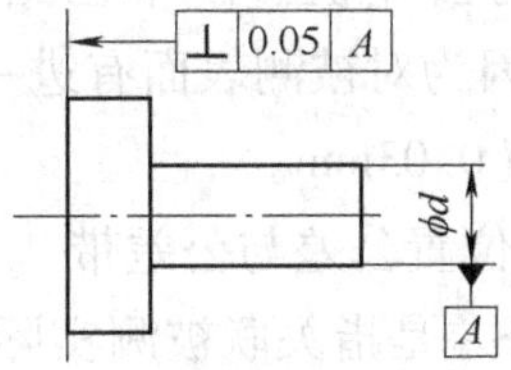
	面对面	公差带是距离为公差值 t，且垂直于基准平面的两平行平面之间的区域 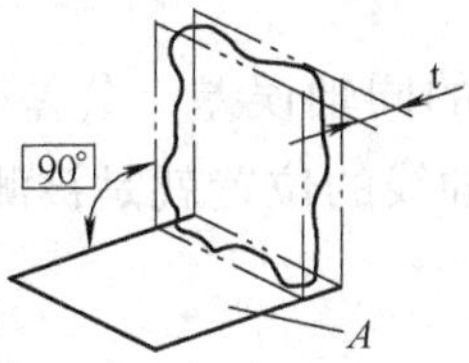	被测面必须位于距离为公差值 $0.03mm$，且垂直于基准平面 A 的两平行平面之间 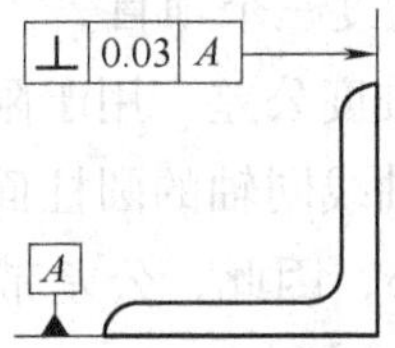
倾斜度	面对线	公差带是距离为公差值 t，且与基准线成一定角度 α 的两平行平面之间的区域 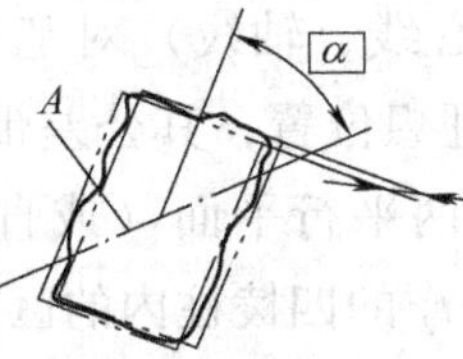	被测表面必须位于距离为公差值 $0.06mm$，且与基准线 A（基准轴线）成理论正确角度 $60°$ 的两平行平面之间 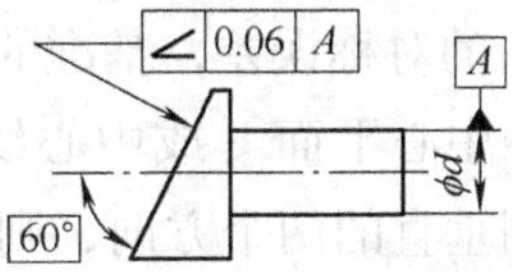

方向公差带的特点如下：

1）方向公差带相对于基准有确定的方向。平行度、垂直度和倾斜度公差带分别相对于基准保持平行、垂直和倾斜的理论正确角度关系，如图 5-51 所示。并且，在相对于基准保持方向的条件下，公差带的位置可以浮动。

2）方向公差带具有综合控制被测要素的方向和形状的功能。如图 5-52 所示，方向公差一经确定，被测要素的方向和形状的误差也就受到约束。在保证功能要求的前提下，当对某

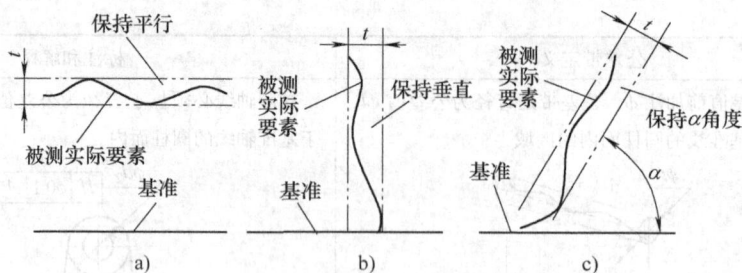

图 5-51　方向公差带示例
a）平行度公差带　b）垂直度公差带　c）倾斜度公差带

一被测要素给出方向公差后，通常不再对该被测要素给出形状公差。如果要对形状精度有进一步要求，则可同时给出形状公差。但是，给出的形状值应小于已给定的方向公差值。图中已给出了平面对平面的平行度公差值0.05mm，因为对被测表面有进一步的平面度要求，所以又给出了平面度公差值0.03mm。

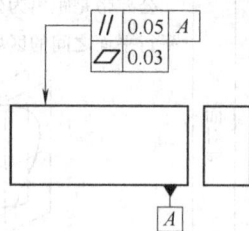

图 5-52　同时给出方向公差和形状公差示例

（二）位置公差与公差带

位置公差是指关联被测实际要素对基准在位置上允许的变动全量。位置公差用以控制位置误差。

位置公差用位置公差带表示。位置公差有同轴度（同心度）、对称度和位置度三个项目。

（1）同轴度公差　用于限制被测轴线与基准轴线的同轴误差，公差带是直径为公差值 ϕt 且与基准轴线同轴的圆柱面内的区域。显然，基准轴线的位置就是被测轴线的理想位置，即公差带中心，因此，公差带位置是固定的。

【特别提示】

标注同轴度公差时，由于被测要素和基准要素都是轴线，所以，指引线箭头和基准符号均应与尺寸线对齐；由于公差带形状为圆柱体，所以，在公差值前一定要加注 ϕ。

（2）对称度公差　用于限制被测中心平面（或中心线、轴线）对基准中心平面（中心线或轴线）的对称误差，基准的位置就是被测要素的理想位置，其公差带是距离为公差值 t 且相对基准中心平面（或中心线、轴线）对称配置的两平行平面（或直线）之间的区域，若给定互相垂直的两个方向，则是正截面为公差值 $t_1 \times t_2$ 的四棱柱内的区域。它包括面对面的对称度、线对面的对称度、面对线的对称度和线对线的对称度。

（3）位置度公差　用于限制被测实际要素的位置对理想位置的变动。

位置度有点的位置度、线的位置度和面的位置度，其中线的位置度还有给定一个方向、给定互相垂直的两个方向和任意方向等情况。

点的位置度公差带是直径为公差值 ϕt，且以点的理想位置为中心的圆或球内的区域。至于线的位置度，当给定一个方向时，公差带是距离为公差值 t 且以线的理想位置为中心对称配置的两平行平面（或直线）之间的区域。当给定互相垂直的两个方向时，则是正截面

为公差值 $t_1 \times t_2$ 且以线的理想位置为轴线的四棱柱内的区域。在任意方向上，其公差带是直径为公差值 t 且以线的理想位置为轴线的圆柱面内的区域。面的位置度公差带是距离为公差值 t 且以面的理想位置为中心对称配置的两平行平面之间的区域。

【特别提示】

由于位置度公差带都是以理想位置为中心的，而理想位置又必须由基准和理论正确尺寸来确定，所以，标注位置度公差要求时，都要用到带方框的理论正确尺寸。

位置度基准的标注比较复杂，根据被测要素及控制要求不同，可以标注一个、两个或三个基准。当标注两个或三个基准时，应符合三基面体系的原则。所谓三基面体系，就是由三个互相垂直的基准平面组成的基准体系，在实际应用中，三基面体系是通过实际基准要素来建立的，由于各实际基准要素在建立基准面时所起的作用不同，所以在标注时，应根据零件的功能要求正确选择基准的顺序。

如图5-53所示，标注在公差框格第三格中的 A 为第一基准，B 为第二基准，次要。表5-16列出位置公差的公差带定义、标注和解释。

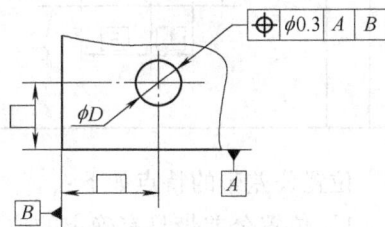

图 5-53　位置度基准标注示例

表 5-16　位置公差带定义、标注和解释

特征		公差带定义	标注和解释
同轴度	轴线的同轴度	公差带是直径为公差值 ϕt 的圆柱面内的区域，该圆柱面的轴线与基准轴线 A—B 同轴	大圆（ϕd）的轴线应位于公差值 $\phi 0.02\text{mm}$，且与公共基准线 A—B（公共基准轴线）同轴的圆柱面内
对称度	中心平面的对称度	公差带是距离为公差值 t，且相对基准的中心平面对称配置的两平行平面之间的区域	被测中心平面应位于距离为公差值 0.2mm，且相对基准中心平面 A 对称配置的两平行平面之间
位置度	点的位置度	如在公差值前加注 $S\phi$，公差带是直径为公差值 $S\phi t$ 的球内的区域，球公差带的中心点的位置由相对于基准 A 和 B 的理论正确尺寸确定	被测球的球心应位于直径为公差值 $\phi 0.2\text{mm}$ 的球内，该球的球心位于相对基准 A 和 B 所确定的理想位置上

（续）

特征		公差带定义	标注和解释
位置度	线的位置度	如在公差值前加注 ϕ，则公差带是直径为公差值 ϕt 的圆柱面内的区域，公差带的轴线的位置由相对于三基面体系的理论正确尺寸确定	每个被测轴线应位于直径为公差值 $\phi 0.2$mm，且相对于 A、B、C 基准表面（基准平面）所确定的理想位置为轴线的圆柱内

位置公差带的特点如下：

1）位置公差带具有确定的位置，相对于基准的尺寸为理论正确尺寸。同轴度和对称度公差带的特点是被测要素应与基准重合。公差带相对于基准位置的理论正确尺寸为零。

2）位置公差带具有综合控制被测要素位置、方向和形状的功能。由于给出了位置公差的被测要素总是同时存位置、方向和形状误差，因此被测要素的位置、方向和形状误差总是同时受到位置公差带的约束。在保证功能要求的前提下，对被测要素给定了位置公差，通常对该被测要素不再给出方向和形状公差。如果对方向和形状有进一步精度要求，则另行给出方向或形状公差，或者方向和形状公差同时给出。例如，图 5-54 中，$\phi 50$J6 的轴线相对于基准 A 和 B 已给出了位置度公差值 $\phi 0.05$mm，但是，该轴线对基准 A 的垂直度有进一

图 5-54　位置公差和方向公差同时标注示例

步要求，因此又给出了垂直度公差值 $\phi 0.025$mm。这是位置与方向公差同时给出的一个例子，因为方向公差是进一步要求，所以垂直度公差值小于位置度公差值，否则就没有意义。

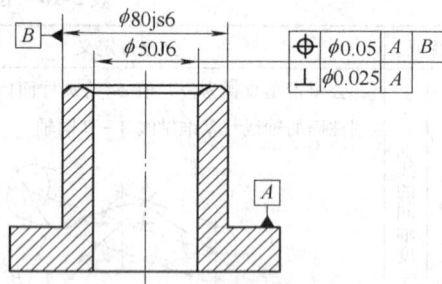

（三）跳动公差与公差带

跳动公差是关联被测实际要素绕基准轴线回转一周或连续回转时所允许的最大跳动量。跳动误差分为圆跳动和全跳动。它们都是以测量方法为依据的公差项目。

（1）圆跳动　圆跳动公差是被测实际要素绕基准轴线作无轴向移动回转一周时，位置固定的指示器在给定方向上允许的最大与最小读数之差。跳动误差的测量方向通常是被测表面的法向。圆跳动按照测量方向与基准轴线的相对位置不同，可分为径向圆跳动、轴向圆跳动和斜向圆跳动。径向和轴向圆跳动项目的应用十分广泛。

（2）全跳动　全跳动分为径向全跳动和轴向全跳动。全跳动公差是被测要素绕基准轴线作无轴向移动的连续回转，同时指示器作平行（径向全跳动）或垂直（轴向全跳动）于基准轴线的直线移动，在整个表面上所允许的最大跳动量。表 5-17 列出跳动公差带的定义、

标注和解释。

表 5-17　跳动公差带定义、标注和解释

特征		公差带定义	标注和解释
圆跳动	径向圆跳动	公差带是在垂直于基准轴线的任一测量平面内半径差为公差值 t，且圆心在基准轴线上的两个同心圆之间的区域 	当被测要素围绕公共基准线 $A—B$（基准轴线）作无轴向移动旋转 1 周时，在任一测量平面内的径向圆跳动量均不大于 0.050mm
	轴向圆跳动	公差带是在与基准同轴的任一半径位置的测量圆柱面上距离为 t 的圆柱面区域 	被测面绕基准线 A 作无轴向移动旋转 1 周时，在任一测量圆柱面内的轴向跳动量均不大于 0.050mm
	斜向圆跳动	公差带是在与基准同轴的任一测量圆锥面上距离为 t 的两圆之间的区域，除另有规定，其测量方向应与被测面垂直 	被测面绕基准线 A 作无轴向移动旋转 1 周时，在任一测量圆锥面上的跳动量均不大于 0.050mm
全跳动	径向全跳动	公差带是半径差为公差值 t，且与基准同轴的两圆柱面之间的区域 	当被测要素围绕公共基准线 $A—B$（基准轴线）作若干次无轴向移动旋转，此时在被测要素上各点间的示值差均不得大于 0.040mm，测量仪器必须沿着基准轴线方向并相对于公共基准轴线 $A—B$ 移动
	轴向全跳动	公差带是距离为公差值 t，且与基准垂直的两平行平面之间的区域 	当被测要素围绕基准轴线 A 作若干次无轴向移动旋转，测量仪器相对工件间作径向移动，此时，在被测要素上各点间的示值差均不得大于 0.1mm，测量仪器必须沿着轮廓具有理想正确形状的线和相对于基准轴线 A 的正确方向移动

跳动公差带的特点如下：

1）跳动公差带相对于基准轴线有确定的位置。例如，在某一横截面内，径向圆跳动公差带的圆心在基准轴线上，径向全跳动公差带的轴线与基准轴线同轴。轴向全跳动的公差带垂直于基准轴线。

2）跳动公差带可以综合控制被测要素的位置、方向和形状。例如，轴向全跳动公差带控制端面对基准轴线的垂直度，也控制端面的平面度误差。径向圆跳动公差带控制横截面的轮廓中心相对于基准轴线的偏离以及圆度误差。当综合控制被测要素不能满足要求时，可进一步给出有关的公差。如图 5-55 所示，对 $\phi100h6$ 的圆柱面已经给出了径向圆跳动公差值 0.012mm，但对该圆柱面的圆度有进一步要求，所以又给出了圆度公差值 0.003mm。对被测要素给出跳动公差后，若再对该被测要素给出其他项目的几何公差，则其公差值必须小于跳动公差值。

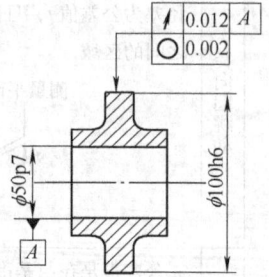

图 5-55　同时给出径向圆跳动和圆度公差的示例

（四）方向、位置和跳动误差及其评定

方向、位置和跳动误差是被测实际要素对具有确定方向或位置的理想要素的变动量，理想要素的方向或位置由基准或基准与理论正确尺寸确定。

1. 基准的建立与体现

基准是确定被测要素方向或位置的依据。图样上给定的基准是理想的，有基准面、基准线、基准点。

（1）体外原则　由于基准实际要素存在形状误差（有时包括方向误差），往往难以确定被测实际要素的方位。因此，应以该基准实际要素建立基准，使其符合最小条件。基准实际要素为轮廓要素时，规定以其最小包容区域的体外边界作为基准，如图 5-56 所示。

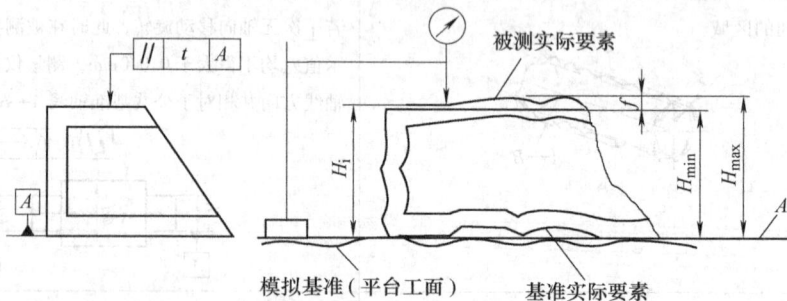

图 5-56　基准要素只存在形状误差的基准建立

（2）中心原则　基准实际要素为中心要素时，规定以其最小包容区域的中心要素作为基准，如图 5-57 所示。

在生产实际中，通常用模拟方法体现理想基准要素。体现时应符合最小条件，基准实际要素与模拟基准之间稳定接触时，它们之间自然形成符合最小条件的相对位置关系。基准实际要素与模拟基准之间不稳定接触时，两者的相对位置关系一般不符合最小条件，应通过调

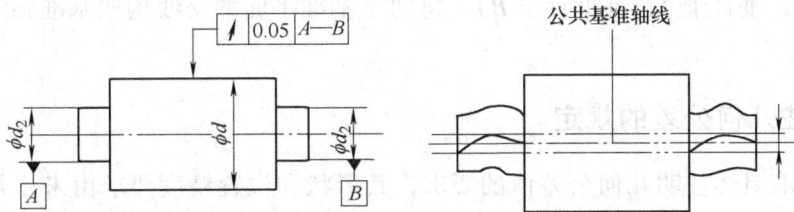

图 5-57　基准要素（中心要素）存在形状误差的基准建立

整使基准实际要素与模拟基准之间尽可能符合最小条件的相对位置关系的状态。

图 5-58 所示为用平台工作面模拟基准平面。

图 5-59 所示为用心轴模拟基准轴线的情况。

图 5-60 所示为用 V 形架模拟公共基准轴线的情况。

2. 基准的种类

设计时，在图样上标出的基准通常分为以下三种：

（1）单一基准　由一个要素建立的基准称为单一基准。

（2）组合基准（公共基准）由两个或两个以上的要素建立一个独立的基准称为组合基准或公共基准，如图 5-61 所示。例如，径向圆跳动要求由两段轴线 A、B 建立起公共基准轴线 A—B。在公差框格中标注时，将各个基准字母用短横线相连在同一格内，以表示作为一个基准使用。

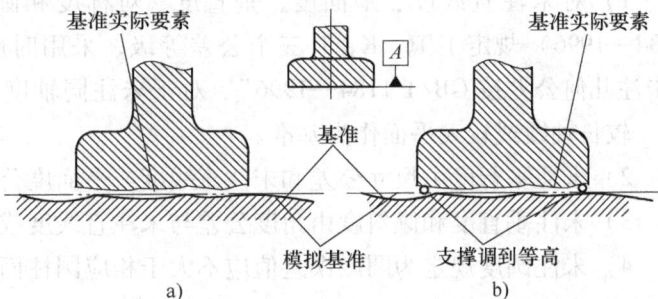

图 5-58　用平台工作面模拟基准平面

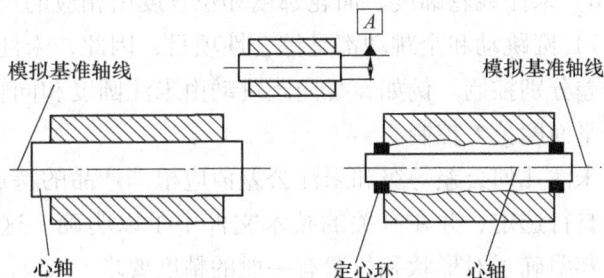

图 5-59　用心轴模拟基准轴线

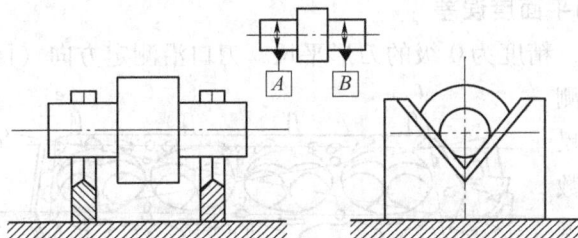

图 5-60　用 V 形架模拟公共基准轴线

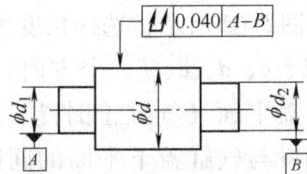

图 5-61　组合基准示例

（3）基准体系（三基面体系）确定某些被测要素的方向或位置，从功能要求出发，常常需要超过一个基准。规定以三个互相垂直的平面构成一个基准体系，即三基面体系。这三个互相垂直的平面都是基准平面（A 为第一基准平面；B 为第二基准平面，垂直于 A；C 为第三基准平面，垂直于 A，且垂直于 B）。每两个基准平面的交线构成基准轴线，三轴线交点构成基准点。

四、未注几何公差的规定

图样上没有具体注明几何公差值的要求，其形状和位置精度要求由未注几何公差来控制。为了简化制图，对一般机床加工能保证的形状和位置精度，不必将几何公差在图样上具体注出。

未注几何公差可按如下规定处理。

1）对未注直线度、平面度、垂直度、对称度和圆跳动的未注公差，标准中（GB/T 1184—1996）规定了 H、K、L 三个公差等级，采用时应在技术要求中注出相应内容，如"未注几何公差按 GB/T 1184—1996"。对于未注同轴度和对称度的基准，应选用稳定支承面、较长轴线或较大平面作为基准。

2）未注平行度由尺寸公差和未注直线度或平面度公差控制。

3）未注垂直度和倾斜度由角度公差与未注直线度或平面度公差控制。

4）未注圆度规定为圆度误差值应不大于相应圆柱面的直径公差值。

5）未注圆柱度由未注圆度公差、未注直线度公差和直径公差控制。

6）未注线轮廓度、面轮廓度和位置度由相应的尺寸公差控制。

7）圆跳动和全跳动都是综合性项目，因此，未注圆跳动和全跳动由上述有关项目的未注公差分别控制。例如，径向圆跳动由未注圆度和同轴度公差控制，端面全跳动由未注垂直度和平面度公差控制。

未注几何公差等级和未注公差值应根据产品的特点和生产单位的具体工艺条件，由生产单位自行选定，并在有关的技术文件中予以明确。这样，在图样上虽然没有具体注出公差值，却明确了对形状和位置有一般的精度要求。

▶▶ 任务实施

发动机几何误差测量

1. 测隙法测量发动机气缸盖下平面的平面度误差

如图 5-62 所示，选择长度为 1000mm，精度为 0 级的刀形平尺，刀口沿测定方向（图中的 a、b、c、d、e、f 六个方向），靠在被测的气缸盖平面（气缸盖倒置）上，用塞尺测量刀口与气缸盖下平面的间隙，测量数据中的最大值即为气缸盖全长上的平面度误差。

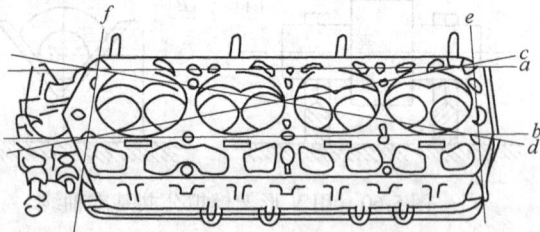

图 5-62　发动机气缸盖平面的检测

2. 两点法测量发动机气缸圆度、圆柱度误差

如图 5-63 所示，在同一横截面内，平行于曲轴轴线方向和垂直于曲轴轴线方向的两个方向进行测量，测得直径差值之半即为该截面的圆度误差。沿气缸轴线方向测上、中、下三个截面，其中上截面 *A* 相当于活塞到上止点第一道活塞环相对应的气缸处，中间截面 *B* 取气缸中部，下截面 *C* 取活塞到下止点最下一道活塞环对应的位置，测得的三个截面中最大圆度误差即为该气缸的圆度误差。

用内径百分表测量三个截面内所测得的六个读数中最大与最小直径差之半即为气缸圆柱度误差。

3. 曲轴弯曲度和轴颈圆柱度测量

（1）曲轴弯曲度的测量（见图5-64）　曲轴弯曲度的限度：中型货车不大于 0.5mm，轿车不大于 0.06mm。

1）清洁并校验平台。用棉纱清洁测量平台1，用框式水平仪测量平台是否水平，如平台不水平，进行调整。

2）支撑曲轴。用棉纱清洁 V 形铁2，并将之架在测量平台上，用棉纱清洁曲轴3各道轴颈，清洁高度游标尺，并进行校正，用高度游标尺检测曲轴首末端主轴颈最高素线的高度，调整曲轴首末主轴颈中心轴线，使其处于水平位置。

3）检验百分表4。

4）检验磁力表座5。

5）百分表安装、校零和测量。将百分表压在待测中部的最高素线上，并与待测部位垂直，同时使百分表短针有一定的指示，再锁住表架，校零。测量中间主轴颈对两端主轴颈轴线的径向圆跳动，慢慢旋转曲轴，读出最大读数与最小读数。

6）确定曲轴弯曲变形量。百分表上所指出的最大和最小的两个计数之差的一半即为曲轴的弯曲度。

图 5-63　气缸圆度及圆柱度误差的测量

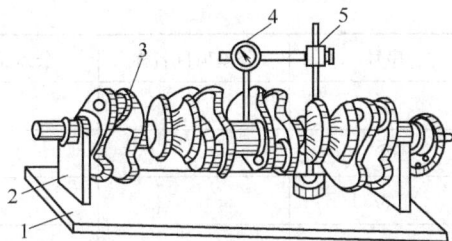

图 5-64　曲轴弯曲度的测量
1—测量平台　2—V 形铁　3—曲轴
4—百分表　5—磁力表座

（2）曲轴轴颈磨损的检测　曲轴的主轴颈和连杆轴颈在工作中不可避免地要产生磨损，而且磨损是不均匀的，其主要表现为轴颈出现圆度、圆柱度超过标准值。根据各轴颈磨损规律查找出磨损部位，用外径千分尺测量其圆度和圆柱度。

1）先在润滑油道孔两侧测量轴颈直径，再转 90° 测量，其测量的同一截面最大值与最小值之差即为轴颈的圆柱度。

2）在轴颈纵向两个截面所测的四个直径值的最大值与最小值之差，即为该轴颈的圆柱度误差。轴颈圆度、圆柱度超限就要进行修理。

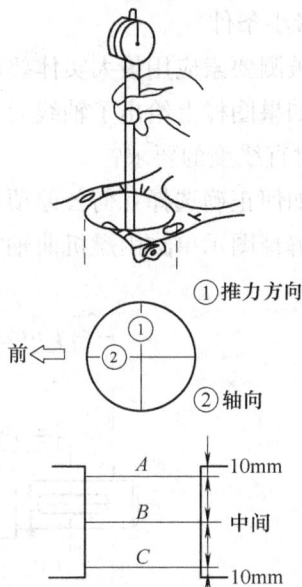

▶▶ 练习与思考

1. 什么是几何公差？它们包括哪些项目？用什么符号表示？

2. 不同要素具有相同的公差要求，若用一个框格表示时，指引线应怎样引出？

3. 什么是形状误差、方向误差和位置误差？它们应分别按什么方法来评定？

4. 何为最小条件和最小区域？评定形状误差为什么要按最小条件？评定位置误差要不要符合最小条件？

5. 被测要素应用最大实体要求的意义何在？它的实效尺寸如何确定？

6. 如果图样上给出了轴线对平面的垂直度公差，而未给出该轴线的直线度公差，则如何解释对直线度的要求？

7. 如何正确选择几何公差项目和几何公差等级？应具体考虑哪些问题？

8. 解释图示单缸内燃机曲轴零件各项几何公差标注的含义，填在表中。

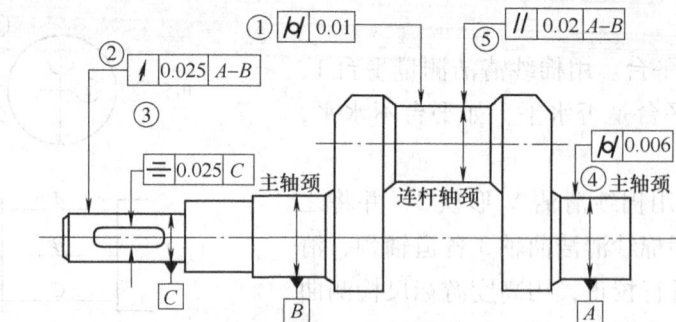

项目五任务三　习题 8 图

序号	公差项目名称	公差带形状	公差带大小	解释（被测要素、基准要素及要求）
①				
②				
③				
④				
⑤				

任务四　表面粗糙度的认知与应用

任务要求

☞ 知识点：

1）掌握表面粗糙度的评定参数。

2）掌握表面粗糙度的标注方法。

☞ 技能点：

1）能识别表面粗糙度在农机零件中的应用。

2）熟悉表面粗糙度的标注方法及选用原则。

▶▶ 任务导入

　　在机械加工过程中，由于切削会留下切痕，切削过程中切屑分离时的塑性变形、工艺系统中的高频振动、刀具和已加工表面的摩擦等原因，会使被加工零件的表面产生许多微小的峰谷，这些微小峰谷的高低程度和间距状况就称为表面粗糙度。表面粗糙度对零件耐磨性、抗疲劳强度、耐蚀性、外观以及零件间的配合性能等都有很大影响。表面越粗糙，零件的表面性能越差；反之，则表面性能越好，但加工成本也随之增加。本任务的主要内容就是引导学生正确识读表面粗糙度，掌握其评定参数和标注方法。

▶▶ 相关知识

一、基本认知

1. 表面粗糙度的概念

　　表面粗糙度是一种微观的几何形状误差（图 5-65a），通常按波距 S 的大小（见图 5-65b）分为：波距 ≤1mm 的属于表面粗糙度；波距在 1～10mm 间的属于表面波纹度；波距 >10mm 的属于形状误差。

2. 表面粗糙度对零件使用性能的影响

　　（1）对摩擦和磨损的影响　相互运动的两零件表面，只能在轮廓的峰顶间接触，当表面间产生相对运动时，峰顶的接触将对运动产生摩擦阻力，使零件磨损。

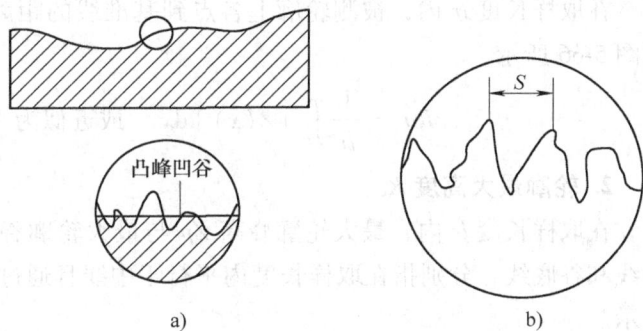

图 5-65　实际表面的几何轮廓形状

　　相互运动的表面越粗糙，实际有效接触面积就越小，压应力就越大，磨损就越快。

　　表面粗糙度影响润滑的有效性，也影响润滑破坏以后粗糙峰之间碰撞的概率和严酷程度（应力水平和变形大小）。

　　（2）对配合性能的影响　相互配合的表面微小峰被去掉后，它们的配合性质会发生变化。对于过盈配合，由于压入装配时，零件表面的微小峰被挤平而使有效过盈减小，降低了连接强度；对于有相对运动的间隙配合，工作过程中表面的微小峰被磨去，使间隙增大，影响原有的配合要求。

　　（3）对疲劳强度的影响　受交变应力作用的零件表面，疲劳裂纹易在微小谷的位置出现，这是因为在微观轮廓的微小谷底处产生应力集中，使材料的疲劳强度降低，导致零件表面产生裂纹而损坏。表面越粗糙，越容易产生疲劳裂纹和破坏。

　　（4）对接触刚度的影响　由于表面的凸凹不平，实际表面间的接触面积有的只有公称面积的百分之几。接触面积越小，单位面积受力就越大，粗糙峰顶处的局部变形也越大，接触刚度便会降低，影响机械零件的工作精度和抗振性。表面越粗糙，实际承载面积越小，接触刚度越低。

（5）对耐蚀性的影响　在零件表面的微小谷的位置容易残留一些腐蚀性物质，由于其与零件的材料不同，从而形成电位差，对零件产生电化学腐蚀。表面越粗糙，电化学腐蚀越严重，越容易腐蚀生锈。

此外，表面粗糙度还影响结合的密封性、产品的外观、表面涂层的质量、表面的反射能力等，因此，除了要保证零件尺寸、形状和位置的精度要求以外，对零件的不同表面也要提出适当的表面粗糙度要求。所以，表面粗糙度是评定机械零件及产品质量的重要指标之一。

二、表面粗糙度选用与标注

（一）表面粗糙度的评定参数

为了定量评定表面粗糙度轮廓，必须用参数及其数值来表示表面粗糙度轮廓的特征。国家标准（GB/T 1031—2009）从表面微观几何形状的高度、间距和形状三方面的特征，相应规定了有关参数，通常采用幅度参数和间距参数。本任务仅介绍幅度参数 Ra、Rz。

1. 轮廓算术平均偏差 Ra

在取样长度 lr 内，被测轮廓上各点到基准线的距离 Z_i 的绝对值的算术平均值即为 Ra，如图 5-66 所示。

$$Ra = \frac{1}{lr} \int_0^{lr} |Z(x)| \, \mathrm{d}x \quad \text{或近似为} \quad Ra = \frac{1}{n} \sum_{i=1}^{n} |Z_i|$$

2. 轮廓最大高度 Rz

在取样长度 lr 内，最大轮廓峰高 Zp 与最大轮廓谷深 Zv 之和的高度。$Rz = Zp + Zv$。峰顶线和谷底线，分别指在取样长度内平行于中线且通过轮廓最高点和最低点的线，如图 5-67 所示。

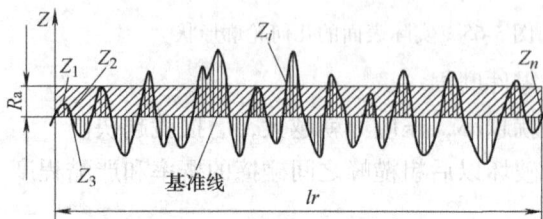

图 5-66　轮廓算术平均偏差　　　　　图 5-67　轮廓最大高度

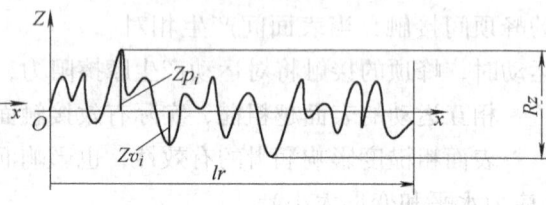

在零件选用表面粗糙度参数时，绝大多数情况下，只要选用幅度参数即可。只有当幅度参数不能满足零件的使用要求时，才附加给出间距参数。

（二）表面粗糙度参数及数值的选用

表面粗糙度参数及其数值选用得合理与否，直接影响到机器的使用性能和寿命，特别是对装配精度要求高、运动速度要求高、密封性能要求高的产品，更具有重要的意义。

参数的选择：与高度特性有关的评定参数是基本评定参数，通常只给出 Ra 或 Rz 及允许值。与间距和形状特性有关的参数是附加评定参数，在有特殊要求时才选用。

1. 高度参数的选择

1）参数 Ra 的概念直观，Ra 值能充分反映表面微观几何形状高度方面的特性，并且所用仪器（触针式轮廓仪）的测量比较简便，因此是国标推荐的首选评定参数。

2）对于极光滑的表面和粗糙表面，采用 Rz 作为评定参数。

2. 表面粗糙度的参数值

表面粗糙度的评定参数值已经标准化，设计时应按国家标准 GB/T 1031—2009 规定的参数值系列选取，见表5-18 和表5-19。幅度参数值分为第一系列和第二系列，选用时应优先采用第一系列的参数值。

表5-18 轮廓算术平均偏差 Ra （单位：μm）

第1系列	第2系列	第1系列	第2系列	第1系列	第2系列	第1系列	第2系列
	0.008		0.125		1.25	12.5	
	0.010		0.160	1.60			16.0
0.012		0.020			2.0		20
	0.016		0.25		2.5	25	
	0.020		0.32	3.2			32
0.025		0.040			4.0		40
	0.032		0.50		5.0	50	
	0.040		0.63	6.3			63
0.050		0.080			8.0		80
	0.063		1.0		10.0	100	
	0.080						
0.100							

表5-19 轮廓最大高度数值 Rz （单位：μm）

第1系列	第2系列	第1系列	第2系列	第1系列	第2系列	第1系列	第2系列	第1系列	第2系列
			0.125		1.25	12.5			125
			0.160	1.60			16.0		160
	0.020	0.020			2.0		20	200	
0.025			0.25		2.5	25			250
	0.032		0.32	15.2			32		320
	0.040	0.040			4.0		40	400	
0.050			0.50		5.0	50			500
	0.063		0.63	6.3			63		630
	0.080	0.080			8.0		80	800	
0.100			1.0		10.0	100			1000

表面粗糙度参数值的选择，既要满足零件的功能要求，又要考虑它的经济性，一般可参照经过验证的实例，用类比法来确定，选择原则应作以下考虑：

1）在满足零件表面功能要求的情况下，尽量选用大一些的数值。

2）一般情况下，同一个零件上，工作表面（或配合面）的表面粗糙度数值应小于非工作面（或非配合面）的数值。

3）摩擦面、承受高压和交变载荷的工作面的表面粗糙度数值应小一些。

4）尺寸精度和形状精度要求高的表面，表面粗糙度数值应小一些。

5）要求耐腐蚀的零件表面，表面粗糙度数值应小一些。

6）有关标准已对表面粗糙度要求作出规定的，应按相应标准确定表面粗糙度数值。

通常尺寸公差、表面形状公差小时，表面粗糙度参数值也小。但表面粗糙度参数值和尺寸公差、表面形状公差之间并不存在确定的函数关系。如手轮、手柄的尺寸公差值较大，表面粗糙度参数值却较小。

选用表面粗糙度参数值的方法通常采用类比法。表 5-20 给出了不同表面粗糙度的表面特性、经济加工方法及应用举例，可作为选用表面粗糙度参数值的参考。表 5-21 是常用的加工方法所得的表面粗糙度。

表 5-20　表面粗糙度的表面特性、经济加工方法及应用举例

表面微观特性		$Ra/\mu m$	$Rz/\mu m$	加工方法	应用举例
粗糙表面	微见刀痕	≤20	≤80	粗车、粗刨、粗铣、钻、毛锉、锯断	半成品粗加工的表面，非配合的加工表面，如轴端面、倒角、钻孔、齿轮带轮侧面、键槽底面、垫圈接触面
半光表面	微见加工痕迹	≤10	≤40	车、刨、铣、镗、钻、粗铰	轴上不安装轴承、齿轮处的非配合表面，紧固件的自由装配表面，轴和孔的退刀槽
	微见加工痕迹	≤5	≤20	车、刨、铣、镗、磨、拉、粗刮、液压	半精加工表面，箱体、支架、盖面、套筒等和其他零件结合而无配合要求的表面，需要法兰的表面等
	看不见加工痕迹	≤2.5	≤10	车、刨、铣、镗、磨、拉、刮、压、铣齿	接近于精加工表面，箱体上安装轴承的镗孔表面，齿轮的工作面
光表面	可辨加工痕迹方向	≤1.25	≤6.3	车、镗、磨、拉、刮、精铰、磨齿、滚压	圆柱销、圆锥销与滚动轴承配合的表面，卧式车床导轨面，内、外花键定心表面
	微可辨加工痕迹方向	≤0.63	≤15.2	精铰、精镗、磨、刮、滚压	要求配合性质稳定的配合表面，工作时受交变应力的零件，高精度车床的导轨面
	不可辨加工痕迹方向	≤0.32	≤1.6	精磨、珩磨、超精加工	精度车床主轴锥孔、顶尖圆锥面，发动机曲轴、凸轮轴工作表面，高精度齿轮表面
极光表面	亮光泽面	≤0.16	≤0.8	精磨、研磨、普通抛光	精密机床主轴轴颈表面、一般量规工作表面、气缸套内表面、活塞销表面
	亮光泽面	≤0.08	≤0.4	超精磨、精抛光、镜面磨削	精密机床主轴轴颈表面、滚动轴承的滚珠，高压油泵中柱塞和柱塞配合的表面
	镜状光泽面	≤0.04	≤0.2		
	镜面	≤0.01	≤0.05	镜面磨削、超精研	高精度量仪、量块的工作表面，光学仪器中的金属镜面

表 5-21　常用加工方法所得的表面粗糙度

加工方式	表面粗糙度 Ra 值/μm	加工方式	表面粗糙度 Ra 值/μm
铸造加工	100、50、25、12.5、6.3	车削加工	12.5、6.3、3.2、1.6
钻削加工	12.5、6.3	磨削加工	0.8、0.4、0.2
铣削加工	12.5、6.3、3.2	超精磨削加工	0.1、0.05、0.025、0.012

（三）表面粗糙度的标注

表面粗糙度在图样上按国家标准的规定进行标注。

1. 表面粗糙度的符号

表面粗糙度符号及含义见表5-22，表面粗糙度高度参数值参考表5-18和表5-19。

2. 表面粗糙度的代号

表面粗糙度的代号是以表面粗糙度符号、参数、参数值及其他有关要求的标注组合形成的。表面粗糙度参数的代号及含义见表5-23。

表 5-22 表面粗糙度符号及含义

符　号	含　义
 $\sqrt{}$	基本符号，表示表面可用任何方法获得，适用于简化代号标准
 $\sqrt{}$	扩展图形符号：基本符号加一横线，表示表面用去除材料的方法获得，如车、铣、钻、磨、剪切、抛光、腐蚀、电火花加工、气割等
 $\sqrt{}$	扩展图形符号：基本符号加一圆圈，表示表面用不去除材料的方法获得，如铸、锻、冲压变形、热轧、冷轧、粉末冶金等；或者是用于保持原供应状况的表面（包括保持上道工序的状况）
 $\sqrt{}$ $\sqrt{}$ $\sqrt{}$	完整图形符号：在上述三个符号的长边上均可加一横线，用于标注有关说明和参数
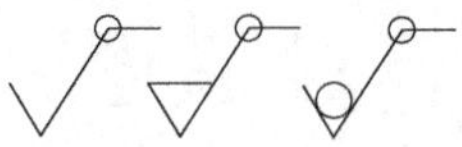 $\sqrt{}$ $\sqrt{}$ $\sqrt{}$	在上述三个带横线符号上均可加一小圆，表示所有表面具有相同的表面粗糙度要求

表 5-23 常用表面粗糙度参数 *Ra* 的代号及含义（GB/T 131—2006）

符　号	含　义
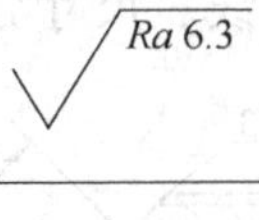 $\sqrt{}$ *Ra* 6.3	表示任意加工方法，单向上限值，算术平均偏差 *Ra* 值为 6.3μm
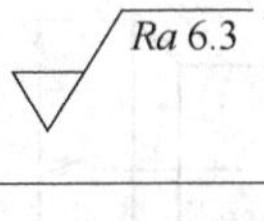 $\sqrt{}$ *Ra* 6.3	表示去除材料获得的表面，单向上限值，算术平均偏差 *Ra* 值为 6.3μm
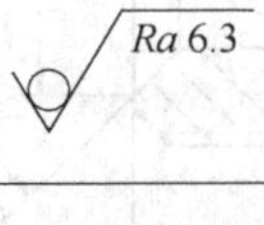 $\sqrt{}$ *Ra* 6.3	表示不允许去除材料，单向上限值，算术平均偏差 *Ra* 值为 6.3μm
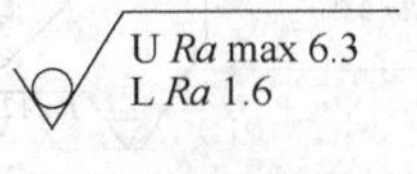 $\sqrt{}$ U *Ra* max 6.3 L *Ra* 1.6	表示不允许去除材料，双向极限值。上限值，算术平均偏差 *Ra* 值为 6.3μm；下限值，算术平均偏差 *Ra* 值为 1.6μm

3. 表面粗糙度标注有关参数和说明

如图5-68所示，位置a处标注参数代号、极限值和传输带或取样长度，一般传输带或取样长度选默认值，只标参数代号和极限值，为避免误解，在参数代号和极限值间应插入空格。传输带或取样长度后应有一斜线"/"，之后是表面结构参数代号，最后是数值。传输带标注为 $0.0025 - 0.8/Ra\ 6.3$；取样长度示例为 $- 0.8/Ra\ 6.3$；传输带和取样长度为默认值示例为 $Ra\ 6.3$。

位置 a 和 b 注写两个或多个表面结构要求。在位置 a 注写第一个表面结构要求，在位置 b 注写第二个表面结构要求。如果要注写第三个或更多表面结构要求，图形符号应在垂直方向扩大，以空出足够的空间。扩大图形符号时，a 和 b 的位置随之上移。

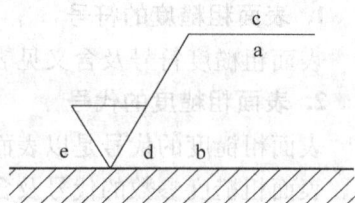

图 5-68　表面粗糙度标注有关参数位置

c 处标注加工方法、表面处理、涂层或其他加工工艺要求等，如车、磨、镀等加工表面。

d 处标注表面加工纹理和纹理方向，如"＝"、"X"等。

e 处标注所要求的加工余量，以毫米为单位给出数值。

4. 加工纹理的方向符号、说明及标注方法（见图 5-69）

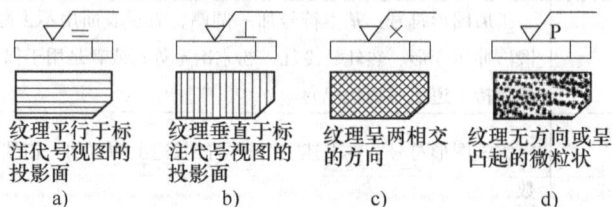

图 5-69　加工纹理标注示例

识读图样上的表面粗糙度符号、代号

在图样上标注表面粗糙度符号、代号时，一般应将其标注在可见轮廓线、尺寸界线、引出线或它们的延长线上。符号的尖端必须从材料外指向被注表面，当零件表面具有相同的表面粗糙度要求时，其符号、代号可在图样上统一标注，并在后面加注无任何其他标注的基本符号，如图 5-70 所示。

图中零件是通过去除材料的方法获得的表面，左端面和右端倒角的表面粗糙度 Ra 值为 $1.6\mu m$，内孔的表面粗糙度 Ra 值为 $0.4\mu m$，左侧圆柱的外圆柱面和右端面的表面粗糙度 Ra 值为 $3.2\mu m$，零件的右端面表面粗糙度 Ra 值为 $12.5\mu m$，其余未标注表面的表面粗糙度 Ra 值为 $25\mu m$。通过图样上的表面粗糙度的标注可知，内孔的内圆柱面的表面粗

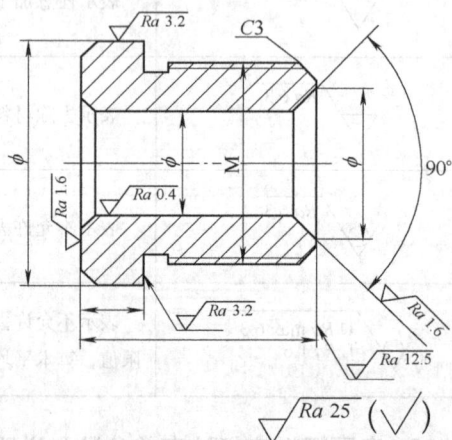

图 5-70　表面粗糙度在图样上的标注示例

糙度要求最高。

练习与思考

1. 什么是表面粗糙度？它对产品性能有何影响？

2. 评定表面粗糙度的特征参数有哪些？如何选用特征参数？

3. 将表面粗糙度符号标注在习题 3 图上，要求：

1）用去除材料的方法获得加工圆柱面 ϕd_3，Ra 上限值为 1.6μm。

2）用去除材料的方法获得孔 ϕd_1，Ra 上限值为 3.2μm。

3）用去除材料的方法获得表面 A，Rz 上限值为 6.4μm。

4）其余表面用去除材料的方法获得，Ra 上限值为 25μm。

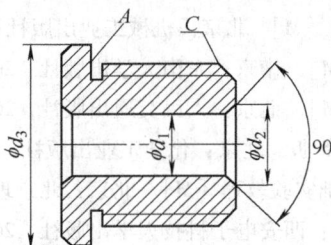

项目五任务四　习题 3 图

4. 在一般情况下，$\phi60H7$ 孔与 $\phi20H7$ 孔相比较，$\phi40H6/f5$ 与 $\phi40H6/s5$ 相比较，哪种情况下选用较小的表面粗糙度允许值？

参 考 文 献

[1] 丁为民. 农业机械学 [M]. 2 版. 北京：中国农业出版社，2011.

[2] 许绮川，樊启洲. 汽车拖拉机学（发动机原理与构造）[M]. 北京：中国农业出版社，2011.

[3] 李文哲，许绮川. 汽车拖拉机学（底盘构造与车辆理论）[M]. 北京：中国农业出版社，2006.

[4] 张策. 机械原理与机械设计 [M]. 北京：高等教育出版社，2004.

[5] 朱张校. 工程材料 [M]. 北京：清华大学出版社，2002.

[6] 杨家军. 机械设计基础 [M]. 武汉：华中科技大学出版社，2004.

[7] 朱东华，樊智敏. 机械设计基础 [M]. 北京：机械工业出版社，2005.

[8] 杨可桢，程光蕴，李仲生. 机械设计基础 [M]. 5 版. 北京：高等教育出版社，2006.

[9] 毛平淮. 互换性与测量技术基础 [M]. 北京：机械工业出版社，2006.

[10] 郑凤琴. 互换性及测量技术 [M]. 南京：东南大学出版社，2000.

[11] 郭应征，周志红. 工程力学 [M]. 北京：人民交通出版社，2009.

[12] 成大先. 机械设计手册 [M]. 5 版. 北京：化学工业出版社，2008.

[13] 陈亚琴，孟梓琴. 机械设计基础实验教程 [M]. 北京：北京理工大学出版社，2003.

[14] 周家泽. 机械基础 [M]. 西安：西安电子科技大学出版社，2008.